# Excel + VBA für Maschinenbauer

Harald Nahrstedt

# Excel + VBA für Maschinenbauer

## Programmieren erlernen und technische Fragestellungen lösen

4., aktuelle und erweiterte Auflage

Harald Nahrstedt
Möhnesee, Deutschland

ISBN 978-3-658-05958-3 ISBN 978-3-658-05959-0 (eBook)
DOI 10.1007/978-3-658-05959-0

Die Deutsche Nationalbibliothek verzeichnet diese Publikation in der Deutschen Nationalbibliografie; detaillierte bibliografische Daten sind im Internet über http://dnb.d-nb.de abrufbar.

Springer Vieweg


*Lektorat*: Thomas Zipsner

Gedruckt auf säurefreiem und chlorfrei gebleichtem Papier.

Springer Vieweg ist eine Marke von Springer DE. Springer DE ist Teil der Fachverlagsgruppe Springer Science+Business Media
www.springer-vieweg.de

# Vorwort zur 4. Auflage

**Warum dieses Buch**

Jeder Anwender eines Office-Pakets bekommt ohne zusätzliche Anschaffungskosten eine Entwicklungsumgebung mit VBA (Visual Basic for Application). Von allen Office Anwendungen wird insbesondere die Anwendung Excel im Ingenieurbereich vielfach eingesetzt. Oft auch ohne Kenntnisse der Entwicklungsmöglichkeiten. Was liegt also näher, als die Programmierung mittels VBA unter Excel an Beispielen aus der Praxis darzustellen. So entstand auch der Titel Excel VBA für Maschinenbauer. Ziel dieses Buches ist es, sowohl dem Ingenieurstudenten als auch dem praktizierenden Ingenieur Wege und Möglichkeiten der Entwicklung eigener Programme zu zeigen. Dabei gehe ich bewusst über eine einfache Strukturierung nicht hinaus. Es gibt sicher an manchen Stellen elegantere Möglichkeiten insbesondere auf die Fähigkeiten von VBA einzugehen. Dies überlasse ich gerne dem Leser. Weitere Hilfen finden sich auch auf meiner Website. Mit dieser Auflage bestätigt sich dieses Konzept.

**Versionen**

Die erste Auflage wurde mit der Version Microsoft Office Excel 2002 begonnen und mit der Version Microsoft Office Excel 2003 beendet. Die zweite und dritte Auflage wurden mit der Office Version 2007 erstellt. Diese Auflage wurde mit der Version 2010 ergänzt und überprüft. Test auf der Version 2013 zeigten ebenfalls keine Probleme.

**Zum Aufbau**

Das erste Kapitel gibt eine kurze Einführung in VBA und die Handhabung der Entwicklungsumgebung. Eine ausführlichere Einführung finden Sie auf meiner unten genannten Website. In den nachfolgenden vierzehn Kapiteln finden Sie ausgesuchte Anwendungsbeispiele aus verschiedenen Ingenieurbereichen. Neben einer grundlegenden Einführung in das jeweilige Thema, werden die Schritte von der Erstellung des Algorithmus bis zur Erstellung der Anwendung anschaulich wiedergegeben. Diese Auflage wurde ergänzt um die Methoden der modellbasierten Programmentwicklung mithilfe von UML- Diagrammen und ihre Anwendung an einem einfachen Beispiel.

**Danksagung**

Ich danke all denen im Hause Springer-Vieweg, die stets im Hintergrund wirkend, zum Gelingen dieses Buches beigetragen haben. Ein besonderer Dank gilt meinem Lektor Thomas Zipsner, der mir geduldig mit vielen wichtigen und richtigen Ratschlägen in allen vier Auflagen half, den für den Leser richtigen Weg einzuschlagen.

**An den Leser**

Dieses Buch soll auch zum Dialog zwischen Autor und Leser auffordern. Daher finden Sie sowohl auf der Homepage des Verlages www.springer-vieweg.de, wie auch auf der Homepage des Autors www.harald-nahrstedt.de ein Forum für ergänzende Programme, Anregungen und Kommentare.

Möhnesee, April 2014 Harald Nahrstedt

# Inhaltsverzeichnis

# Einführung in VBA

VBA wurde ursprünglich entwickelt, um Anwendungen (Applications) unter Office anzupassen. Solche Anwendungen sind Word, Excel, Access, Outlook, u. a. Und darin liegt die Einschränkung. Im Gegensatz zu Visual Basic, lässt sich Visual Basic for Application nur in einer solchen Anwendung nutzen. Doch VBA ist noch viel mehr als nur eine einfache Programmiersprache. VBA besitzt nicht nur eine Entwicklungsumgebung (IDE = Integrated Development Environment), sondern ermöglicht auch eine objektorientierte Programmierung. Zusätzliche Werkzeuge erlauben das Testen und Optimieren von Prozeduren.

## 1.1 Die VBA Entwicklungsumgebung

Zu allen Office-Anwendungen ist also eine zusätzliche weitere Anwendung, die IDE, vorhanden.

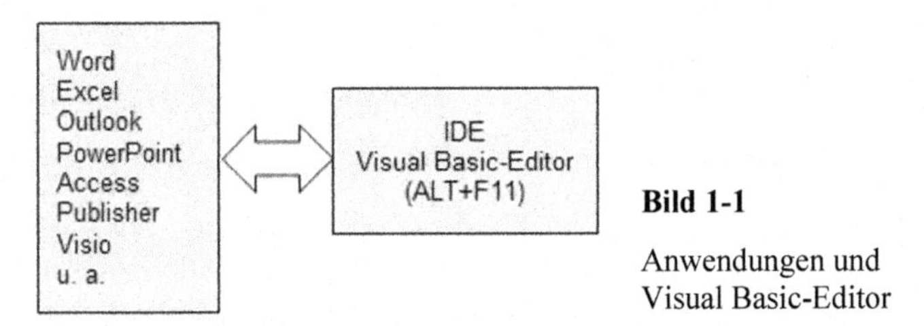


**Bild 1-1**

Anwendungen und Visual Basic-Editor

Installiert wird die Entwicklungsumgebung über die Schaltfläche *Office* und der darin enthaltenen Schaltfläche *Optionen*. Unter den Optionen befindet sich auch die Auswahl *Entwicklungsregisterkarte in der Multifunktionsleiste anzeigen*. Damit befindet sich in der Anwendung dann der Menüpunkt *Entwicklertools*.

Geöffnet wird die Entwicklungsumgebung aus einer Office-Anwendung heraus über Entwicklertools und dann mit Visual Basic. Es öffnet sich ein neues Fenster, das wir nachfolgend als Visual Basic-Editor bezeichnen. Der Visual Basic-Editor muss aber nicht immer über Funktionen aus der Menüleiste aufgerufen werden. Mit den Tasten Alt+F11 kann die Entwicklungsumgebung auch direkt aus den Anwendungen starten.

### 1.1.1 Der Visual Basic-Editor

Der Visual Basic-Editor wirkt auf den ersten Blick erdrückend. Nicht zuletzt weil er aus mehreren Fenstern besteht, die unterschiedliche Aufgaben erfüllen.

Beginnen wir mit den üblichen Grundeinstellungen. Dazu rufen Sie im Visual Basic-Editor den Menüpunkt *Extras/Optionen* auf (nicht unter der Excel-Tabelle Extras!). Es erscheint ein Fenster mit vier Registern, die Sie nachfolgend sehen.

Unter *Editor* (Bild 1-2) stellen Sie die Entwicklungsparameter ein. Die Tab-Schrittweite wird auf 3 gesetzt. Klicken Sie alle Optionsfenster an. Wichtig ist vor allem die Option *Variablendeklaration erforderlich*. Damit werden Sie bei der Programmentwicklung gezwungen, alle verwendeten Variablen zu deklarieren. Ein Muss für gute Programme. An der ersten Stelle eines jeden sich neu öffnenden Codefensters steht dann immer die Anweisung:

```
Option Explicit
```

Sie werden diese Anweisung auch in unseren späteren Programmlisten wiederfinden.

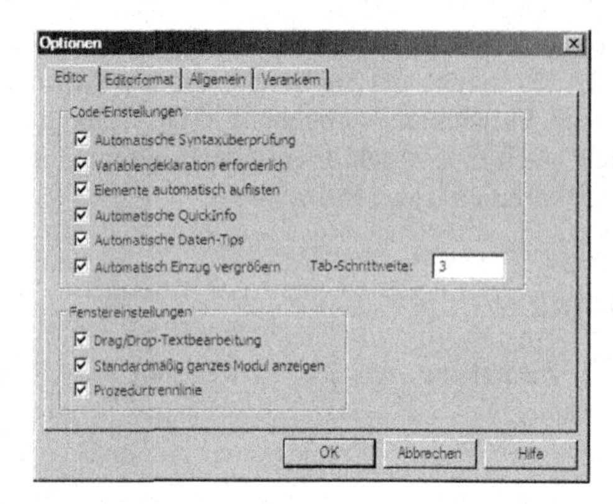


Bild 1-2 Optionen Editor

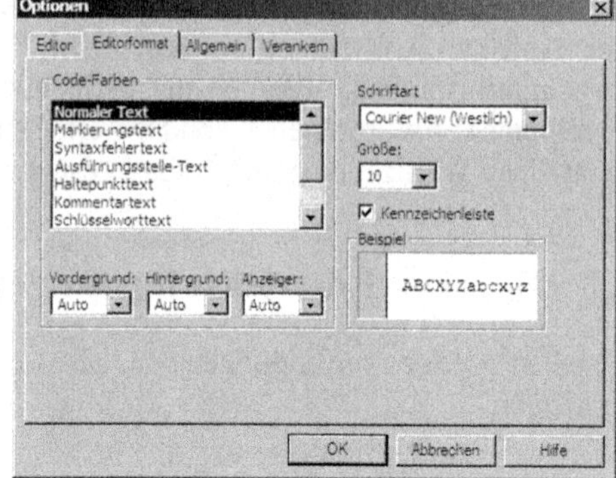


**Bild 1-3** Optionen Editorformat

Unter *Editorformat* wird die Schriftart für die Codedarstellung gewählt. Ich benutze hier Courier New mit der Schriftgröße 10, weil bei dieser Schriftart alle Zeichen die gleiche Breite besitzen und somit direkt untereinander stehen. Sie können aber auch eine andere Schriftart wählen. Wichtig ist in erster Linie eine deutliche Lesbarkeit des Programmcode.

Unter *Allgemein* sind noch Angaben zur Darstellung der Benutzeroberfläche möglich. Die Anordnung von Steuerelementen geschieht in Rastern. Hier habe ich 2 Punkte eingestellt.

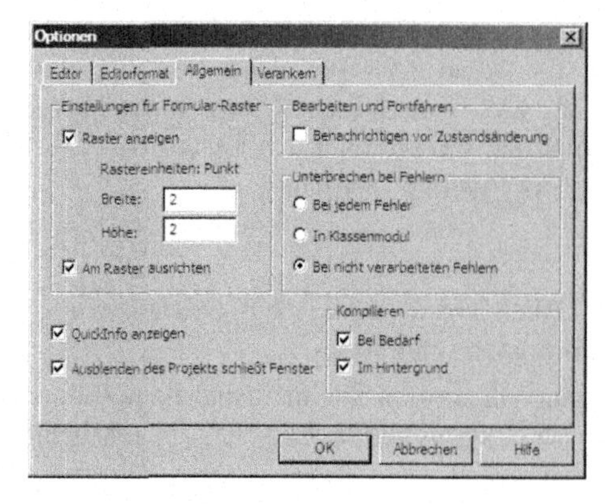


**Bild 1-4** Optionen Allgemein

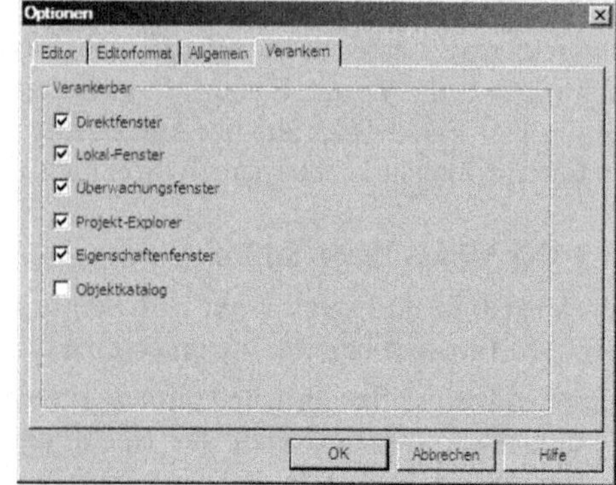


**Bild 1-5** Optionen Verankern

Und im letzten Fenster *Verankern* sind alle möglichen Fenster des Visual Basic-Editors aufgeführt. Neben dem eigentlichen Editor benötigen wir zur Entwicklung und Ausführung den Projekt-Explorer und das Eigenschaftsfenster.

### 1.1.2 Projekt und Projekt-Explorer

Eine Anwendung, zu der in unserem Fall neben einer oder mehrerer Excel-Tabellen auch Benutzerflächen, Programmmodule, Objekte und Prozeduren gehören, wird als Projekt bezeichnet.

Der Projekt-Explorer dient zur Verwaltung aller Objekte eines Projekts. Jedes Projekt besitzt einen Namen. Beim Neustart steht immer VBAProjekt im Projekt-Explorer. Da man im Laufe der Zeit mit vielen Projekten arbeitet, sollte man jedem einen aussagekräftigen Namen geben.

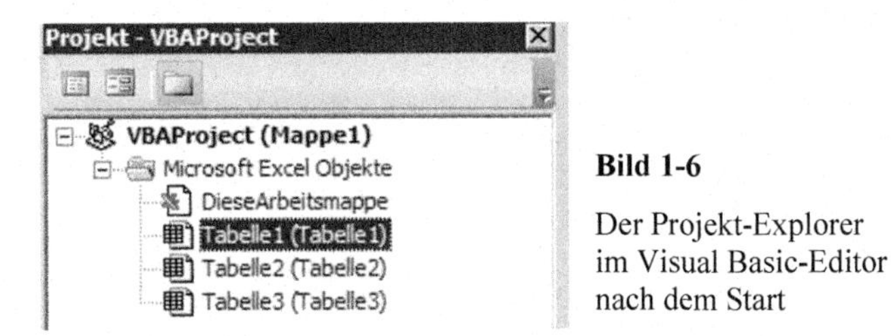


**Bild 1-6**

Der Projekt-Explorer im Visual Basic-Editor nach dem Start

Wichtig ist noch, dass in der Menüleiste des Projekt-Explorers zwei Schaltflächen von großer Bedeutung liegen. Mit diesen Schaltflächen bestimmen Sie, ob im Editor ein Objekt (z. B. eine Benutzerfläche) als Ansicht oder die zugehörigen Prozeduren als Programmcode dargestellt werden. Ein im Projekt-Explorer ausgewähltes Objekt ist auch immer im Editor sichtbar, soweit dies von der Art des Objekts möglich ist.

### 1.1.3 Der Objektkatalog

Der Objektkatalog, der sich genauso wie alle anderen Fenster in der Entwicklungsumgebung über die Menüfunktion Anzeigen ein- und ausschalten lässt, zeigt die Klassen, Eigenschaften, Methoden, Ereignisse und Konstanten an, die in den Objektbibliotheken und Prozeduren dem jeweiligen Projekt zur Verfügung stehen. Mit diesem Dialogfeld können Sie Objekte, die Sie selbst erstellen, oder Objekte aus anderen Anwendungen suchen und verwenden. Der Objektkatalog wird eigentlich nur bei Bedarf geöffnet.

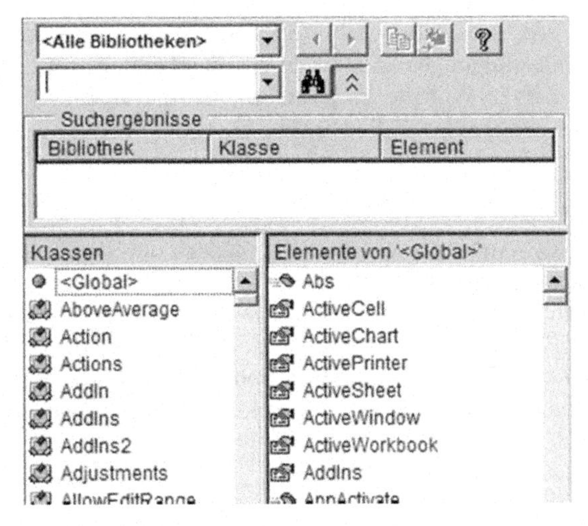


**Bild 1-7**

Der Objekt-Katalog im Visual Basic-Editor

### 1.1.4 Das Eigenschaftsfenster

Das Eigenschaftsfenster ist ein zur Entwicklung sehr wichtiges Fenster. Es listet für das ausgewählte Objekt die Eigenschaften zur Entwurfszeit und deren aktuelle Einstellungen auf.

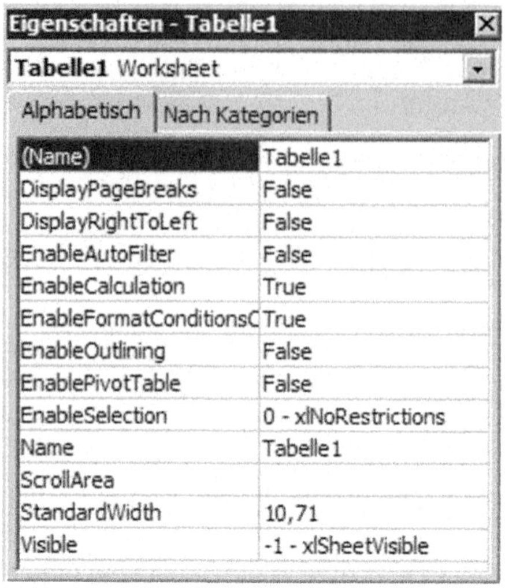

Eigenschaften - Tabelle1

Tabelle1 Worksheet

Alphabetisch | Nach Kategorien

| (Name) | Tabelle1 |
|---|---|
| DisplayPageBreaks | False |
| DisplayRightToLeft | False |
| EnableAutoFilter | False |
| EnableCalculation | True |
| EnableFormatConditionsC | True |
| EnableOutlining | False |
| EnablePivotTable | False |
| EnableSelection | 0 - xlNoRestrictions |
| Name | Tabelle1 |
| ScrollArea | |
| StandardWidth | 10,71 |
| Visible | -1 - xlSheetVisible |

**Bild 1-8**

Das Eigenschaftsfenster im Visual Basic-Editor

Sie können diese Eigenschaften zur Entwurfszeit durch Anklicken in der Liste ändern. Dazu müssen Sie zuerst das entsprechende Objekt durch Anklicken im Editor (Ansicht) markieren. Wenn Sie mehrere Steuerelemente auswählen, enthält das Eigenschaftsfenster eine Liste der Eigenschaften, die die ausgewählten Steuerelemente gemeinsam haben. So müssen Objektgruppen nicht einzeln geändert werden.

### 1.1.5 Die Direkt-, Lokal- und Überwachungsfenster

Die Direkt-, Lokal- und Überwachungsfenster helfen beim Testlauf. Diese Fenster dienen zum Testen der Programme. Das Direktfenster dient zum Eingeben und zum Ausführen von Programmcode zur Fehlersuche. Das Lokalfenster zeigt alle deklarierten Variablen in der aktuellen Prozedur und deren Werte. Das Überwachungsfenster überwacht Ausdrücke und alarmiert beim Eintreten von Randbedingungen. Zur weiteren Einarbeitung empfehle ich die Literaturhinweise oder das auf meiner Website eingestellte VBA-Lehrkapitel. Für unsere Programmierung sind sie nur von untergeordneter Bedeutung.

#### Übung 1.1 Neues Projekt anlegen

Öffnen Sie zunächst eine neue Excel-Anwendung. Legen Sie danach die Symbolleiste Visual Basic an, so wie unter 1.1 beschrieben. Mit der Öffnung des Visual Basic-Editors finden Sie im Projektfenster den derzeitigen Namen des Projekts. Wenn Sie diesen anklicken, dann finden Sie den Projektnamen auch im Eigenschaftsfenster unter (Name) wieder. Mit einem Doppelklick und einer neuen Eingabe können Sie diesen ändern. Die Änderung sehen Sie anschließend dann auch im Projektfenster. Diesem Buch-Projekt geben wir den Namen *Berechnungen_VBA*.

# 1.2 Objekte, Anwendungen, Formulare und Module

## 1.2.1 Objekte, allgemein

Der grundlegende Begriff in dieser Entwicklungsumgebung ist das Objekt. Einem Objekt ordnen wir Methoden, Eigenschaften und Ereignisse zu. Die Schreibweise von Objekt, Unterobjekt und Methode oder Eigenschaft ist:

```
Objekt[.Unterobjekt…][.Methode]
```

oder

```
Objekt[.Unterobjekt…][.Eigenschaft]
```

Will man z. B. einer TextBox1 auf dem Formular UserForm1 den Text „Dies ist ein Test!" zuweisen, dann schreibt man:

```
UserForm1.TextBox1.Text = "Dies ist ein Test!"
```

Möchte man, dass dieser Text nicht angezeigt wird, dann schreibt man:

```
UserForm1.TextBox1.Visible = False.
```

Ereignissen von Objekten sind in der Regel Prozeduren zugeordnet. Klickt man z. B. mit der linken Maustaste auf den Schalter mit dem Namen *cmdStart* eines Formulars, so gibt es dazu im Codefenster des Formulars die Prozedur:

```
Private Sub cmdStart_Click()
   …
End Sub
```

In diese Prozedur schreibt man nun all die Anweisungen, die dann ausgeführt werden sollen, wenn die Schaltfläche angeklickt wird.

Geschieht die obere Textzuweisung im Formular *UserForm1* dann genügt es zu schreiben:

```
TextBox1.Text = "Dies ist ein Test!"
```

Es muss also nicht immer die gesamte Objekthierarchie genannt werden, wenn das Objekt eindeutig bestimmt ist. Ebenso gibt es gewisse Grundeinstellungen (Default-Werte), die man in der Aufzählung von Objekt und Eigenschaft nicht nennen muss. Bei einer TextBox ist die Standardeinstellung Text und so genügt es zu schreiben:

```
TextBox1 = "Dies ist ein Test!"
```

Objekte im Visual Basic-Editor sind Dokumente, Tabellen, Präsentationen, Datenbanken etc. Aber auch Fenster, Module, Steuerelemente, Statusleisten, Menüelemente, usw. Grundsätzlich ist zwischen Auflistungen von Objekten und den Objekten selbst zu unterscheiden. Auflistungen wie Workbooks und Worksheets in Excel enthalten Objekte (Workbook und Worksheet), die über einen Namen oder einen Index angesprochen werden.

Nachfolgend einige wichtige aktuell gültige Objektlisten:

- Word Dokumente - Auflistung Documents(Index).Activate
- Excel Workbooks - Auflistung Workbooks(Index).Activate
- PowerPoint Presentation - Auflistung Presentation(Index).Activate
- Windows - Auflistung Windows(Index).Activate

Um ein Objekt einer solchen Liste anzusprechen, benutzt man einen Index. So liefert

```
MsgBox ThisWorkbook.Sheets(2).Name
```

den Namen des zweiten Arbeitsblattes (eine Eigenschaft des Objektes Sheet) in einem Ausgabefenster. Der Zugriff auf ein nicht vorhandenes Objekt erzeugt den Laufzeitfehler 1004.

Aus diesen Listen ergeben sich dann je nach Anwendung die Objekte:

- Application aktives Objekt
- FileSearch Objekt zum Suchen nach Dateien
- Assistant Objekt des Office Assistenten
- Document Word-Dokument
- Workbook Excel-Arbeitsmappe
- Presentation Objektklasse PowerPoint
- MsgBox Meldefenster
- InputBox Anzeige eines Eingabedialogs

Objekten kann man im Eigenschaftsfenster unter Namen einen anderen Namen zuordnen. Dabei geben wir dem Objektnamen ein Präfix, das die Objektart kennzeichnet. Dies ist nicht zwingend einzuhalten, dient aber der Übersichtlichkeit im Programmcode. Ein einmal festgelegtes Präfix sollte man auch beibehalten.

Beispiele:

- tbl Tabelle (sheet)
- frm Form (user form)
- mod Modul (modul)
- com Befehlsschaltfläche (command)

### 1.2.2 Anwendungen und Makros

Unter Anwendungen sind Word-Dokumente, Excel-Tabellen, Outlook-Objekte, PowerPoint-Präsentationen etc. zu verstehen. Auch in Anwendungen (Excel-Tabellen) lassen sich Prozeduren programmieren oder mit der Makro-Funktion erzeugen.

Die Makro-Funktion wird mit Entwicklertools/Makro aufzeichnen gestartet. Alle Tätigkeiten mit der Excel-Tabelle werden nun (wie bei einem Recorder) aufgezeichnet. Gestoppt wird die Aufzeichnung wieder mit Entwicklertools/Aufzeichnung beenden.

**Übung 1.2 Mit der Makro-Funktion eine Kreisfläche berechnen**

Betrachten wir die Makro-Funktion an einem einfachen Beispiel. Auf unserer, durch die vorherige Anwendung angelegten Tabelle, geben Sie an beliebiger Stelle einen Wert als Durchmesser eines Kreises ein. In diesem Beispiel ist es die Zelle B4. Betätigen Sie die Eingabe mit der Eingabetaste. Damit ist nun die Zelle B5 markiert.

Sollte die Zelle C4 markiert sein, dann müssen Sie eine Grundeinstellung in Excel ändern. Wählen Sie unter dem Register *Datei/Optionen* die Gruppe *Erweitert.* Unter *Bearbeitungsoptionen* sollte *Markierung nach Drücken der Eingabetaste verschieben* gewählt sein. Als Richtung wählen Sie *unten.* Beenden Sie diesen Vorgang.

Schalten Sie die Makro-Funktion unter *Entwicklungstools/Makro aufzeichnen* ein. Dabei wird in einem Fenster nach dem Makronamen gefragt. Geben Sie hier z. B. *Kreis* ein. Nun bestimmen Sie in der Zelle B5 den Inhalt der Kreisfläche mit dem Durchmesser d aus B4 nach der Formel:

$$A = d^2 \frac{\pi}{4} \tag{1.1}$$

Geben Sie also unter B5 ein: = B4 * B4 * 3,1415926 / 4. Achten Sie bitte darauf, bei der Zahl π ein Komma zu verwenden. Danach stoppen Sie die Makroaufzeichnung.

Sie haben nun ein Makro erstellt. Mit jeder neuen Eingabe im Feld B4 und dem abschließenden Druck auf die Eingabetaste, erscheint in B5 das Ergebnis. Sie können den Wert in B4 auch nur ändern (ohne Eingabetaste) und mit Entwicklungstools/Makro (oder Alt+F8) und der Makroauswahl Kreis das Makro aufrufen. Sie erhalten wiederum die Fläche. Das Makro funktioniert auch auf anderen Zellen. Wählen Sie eine andere Zelle aus und tragen Sie dort den Durchmesser ein. Markieren Sie jetzt die Zelle rechts daneben/darunter und rufen Sie erneut das Makro *Kreis* über die Menüfunktionen auf. Das Ergebnis erscheint in der markierten Zelle. Nach der Auswertung wird überflüssigerweise eine nebenstehende Zelle markiert.

Öffnen Sie jetzt bitte den Visual Basic-Editor. Sie werden im Projekt-Explorer ein neues Objekt Modul1 entdecken. Dieses wurde durch die Makro-Funktion erzeugt. Ein Doppelklick auf dieses Objekt im Projekt-Explorer zeigt Ihnen den Inhalt im Codefenster. Sie finden dort das zuvor definierte Makro Kreis als Prozedur mit etwa dem dargestellten Inhalt.

```
Option Explicit

Sub Kreis()
'
' Kreis Makro am (Datum) aufgezeichnet ...
    ActiveCell.FormulaR1C1 = "=R[-1]C*R[-1]C*3.1415926/4"
    Range("B6").Select
End Sub
```

Zeilen, die mit einem Hochkomma beginnen, sind als reine Kommentarzeilen zu betrachten und grün dargestellt. Die Prozedur besteht aus zwei Anweisungen.

Die erste Anweisung bezieht sich auf die aktive Zelle (ActiveCell) (in unserem Fall B5) und benutzt den Wert aus der Zeile (Row) davor (R[-1]) und der gleichen Spalte (Column) C. Diese Art der Adressierung bezeichnet man als indirekt. Man gibt also keine absolute Adresse (B4) an, sondern sagt: Die aktuelle Zelle (B5) – 1. Der Vorteil liegt klar auf der Hand. Unser Makro lässt sich auf jede beliebige Zelle anwenden, wie zuvor schon ausprobiert wurde. Der Wert (aus der vorherigen Zelle) wird mit sich selbst multipliziert, dann mit der Kreiskonstanten $\pi$ und durch 4 dividiert. Das Ergebnis wird in der aktuellen Zelle (B5) abgelegt. Danach wird die Zelle B6 angesprochen. Die Anweisung *Range("B6").Select* ist überflüssig und muss entfernt werden.

Nun benötigen wir für diese Prozedur nicht grundsätzlich das Modul1. Wir können sie nämlich auch direkt in die Anwendung kopieren. Markieren Sie dazu die gesamte Prozedur in Modul1 und wählen mit der rechten Maustaste im Befehlsfenster *Ausschneiden.* Doppelklicken Sie nun im Projekt-Explorer auf das Objekt Tabelle1. Nun öffnet sich ein neues Codefenster, nämlich das des Objekts Tabelle1. Und in diesem Fenster rufen Sie mit der rechten Maustaste erneut das Befehlsfenster auf und wählen *Einfügen.* Schalten Sie nun in der Menüleiste des Projekt-Explorers auf Ansicht (siehe Bild 1-6) und Sie sehen wieder die Tabelle1. Wenn Sie nun in der Menüleiste unter *Entwicklungstools/Makros* (oder ALT+F8) die Übersicht vorhandener Makros aufrufen, finden Sie in der Übersichtsliste den Eintrag *Tabelle1.Kreis.* Dem Prozedurnamen wird also das entsprechende Objekt vorangestellt. Beide Namen werden durch einen Punkt getrennt. Ganz im Sinne der Objektschreibweise (siehe Kapitel 1.2.1).

Nun ist dies eine Übung und wir benötigen das Modul1 nicht wirklich. Mit einem Klick der rechten Maustaste auf dieses Objekt im Projekt-Fenster öffnet sich ein Befehlsfenster und Sie können Modul1 löschen. Vielleicht probieren Sie noch andere einfache Makros aus, um ein Gefühl für die Wirkungsweise zu bekommen. Wählen Sie dazu andere Volumenformeln oder ähnliche Berechnungen.

Die Makro-Funktion kann Ihnen bei der Entwicklung sehr hilfreich sein. Wollen Sie z. B. ein Diagramm per Prozedur erstellen, dann können Sie dies zuerst manuell mittels Makro durchführen. Den so erhaltenen Quellcode können Sie dann Ihren Bedürfnissen anpassen.

### 1.2.3 Steuerelemente in Anwendungen

Es ist sehr mühsam, für den Start einer Prozedur immer den Makro-Befehl aufzurufen. Objekte in Anwendungen, wie Word-Dokumente, Excel-Arbeitsblätter etc., verfügen über die Möglichkeit, als Unterobjekte Steuerelemente aufzunehmen. Mit einem Klick auf die Schaltfläche Steuerelement-Toolbox werden alle Standard-Steuerelemente angezeigt.

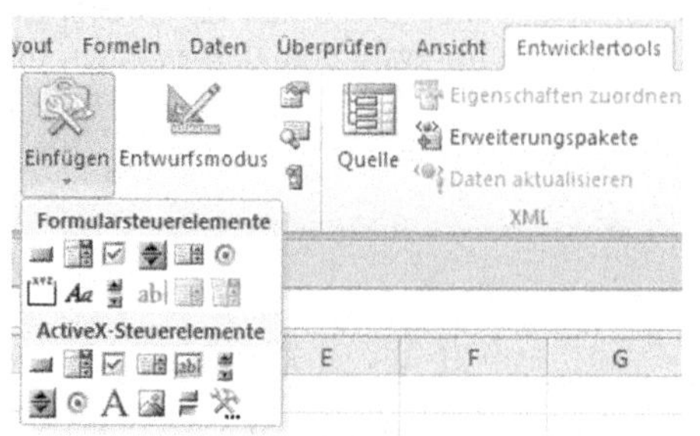


**Bild 1-9**

Steuerelemente-Toolbox

**Übung 1.3 Prozedur mit Schaltfläche starten**

Markieren Sie im Projekt-Explorer die entsprechende Tabelle und schalten Sie in der Symbolleiste auf Objekt anzeigen (Bild 1.6). Klicken Sie zur Anzeige auf Einfügen in der Steuerelement-Toolbox. Wählen Sie das Steuerelement Befehlsschaltfläche mit einem Klick aus. Fahren Sie nun mit der Maus auf die Tabellen-Oberfläche an die Stelle, an der eine Befehlsschaltfläche eingefügt werden soll. Der Cursor hat nun die Form eines Kreuzes. Klicken Sie mit der linken Maustaste an die Stelle auf der Tabelle, wo die linke obere Ecke der Schaltfläche sein soll. Halten Sie die Maustaste gedrückt und fahren Sie so zum rechten unteren Ende der Befehlsschaltfläche. Wenn Sie nun die Maustaste loslassen, sollten Sie eine Befehlsschaltfläche mit dem Namen CommandButton1 sehen. Führen Sie auf dieser Schaltfläche einen Doppelklick aus, schaltet der Editor auf Codedarstellung um und Sie sehen die Ereignisprozedur:

```
Private Sub CommandButton1_Click()
End Sub
```

Bei jedem Klick auf die Befehlsschaltfläche im Anwendungs-Modus, wird diese Ereignis-Prozedur aufgerufen. Fügen Sie nun manuell in diese Prozedur den Aufruf der Testprozedur ein.

```
Private Sub CommandButton1_Click()
   Call Kreis
End Sub
```

Das Call kann eigentlich entfallen, weil das System den Namen Kreis kennt. Ich trage aber der Übersichtlichkeit wegen in allen Prozeduren das Call mit ein.

Beenden Sie nun den Entwurfs-Modus (Bild 1-9). Geben Sie in einer beliebigen Zelle einen neuen Wert ein und drücken Sie die Eingabetaste, damit die darunter liegende Zelle markiert wird. Klicken Sie auf die Befehlsschaltfläche. Damit wird die Prozedur Kreis ausgeführt und die Ereignisprozedur *Start_Click* aufgerufen. Interessant ist aber auch, dass mit der indirekten Adressierung diese Prozedur für jede Zelle auf der Tabelle anwendbar ist.

Probieren Sie auch andere Steuerelemente aus, wie z. B. die TextBox.

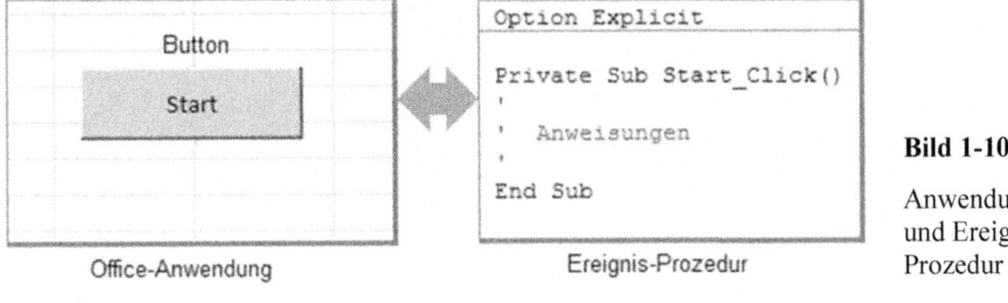


**Bild 1-10**

Anwendung und Ereignis-Prozedur

### 1.2.4 Formulare und Steuerelemente

Neben der eigentlichen Anwendung (Tabelle) können zusätzlich Formulare für den Dialog mit dem Anwender benutzt werden. Unter der Menüfunktion *Einfügen/UserForm* stellt der Visual Basic-Editor ein neues Formular bereit und blendet gleichzeitig die Werkzeugsammlung mit den vorhandenen Steuerelementen ein.

Steuerelemente (eine Klasse von Objekten) sind das A und O der Formularfenster. Sie steuern den eigentlichen Programmablauf. Jedes Steuerelement hat bestimmte Eigenschaften (Einstellungen und Attribute), die im Eigenschaftsfenster angezeigt werden. Die dort angegebenen Werte lassen sich im Entwurfsmodus verändern oder beim späteren Ablauf durch Wertzuweisung.

Auf Steuerelemente lassen sich auch verschiedene Aktionen anwenden und man spricht hier von Methoden (z. B. Activate, Refresh, Clear, Load, ...). Ein Ereignis ist eine Aktion, die von einem Steuerelement erkannt wird (z. B. Mausklick, Tastendruck, ...). Ereignisse lassen sich durch Ereignis-Prozeduren bearbeiten.

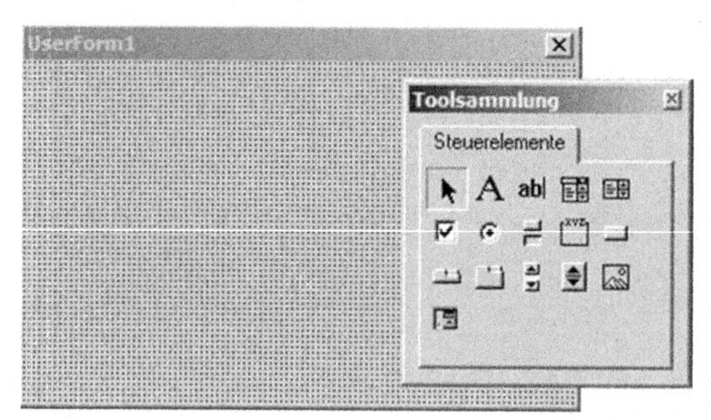


**Bild 1-11**

Ein Formular und die Werkzeugsammlung

### Übung 1.4 Formular zur Berechnung einer Kreisfläche erstellen

In dem Eigenschaftsfenster zum Formular (UserForm) finden Sie eine Menge Eigenschaften, die Sie mit der nötigen Vorsicht verändern können. Dort finden Sie auch die Eigenschaft Caption. Sie beinhaltet den Text für die Kopfzeile des Formulars. Geben Sie hier Berechnung einer Kreisfläche ein.

Nun ziehen Sie mit der Maus durch Anklicken und Festhalten, aus der Werkzeugsammlung nacheinander jeweils zwei Bezeichnungsfelder, Textfelder und Befehlsschaltflächen auf das Formular. Ändern Sie in den Eigenschaften der Bezeichnungsfelder und Befehlsschaltflächen die Texte in Caption so ab, dass dort aussagekräftige Bezeichnungen stehen.

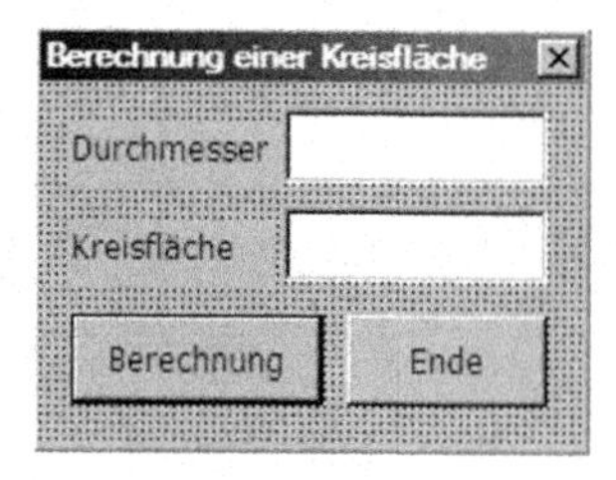


**Bild 1-12**

Formular Kreisflächenberechnung

Ändern Sie auch für alle Objekte unter Font die Schriftgröße auf 10 ab. Geben Sie der Textbox für den Durchmesser den Namen *txtDurchmesser* und der anderen den Namen *txtFläche*. Den Schaltflächen geben Sie die Namen *cmdBerechnung* und *cmdEnde*.

Wenn Sie nun nacheinander auf die Schaltflächen Berechnung und Ende in dieser Darstellung einen Doppelklick ausführen, schaltet der Visual Basic-Editor automatisch in die Codedarstellung um und zeigt ihnen die entsprechenden (noch leeren) Prozeduren *cmdBerechnung_Click* bzw. darunter *cmdEnde_Click*. Diese Prozeduren erhalten die nachfolgend dargestellten Anweisungen. Dabei achten Sie bei der Zahleneingabe darauf, dass der Dezimalpunkt Vor- und Nachkommastellen trennt und nicht das Komma. Um diese Prozeduren zu testen, wählen Sie in der Menüzeile des Visual Basic-Editors die Anweisung Ausführen/Sub UserForm ausführen. Damit wird das Formular eingeblendet und Sie können nun in das Feld Durchmesser einen Wert eingeben und mit der Schaltfläche Berechnung erhalten Sie das Ergebnis unter Kreisfläche.

```
Option Explicit

Private Sub cmdBerechnung_Click()
   Dim d    As Double
   Dim A    As Double

   d = Val(txtDurchmesser)
   A = d * d * 3.1415926 / 4
   txtFläche = Str(A)
   txtDurchmesser.SetFocus
End Sub

Private Sub cmdEnde_Click()
   Unload Me
End Sub
```

Das können Sie beliebig oft wiederholen. Mit der Schaltfläche *Ende* schließen Sie das Formular wieder. Nun wäre es sehr schön, wenn das Formular direkt in der Anwendung (Tabelle) gestartet werden könnte. Die Lösung kennen Sie bereits – eine Befehlsschaltfläche in der Anwendung nach Kapitel 1.2.3, erstellt im Entwurfsmodus. Nur den Aufruf eines Formulars müssen wir noch kennen lernen. Er lautet:

```
Load (Formularname)
```

Damit wird das Formular in die Anwendung geladen und existiert somit. Nur sehen kann es der Anwender noch nicht. Dazu muss eine weitere Anweisung ausgeführt werden, die lautet:

```
(Formularname).Show
```

Ist der Name der Befehlsschaltfläche in der Tabelle z. B. *cmdStart*, dann sollte die Prozedur wie folgt aussehen:

```
Private Sub cmdStart_Click()
   Load UserForm1
   UserForm1.Show
End Sub
```

Nachdem Sie den Entwurfsmodus ausgeschaltet haben, können Sie mit der Ausführung beginnen. Es gäbe noch eine ganze Menge zu verbessern, doch den Platz heben wir uns für später auf. Nur noch zwei Ergänzungen. Damit Sie immer wieder nach der Berechnung direkt einen neuen Durchmesser eingeben können, wird das Eingabefeld für den Durchmesser neu aktiviert. Diese Eigenschaft nennt sich Focus und das Objekt erhält den Focus mit der Anweisung:

```
   txtDurchmesser.Focus
```

Welche Ereignisse ein Objekt in ihrem Projekt kennt, können Sie ebenfalls im Codefenster zum Formular erfahren. Im Kopf des Codefensters gibt es zwei Auswahlfelder.

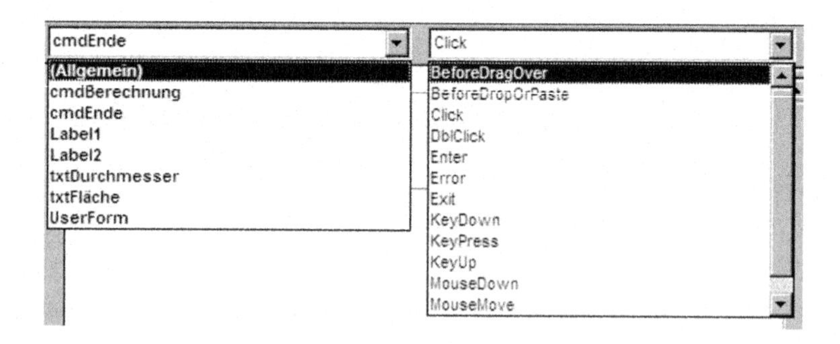


**Bild 1-13** Auswahlfenster für Objekte im Codefenster und deren Ereignisprozeduren

Im linken Feld erhalten Sie eine Auswahlliste der vorhandenen Objekte. Wählen Sie hier *txtDurchmesser* mit einem Klick. Im rechten Feld erscheint eine Auswahlliste aller möglichen Ereignisse. Wählen Sie hier *Change*. Im Codefenster erscheint nun eine neue Prozedur *txtDurchmesser_Change*. Diese Prozedur wird immer aufgerufen, wenn sich der Inhalt im Feld *txtDurchmesser* ändert. Wenn Sie in dieser Prozedur ebenfalls den Aufruf der Berechnungsprozedur platzieren, wird nach jeder Änderung im Eingabefeld die Berechnung aufgerufen. Damit wird die Schaltfläche Berechnung überflüssig.

```
Private Sub txtDurchmesser_Change()
   Call cmdBerechnung_Click
End Sub
```

Wen es aber stört, dass mit jeder Zahl die Berechnung startet und der nur nach Druck auf die Eingabetaste eine Berechnung möchte, ersetzt diese Prozedur durch die nachfolgende.

```
Private Sub txtDurchmesser_KeyDown _
   (ByVal KeyCode As MSForms.ReturnInteger, _
   ByVal Shift As Integer)
   If KeyCode = 13 Then
      Call cmdBerechnung_Click
   End If
End Sub
```

Diese Prozedur liefert als Parameter den ASCII-Code der gedrückten Taste. So erfolgt der Aufruf der Prozedur nur, wenn der Tastencode = 13 ist. Das ist der Code der Eingabetaste. Eine unangenehme Erscheinung tritt hierbei auf. Durch den Druck auf die Eingabetaste wird der Focus auf ein nachfolgendes Objekt gesetzt und bleibt somit nicht bei dem Eingabefeld. Die Reihenfolge der Objekte zur Focus-Vergabe wird unter der Eigenschaft *TabIndex* beginnend bei 0 festgelegt. Erst wenn Sie allen anderen Objekten unter *TabStop = False* das Recht zum Erhalt des Focusses entziehen, bleibt der Focus beim Eingabefeld.

Auch Formulare haben Namen und diese können, wenn Sie das Formular anklicken, im Eigenschaftsfenster unter (Name) geändert werden. Stellen Sie vor jeden Namen die Kennung *frm*. Sind Formulare allgemein gehalten, können sie auch in anderen Projekten zur Anwendung kommen.

### 1.2.5 Module

Module dienen wie die Formulare zur Aufnahme von Prozeduren, die auch bei anderen Projekten eingesetzt werden können. Allerdings besitzen Module keine Fensterfläche und damit auch keine Steuerelemente. Ihr einziger Inhalt ist Programmcode. Ein Modul haben Sie bereits kennen gelernt. Makros erzeugen Prozeduren in Modulen.

Module lassen sich in verschiedenen Anwendungen einbinden. Eine weitere wichtige Eigenschaft der Module ist, dass in ihnen mit *Global* deklarierten Variablen für das ganze Projekt Gültigkeit haben.

## 1.3 Die Syntax von VBA

### 1.3.1 Konventionen

Kommentare im Programmcode werden zeilenweise gekennzeichnet. Eine Kommentarzeile beginnt mit einem Hochkomma oder der Anweisung *Rem* (für Remark). Siehe Prozedur Kreis im Kapitel 1.2.2. Längere Anweisungen können auf mehrere Zeilen verteilt werden. Dazu wird ein Unterstrich gesetzt. Achtung! Vor dem Unterstrich muss sich ein Leerzeichen befinden. Siehe Prozedur *txtDurchmesser_KeyDown* im Kapitel 1.2.4.

```
'Dies ist eine Kommentarzeile
Rem Dies ist auch eine Kommentarzeile
'
'Die nachfolgende Ausgabe-Anweisung ist auf drei Zeilen verteilt angeordnet
   MsgBox "Dies ist eine Testausgabe! Bitte bestätigen Sie mit ok!" _
      vbInformation + vbOKOnly, "Wichtiger Hinweis"
'
'In den nachfolgenden Anweisungen werden die Inhalte zweier Variabler x
'und y über den Umweg der Variablen z vertauscht
      z = x: x = y: y = z
```

Eine Zeile kann auch mehrere Anweisungen enthalten. Diese werden durch einen Doppelpunkt voneinander getrennt und von links nach rechts abgearbeitet.

Das Einrücken von Programmanweisungen innerhalb von bedingten Anweisungen oder Programmschleifen dient nur der Übersichtlichkeit und hat keine Auswirkungen auf die Prozedur. Ich empfehle Ihnen jedoch diese Schreibweise. So werden Sie auch ältere Programme besser lesen können.

### 1.3.2 Prozeduren und Funktionen

Prozeduren haben den grundsätzlichen Aufbau:

```
[Private|Public] [Static] Sub Name [(Parameterliste)]
    [Anweisungen]
    [Exit Sub]
    [Anweisungen]
End Sub
```

Der Aufruf der Prozedur erfolgt durch den Prozedurnamen und eventuellen Parametern. Bei den übergebenen Parametern kann es sich um Variable verschiedener Datentypen handeln. Die so übergebenen Parameter sind nur in der Prozedur gültig. Werden Variable am Anfang eines Formulars mit Global definiert, so gelten sie in allen Prozeduren und Funktionen des gesamten Formulars. Aber Achtung, es muss immer zwischen lokalen und globalen Variablen unterschieden werden. Mehr dazu unter Parameterlisten. Eine Prozedur kann jederzeit mit der Anweisung *Exit Sub* beendet werden. Sinnvollerweise in Abhängigkeit von einer Bedingung.

Funktionen sind eine besondere Form von Prozeduren. Ihr Aufbau entspricht dem von Prozeduren:

```
[Public|Private|Friend][Static] Function Name [(Parameterliste)] [As Typ]
    [Anweisungen]
    [Name = Ausdruck]
    [Exit Function]
    [Anweisungen]
    [Name = Ausdruck]
End Function
```

Der Aufruf der Funktion erfolgt ebenfalls durch den Funktionsnamen und eventuellen Parametern. Allerdings fungiert hier der Funktionsname auch als Parameter und kann eine Variable verschiedener Datentypen darstellen. Auch eine Funktion kann jederzeit mit der Anweisung *Exit Function* beendet werden.

Die VBA-Entwicklungsumgebung verfügt über eine große Auswahl an Prozeduren und Funktionen in Bibliotheken. Die Attribute *Public, Private, Friend* und *Static* werden im Kapitel Geltungsbereiche erklärt.

### 1.3.3 Datentypen für Konstante und Variable

Jedes Programm benötigt die Möglichkeit, Daten zu speichern. VBA bietet zwei Formen, Konstante und Variable. Beide Formen werden durch einen Namen bezeichnet.

Für die Namensvergabe gibt es folgende Regeln:

- erstes Zeichen muss ein Buchstabe sein
- weitere Zeichen können Ziffern, Buchstaben oder Sonderzeichen (keine mathematische Zeichen und kein Leerzeichen) sein
- maximal 255 Zeichen
- kein VBA Schlüsselwort

Feststehende Daten definiert man sie üblicherweise als Konstante in der Form:

```
Const Name = Wert [ As Datentyp ]
```

VBA und Office stellen eine große Anzahl von Konstanten zur Verfügung, dabei weisen die ersten beiden Buchstaben auf die Anwendung hin. Nachfolgend die Wichtigsten:

- vb VBA Kontante (vbYes)
- wd Word Konstante (wdAlign...)
- xl Excel Konstante (xlFixed...)
- ac Access Konstante (acCmd...)
- ad Konstante für Datenzugriff (adLock...)
- pp Powerpoint Konstante (ppEffect...)
- mso Office Konstante (msBar...)
- fm MSForms Bibliothek für Formulare (fmAction...)

Variable werden definiert durch:

```
Dim Name [ As Datentyp ]
```

Die wichtigsten Datentypen finden Sie in Tabelle 1-1. Um den Datentyp einer Variablen eindeutig zu kennzeichnen, kann dem Namen der Variablen ein datentypspezifisches Kürzel angefügt werden. So ist z. B. die Variable Zahl% vom Typ Integer oder die Variable Text$ vom Typ String.

Die meisten Programmierer verwenden für Namen von Variablen eine Präfix (Ungarische Notation), ähnlich dem der Systemkonstanten.

- bol Boolean (Beispiel: bolSichern)
- dtm Datum oder Zeit (dtmStartZeitraum)
- err Fehlercode (errDateifehler)
- int Integer (intZähler)
- ftp Fließkomma (ftpErgebnis)
- obj Objektverweis (objDokument)
- str String/Text (strNachname)

**Tabelle 1-1** Die wichtigsten Datentypen in VBA

| Typ | Kürzel | Bezeichnung | Datenbereich |
|---|---|---|---|
| Byte | | Byte | 0 bis 255 |
| Integer | % | Ganze Zahlen | -32.768 bis 32.767 |
| Long | & | Ganze Zahlen | -2.147.483.648 bis 2.147.483.647 |
| Single | ! | Fließkommazahlen | -3.4E38 - 3.5E38 (7 Ziffern) |
| Double | # | Fließkommazahlen | -1.8E308 - 1.8E308 (15 Ziffern) |
| Currency | @ | Fließkommazahlen | -9.22E14 - 9.22E14 ( 15V 4N ) |
| String | $ | Zeichenketten | 0 - 65535 Zeichen |
| Date | | Datum und Zeit | 01.Jan.100 - 31.Dez.9999 |
| Boolean | | Logische Werte | True (Wahr) oder False (Falsch) |
| Variant | | Beliebige Daten | |
| Object | | | 4 Byte für Adresse (Referenz) |

Ich benutze immer nur einen kleinen Buchstaben vor dem eigentlichen Namen. So unterscheide ich zwischen Datenvariable (1 Buchstabe), Systemvariable (2 Buchstaben) und Objektvariable (3 Buchstaben).

Datenlisten (eine Dimension, auch Vektoren genannt) oder Datenfelder (mehrere Dimensionen, auch Arrays oder Matrizen genannt) definieren sich durch:

```
Dim Name (Dimension 1[, Dimension 2[,...]]) As Datentyp
```

Oft werden die Dimensionen auch als Index bezeichnet und man spricht von einer indizierten Variablen. Die Indizes beginnen standardmäßig bei null. Ist ein Beginn bei eins gewünscht, so erlaubt die Anweisung

```
Option Base {0 | 1}
```

hier eine Umschaltung. Die oberen Werte der Indizes lassen sich während des Programmablaufs neu dimensionieren durch die Anweisung:

```
Redim [Preserv] Name (Dimension 1[, Dimension 2[,...]])
```

Das *Preserv* rettet, soweit möglich, vorhandene Daten, während die Anweisung *Erase* eine Neuinitialisierung des Arrays vornimmt.

```
Erase Arrayname
```

### 1.3.4 Parameterlisten

Parameter dienen zur Übergabe von Daten zwischen Prozeduren. Der Datentyp eines Parameters wird entweder durch Typkennzeichen oder durch die As Anweisung bestimmt. Die Syntax ist nachfolgend dargestellt.

```
[Optional] [ByVal | ByRef] Variable[( )] [As Typ] [= StandardWert]
```

Auch eine gemischte Form ist möglich.

```
Sub Parameterbeispiel
   Dim RefWert As Byte
   Dim ValWert As Byte
   RefWert=4: ValWert=8
   MsgBox "RefWert vor dem Aufruf : " & RefWert
   MsgBox "ValWert vor dem Aufruf : " & ValWert
   Aufruf (RefWert, ValWert)
   MsgBox "RefWert nach dem Aufruf : " & RefWert
   MsgBox "ValWert nach dem Aufruf : " & ValWert
End Sub

Sub Aufruf (ByVal X As Byte, ByRef Y As Byte)
   X = X + 2
   Y = Y + 2
End Sub
```

Bei der Übergabe gibt es zwei Formen, *by Value* und *by Reference*. Jede Variable besitzt eine Adresse im Hauptspeicher. Mit *by Reference*, der Standardübergabe, wird diese Adresse übergeben und mit *by Value* nur der Wert. So lässt sich verhindern, dass alte Werte überschrieben werden.

Sehr anschaulich ist das vorstehende Beispiel.

Die Prozedur liefert:

> Vor dem Aufruf: RefWert = 4 , ValWert = 8
> Nach dem Aufruf: RefWert = 6, ValWert = 8

**Optional**

Laut Syntax können Parameter ganz oder teilweise mit dem Argument *Optional* belegt werden. Damit wird bestimmt, dass dieser Parameter zur Ausführung der Prozedur nicht unbedingt erforderlich ist. Ist jedoch ein Parameter in der Liste als optional gekennzeichnet, müssen auch alle nachfolgenden Parameter optional deklariert werden.

In dem nachfolgenden Beispiel wird das Volumen eines Würfels (alle Seiten gleich), eines Quaders (Quadrat x Höhe) und eines Blocks (alle Seiten ungleich) nach der Anzahl Parameter berechnet. Zu beachten ist, dass die Auswertungsfunktion *IsMissing* nicht bei einfachen Variablen wie Integer und Double funktioniert. Daher der Trick mit dem Datentyp Variant in der Parameterliste der Funktion.

```
Option Explicit

Sub Beispiel()
   Dim Text As String
   Text = "Würfel mit (a=5,5) = " & Str(Vol(5.5)) & vbCrLf
   Text = Text & "Quader mit (a=6,7, b=7,2) = " & _
      Str(Vol(6.7, 7.2)) & vbCrLf
   Text = Text & "Block  mit (a=4,8, b=6.2, c=5.3) = " & _
      Str(Vol(4.8, 6.2, 5.3))
   MsgBox Text
End Sub
Function Vol(a As Variant, Optional b As Variant, _
   Optional c As Variant) As Double
   If IsMissing(b) Then
      Vol = a * a * a
   ElseIf IsMissing(c) Then
      Vol = a * a * b
   Else
      Vol = a * b * c
   End If
End Function
```

### 1.3.5 Benutzerdefinierte Aufzähl-Variablen

Bei Aufzähl-Variablen handelt es sich um Variablen, die als *Enum-Typ* deklariert werden. Die Elemente des Typs werden mit konstanten Werten initialisiert und können zur Laufzeit nicht verändert werden. Die Werte können sowohl positiv als auch negativ sein.

```
Enum Bauteilform
   unbekannt = -1
   Rechteckquader = 0
   Dreieckquader = 1
   Zylinder = 2
   Kugel = 3
End Enum
```

Die Enum-Variablen werden wie normale Konstante benutzt. Sie haben ihre Gültigkeit nur auf Modulebene.

### 1.3.6 Benutzerdefinierte Datentypen

Benutzerdefinierte Datentypen sind ein leistungsfähiges Hilfsmittel zum Gruppieren von gleichartigen Datenelementen. Nehmen wir als Beispiel folgenden benutzerdefinierten Typ namens Material:

```
Type Material
   Name As String 'Materialname
   EMod As Double 'E-Modul
   QKon As Double 'Querkontraktion
   ZugF As Double 'Zugfestigkeit
   DruF As Double 'Druckfestigkeit
   BieF As Double 'Biegefestigkeit
End Type
```

Sie können nun eine Variable des Typs Material deklarieren,

```
Dim Träger As Material
```

die Werte der zugehörigen Felder individuell festlegen und den kompletten Satz an Prozeduren übergeben, um ihn zu drucken, in einer Datenbank abzuspeichern, Berechnungen damit durchzuführen, die Felder zu prüfen usw. Angesprochen wird eine Variable unter ihrem vollen Namen, ganz im Sinne der Objektschreibweise, z.B.:

```
    Träger.Name = "ST 37-2"
```

So leistungsfähig benutzerdefinierte Typen einerseits sind, so viel Kopfzerbrechen können sie dem Programmierer andererseits bereiten. Es gilt immer zu bedenken, dass der komplette Datentyp seine Anwendung findet.

### 1.3.7 Operatoren und Standardfunktionen

Nachfolgend sind nur die wichtigsten Operatoren und Funktionen aufgeführt. Wer sich ausführlicher informieren will, findet in der Literatur neben weiteren Definitionen auch anschauliche Beispiele. Eine weitere Quelle für Informationen ist die Hilfe in der Entwicklungsumgebung. In der Menüzeile ist sie mit einem Fragezeichen installiert und ein Mausklick öffnet ein Dialogfenster. Durch Eingabe eines Stichwortes liefert eine Suche alle verwandten Themen. Auch hier findet man neben Definitionen anschauliche Beispiele.

**Tabelle 1-2** Operatoren und Standardfunktionen in VBA

| Operatorart | Zeichen | Bezeichnung |
|---|---|---|
| | = | Wertzuweisung |
| Numerische Operatoren | + | Addition |
| | - | Subtraktion |
| | * | Multiplikation |
| | / | Division |
| | ^ | Potenzieren |
| | \ | ganzzahlige Division |
| | Mod | Modulo (Restwert nach Division) |
| Alphanumerische Operatoren | & | Verkettung alphanumerischer Variabler (Konkatenierung) |
| | + | Wie &, sollte aber nicht verwendet werden, dass es in numerischen Ausdrücken leicht zu Fehlern führen kann. |

| Operatorart | Zeichen | Bezeichnung |
|---|---|---|
| Vergleichsoperatoren | = | gleich |
| | > | größer als |
| | < | kleiner als |
| | >= | größer gleich |
| | <= | kleiner gleich |
| | <> | ungleich |
| | Like | gleich (Zeichenketten) |
| | Is | vergleicht Objekt-Variable |
| Logische Operatoren (Funktionen) | Not | Nicht |
| | And | Und |
| | Or | Oder |
| | Xor | Exklusiv Oder |
| | Eqv | logische Äquivalenz zwischen Ausdrücken |
| | Imp | logische Implikation zwischen Ausdrücken |
| Alphanumerische Funktionen | Left | linker Teil einer Zeichenkette |
| | Right | rechter Teil einer Zeichenkette |
| | Len | Länge einer Zeichenkette |
| | Mid | Teil einer Zeichenkette |
| | Str | Umformung numerisch -> alphanumerisch |
| | Trim | löscht führende und endende Leerzeichen |
| Datumsfunktionen | Date | aktuelles Systemdatum |
| | Now | aktuelles Datum und aktuelle Zeit |
| | Month | aktueller Monat als Zahl (1-12) |
| Numerische Funktionen: | Val | Umformung alphanumerisch -> numerisch |
| | Int | Ganzzahl |
| | Exp | Exponent |
| Logische Funktionen (true/false) | IsNumer | prüft auf Zahl |
| | IsArray | prüft auf Datenfeld |
| | IsEmpty | Variable initialisiert? |
| | IsObject | Objekt-Variable? |
| | IsDate | prüft auf Datum |
| | IsNull | prüft auf keine gültigen Daten (null) |
| | Is | prüft Existenz einer Objekt-Variablen |

| Operatorart | Zeichen | Bezeichnung |
|---|---|---|
| Dialog Funktionen | InputBox | Eingabe mit Kommentar |
| | MsgBox | Ausgabe mit Aktionen |

Weitere Hinweise erhalten Sie im Visual Basic-Editor unter dem Fragezeichen (?) in der Menüleiste

### 1.3.8 Strukturen für Prozedurabläufe

**Bedingte Verzweigungen**

Bedingte Verzweigungen bieten die Ausführung unterschiedlicher Anweisungsblöcke in Abhängigkeit von Bedingungen an.

```
'Version 1
   If Bedingung Then
      Anweisungsblock 1
   Else
       Anweisungsblock 2
   End If

'Version 2
   If Bedingung1 Then
       Anweisungsblock 1
   ElseIf Bedingung2 Then
       Anweisungsblock 2
   Else
       Anweisungsblock 3
   End If
```

**Bedingte Auswahl**

Die Bedingte Auswahl wird auch oft als Softwareschalter bezeichnet, da je nach dem Inhalt des *Selectors* Anweisungsblöcke ausgeführt werden. Trifft kein Auswahlwert zu, wird der Anweisungsblock unter *Case Else* ausgeführt.

```
Select Case Selector
Case Auswahlwert 1
   Anweisungsblock 1
Case Auswahlwert 2
    Anweisungsblock 2
...
Case Else
    Anweisungsblock x
End Select
```

**Schalter**

Die Funktion Switch ist vergleichbar mit der Select Case-Anweisung. Sie wertet eine Liste von Bedingungen aus und führt die betreffende Anweisung durch.

```
Switch (Bedingung1, Anweisung1 [,Bedingung2, Anweisung2 …])
```

**Zählschleife**

Ein Zähler wird ausgehend von einem Startwert bei jedem Next um den Wert 1 oder wenn *Step* angegeben ist, um die Schrittweite erhöht, bis der Endwert überschritten wird. Der Anweisungsblock wird für jeden Zählerzustand einmal durchgeführt.

```
For Zähler = Startwert To Endwert [ Step Schrittweite]
   Anweisungsblock
Next [Zähler]
```

**Bedingte Schleifen**

In bedingten Schleifen werden Anweisungsblöcke in Abhängigkeit von einer Bedingung mehrfach ausgeführt. Wir unterscheiden verschiedene Arten.

Die Auslegung einer Bedingung wird durch die folgenden Begriffe gesteuert:

While: Schleife wird solange durchlaufen, wie die Bedingung richtig (true) ist.
Until: Schleife wird solange durchlaufen, wie die Bedingung falsch (false) ist.

**Abweisend bedingte Schleife**

Anweisungsblock wird möglicherweise erst nach Prüfung der Bedingung ausgeführt.

```
Do While/Until Bedingung
   Anweisungsblock
Loop
```

**Ausführend bedingte Schleife**

Anweisungsblock wird erst durchgeführt, bevor die erste Prüfung der Bedingung erfolgt.

```
Do
   Anweisungsblock
Loop While/Until Bedingung
```

**Schleifen über Datenlisten und Objektlisten**

Mit dieser Anweisung werden alle Elemente einer Liste angesprochen.

```
For Each Variable in Feld
   Anweisungsblock
Next Variable
```

**Schleifenabbruch**

Eine Schleife kann jederzeit mit der Anweisung *Exit* beendet werden

```
For …
   Exit For
Next

Do …
   Exit Do
Loop
```

### 1.3.9 Geltungsbereiche

Durch die Anweisung *Public* wird der Geltungsbereich von Konstanten, Variablen, Funktionen und Prozeduren auf alle Module des Projekts ausgeweitet.

```
Option Explicit
'
'Beispiel: Setzen Sie den Cursor in die Prozedur Test1
'          und rufen Sie Ausführen/UserForm auf
Public Textname

Sub Test1()
   Dim Textname As String
   Textname = "TEST"
   MsgBox Textname, vbOKOnly, "TEST1"
   Call Test2
End Sub
Sub Test2()
   Dim Textname As String
   MsgBox Textname, vbOKOnly, "TEST2"
End Sub
```

Durch die Anweisung *Privat* wird der Geltungsbereich von Konstanten, Variablen, Funktionen und Prozeduren grundsätzlich auf ein Modul beschränkt.

Die Anweisung *Static* und das Schlüsselwort *Static* wirken sich unterschiedlich auf die Lebensdauer von Variablen aus. Mit dem Schlüsselwert Static für Prozeduren, wird der Speicherplatz aller lokalen Variablen einmal angelegt und bleibt während der gesamten Laufzeit existent. Mit der Anweisung *Static* werden Variablen in nichtstatischen Prozeduren als statisch deklariert und behalten ihren Wert während der gesamten Laufzeit.

Prozeduren in Klassen (und nur hier) können mit dem Attribut *Friend* versehen werden. Dadurch sind sie auch aus anderen Klassen aufrufbar. Siehe befreundete Klassen.

### 1.3.10 Fehlerbehandlung in Prozeduren

Laufzeitfehler, die bei Ausführung einer Prozedur auftreten, führen zum Abbruch der Verarbeitung. Weil sich diese Fehler normalerweise nicht unter der Kontrolle des Programmierers befinden und auch die angezeigten Fehlertexte oft wenig Aufschluss über den Sachverhalt wiedergeben, geschweige denn Anweisungen zur Fehlerbehandlung, ist es besser die Möglichkeiten zur Fehlerbehandlung zu nutzen.

Dazu gibt es die Fehleranweisung On Error und ein Err-Objekt. Mit der Anweisung

```
   On Error GoTo Marke
   Anweisungen
Marke:
   Anweisungen
```

wird nach dem Auftreten eines Fehlers zur angegebenen Programmmarke verzweigt. Mit der Anweisung

```
   Resume [ Next | Marke ]
```

wird der Programmablauf mit der nächsten Anweisung oder der nächsten Anweisung nach einer Marke fortgeführt.

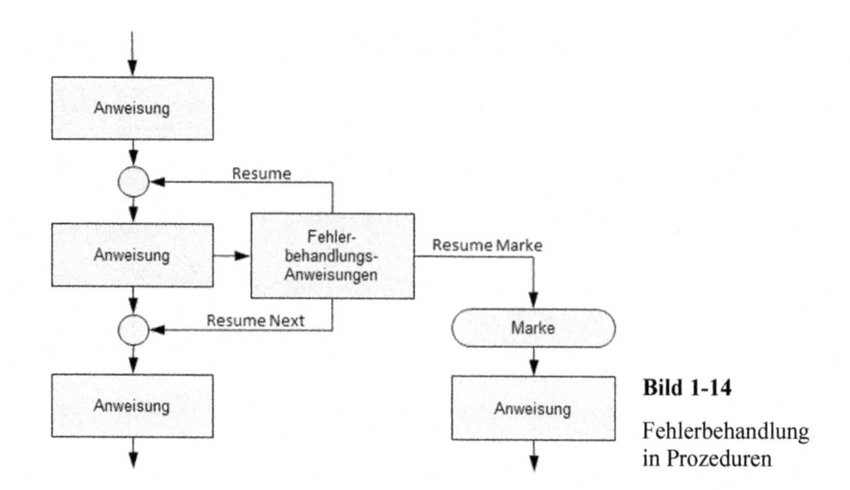


**Bild 1-14**

Fehlerbehandlung in Prozeduren

Das Err-Objekt verfügt neben den Eigenschaften Fehlernummer (Number) und Beschreibung (Description) noch über die Methoden *Raise* und *Clear* zum Auslösen und Löschen von Laufzeitfehlern:

```
Err[.{Eigenschaft, Methode}]
```

## 1.4 Algorithmen und ihre Darstellung

### 1.4.1 Der Algorithmus

Der Begriff Algorithmus ist auf den Perser Abu Ja' far Mohammed ibn Musa al Khowarizmi zurückzuführen, der um 825 n.Chr. ein Lehrbuch der Mathematik verfasste. Allgemein ist ein Algorithmus eine Methode zur Lösung eines bestimmten Problems. Grafisch (Bild 1-15) als so genannte Black-Box darstellbar, die Eingaben (Input) zu Ausgaben (Output) umformt.

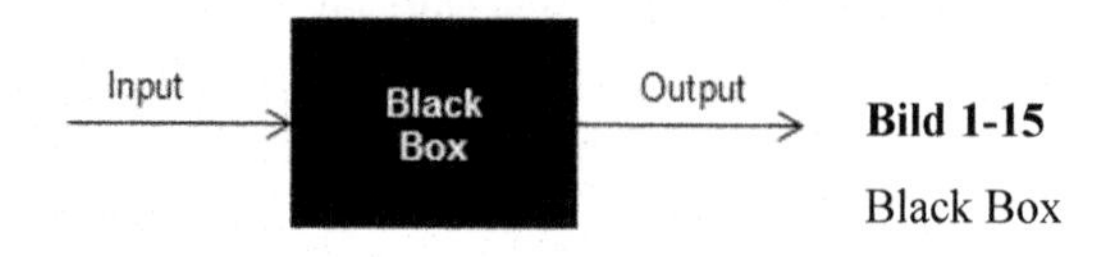


**Bild 1-15**

Black Box

Wenn man sich auch immer noch an einer exakten Definition schwer tut, an einen Algorithmus sind sechs Bedingungen geknüpft.

- Alle verwendeten Größen müssen bekannt sein.
- Die Umarbeitung geschieht in Arbeitstakten.
- Die Beschreibung des Algorithmus ist vollständig.
- Die Beschreibung des Algorithmus ist endlich.
- Alle angegebenen Operationen sind zulässig.
- Angabe der Sprache für die Regeln.

In diesem Buch verstehen wir unter Algorithmus eine eindeutige Vorschrift zur Lösung eines Problems mit Hilfe eines Programms. Auf dem Weg von der Idee zum Programm gibt es zwei sinnvolle Zwischenstationen. Zunächst eine eindeutige Beschreibung des Problems. Diese wird oft mittels Top-Down-Design erstellt und dann eine grafische Darstellung als Flussdiagramm, Struktogramm oder Aktivitätsdiagramm.

Eine besondere Form des Algorithmus soll noch erwähnt werden. Sie wird als Rekursion bezeichnet. Eine Rekursion ist dann gegeben, wenn ein Teil des Algorithmus der Algorithmus selbst ist. So lässt sich z. B. n-Fakultät rekursiv bestimmen aus n-1-Fakultät durch

$$n! = n \cdot (n-1)! \tag{1.2}$$

Hier spielt die Endlichkeit des Algorithmus eine sehr wichtige Rolle, denn die rekursiven Aufrufe müssen ja irgendwann enden.

**Beispiel 1.1** Satz des Heron

Die Fläche eines beliebigen ebenen Dreiecks bestimmt sich nach dem Satz des Heron.

$$A = \sqrt{s(s-a)(s-b)(s-c)}$$
$$s = \frac{a+b+c}{2} \tag{1.3}$$

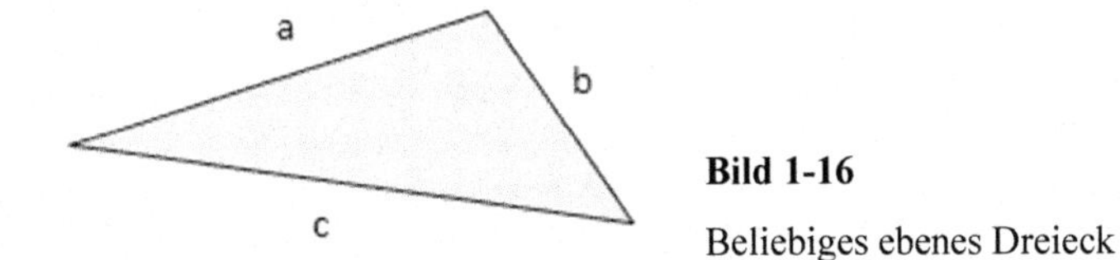


**Bild 1-16**

Beliebiges ebenes Dreieck

Ein Algorithmus zur Bestimmung der Fläche setzt zunächst die Angabe der drei Seiten voraus. Nach Überprüfung der Werte kann mit den angegebenen Formeln der Flächeninhalt berechnet werden. Dieser wird in einem letzten Schritt dann ausgegeben.

### 1.4.2 Top-Down-Design

Zur Verdeutlichung eines Problems und auch zur Suche nach der Lösung bedient man sich auch gerne der Methode des Top-Down-Designs (Tabelle 1-3). Dabei wird ein Problem in kleinere Teilprobleme zerlegt, wenn nötig, einige Teilprobleme wieder in kleinere Teilprobleme und so weiter. Letztlich erhält man kleine überschaubare Teilprobleme und dazugehörige Lösungen, die dann meist aus einfachen Anweisungen bestehen. Setzt man diese wieder zu einer Gesamtlösung zusammen, ist auch das Gesamtproblem gelöst.

Oft hat man auch Teillösungen definiert, die sich in anderen Problemlösungen ebenfalls verwenden lassen. Ein Top-Down-Design wird oft grafisch aufwendig gestaltet. Ich denke eine einfache Tabellenstruktur erfüllt den gleichen Zweck.

**Tabelle 1-3** Top-Down-Design zur Flächenberechnung eines Dreiecks nach dem Satz des Heron

<table>
<tr><td colspan="4">Problem: Flächenberechnung eines beliebigen Dreiecks</td></tr>
<tr><td>Teilproblem 1:<br>Eingabe der Seiten a, b, c</td><td colspan="2">Teilproblem 2:<br>Berechnung des Flächeninhalts</td><td>Teilproblem 3:<br>Ausgabe des Inhalts A</td></tr>
<tr><td rowspan="2">Teillösung 1:<br>Eingabe der drei Werte in Zellen einer Tabelle</td><td>Teilproblem 2.1:<br>Bilden die drei Seiten ein Dreieck?</td><td>Teilproblem 2.2:<br>Bestimmung der Zwischengröße s und des Flächeninhalts A</td><td rowspan="2">Teillösung 3:<br>Ausgabe des Flächeninhalts in eine Zelle der Tabelle</td></tr>
<tr><td>Teillösung 2.1:<br>$a < b + c$<br>$b < a + c$<br>$c < a + b$</td><td>Teillösung 2.2:<br>$s = \frac{a + b + c}{2}$<br>$A = \sqrt{s(s-a)(s-b)(s-c)}$</td></tr>
</table>

### 1.4.3 Flussdiagramm

Flussdiagrammelemente haben wir bereits in Bild 1-14 verwendet. Entsprechend der vorherigen Syntax-Definitionen unterscheiden wir die nachfolgenden Flussdiagramm-Elemente. Diese werden entsprechend ihrer zeitlichen Abarbeitung durch Pfeile aneinander gereiht. Symbole und Erstellungsregeln finden Sie unter DIN 66001 und ISO 5807.

**Bild 1-17** Flussdiagramm-Elemente

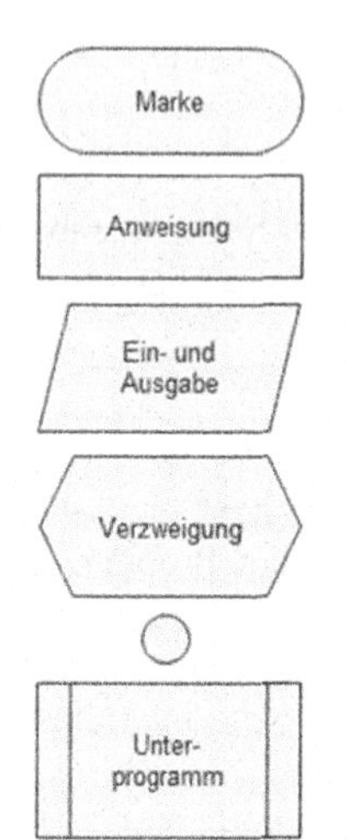


Anfang und Ende eines Flussdiagramms sind durch eine **Marke** (Label) gekennzeichnet. Aber auch bestimmte Positionen innerhalb des Flussdiagramms können mit einer Marke gekennzeichnet werden.

**Anweisungen** stehen einzeln in einem rechteckigen Block. **Pfeile** zwischen den Anweisungsblöcken zeigen die Verarbeitungsrichtung an.

Ein Parallelogramm kennzeichnet **Ein- und Ausgaben**.

**Verzweigungen** sind in der Regel an eine Bedingung geknüpft. Ist die Bedingung erfüllt, wird der ja-Anweisungsblock durchlaufen, andernfalls der nein-Anweisungsblock. Diese Anweisungsblöcke können auch fehlen. Ich verwende diese Form statt einer Raute, da sie mehr Text aufnimmt.

Verschiedene Anweisungszweige werden mit einem **kleinen Kr**eis wieder zusammengefasst.

Ein **Unterprogramm**, steht für ein eigenständiges Flussdiagramm.

Flussdiagramme werden oft, unabhängig von Programmabläufen, auch zur Darstellung von Tätigkeiten und Prozessen benutzt. So lassen sich zum Beispiel Arbeitsabläufe oder Bedienungsabläufe anschaulich darstellen.

Für unser Beispiel, die Berechnung des Flächeninhalts eines beliebigen ebenen Dreiecks nach dem Satz von Heron, ergibt sich das nachfolgende Flussdiagramm.

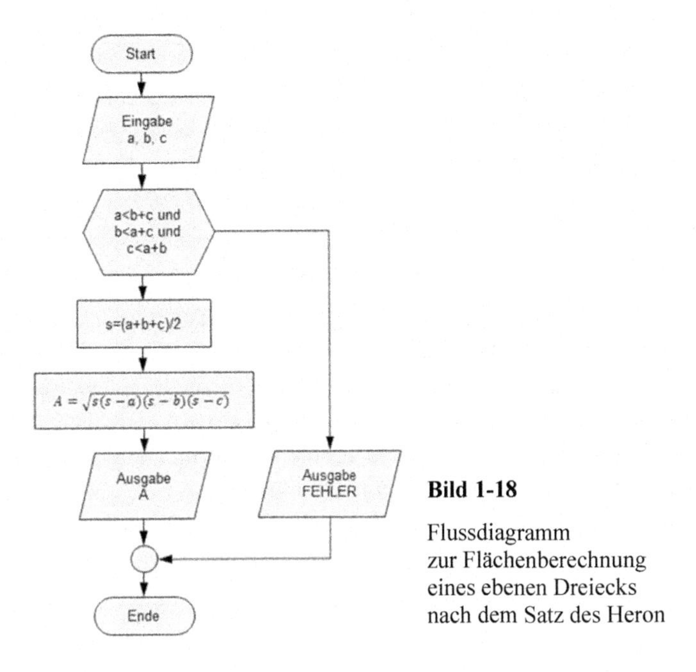


**Bild 1-18**

Flussdiagramm zur Flächenberechnung eines ebenen Dreiecks nach dem Satz des Heron

### 1.4.4 Struktogramm

Weniger grafisch aber mindestens genauso aussagekräftig ist ein Struktogramm (Nassi-Shneiderman-Diagramm). Auch hier betrachten wir zunächst die Elemente.

**Bild 1-19** Struktogramm-Elemente

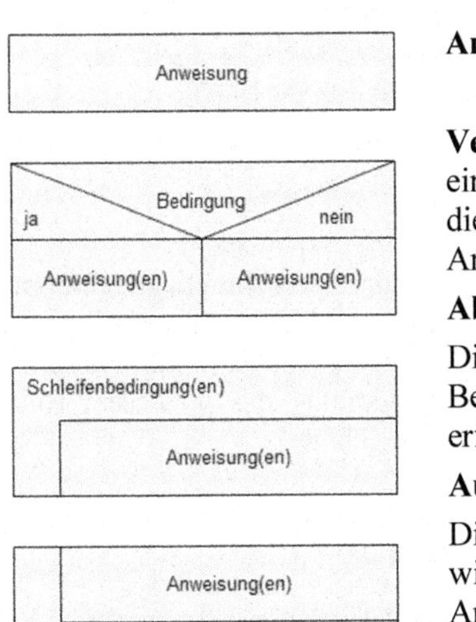


**Anweisungen** stehen einzeln in einem rechteckigen Block.

**Verzweigungen** in einem Struktogramm sind in der Regel an eine Bedingung geknüpft. Ist die Bedingung erfüllt, werden die Anweisungen unter ja ausgeführt, andernfalls die Anweisungen unter nein.

**Abweisend bedingte Schleife**.

Die Anweisungsblöcke werden erst ausgeführt, wenn die Bedingung erfüllt ist und dann so lange wie die Bedingung erfüllt bleibt.

**Ausführend bedingte Schleife**.

Die Anweisungsblöcke werden zuerst ausgeführt. Danach wird die Bedingung geprüft und dann werden die Anweisungsblöcke ebenfalls so lange ausgeführt wie die Bedingung erfüllt wird.

Unterprogramme lassen sich durch formale Beschreibungen definieren, die dann in einer weiteren Stufe genauer spezifiziert werden.

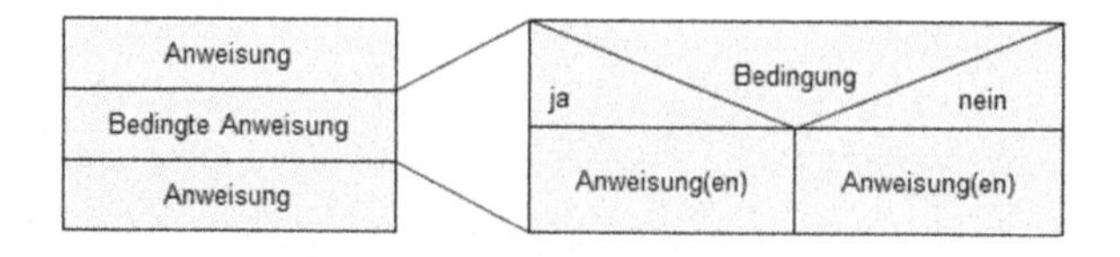


**Bild 1-20** Struktogramm-Unterprogrammdarstellung

Die stufige Darstellung kann beliebig oft wiederholt werden. Dadurch verliert sie dann natürlich etwas an Übersichtlichkeit.

Ein Vorteil der Struktogramme gegenüber den Flussdiagrammen ist die Möglichkeit, in den entsprechenden Elementen mehr Text schreiben zu können. Diese Möglichkeit sollten Sie auch hinreichend nutzen. Nicht immer bleibt das Problem in Erinnerung und bei einer späteren Bearbeitung ist man für jeden schriftlichen Hinweis dankbar.

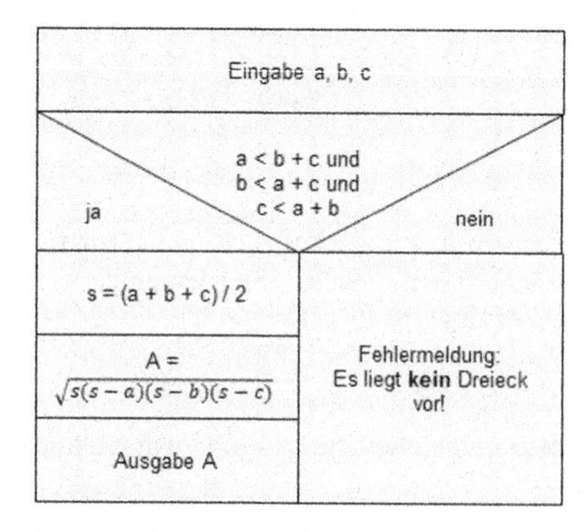


**Bild 1-21**

Struktogramm zur Flächenberechnung eines ebenen Dreiecks nach dem Satz des Heron

### 1.4.5 Aktivitätsdiagramm

Das Aktivitätsdiagramm (engl. activity diagram) gehört zu insgesamt vierzehn Diagrammarten, die unter dem Begriff Unified Modeling Language (UML), zu einer Modellierungssprache für Software zusammengefasst sind. Sie unterteilen sich in zwei Gruppen. Das Aktivitätsdiagramm gehört zu den Verhaltensdiagrammen, während das Klassendiagramm, das in diesem Buch unter Objekte beschrieben ist, zur Gruppe der Strukturdiagramme gehört.

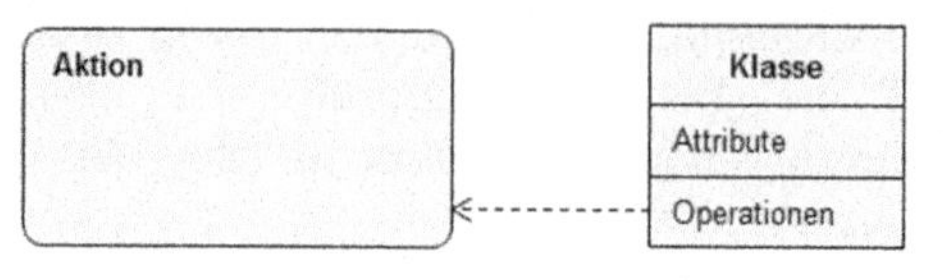


**Bild 1-22**

Verbindung zwischen Klassendiagramm und Aktivität

Das Aktivitätsdiagramm ist eine objektorientierte Adaption des Flussdiagramms. Es beschreibt die Realisierung eines bestimmten Verhaltens durch ein System, indem es dafür den Rahmen und die geltenden Regeln vorgibt. Aktivitätsdiagramme dienen der Modellierung von dynamischen Abläufen und beschreiben Aktivitäten mit nicht-trivialem Charakter und den Fluss durch die Aktivitäten. Es kann sowohl ein Kontrollfluss, als auch ein Datenfluss modelliert werden.

Die Elemente eines Aktivitätsdiagramms können in ihrer Kombination mehr als es die Elemente von Flussdiagramm und Struktogramm können. So sind durch Verzweigungen des Kontrollflusses gleichzeitig parallel laufende Aktionen möglich.

**Bild 1-23** Die wichtigsten Aktivitätsdiagramm-Elemente

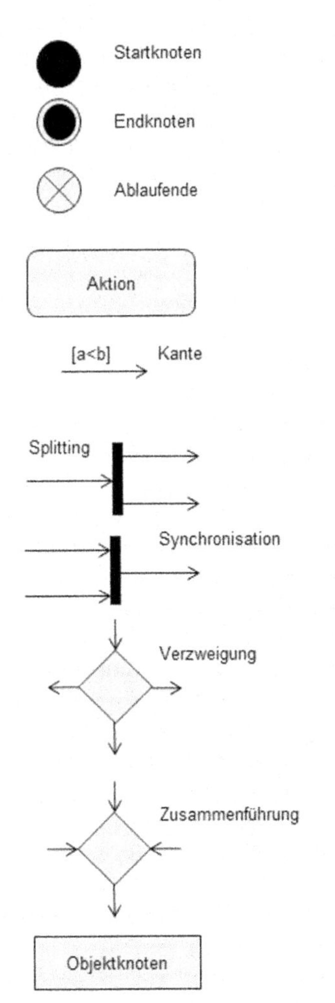


Der **Startknoten** zeigt einen Eintrittspunkt in ein System. Ein System kann mehrere Eintrittspunkte besitzen.

Der **Endknoten** ist das Gegenstück zum Startknoten. Er definiert den Austrittspunkt aus dem System. Ein System kann mehrere Austrittspunkte besitzen.

Ein **Ablaufende** terminiert einen Pfad einer Aktivität, die Aktivität selbst läuft weiter.

Eine **Aktion** ist eine Teilaktivität, die sich im Sinne des Aktivitätsdiagramms nicht weiter unterteilen lässt. Eine Aktion verbraucht Zeit und ändert das System.

Eine **Kante** beschreibt den Fluss zwischen verbundenen Elementen. In eckigen Klammern kann eine Bedingung angegeben werden, die erfüllt sein muss, damit die Kante überquert wird.

Eine **Splittung** teilt den aktuellen Pfad in parallel ablaufende Pfade.

Eine **Synchronisation** führt parallel laufende Pfade wieder zusammen.

An einer **Verzweigung** wird aufgrund von Regeln entschieden, welche weiteren Pfade getrennt ausgeführt werden.

Eine **Zusammenführung** vereint zuvor getrennte Pfade wieder zu einem gemeinsamen Pfad.

**Objektknoten** repräsentieren an einer Aktion beteiligte Objekte, wie z. B. Daten.

Eine Aktivität (Bild 1-24) besteht aus Knoten (Aktionen, Kontrollknoten und Objektknoten) und Kanten (Pfeile), die den Kontrollfluss durch die Aktivität darstellen. In der linken oberen

Ecke steht der Name der Aktivität. Darunter befinden sich die Parameter mit ihren Typangaben.

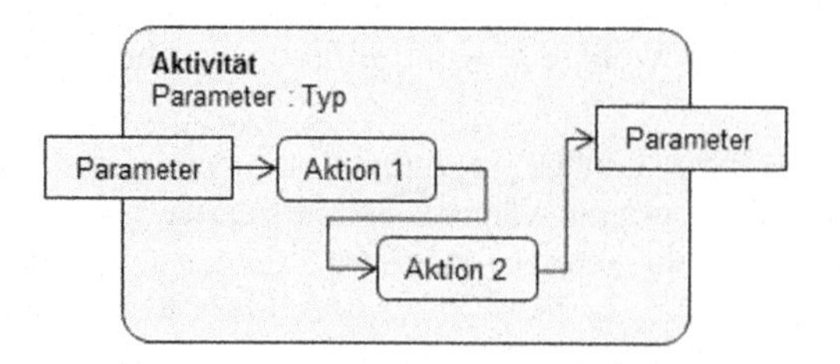


**Bild 1-24**
Schema einer Aktivität

Aktivitäten können komplexe Abläufe darstellen, die oft auch durch unterschiedliche Modellelemente ausgeführt werden. Um die Zuordnung zwischen Aktionen und den verantwortlichen Elementen darzustellen, werden Aktivitätsdiagramme in Partitionen unterteilt (Bild 1-25). Die Darstellung erinnert an die Form von Schwimmbahnen, daher werden sie auch oft mit dem englischen Wort *swimlanes* bezeichnet.

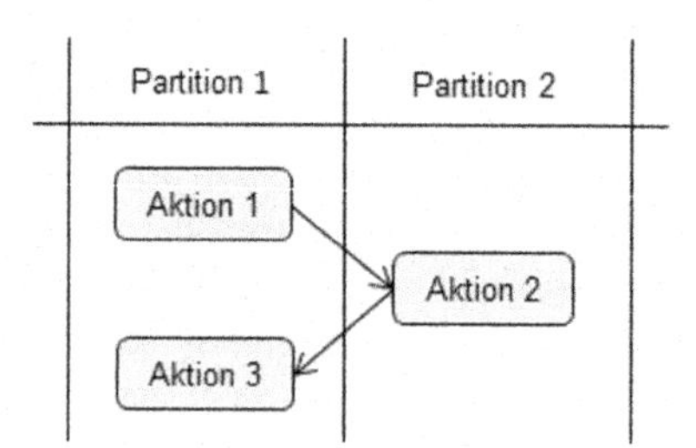


**Bild 1-25**
Aufteilung einer Aktivität nach Verantwortlichen

Die Semantik der Modellierung von Aktivitäten ist dem Konzept der Petri-Netze stark angelehnt. So wird daraus das Konzept der Marken (engl. Token) übernommen, deren Gesamtheit den Zustand einer Aktivität beschreibt. Um verfolgen zu können, welche Aktionen ausgeführt werden, werden die Pfade mit Token belegt (Bild 1-26). Token haben in UML kein Symbol (hier als graues Quadrat dargestellt). Sie sind virtuelle Elemente, die den Kontrollfluss markieren.

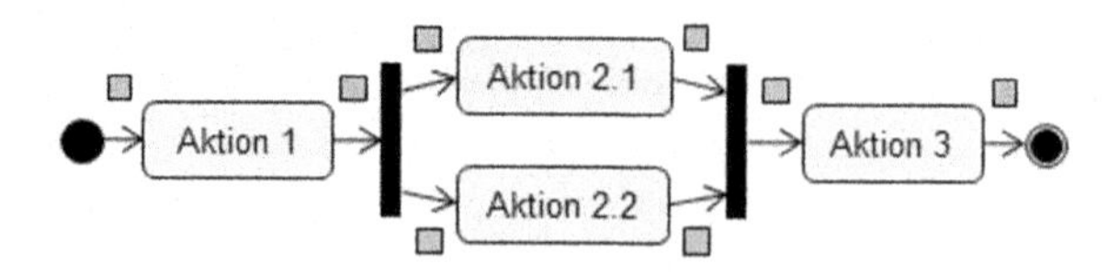


**Bild 1-26** Prinzip des Token-Modells

Aktionen lassen sich in weiteren Aktivitätsdiagrammen verfeinern (Bild 1-27). Die zu verfeinernde Aktion wird mit einem Gabelungssymbol (unten rechts) gekennzeichnet. So lassen sich modulare Hierarchien in Aktivitätsdiagrammen modellieren.

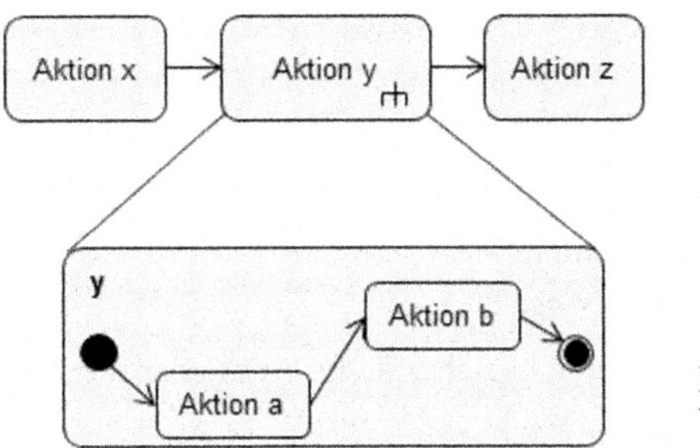


**Bild 1-27**
Verfeinern von Aktionen

Aktivitätsdiagramme sind sehr vielfältig einsetzbar. Es können auch Beziehungen zwischen Aktivitätsdiagrammen und anderen Diagrammen der UML bestehen.

Als Anwendungsbeispiel folgt die Darstellung der Flächenberechnung nach dem Satz des Heron als Aktivitätsdiagramm.

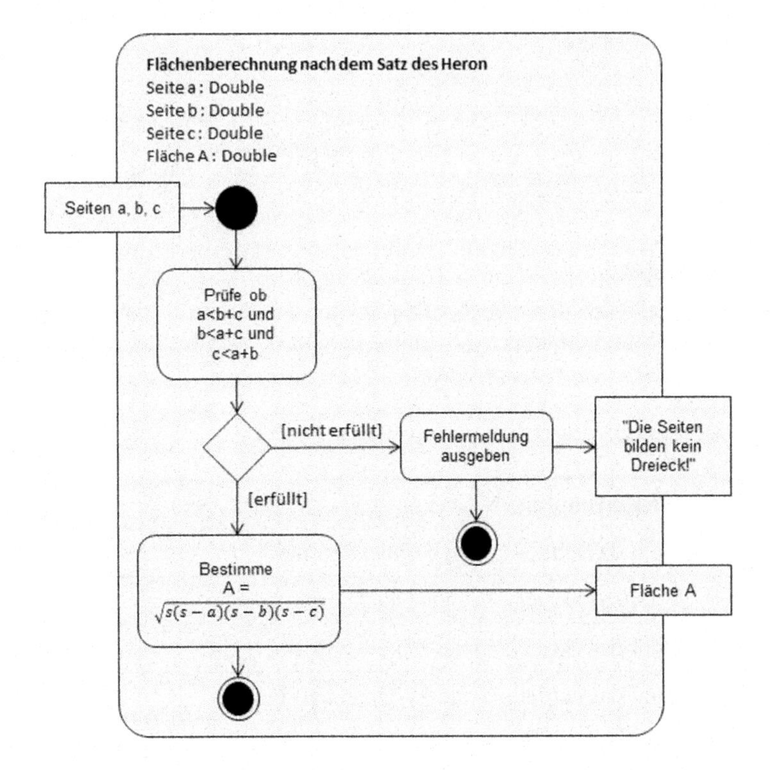


**Bild 1-28** Aktivitätsdiagramm zur Flächenberechnung

## 1.5 Objekte unter Excel

Excel besteht aus sehr vielen Objekten. Nach der Hierarchie unterscheidet man in Excel das

- Application Objekt die gesamte Excel Anwendung
- Workbook Objekt eine Arbeitsmappe
- Worksheet Objekt ein Tabellenblatt
- Range Objekt Zellenbereich, bestehend aus einer oder mehreren Zelle(n)
- Cell Objekt eine Zelle

Für die Programmierung ist es wichtig die Objekthierarchie zu kennen. Nur so lässt sich auf ein Objekt zugreifen.

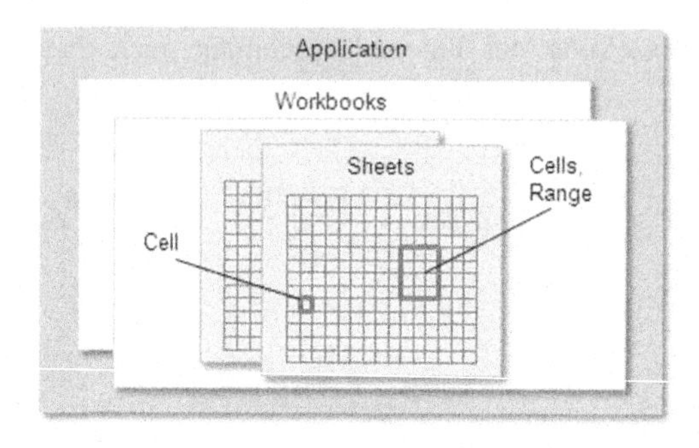


**Bild 1-29**

Objekt-Hierarchie in Excel

### 1.5.1 Application-Objekt

Das Application-Objekt ist das oberste Objekt der Hierarchie. Viele Eigenschaften und Methoden des Application-Objekts sind global, so dass Application nicht mit angegeben werden muss.

**Tabelle 1-4** Die wichtigsten Eigenschaften des Application-Objekts

| Eigenschaft | Beschreibung |
|---|---|
| ActiveCell | gibt das aktuelle Range-Objekt zurück. |
| ActivePrinter | gibt das aktuelle Printer-Objekt zurück. |
| ActiveSheet | gibt das aktuelle Sheet-Objekt zurück. |
| ActiveWindow | gibt das aktuelle Window-Objekt zurück. |
| ActiveWorkbook | gibt das aktuelle Workbook-Objekt zurück. |
| Cells | gibt ein Range-Objekt zurück, das alle Zellen des aktiven Arbeitsblattes darstellt. |
| Dialogs | gibt eine Dialogs-Auflistung aller Dialogfelder zurück (Datei-öffnen, -speichern, -drucken...). |
| Name | gibt den Namen der Anwendung zurück oder legt ihn fest. |

| Eigenschaft | Beschreibung |
|---|---|
| Names | gibt eine Names-Auflistung aller Namen der aktiven Arbeitsmappe zurück (z. B. benannte Zellen). |
| Parent | gibt das übergeordnete Objekt zurück. |
| Path | gibt den vollständigen Pfad der Anwendung zurück. |
| Range | gibt ein Range-Objekt zurück, das eine Zelle oder einen Zellbereich des aktiven Arbeitsblattes darstellt. |
| Sheets | gibt eine Sheets-Auflistung zurück, die alle Blätter der aktiven Arbeitsmappe darstellt (Tabellen und Diagramme). |
| Windows | gibt eine Windows-Auflistung aller Fenster zurück. |
| Workbooks | gibt eine Workbooks-Auflistung zurück, die alle geöffneten Arbeitsmappen darstellt. |
| Worksheets | gibt eine Sheets-Auflistung zurück, die alle Tabellen-Blätter der aktiven Arbeitsmappe darstellt (Tabellen). |

**Tabelle 1-5** Die wichtigsten Methoden des Application-Objekts

| Methode | Beschreibung |
|---|---|
| Calculate | berechnet alle Tabellenblätter neu. |
| CalculateFull | erzwingt eine vollständige Berechnung der Daten in allen geöffneten Arbeitsmappen. |

Viele Eigenschaften und Methoden, die gängige Objekte der Benutzeroberfläche zurückgeben (wie z. B. die aktive Zelle, eine ActiveCell-Eigenschaft), können ohne den Objektkennzeichner Application verwendet werden. An Stelle von

```
Application.ActiveCell.Font.Bold = False
```

können Sie beispielsweise folgendes eingeben:

```
ActiveCell.Font.Bold = False.
```

### 1.5.2 Workbook-Objekte

Das Workbook-Objekt dient dazu, auf ein einzelnes Dokument zuzugreifen. Es ist die Anwendungsmappe, die auch als Datei gespeichert wird.

Soll ein Workbook-Objekt aus der Liste der Workbooks ausgewählt werden, so geschieht dies durch Angabe eines Index als fortlaufende Nummer aller vorhandenen Workbooks, der aber kaum bekannt ist, oder durch Angabe des Mappen-Namen in der Form:

```
Workbooks.Item(1)

Workbooks.Item("Mappe1.xls")
```

Später wird noch gezeigt, wie man ein solch selektiertes Workbook einer Objektvariablen zuordnen kann.

**Tabelle 1-6** Die wichtigsten Eigenschaften des Workbook-Objekts

| Eigenschaft | Beschreibung |
|---|---|
| ActiveSheet | gibt das aktuelle (aktive) Blatt zurück. |
| Name | gibt den Namen der Arbeitsmappe zurück oder legt in fest. |
| Names | gibt eine Namens-Auflistung aller Namen der Arbeitsmappe zurück (z.B. benannte Zellen). |
| Parent | gibt das übergeordnete Objekt zurück (Application-Objekt). |
| Path | gibt den vollständigen Pfad der Arbeitsmappe zurück. |
| Saved True | ist ein Attribut, wenn die Arbeitsmappe seit dem letzten Speichern nicht geändert wurde. |
| Sheets | gibt eine Sheets-Auflistung zurück, die alle Blätter der Arbeitsmappe darstellt (Tabellen und Diagramme). |
| WorkSheets | gibt eine Sheets-Auflistung zurück, die alle Tabellen-Blätter der Arbeitsmappe darstellt (Tabellen). |

**Tabelle 1-7** Die wichtigsten Methoden des Workbook-Objekts

| Methode | Beschreibung |
|---|---|
| Activate | aktiviert eine einzelne Arbeitsmappe. |
| Close | schließt eine einzelne Arbeitsmappe. |
| PrintOut | druckt eine Arbeitsmappe. |
| Save | speichert die Änderungen der Arbeitsmappe. |

### 1.5.3. Worksheet-Objekte

Worksheet-Objekte sind die einzelnen Tabellenblätter einer Excel-Anwendung.

**Tabelle 1-8** Die wichtigsten Eigenschaften des Worksheet-Objekts

| Eigenschaft | Beschreibung |
|---|---|
| Application | gibt das Application-Objekt zurück. |
| Cells | gibt ein Range-Objekt zurück (Zellenbereich innerhalb der Tabellenblattes). |
| Columns | gibt ein Range-Objekt zurück, das alle Spalten im angegebenen Arbeitsblatt repräsentiert. |
| Name | gibt den Namen der Tabelle zurück oder legt ihn fest. |
| Names | gibt eine Names-Auflistung aller arbeitsblattspezifischen Namen (Namen mit dem Präfix "ArbeitsblattName!") zurück. |
| Parent | gibt das übergeordnete Objekt zurück (Workbook-Objekt). |
| Range | gibt ein Range-Objekt zurück (Zellenbereich innerhalb der Tabellenblattes). |
| Rows | gibt ein Range-Objekt zurück, das alle Zeilen im angegebenen Arbeitsblatt repräsentiert. |
| UsedRange | gibt ein Range-Objekt zurück, das den verwendeten Bereich repräsentiert (benutzte Zellen). |

**Tabelle 1-9** Die wichtigsten Methoden des Worksheet-Objekts

| Methode | Beschreibung |
|---|---|
| Activate | aktiviert eine einzelne Arbeitsmappe. |
| Calculate | berechnet ein Tabellenblatt neu. |
| Select | markiert ein einzelnes Tabellenblatt. |
| PrintOut | druckt das Tabellenblatt. |
| Delete | löscht das Tabellenblatt aus der Arbeitsmappe. |

Verwenden Sie die Add-Methode, um ein neues Blatt zu erstellen und dieses zur Auflistung hinzuzufügen. Im folgenden Beispiel werden in der aktiven Arbeitsmappe zwei neue Tabellen hinter der zweiten Tabelle eingefügt.

```
Worksheets.Add count:=2, after:=Worksheets(2)
```

Verwenden Sie Worksheets(Index), wobei Index der Name oder die Indexnummer des Blattes ist, um ein einzelnes Worksheet-Objekt zurückzugeben. Im folgenden Beispiel wird das Worksheet *Tabelle1* aktiviert.

```
Worksheets("Tabelle 1").Activate
```

### 1.5.4 Range-Objekte

Range-Objekte beziehen sich auf eine Zelle oder einen Zellbereich. Da VBA nicht über ein Cell-Objekt verfügt, ist dieses Objekt das mit am meisten verwendete.

**Tabelle 1-10** Die wichtigsten Eigenschaften des Range-Objekts

| Eigenschaft | Beschreibung |
|---|---|
| Address | gibt den Bezug eines Zellenbereichs zurück. |
| Application | gibt das Application-Objekt zurück. |
| Cells | gibt ein Range-Objekt zurück, relativ zum gewählten Range-Objekt.<br>Range("A1").Value = 12, stellt den Inhalt der Zelle "A1" auf 12 ein.<br>Cells(1, 2).Value = 24, stellt den Inhalt der Zelle "B1" auf 24 ein |
| Column | gibt die erste Spalte zurück (am Anfang des angegebenen Bereichs). |
| Count | gibt die Anzahl an Zellen im Range-Objekt zurück. |
| Font | gibt ein Font-Objekt zurück, das die Schriftart des Range-Objekts darstellt. |
| Formula | gibt die Formel des Range-Objekts zurück oder legt sie fest. |
| Parent | gibt das übergeordnete Objekt zurück (Worksheet-Objekt). |
| Row | gibt die erste Zeile zurück (am Anfang des angegebenen Bereichs). |

**Tabelle 1-11** Die wichtigsten Methoden des Range-Objekts

| Methode | Beschreibung |
|---|---|
| Activate | aktiviert eine einzelne Zelle. |
| Calculate | berechnet einen Zellenbereich neu. |
| Select | markiert ein Zelle oder einen Zellbereich. |

### 1.5.5 Zeilen und Spalten

Zeilen und Spalten, unter VBA als *Rows* und *Columns* tituliert, werden mit der Select-Methode markiert.

Beispiele:

```
Sub Zeile_markieren
   Rows(1).Select
End Sub
Sub Spalte_markieren
   Columns(2).Select
End Sub
```

### 1.5.6 Zellen und Zellbereiche

VBA kennt kein Objekt für die einzelne Zelle. Einzelne Zellen zählen als Sonderfall des Range-Objekts. Für die Adressierung von Zellen oder Zellbereiche wird die Range-Methode oder die Cells–Eigenschaft verwendet.

**Direkte Adressierung mit der Range-Methode**

Das Argument *Cell* ist eine durch Hochkommata eingeschlossene Bezeichnung für eine einzelne Zelladresse, im Excel–Standardform (A1, B2, C4, usw.), einen einzelnen Zellbereich, der die linke obere Zelladresse und die rechte untere Zelladresse durch einen Doppelpunkt getrennt (B3:D8, usw.) angibt, oder eine durch Kommata getrennte Liste mehrerer Zellenbereiche (A1:C5, D5:F8, usw.) von Adressen.

```
   Objekt.Range(Cell)
   Objekt.Range(Cell1, Cell2)
```

Beispiele

```
   Worksheets("Tabelle1").Range("A1")
   Worksheets("Tabelle1").Range("A4:B7")
   Worksheets("Tabelle1").Range("B3:D6, D10:F12")
   Worksheets("Tabelle1").Range("A1, B2, C3, D4:D5")
```

**Indirekte Adressierung mit der Cells-Eigenschaft**

Im Gegensatz zur Adressierung über die Range-Methode bietet diese Alternative die Möglichkeit, Zeilen- und Spaltenindizes zu verwenden. Dies ist insbesondere für berechnete Zelladressen oder die Benutzung von Variablen für Zelladressen ein großer Vorteil. Auch hier sind mehrere Syntaxvarianten möglich:

```
   Objekt.Cells(RowIndex, ColumnIndex)
```

```
    Object.Cells(Index)
    Object.Cells
```

Beispiel:

```
Sub Demo()
   Dim i As Integer
   For i = 1 To 5
      Worksheets(1).Cells(i + 1, i).Value = i
   Next
End Sub
```

**Wertzuweisungen**

Die Wertzuweisung an Zellen wird mit Hilfe der Value-Eigenschaft realisiert. Diese Eigenschaft ist für ein Range–Objekt ein Default-Wert, d. h. die Angabe Value zum Range-Objekt kann entfallen.

Beispiele:

```
    ActiveCell.Value = 100: ActiveCell = 100
    Range("A1").Value = "Test": Range("A1")="Test"
    Range("B1:C1").Value = 25: Range("B1:C1") = 25
```

**Kommentarzuweisungen**

Zellen können auch Kommentare zugeordnet werden. Das ist in der Regel ein erklärender Text, der immer dann erscheint, wenn die Zelle mit dem Mauszeiger berührt wird. Realisiert wird dies über das Comment-Objekt des Range-Objekts mit nachfolgenden Eigenschaften und Methoden.

**Tabelle 1-12** Die Eigenschaften des Comment-Objekts

| Eigenschaft | Beschreibung |
|---|---|
| Visible | Anzeige des Kommentars (true, false) |

**Tabelle 1-13** Die Methoden des Comment-Objekts

| Methode | Beschreibung |
|---|---|
| AddComment | Methode zum Erzeugen eines Kommentars |
| Text | Methode, die einen Kommentar hinzufügt oder ersetzt |
| Delete | löscht einen Kommentar. |
| Previous | holt vorherigen Kommentar zurück. |
| Next | holt nächsten Kommentar zurück. |

Eingefügte Kommentare sind in der Auflistung Comments zusammengefasst. Über die Eigenschaft Visible werden die Kommentare angezeigt oder ausgeblendet.

Beispiele

```
'Zelle A1 erhält einen Kommentar, der anschließend angezeigt wird
   Worksheets("Tabelle1").Range("A1").AddComment "Testeingabe!"
   Worksheets("Tabelle1").Range("B2").Comment.Visible = True

'in der nachfolgenden Anweisung wird der neue Text ab der 5. Pos. eingesetzt
   Range("C3").Comment.Text "Neuer Text!", 5, False
   Range("C3").Comment.Visible = True
```

**Einfügen von Zellen, Zeilen und Spalten**

Mit den Eigenschaften EntireRow und EntireColumn, zusammen mit der Methode Insert ist das Einfügen von Zellen, Zeilen und Spalten möglich. Mit Hilfe des Arguments Shift kann bestimmt werden, in welche Richtung zur aktiven Zelle die übrigen Zellen verschoben werden. Die Richtung wird über die Konstanten *xlDown*, *xlUp*, *xlToRight* oder *xlToLeft* angegeben.

Beispiele:

```
   ActiveCell.EntireRow.Insert          'fügt Zeile ein
   ActiveCell.EntireColumn.Insert       'fügt Spalte ein

   ActiveCell.Insert Shift:=xlToRight   'fügt Zeile ein, alle übrigen
                                        'Zellen werden nach rechts
                                        'verschoben
```

**Löschen von Zellinhalten**

Neben numerischen und alphanumerischen Werten, können Zellen auch Formatierungen und Kommentare zum Inhalt haben. Für ein Range-Objekt gibt es daher verschiedene Löschanweisungen.

**Tabelle 1-14** Löschanweisungen für das Range-Objekt

| Methode | Beschreibung |
|---|---|
| Clear | Zellen im angegebenen Bereich sind leer und besitzen das Standardformat. |
| ClearContents | löscht im angegebenen Bereich nur Inhalte und Formeln. |
| ClearComments | löscht im angegebenen Bereich alle Kommentare. |
| ClearFormats | löscht im angegebenen Bereich alle Formatierungen, Inhalte bleiben |
| Delete | löscht Zellen und füllt diese mit Zellen mit dem Inhalt der Zellen nach der Shift-Anweisung auf. |

**Bereichsnamen für Range-Objekte vergeben**

Einzelnen Zellen oder Zellbereichen kann über die Eigenschaft Name des Range-Objekts ein Bereichsname zugeordnet werden.

Beispiele:

```
    Range("A1").Name = "Brutto"
    Range("B1").Name = "Netto"
    Range("D1:E5").Name = "MWSt"
```

Da Bereichsnamen Objekte der Auflistung Names sind, kann für die Zuordnung eines Namens auch die Add-Methode verwendet werden.

Beispiel:

```
    ActiveWorkbook.Names.Add "Test", "=Testeingabe!$A$1"
```

Der Sinn der Deklaration von Bereichsnamen für Range-Objekte liegt in der übersichtlichen Schreibweise.

Beispiel:

```
    Range("MWSt")=0.16
```

Die Bereichsnamen können gelöscht werden über eine Anweisung mit der Form:

```
    Range("Tabelle1").Name.Delete
```

**Suchen in Range-Objekten**

Für das Suchen in Zellbereichen gibt es die Find-Methode für Range-Objekte. Die Methode gibt ein Range-Objekt zurück, so dass dieses ausgewertet werden muss.

Beispiele:

```
'Sucht im angegebenen Bereich nach der Zelle mit dem Inhalt Wert
'und gibt deren Inhalt an die Variable Suche weiter,
'die anschließend ausgegeben wird
   Suche = Range("B1:M25").Find("Wert").Value
   MsgBox Suche
'Sucht im angegebenen Bereich nach der Zelle Wert
'und gibt die Adresse an die Variable Adresse,
'die dann eine neue Zuweisung erhält
   Adresse = Range("B1:M25").Find("Wert").Address
   Range(Adresse).Value = "Test"
'Anweisung weißt der Zelle mit dem gesuchten Inhalt ein Hintergrundmuster zu
   Range("B1:D5").Find("Wert").Interior.Pattern = 5
```

Das Suchen über Zellen nach Bedingungen ist am einfachsten durch Schleifen realisierbar.

Beispiel:

```
'Suche nach numerischen Werten die größer als 13 sind und dann farbliche
'Kennzeichnung des Hintergrundes
   Sub Suche()
      For Each Zelle In Range("B1:M25")
          If IsNumeric(Zelle.Value) Then
             If Zelle.Value > 13 Then
                Zelle.Interior.ColorIndex = 5
             End If
          End If
      Next
   End Sub
```

### 1.5.7 Objektvariable

Objektvariable sind Variable, die auf ein Objekt verweisen. Sie werden genauso wie normale Variable mit der Dim-Anweisung definiert unter Zuweisung des Objekttyps.

```
Dim Objektvariable As Objekttyp
```

Mit Objektvariablen wird der Zugriff auf Objekte einfacher und schneller. Es müssen nicht immer alle Objektstrukturen genannt werden.

Lediglich die Wertzuweisung unterscheidet sich von der Wertzuweisung normaler Variabler und muss mittels der Anweisung Set erfolgen:

```
Set Objektvariable = Objektausdruck
```

Der Einsatz von Objektvariablen erspart vor allen Dingen viel Schreibarbeit, da sie bedeutend kürzer gehalten werden können, als die Objekte unter Excel, mit denen sie referieren. Gibt man ihnen noch Namen, die auf ihre Eigenschaft oder Anwendung schließen, dann wird man schnell den Nutzen dieses Variablentyps schätzen lernen.

## 1.6 Eigene Klassen und Objekte

Im vorangegangenen Abschnitt wurden Excel-Objekte mit ihren Eigenschaften und Methoden beschrieben. Aber Objekte finden sich überall im realen Leben. Ein Auto ist so ein Objekt. Es hat Eigenschaften, man spricht hier von Attributen, wie Farbe, Länge, Radabstand, Anzahl Türen, Fensterform. Und es hat Methoden wie Starten, Beschleunigen, Bremsen.

### 1.6.1 Klassendiagramm

Der Hersteller eines Autos gleichen Typs, möchte davon möglichst viele herstellen und benötigt dazu einen Bauplan. Dieser wird in der objektorientierten Programmierung (OOP) als Klasse bezeichnet. Klassen stellen somit ein abstraktes Modell für eine Reihe ähnlicher Objekte dar. Die daraus entstehenden Objekte werden als Instanziierung der Klasse bezeichnet. Der erste Schritt zur Nutzung eigener Objekte ist die Erstellung einer (Software-) Architektur. Diese wird als Klassendiagramm (UML) erstellt. Darin werden die Beziehungen der Klassen untereinander und die Attribute und Methoden jeder Klasse definiert. Die grafische Darstellung einer Klasse zeigt das nachfolgende Bild am Beispiel ebener Dreiecke (siehe auch Bild 1-22).

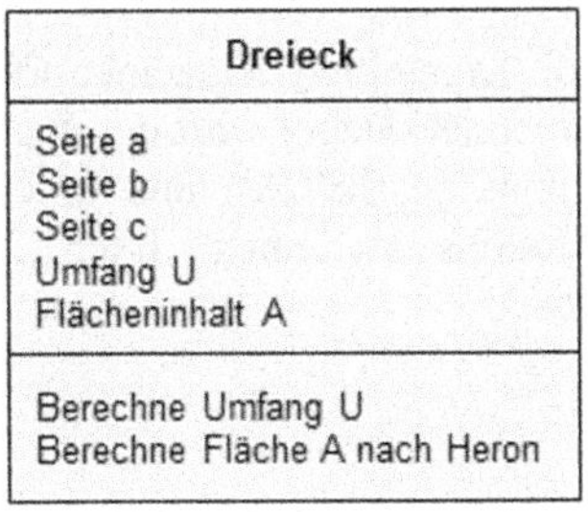

| Dreieck |
|---|
| Seite a<br>Seite b<br>Seite c<br>Umfang U<br>Flächeninhalt A |
| Berechne Umfang U<br>Berechne Fläche A nach Heron |

**Bild 1-30**

Klassendiagramm der Klasse Dreiecke mit den Attributen (Seite, Umfang und Fläche) und den Methoden Berechne …

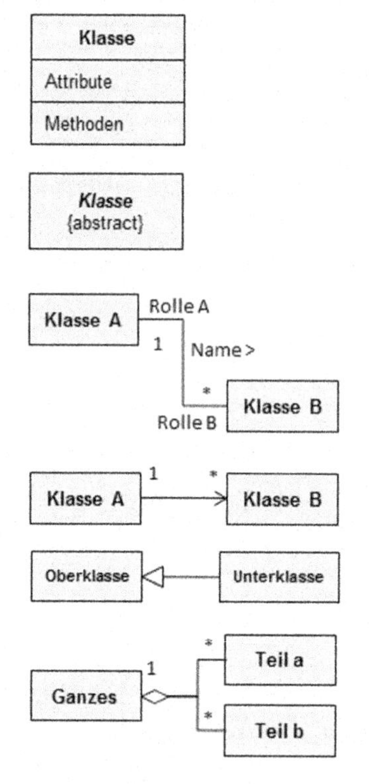


**Bild 1-31** Die wichtigsten Klassendiagramm-Elemente

Eine Klasse wird vereinfacht nur als ein Rechteck dargestellt, in dem der Name der Klasse steht. Ausführlicher werden in Rechtecken darunter Attribute und Methoden aufgeführt.

Eine **abstrakte** Klasse wird kursiv geschrieben und besitzt keine Objekte, sondern dient nur der Strukturierung.

Eine **Assoziation** ist eine Beziehung zwischen Klassen. Ihre Objekte tauschen über die Assoziation ihre Nachrichten aus. Sie hat einen **Namen** und kann einen **Pfeil** für die Richtung haben. An den Enden können die **Rollen** der Klassen und ihre **Multiplizität** angegeben werden.

Eine **gerichtete** Assoziation hat einen offenen Pfeil und Nachrichten werden nur in dieser Richtung getauscht.

Eine **Vererbung** wird mit einem leeren Pfeil dargestellt. Die Oberklasse vererbt ihre Eigenschaften an die Unterklasse.

Eine **Aggregation** ist eine Teile-Ganzes-Beziehung und wird durch eine Raute ausgedrückt. Sind die Teile existenzabhängig vom Ganzen, spricht man von einer **Komposition** und die Raute ist gefüllt.

Die Abbildung realer Objekte in der Programmierung hat, nach der prozeduralen und modularen Programmierung, diese noch einmal revolutioniert. Auch VBA erlaubt die Nutzung objektorientierter Strukturen. Klassendiagramme sind der zentrale Diagrammtyp der UML.

Die Grundidee der Objektorientierung ist es, Daten und deren Behandlungsmethoden möglichst eng zu einem Objekt zusammenzufassen. Mitunter ist es sinnvoll, diese Daten und Methoden nach außen hin zu verbergen (zu kapseln). Dann müssen Schnittstellen (Interfaces) definiert werden, damit andere Objekte mit ihnen in Wechselwirkung treten können.

Bei der Modellierung von Klassendiagrammen wird zwischen dem Analyse- und dem Design-Modell unterschieden. Das Analyse-Modell stellt dar, was das System aus Anwendersicht leisten soll. Im Design-Modell wird der Aufbau des Systems bestimmt, damit die im Analyse-Modell festgelegten Eigenschaften realisiert werden.

Eine Abwandlung des Klassendiagramms wird zur Darstellung einzelner Objekte genutzt. Diese Darstellung wird als Instanzspezifikation bezeichnet. Dabei wird der Name des Objekts durch einen Doppelpunkt vom Typ (Klasse) getrennt geschrieben und unterstrichen. Eine Instanzspezifikation zeigt den Zustand eines Modells zu einem fixen Zeitpunkt. Die nachfolgende Darstellung zeigt zwei Dreieck-Objekte.

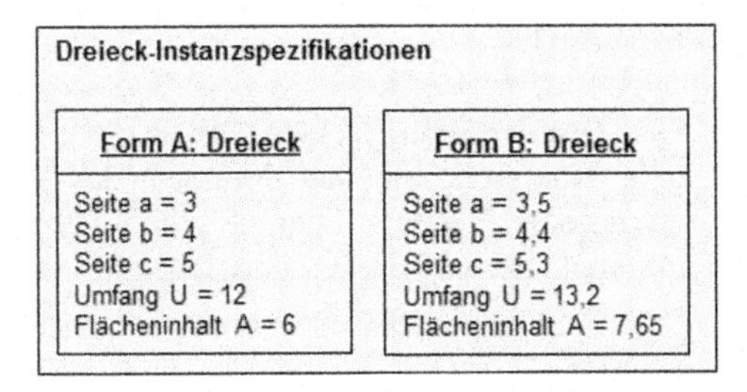


**Bild 1-32**

Objekte der Klasse Dreieck

Die Attribute erhalten konkrete Werte und die Methoden der Klasse werden nicht dargestellt.

Während das Klassendiagramm die Strukturen eines OOP-Systems zeigt, dient das folgende Diagramm zur Dokumentation zeitlicher Abläufe und ist damit auch ein Mittel zur Beschreibung der Semantik.

### 1.6.2 Sequenzdiagramm

Ein Sequenzdiagramm ist ein weiteres Diagramm in UML und gehört zur Gruppe der Verhaltensdiagramme. Es beschreibt die Nachrichten zwischen Objekten in einer bestimmten Szene, und ebenso die zeitliche Reihenfolge.

**Bild 1-33** Die wichtigsten Klassendiagramm-Elemente

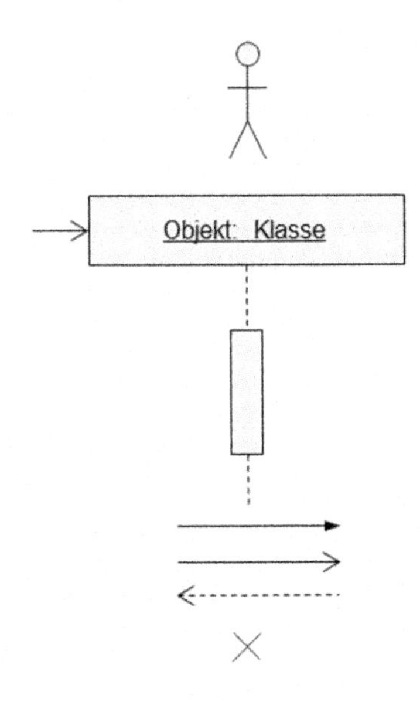


Eine **Strichfigur** stellt den Nutzer der Szene dar. Eine Szene kann aber auch durch das System angestoßen werden.

In einem **Rechteck** wird Objektname und Klasse genannt, so wie in der Instanzspezifikation. Ein Pfeil an das Objekt kennzeichnet die Instanziierung.

Eine **senkrechte gestrichelte Linie** stellt die Lebenslinie (lifeline) des Objekts dar. Die Lebenslinie endet mit gekreuzten Linien.

Nachrichten werden als **Pfeile** eingezeichnet. Die Bezeichnung der Nachricht steht am Pfeil. Ein geschlossener Pfeil kennzeichnet eine synchrone Nachricht, ein geöffneter eine asynchrone Nachricht. Eine gestrichelte Linie kennzeichnet die Rückmeldung (Return).

Die Zeit verläuft im Diagramm von oben nach unten. Die Reihenfolge der Pfeile gibt den zeitlichen Verlauf der Nachrichten wieder. Sequenzdiagramme können ebenfalls verschachtelt sein. Aus einem Sequenzdiagramm kann ein Verweis auf Teilsequenzen in einem anderen Sequenzdiagramm existieren. Ebenso kann eine alternative Teilsequenz existieren, die in Abhängigkeit von einer Beziehung ausgeführt wird.

Im nachfolgenden Bild werden Teilszenen aus einem Sequenzdiagramm beschrieben.

**Bild 1-34** Wichtige Teilszenen im Sequenzdiagramm

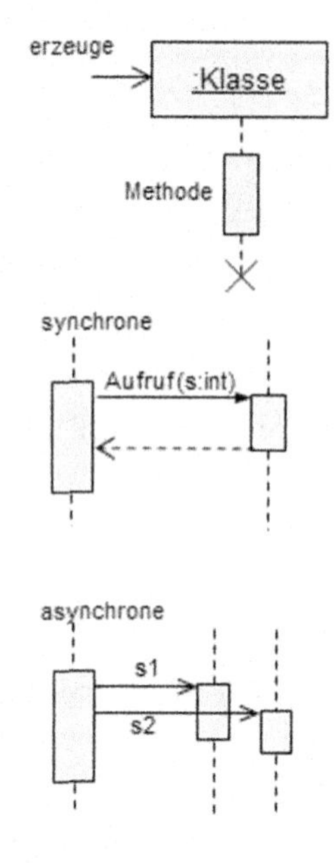


Die **Instanziierung** eines Objekts wird durch eine Nachricht an den Rahmen des Objekts dargestellt. Damit beginnt die Lebenslinie unterhalb des Objekts als gestrichelte Linie.

Ein X am Ende der Lebenslinie kennzeichnet ihr **Ende**.

Ein geschlossener Pfeil kennzeichnet **synchrone** Nachrichten. Das Sender-Objekt wartet, bis das Empfänger-Objekt ein Return sendet und setzt dann die Verarbeitung fort. Der Aufruf hat einen Namen und in Klammern können Parameter (Name und Typ) angegeben werden.

Ein geöffneter Pfeil kennzeichnet **asynchrone** Nachrichten. Das Sender-Objekt wartet nicht auf eine Rückmeldung, sondern setzt nach dem Senden die Verarbeitung fort.

### 1.6.3 Definition einer Klasse

Zur Definition einer Klasse stellt VBA ein besonderes Modul zur Verfügung, das Klassenmodul. Es ist der Container für die Definition der Attribute und Methoden dieser Klasse.

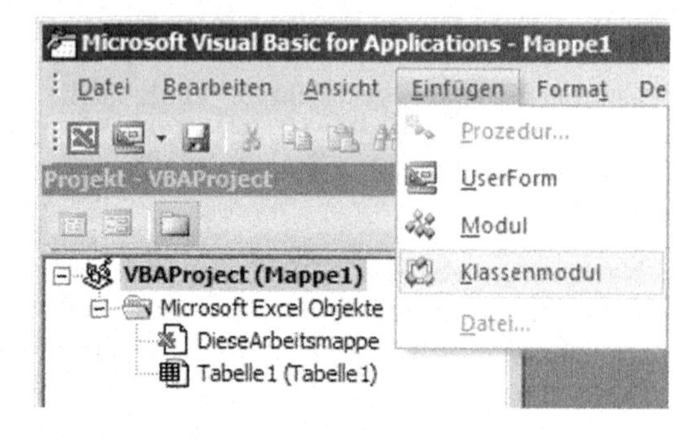


**Bild 1-35**

Ein Klassenmodul einfügen

Das Klassenmodul besitzt einen Namen, der sich im Eigenschaftsfenster ändern lässt. Natürlich benutzt man Namen, die die Objekte der Klasse beschreiben. Das Klassenmodul hat außerdem noch das Attribut *Instancing* und dies ist auf Private gesetzt. Das bedeutet, dass alle Definitionen in dieser Klasse „nach außen" nicht zugänglich sind.

Als Beispiel soll der ideale freie Fall dienen, bei dem sich durch die Messung der Fallzeit eines Gegenstandes, Fallhöhe und Endgeschwindigkeit berechnen lassen. Unter den idealen Bedingungen, dass kein Luftwiderstand auftritt und die Erdbeschleunigung mit $g = 9{,}81\ m/s^2$ wirkt. Wenn t die Fallzeit ist, so ist die Endgeschwindigkeit

$$v = g \cdot t \tag{1.4}$$

und die Fallhöhe

$$h = \frac{g \cdot t^2}{2} \tag{1.5}$$

Das Klassendiagramm gibt eine erste Vorstellung von der Anwendung.

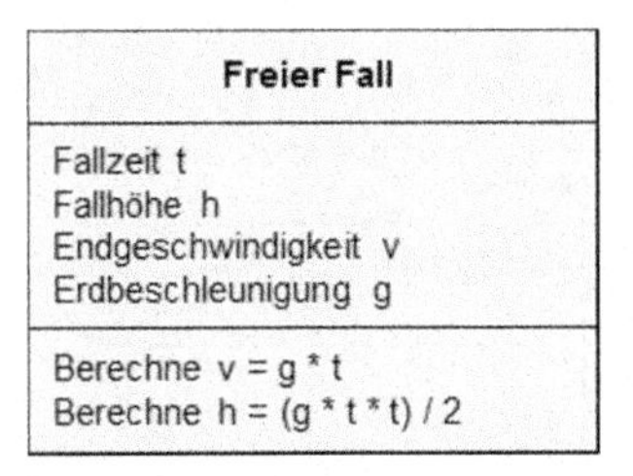


**Bild 1-36**

Klassendiagramm Freier Fall

In VBA hat die Klasse *clsFreierFall* nach Eingabe der Attribute damit das nachfolgende Aussehen.

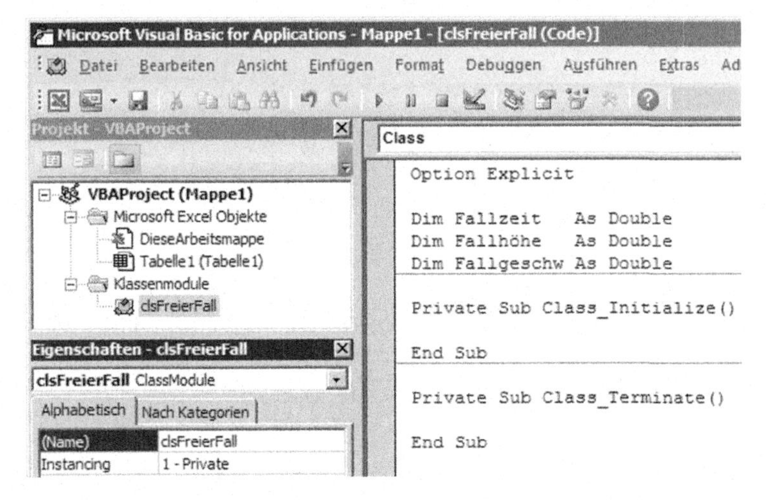


**Bild 1-37**

Aufbau der Klasse Freier Fall

### 1.6.4 Konstruktor und Destruktor

Wenn in der Kopfzeile des Codefensters das Objekt Class angewählt wird, lassen sich im daneben stehenden Kombifeld zwei Methoden anwählen, die sich nach der Anwahl als private-Prozeduren darstellen. Die Methode *Class_Initialize()* wird in OOP-Sprachen als Konstruktor bezeichnet. Entsprechend die Methode *Class_Terminate()* als Destruktor. Sie werden später bei jeder Instanziierung eines Objektes (*Initialize*), bzw. vor der Löschung (*Terminate*) ausgerufen. Als Private-Prozeduren können nicht von außen aufgerufen werden, erscheinen also auch nicht als Makros. Ebenso verfügen sie zunächst über keine Parameter.

### 1.6.5 Instanziierung von Objekten

Das Arbeiten mit der Klasse soll in einem eigenen Modul durchgeführt werden. Dazu wird ein Modul unter dem Namen *modFreierFall* eingefügt. Es erhält eine Public-Prozedur *Freier Fall*. Das Codefenster des Moduls sieht damit wie folgt aus. Diese Prozedur kann als Makro aufgerufen werden.

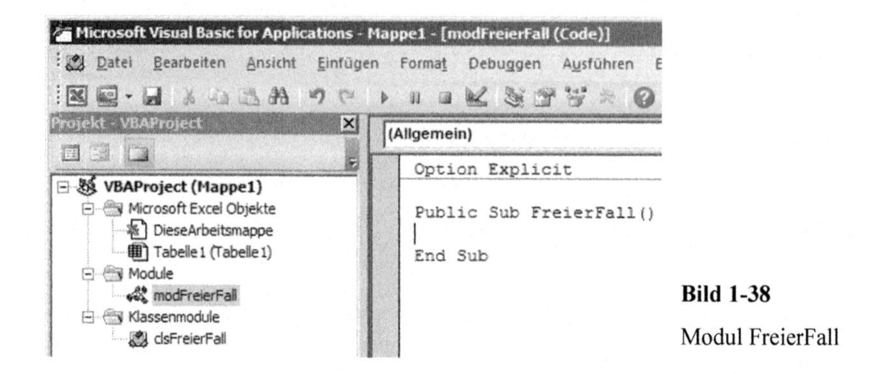


**Bild 1-38**

Modul FreierFall

In der Tabelle sollen ein paar zu berechnende Werte stehen.

| | A | B | C |
|---|---|---|---|
| 1 | t [s] | h [m] | v [m/s] |
| 2 | 2,6 | | |
| 3 | 3,7 | | |
| 4 | 4,8 | | |
| 5 | 5,9 | | |
| 6 | 7 | | |
| 7 | 8,1 | | |
| 8 | 9,2 | | |
| 9 | 10,3 | | |
| 10 | 11,4 | | |
| 11 | 12,5 | | |
| 12 | 13,6 | | |
| 13 | 14,7 | | |

**Bild 1-39**

Arbeitsblatt mit Zeitwerten

Innerhalb der Prozedur sollen die vorhandenen Werte gelesen werden. Dazu wird die Anzahl belegter Zeilen über den Zeilenzähler des UsedRange-Objekts bestimmt und mit Hilfe einer for-next-Schleife werden die Werte eingelesen. Um zu kontrollieren, ob diese Prozedur richtig funktioniert, wird hinter der Wertzuweisung noch eine Ausgabe in das Direktfenster (über Ansicht einstellbar) mit Hilfe von *Debug.Print* eingegeben. Damit hat die Prozedur nun die folgende Form und ein Aufruf mit F5 im Codefenster zeigt die Werte im Direktbereich.

```
Option Explicit

Public Sub FreierFall()
   Dim iMax        As Integer
   Dim iRow        As Integer
   Dim dZeit       As Double
```

```
   iMax = ActiveSheet.UsedRange.Rows.Count
   For iRow = 2 To iMax
      dZeit = Cells(iRow, 1)
      Debug.Print dZeit
   Next iRow
End Sub
```

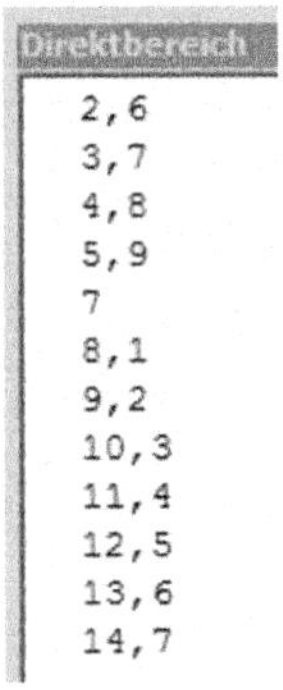

```
Direktbereich
2,6
3,7
4,8
5,9
7
8,1
9,2
10,3
11,4
12,5
13,6
14,7
```

**Bild 1-40**

Ausgabe der Zeitwerte im Direktfenster

Zur Instanziierung eines Objekts wird, wie bereits unter 1.5.7 beschrieben, zunächst eine Objektvariable definiert. Für jede Fallzeit wird in der Schleife dann ein Objekt der Klasse *clsFreierFall* instanziiert. Bei der Codeeingabe wird bereits die installierte Klasse vorgeschlagen.

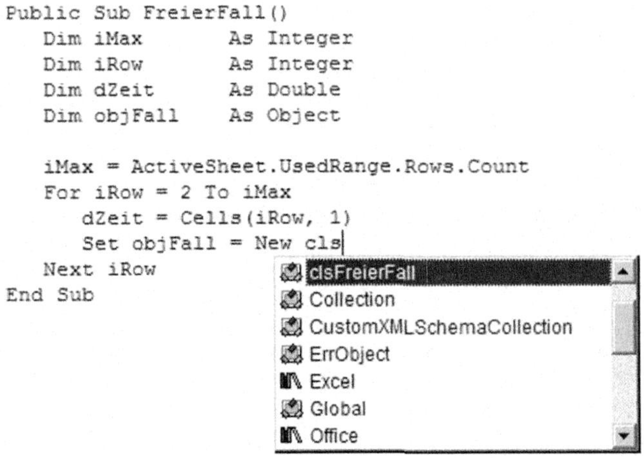

```
Public Sub FreierFall()
   Dim iMax       As Integer
   Dim iRow       As Integer
   Dim dZeit      As Double
   Dim objFall    As Object

   iMax = ActiveSheet.UsedRange.Rows.Count
   For iRow = 2 To iMax
      dZeit = Cells(iRow, 1)
      Set objFall = New cls
   Next iRow
End Sub
```

```
clsFreierFall
Collection
CustomXMLSchemaCollection
ErrObject
Excel
Global
Office
```

**Bild 1-41**

Vorgabe der Klasse

### 1.6.6 Das Arbeiten mit Objekten

Doch wie bekommt nun das Objekt seine Fallzeit, da dessen Attribut ja von außerhalb des Klassenmoduls durch dessen Private-Eigenschaft nicht zugänglich ist. Es wird durch eine Public-Definition der Fallzeit außerhalb der Prozedur *FreierFall* erreicht. Zum Beweis wandert die Ausgabe zum Direktbereich in den Konstruktor der Klasse. Der Code im Arbeitsmodul *modFreierFall* lautet nun:

```
Option Explicit

Public dZeit       As Double

Public Sub FreierFall()
   Dim iMax        As Integer
   Dim iRow        As Integer
   Dim objFall     As Object

   iMax = ActiveSheet.UsedRange.Rows.Count
   For iRow = 2 To iMax
      dZeit = Cells(iRow, 1)
      Debug.Print dZeit
      Set objFall = New clsFreierFall
   Next iRow
End Sub
```

Der Code im Klassenmodul *clsFreierFall* lautet:

```
Option Explicit

Dim Fallzeit    As Double
Dim Fallhöhe    As Double
Dim Fallgeschw As Double

Private Sub Class_Initialize()
   Fallzeit = dZeit
'  Auswertung
End Sub

Private Sub Class_Terminate()

End Sub
```

Die Ausgabe im Direktbereich bestätigt die Funktionalität. Nun kann im Konstruktor, dort wo als Kommentar Auswertung steht, die Berechnung der anderen Attribute erfolgen. Man spricht auch von abgeleiteten Attributen. Eine erneute Ausgabe in den Direktbereich bestätigt die erfolgte Berechnung.

```
Option Explicit

Dim Fallzeit    As Double
Dim Fallhöhe    As Double
Dim Fallgeschw As Double

Private Sub Class_Initialize()
   Fallzeit = dZeit
   Fallgeschw = 9.81 * Fallzeit
   Fallhöhe = 9.81 * Fallzeit * Fallzeit / 2
   Debug.Print Fallgeschw, Fallhöhe
End Sub
```

```
Private Sub Class_Terminate()

End Sub
```

| Direktbereich | |
|---|---|
| 25,506 | 33,1578 |
| 36,297 | 67,14945 |
| 47,088 | 113,0112 |
| 57,879 | 170,74305 |
| 68,67 | 240,345 |
| 79,461 | 321,81705 |
| 90,252 | 415,1592 |
| 101,043 | 520,37145 |
| 111,834 | 637,4538 |
| 122,625 | 766,40625 |
| 133,416 | 907,2288 |
| 144,207 | 1059,92145 |

**Bild 1-42**

Ausgabe der berechneten Werte

Natürlich hätten die Werte auch gleich direkt in der Arbeitsprozedur berechnet werden können. Doch es soll gezeigt werden, dass die Objekte mit ihren Attributen auch nach Beendigung der Leseschleife existieren und damit für andere Berechnungen zur Verfügung stehen. Dazu muss aber auch der Zugriff auf ein einzelnes Objekt möglich sein.

Alle erzeugten Objekte haben den gleichen Namen, obwohl mit jedem *New* eine neue Speicheradresse für das Objekt erzielt wird. Es liegt also nahe, nun eine indizierte Objektvariable einzusetzen. Dadurch ist jedes Objekt über seinen Index eindeutig adressierbar.

Das einfache Beispiel zeigt auch, dass es in einer Klasse zwei Arten von Methoden gibt. Die eine Methode dient dazu, den Objekteigenschaften Werte zuzuweisen oder sie abzurufen. Die andere Methode führt komplizierte Dinge durch, wie die Berechnung eines neuen Wertes. Es scheint daher sinnvoll, diesen Unterschied in der Implementierung zum Ausdruck zu bringen. Das wird durch die Verwendung der Property-Funktionen erreicht. Property bedeutet übersetzt nichts anderes als Eigenschaft. Sie sind definiert mit

```
[Public|Private][Static] Property Let Name ([Parameterliste], WERT)
   [Anweisungen]
   [Exit Property]
   [Anweisungen]
End Property
```

für das Setzen von Attributen und

```
[Public|Private][Static] Property Get Name ([Parameterliste])[As Typ]
   [Anweisungen]
   [Name = Ausdruck]
   [Exit Property]
   [Anweisungen]
   [Name = Ausdruck]
End Property
```

für das Lesen von Attributen. Es bleibt noch festzustellen, dass es sich bei Property Let-Prozedur um eine  Prozedur handelt, während die Property Get-Prozedur eine Funktion darstellt. Diese Prozeduren sind also für die erste Art von Methoden gedacht, während für die anderen Methoden alles so bleibt.

Damit alle berechneten Werte in die Tabelle gelangen, hat sich der Code der Klasse *clsFreierFall* entsprechend verändert:

```
Option Explicit
Dim Fallzeit   As Double
Dim Fallhöhe   As Double
Dim Fallgeschw As Double

Private Sub Class_Initialize()
   Fallzeit = dZeit
   Fallgeschw = 9.81 * Fallzeit
   Fallhöhe = 9.81 * Fallzeit * Fallzeit / 2
End Sub

Private Sub Class_Terminate()

End Sub


Public Property Get getFallhöhe() As Double
   getFallhöhe = Fallhöhe
End Property

Public Property Get getFallgeschw() as double
   getFallgeschw = Fallgeschw
End Property
```

Der Code des Moduls *modFreierFall* lautet:

```
Option Explicit

Public dZeit   As Double

Public Sub FreierFall()
   Dim iMax        As Integer
   Dim iRow        As Integer
   Dim objFall()   As Object

   iMax = ActiveSheet.UsedRange.Rows.Count
   For iRow = 2 To iMax
      dZeit = Cells(iRow, 1)
      ReDim Preserve objFall(iRow - 1)
      Set objFall(iRow - 1) = New clsFreierFall
   Next iRow

   For iRow = 2 To iMax
      Cells(iRow, 2) = objFall(iRow - 1).GetFallhöhe
      Cells(iRow, 3) = objFall(iRow - 1).GetFallgeschw
   Next
End Sub
```

Für das Setzen anderer Werte ist lediglich die Änderung der Fallzeit erforderlich, denn alle anderen Attribute sind ja abgeleitet und das muss ebenfalls in der Property Let-Prozedur berücksichtigt werden. Für die Berechnung in zwei Methoden wird modular eine Private-Prozedur eingesetzt. Außerdem wird die Erdbeschleunigung noch als Konstante installiert. Mit dem Ende der Nutzung sollten auch die verwendeten Objekte wieder zerstört werden. Dazu werden diese auf *Nothing* gesetzt.

Die Klasse *clsFreierFall*:

```
Option Explicit

Const g As Double = 9.81
Dim Fallzeit   As Double
Dim Fallhöhe   As Double
Dim Fallgeschw As Double

Private Sub Class_Initialize()
   Fallzeit = dZeit
   Auswertung
End Sub

Private Sub Class_Terminate()

End Sub

Public Property Get getFallzeit() As Double
   getFallzeit = Fallzeit
End Property

Public Property Get getFallhöhe() As Double
   getFallhöhe = Fallhöhe
End Property

Public Property Get getFallgeschw() As Double
   getFallgeschw = Fallgeschw
End Property

Public Property Let letFallzeit(dFallzeit As Double)
   Fallzeit = dFallzeit
   Auswertung
End Property

Private Sub Auswertung()
   Fallgeschw = g * Fallzeit
   Fallhöhe = g * Fallzeit * Fallzeit / 2
End Sub
```

Das Modul *modFreierFall*:

```
Option Explicit

Public dZeit   As Double

Public Sub FreierFall()
   Dim iMax       As Integer
   Dim iRow       As Integer
   Dim objFall()  As Object
```

```
    'Lesen und Instanziierung
    iMax = ActiveSheet.UsedRange.Rows.Count
    For iRow = 2 To iMax
       dZeit = Cells(iRow, 1)
       ReDim Preserve objFall(iRow - 1)
       Set objFall(iRow - 1) = New clsFreierFall
    Next iRow

    'hier das Beispiel
    'für einen willkürlich gesetzten Wert
    dZeit = 7.5
    objFall(5).letFallzeit = dZeit

    'Ausgabe
    For iRow = 2 To iMax
       With objFall(iRow - 1)
          Cells(iRow, 1) = .getFallzeit
          Cells(iRow, 2) = .getFallhöhe
          Cells(iRow, 3) = .getFallgeschw
       End With
       Set objFall(iRow - 1) = Nothing
    Next
End Sub
```

Oft kommt es in Prozeduren vor, dass mehrere Attribute und Methoden einer Klasse hintereinander stehen. Dafür gibt es die verkürzte Schreibweise:

```
With Object
    .Attribut1 = Wert
    .Attribut2 = Wert
    ...
    .Methode1 ([Parameterliste])
    .Methode2 ([Parameterliste])
    ...
End With
```

Attribute und Methoden eines Objektes werden durch *With – End With* geklammert. So kann die vor den Punkt gehörende Objektbezeichnung entfallen. Die letzte *for-next*-Schleife wird damit verkürzt zu:

```
    For iRow = 2 To iMax
       With objFall(iRow - 1)
          Cells(iRow, 1) = .getFallzeit
          Cells(iRow, 2) = .getFallhöhe
          Cells(iRow, 3) = .getFallgeschw
       End With
       Set objFall(iRow - 1) = Nothing
    Next
```

### 1.6.7 Objektlisten

Unter den Excel-Objekten gibt es nicht nur einzelne Objekte wie Workbook und Sheet, sondern auch Listen mit Objekten gleicher Klassen, wie Workbooks und Sheets. Eine solche Objektliste lässt sich auch für eigene Objekte erstellen. Dazu bedient man sich der einfachen Klasse Collection (Auflistung).

**Collection**

Ein Collection-Objekt bietet die Möglichkeit, eine Sammlung von Datenelementen anzulegen, die nicht zwangsläufig denselben Datentyp haben. Die Klasse Collection bietet die Methoden der nachfolgenden Tabelle.

**Tabelle 1-15** Die Methoden und Attribute der Klasse Collection

| | |
|---|---|
| • Add (Item, Key, Before, After) | Hinzufügen eines Elements<br>Item: Element beliebigen Datentyps<br>Key: Textschlüssel für den Zugriff<br>Before, After: Relative Positionierung der Zufügung |
| • Remove (Index) | Entfernt ein Element<br>Index: Key oder Zahl in der Liste |
| • Item | 1<=n<=Collection-Object.Count oder Key der Liste |
| • Count | Anzahl Elemente in der Liste |

Mit einem Collection-Objekt ist nun auch nicht mehr eine indizierte Objektvariable erforderlich. Auch diese Liste lässt sich mit der *for each next*-Schleife lesen. Zu beachten ist, dass der Schlüssel für ein Element des Collection-Objekts ein string-Datentyp sein muss, so dass für die Nutzung der Zeilennummer als Key noch eine Umformung mittels *str()* zum Text erfolgt. Die Umformung erzeugt an der Stelle des Vorzeichens ein Leerzeichen (positiv), so dass dieses noch mit der Funktion *trim()* entfernt werden muss. Die nachfolgende Arbeitsprozedur liefert dann das gleiche Ergebnis.

```
Option Explicit

Public Sub ListeFreierFall()
   Dim iMax       As Integer
   Dim iRow       As Integer
   Dim objFall    As Object
   Dim objListe   As Collection

   Set objListe = New Collection

   iMax = ActiveSheet.UsedRange.Rows.Count
   For iRow = 2 To iMax
      dZeit = Cells(iRow, 1)
      Set objFall = New clsFreierFall
      'Objekt der Liste zuweisen
      objListe.Add Item:=objFall, Key:=Trim(Str(iRow - 1))
   Next iRow

   'da kein edit in colletion existiert
   'muss ein key entfernt (remove)
   'und dann neu gesetzt werden
   dZeit = 33.3
   Set objFall = New clsFreierFall
   objListe.Remove "5"
   objListe.Add Item:=objFall, Key:="5"
```

```
    'Ausgabe aus der Liste
    iRow = 1
    For Each objFall In objListe
       iRow = iRow + 1
       With objFall
          Cells(iRow, 1) = .getFallzeit
          Cells(iRow, 2) = .getFallhöhe
          Cells(iRow, 3) = .getFallgeschw
       End With
    Next
    Set objFall = Nothing
    Set objListe = Nothing
End Sub
```

Der neu hinzugefügte Wert wird nicht nach seinem Schlüssel (Key) eingeordnet, sondern der Liste angehängt. Weiterhin ist zu beachten, dass der Schlüssel vom Typ String sein muss. Sollen die Werte nach ihrem Schlüssel geordnet ausgegeben werden, dann muss die Ausgabeschleife entsprechend abgewandelt werden.

Mit der nächsten Objektsammlung, dem Dictionary, wird es etwas einfacher.

```
    'Ausgabe aus der Liste nach key (String) geordnet
    For iRow = 1 To objListe.Count
       Set objFall = objListe.Item(Trim(Str(iRow)))
       With objFall
          Cells(iRow + 1, 1) = .getFallzeit
          Cells(iRow + 1, 2) = .getFallhöhe
          Cells(iRow + 1, 3) = .getFallgeschw
       End With
    Next iRow
```

**Dictionary**

Ein Dictionary-Objekt ist dem Collection-Objekt sehr ähnlich. Auch dieses Objekt kann Elemente mit unterschiedlichen Datentypen sammeln. Die Klasse steht jedoch erst zur Verfügung, wenn die Bibliothek *Microsoft Scripting Runtime* in der Entwicklungsumgebung unter *Extras/Verweise* eingebunden wurde.

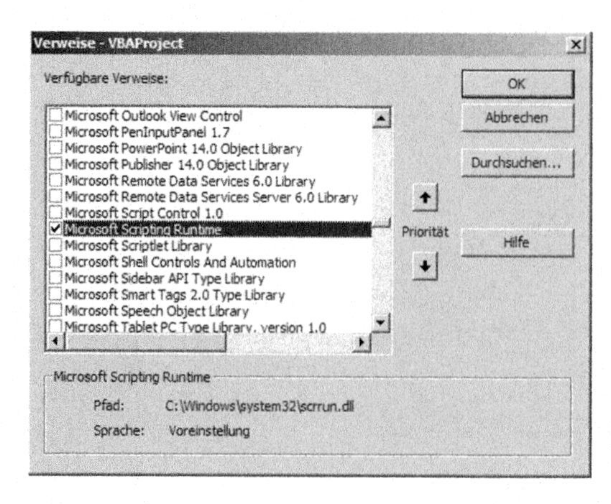


**Bild 1-43**

Objektbibliothek unter Verweise einbinden

Die Klasse Dictionary bietet mehr Methoden als die Collection-Klasse. Insbesondere erlaubt sie das gezielte Ansprechen eines Elements.

**Tabelle 1-16** Die Methoden und Attribute der Klasse Dictionary

| | |
|---|---|
| • Add (Key, Item) | Hinzufügen eines Elements<br>Key: Beliebiger Schlüssel für den Zugriff<br>Item: Element beliebigen Datentyps<br>Achtung! Andere Folge wie bei Collection. |
| • Exists(Key) | erlaubt die Abfrage eines Schlüssels. Wichtig!<br>Liefert true oder false. |
| • Items() | liefert alle Elemente im Dictionary. |
| • Keys() | liefert einen Array-Container mit allen Keys im Dictionary. |
| • Remove (Key) | entfernt ein Element mit dem Schlüssel. |
| • RemoveAll() | löscht alle Schlüssel und Items im Dictionary. |
| • Item(Key)[=newitem] | liefert das Element mit dem Schlüssel. Ein nicht vorhandener Schlüssel wird neu angelegt. |
| • Count | Anzahl Elemente in der Liste |

An der Klassendefinition ändert sich nichts. Nur das Arbeitsmodul hat einen anderen Aufbau. Zu beachten ist, dass beim Lesen der Elemente mit *for-each-next* das Item vom Typ variant sein muss. Dennoch wird es mit der Übergabe ein Objekt, das beweist die Nutzung der Klassen-Methoden.

```
Option Explicit

Public dZeit   As Double

Public Sub FreierFall()
   Dim iMax       As Integer
   Dim iRow       As Integer
   Dim objFall    As Object
   Dim vFall      As Variant
   Dim objListe   As Dictionary

   Set objListe = New Dictionary

   iMax = ActiveSheet.UsedRange.Rows.Count
   For iRow = 2 To iMax
      dZeit = Cells(iRow, 1)
      Set objFall = New clsFreierFall
      'Objekt der Liste zuweisen
      objListe.Add iRow - 1, objFall
   Next iRow

   'einfaches Ändern einer Eigenschaft
   dZeit = 44.4
```

```
    objListe.Item(5).letFallzeit = dZeit

    iRow = 1
    For Each vFall In objListe.Items
       iRow = iRow + 1
       With vFall
          Cells(iRow, 1) = .getFallzeit
          Cells(iRow, 2) = .getFallhöhe
          Cells(iRow, 3) = .getFallgeschw
       End With
    Next

    Set objFall = Nothing
    Set objListe = Nothing
End Sub
```

### 1.6.8 Vererbung

Ohne es zu wissen, wurde mit der Nutzung einer Collection-Klasse das OOP-Prinzip der Vererbung benutzt. Mit der Methode der Vererbung können Klassen hierarchisch strukturiert werden. Dabei werden Attribute und Methoden der Oberklasse an eine oder mehrere Unterklassen weitergegeben. Man spricht auch oft von Eltern-Klasse und Kind-Klassen.

Die Einteilung in Ober- und Unterklasse erfolgt über ein Unterscheidungsmerkmal, den sogenannten *Diskriminator*. Er definiert den maßgeblichen Aspekt und ist das Ergebnis der Modellierung. Als Beispiel betrachten wir Fahrzeuge. Mithilfe des Diskriminators Antriebsart ließe sich eine Einteilung nach Benzinmotor, Dieselmotor, Elektromotor, Gasmotor etc. vornehmen. Mithilfe des Diskriminators Fortbewegungsmedium ist eine Einteilung nach Luft, Wasser, Straße und Schiene möglich.

Bevor wir nun die Vererbung in unserem Beispiel an einem Klassendiagramm darstellen, soll zuvor noch der Begriff des *Modifizierers* eingeführt werden.

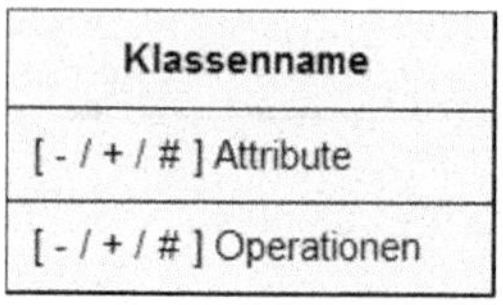

| **Klassenname** |
|---|
| [ - / + / # ] Attribute |
| [ - / + / # ] Operationen |

**Bild 1-44**

Modifizierer für Attribute und Methoden im Klassendiagramm

Modifizierer werden vor die Attribute und Methoden gesetzt und beschreiben die Zugriffsmöglichkeiten auf die Elemente dieser Klasse.

**Tabelle 1-17** Modifizierer für Attribute und Methoden

| Zeichen | Bedeutung | Beschreibung |
|---|---|---|
| - | private | nur innerhalb der Klasse selbst |
| + | public | "von außen" sichtbar, gehört also zur öffentlichen Schnittstelle |
| # | protected | nur innerhalb der Klasse selbst oder innerhalb davon abgeleiteter Klassen |

Der Bauplan für das Beispiel *Freier Fall* zeigt die Modifizierer und eine Beziehung (Pfeil).

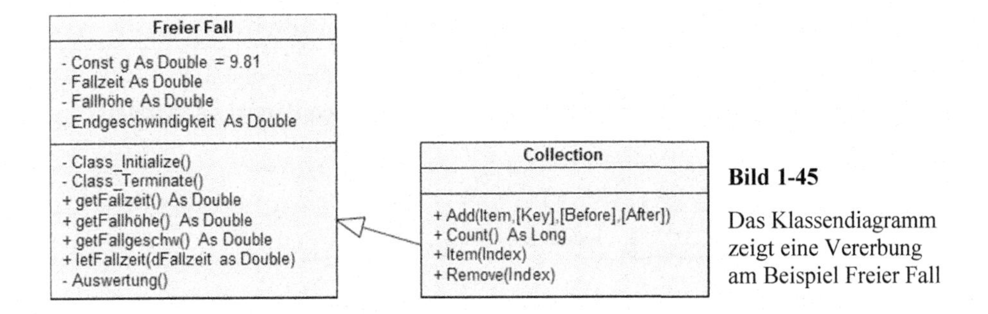


**Bild 1-45**

Das Klassendiagramm zeigt eine Vererbung am Beispiel Freier Fall

Der Pfeil wird als *erbt von* bezeichnet und das bedeutet, dass die Kind-Klasse alle Attribute und Methoden der Eltern-Klasse erbt. So ist es auch möglich, dass die Collection im Beispiel als Kind-Klasse die Methode der Eltern-Klasse *FreierFall*, nämlich *letFallzeit* nutzt.

### 1.6.9 Events und eigene Objekte

Bisher haben wir Events (Ereignisse) nur am Rande erwähnt. Sie stellen eine besondere Art von Methoden der Objekte dar, denn sie werden, je nach ihrer Spezifikation des Ereignisses, automatisch aufgerufen. Doch viele Event-Methoden sind leer, d. h. sie verfügen nur über den Prozedurrumpf. So gibt es z. B. für eine Tabelle in der Excel-Mappe die Events Activate, Change, Calculate, usw. (siehe Bild 1-42). Daraus konstruiert sich die Methode der Klasse durch den Klassen-Namen, gefolgt von einem Tiefstrich und dem Event. Einige Methoden besitzen auch Parameter, da ein Event auch Unterobjekte oder Attribute des Objekts berührt. Diese können dann in der Methode verwendet werden. Das Event-Handling erfolgt ausschließlich innerhalb der Objekt-Module. Daher besitzt das Code-Modul keine Events.

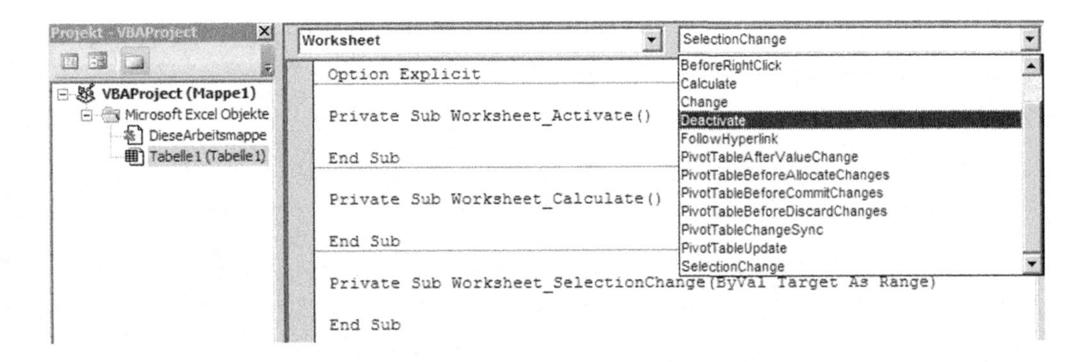


**Bild 1-46** Events und zugehörige Methoden der Klasse

Durch Klicken auf ein Ereignis in der Kopfzeile des Codefensters, wird die Methode, wenn nicht schon vorhanden, im Codefenster installiert. Wie Bild 1-42 zeigt, ist die Methode dann eine leere Prozedur. Setzen wir die Ausgabe des Parameter-Attributs über die MsgBox-Anweisung ein

```
Private Sub Worksheet_SelectionChange(ByVal Target As Range)
   MsgBox Target.Address
End Sub
```

und lösen das Ereignis aus, dann wird die Adresse des markierten Bereichs angezeigt.

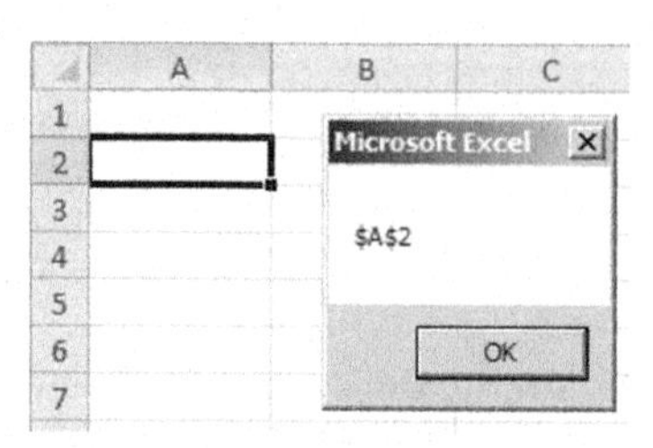


**Bild 1-47**

Anzeige der Adresse in einer MsgBox

Entsprechend der Objekthierarchie gibt es aber auch mehrere Event-Methoden in den verschiedenen Objekten für das gleiche Event. Dann dürfen sich die Methoden nicht gegenseitig beeinflussen. Als Beispiel wählen wir das Event für Änderungen im Worksheet.

```
Private Sub Worksheet_Change(ByVal Target As Range)
   MsgBox "Sheet-Event"
End Sub
```

Das übergeordnete Objekt Workbook besitzt ebenfalls eine Event-Methode für dieses Event. In der Event-Methode Workbook_Open geben wir sicherheitshalber noch einmal an, dass alle Events wirksam sein sollen.

```
Private Sub Workbook_SheetChange(ByVal Sh As Object, ByVal Target As Range)
   MsgBox "Book-Event"
End Sub

Private Sub Workbook_Open()
   Application.EnableEvents = True
End Sub
```

Und letztlich besitzt auch die Application eine Event-Methode für das gleiche Event. Da aber die Applikation keinen Code-Container besitzt, wie beim Worksheet und Workbook, wird mit der Anweisung *WithEvents* das Objekt deklariert, dessen Ereignis ausgewertet werden soll. Dazu ist ein Objekt-Container erforderlich und wir erstellen die Klasse *clsExcelEvents* mit nachfolgendem Inhalt.

```
Dim WithEvents App As Application

Private Sub App_SheetChange(ByVal sh As Object, ByVal Target As Range)
   MsgBox "App-Event"
End Sub
```

```
Private Sub Class_Initialize()
   Set App = Application
End Sub
```

Mit der Instanziierung eines Application-Objekts erbt dieses auch das SheetChange-Event der Applikation. Es bleibt nun nur noch die Aufgabe, ein Applikation-Objekt zu instanziieren. Dies übernimmt das Modul *modEvents*.

```
Public App As clsExcelEvents
Sub Test()
   Set App = New clsExcelEvents
End Sub
```

Mit jeder Änderung in Tabelle1 stellt sich der zeitliche Verlauf der Meldungen ein.

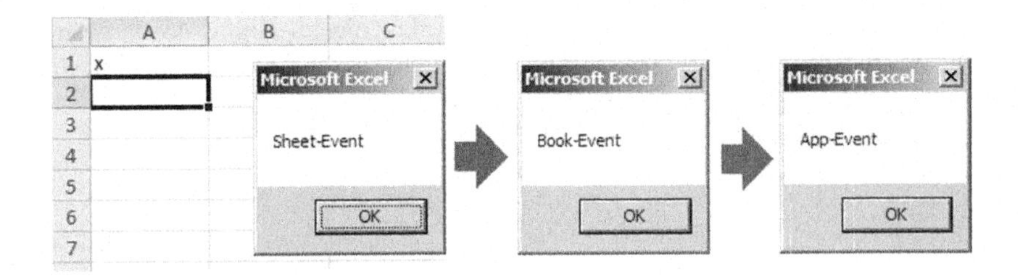


**Bild 1-48** Zeitliche Folge der Event-Meldungen

Dieser Verlauf ist entsprechend der Objekthierarchie aufsteigend.

Doch wie konstruiert man nun Events für eigene Objektklassen? Dazu bedient man sich der *RaiseEvent*-Anweisung. Sie löst ein in einer Klasse deklariertes Ereignis aus. Die entsprechende Methode zu diesem Ereignis wird, wie wir das bereits kennen, durch die Namenskonstruktion *Klasse_Ereignis* benannt.

Betrachten wir auch dazu ein einfaches Beispiel. Das obige Ereignis der Selektion einer Zelle auf dem Tabellenblatt, soll nun für alle Tabellenblätter gelten. Wir erstellen zunächst ein Klassenmodul mit dem Namen cls*AlleTabellen* (Bild 1-45).

Mit *WithEvents* wird wieder das Objekt deklariert, dessen Ereignis ausgewertet werden soll, mit *Event* das Ereignis selbst. Hier wird mit dem Ereignis ein Bereich übergeben, nämlich der Bereich der markierten Zelle(n).

Die Property Set-Anweisung übergibt das Applikation-Objekt an das Klassen-Objekt. *Friend* bedeutet in diesem Fall, dass die Methode auch außerhalb der Klasse genutzt werden kann.

Das *SheetSelectionChange*-Ereignis des Application-Objekts (siehe Objektkatalog) löst mit jeder Aktivierung einer neuen Zelle oder eines Zellbereichs in einer vorhandenen Tabelle das Event *DieAdresse* in der Klasse cls*AlleTabellen* aus. Im Prinzip haben wir es hier auch mit einer Vererbung zu tun. Nur wird kein Attribut oder eine Methode vererbt, sondern die Klasse cls*AlleTabellen* erbt das Event *SheetSelectionChange* der Klasse Application.

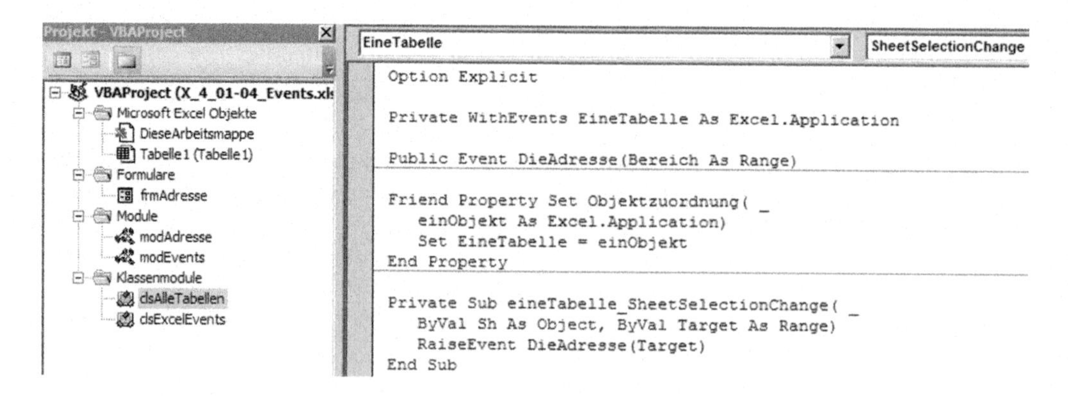


**Bild 1-49** Die Klasse clsAlleTabellen

Nun fehlt noch eine UserForm für die Nutzung. Sie hat die im Bild 1-46 dargestellte Form unter dem Namen *frmAdresse* und besitzt die Controls *tbxName* (TextBox), *tbxAdresse* (TextBox) und *cmdEnde* (Commandbutton).

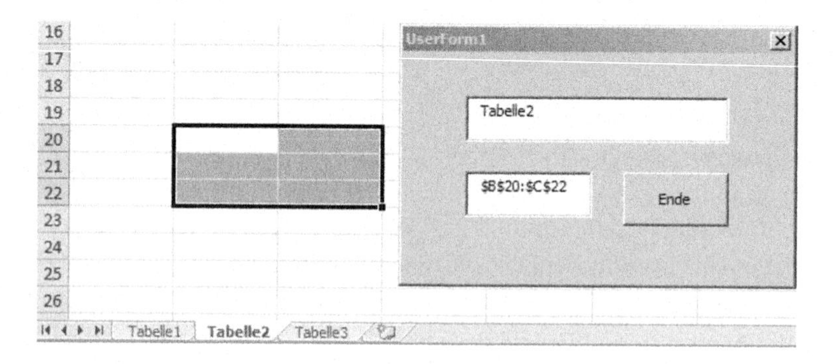


**Bild 1-50** Anzeige der Adresse in der UserForm *frmAdresse*

Der Code für die UserForm ist:

```
Option Explicit

Private WithEvents EineTabelle As AlleTabellen

Private Sub cmdEnde_Click()
   Unload Me
End Sub

Private Sub UserForm_Activate()
   Set EineTabelle = New AlleTabellen
   Set EineTabelle.Objektzuordnung = Application
End Sub
```

```
Private Sub UserForm_Terminate()
   Set EineTabelle = Nothing
End Sub

Private Sub EineTabelle_DieAdresse(Markiert As Range)
   tbxName.Text = Markiert.Worksheet.Name
   tbxAdresse.Text = Markiert.Address
End Sub
```

Zunächst wird ein Objekt *EineTabelle* der Klasse *AlleTabellen* über *WithEvents* deklariert. Damit entsteht der Plan für ein Objekt mit eigenen Ereignissen. Mit der Aktivierung der UserForm werden dann Objekt und Ereignis instanziiert. Jedes SheetSelectionChange-Ereignis auf einem Tabellenblatt ruft die *EineTabelle_DieAdresse*-Methode der Klasse auf. Diese übergibt Name und Adresse in die Textboxen der Userform.

Gestartet wird die Userform in einem Modul über die Prozedur

```
Option Explicit

Sub Start()
   FrmAdresse.Show vbModeless
End Sub
```

# 1.7 Aktionen unter Excel

## 1.7.1 Neue Excel-Anwendung starten

Mit einem Doppelklick auf das Symbol Microsoft Excel auf dem Desktop oder durch einen Klick auf den Eintrag Microsoft Excel in Ihrer Programmliste starten Sie eine neue Excel-Anwendung. Auf Ihrem Bildschirm erscheint die Excel-Anwendung mit dem Namen Mappe1. Sie besitzt mindestens ein Arbeitsblatt mit dem Namen Tabelle1.

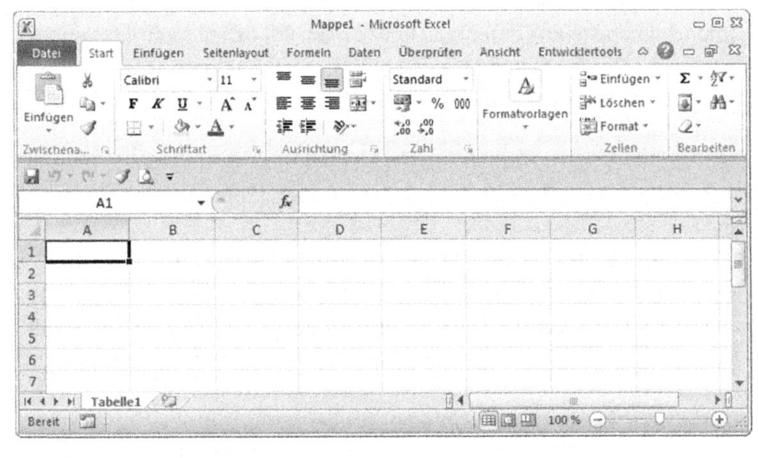


**Bild 1-51**

Startfenster einer leeren Excel-Anwendung

### 1.7.2 Der Excel-Anwendung einen Namen geben

Wählen Sie unter der Office-Schaltfläche (links oben) die Methode *Speichern unter....* Es öffnet sich ein Dialogfenster. Hier wählen Sie zunächst den Pfad, unter dem Ihre Excel-Anwendung gespeichert werden soll. Notfalls wählen Sie mit der Schaltfläche Neuen Ordner erstellen einen neuen Ordner. Geben Sie dann unter Dateinamen den neuen Namen Ihrer Excel-Anwendung an. Für dieses Buchprojekt wurde ein eigenes Verzeichnis unter dem Pfad C:\Excel + VBA\4. Auflage angelegt.

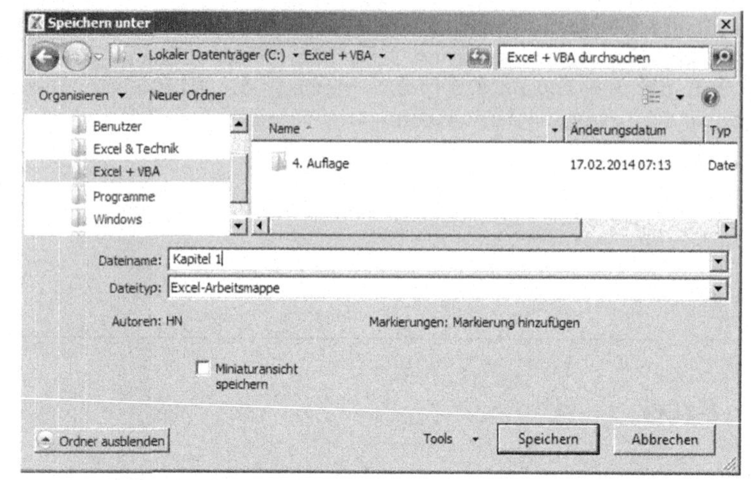


**Bild 1-52**

Dialogfenster zur Speicherung der Excel-Anwendungen

### 1.7.3 Dem Excel-Arbeitsblatt (Tabelle) einen Namen geben

Haben Sie eine neue Excel-Anwendung geöffnet, dann wird in dieser Anwendung das erste Arbeitsblatt direkt angelegt und hat den Namen Tabelle1. Oft werden auch gleichzeitig drei Tabellen angelegt. Das ist abhängig von den eingestellten Optionen. Die Arbeitsblätter unter Excel werden auch als Tabellen bezeichnet.

Klicken Sie mit der rechten Maustaste auf den Namen Tabelle1. Es öffnet sich das sogenannte Kontextmenü. Nun können Sie auf Umbenennen klicken und einen anderen Namen eingeben. So bekommt z. B. das erste Arbeitsblatt von Kapitel 2 den Namen *Kräfte.*

Der Klick mit der rechten Maustaste auf ein beliebiges Objekt unter Windows öffnet immer das Kontextmenü. Je nach Objekt fällt der Inhalt unterschiedlich aus, da das Kontextmenü alle Methoden zeigt, die auf das betreffende Objekt angewendet werden können.

### 1.7.4 In der Excel-Anwendung ein neues Arbeitsblatt anlegen

Sie können ein weiteres Arbeitsblatt in einer Excel-Anwendung durch Klicken auf das Einfügesymbol oder mit Hilfe der Tasten Umschalt+F11 einfügen. Das Arbeitsblatt erhält den Namen Tabelle1, und wenn dieser schon vorhanden ist, den Namen Tabelle2 und so weiter.

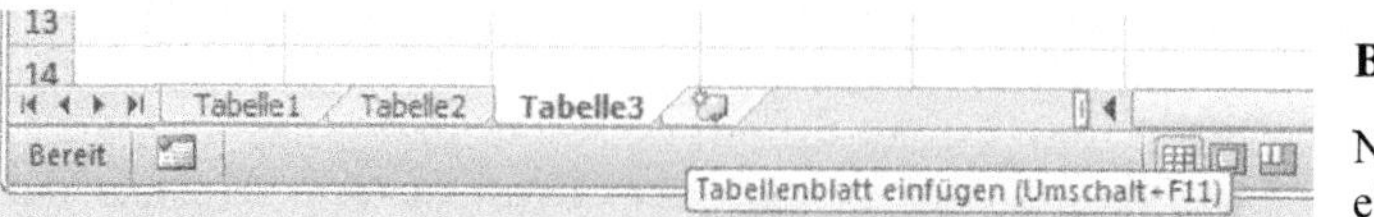


**Bild 1-53**

Neues Tabellenblatt einfügen

### 1.7.5 Dem Projekt und dem Arbeitsblatt einen Namen geben

Bleiben wir bei dem zuvor beschriebenen Start. Wir haben eine neue Excel-Anwendung aufgerufen. Danach dem Arbeitsblatt den Titel Kräfte (zuvor Tabelle1) gegeben (Kapitel 1.7.3). Dann diese Excel-Anwendung gespeichert (Kapitel 1.7.1). Anschließend rufen wir mit den Tasten ALT+F11 die Entwicklungsumgebung auf.

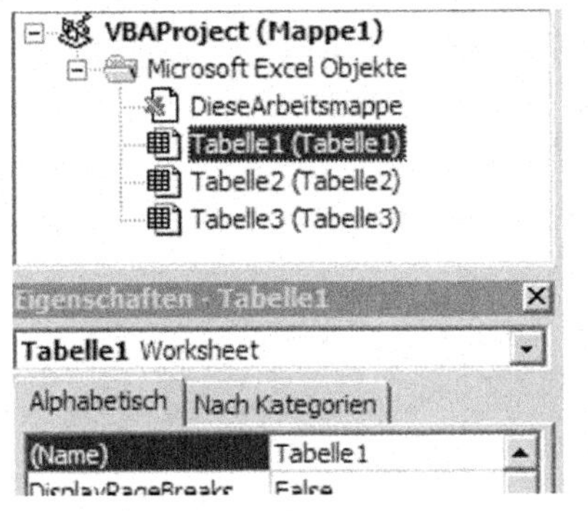


**Bild 1-54**

Projekt-Explorer beim Neustart

Durch Anklicken von VBAProject und Tabelle1 (nacheinander für beide Objekte ausführen), lassen sich im Eigenschaftsfenster unter (Name) die Namen ändern. Der Projektname wird zu Kapitel2 (ohne Leerzeichen!) und das Arbeitsblatt erhält den Namen *tblKräfte*. Das Präfix *tbl* dient zur besseren Lesbarkeit im Programmcode (siehe Kapitel 1.3.3).

### 1.7.6 Prozeduren mit Haltepunkten testen

Erstellen Sie die dargestellte Testprozedur in einer neuen Excel-Anwendung, z. B. im Codefenster von Tabelle1, und klicken Sie an der gekennzeichneten Stelle auf den linken grauen Rand neben dem Programmcode. Es erscheint ein brauner Punkt und die entsprechende Programmzeile wird ebenfalls mit braunem Hintergrund dargestellt.

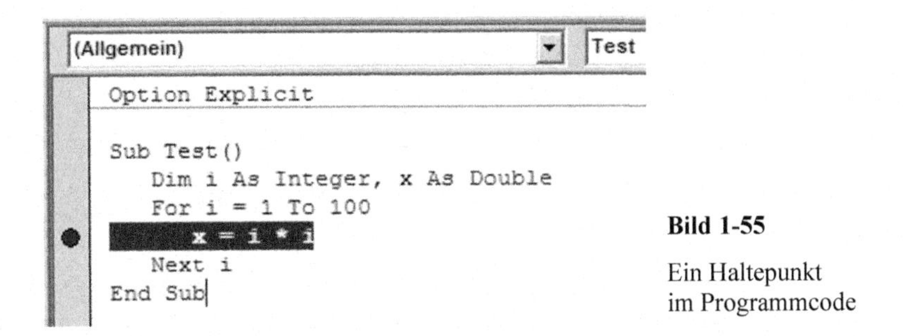


**Bild 1-55**

Ein Haltepunkt im Programmcode

Ein nochmaliger Klick an die gleiche Stelle entfernt diesen Punkt wieder. Eine so gekennzeichnete Stelle ist ein Haltepunkt. Wird nun diese Prozedur gestartet, z. B. mit der F5-Taste, dann wird an dieser Stelle der Prozedurablauf gestoppt. Wenn Sie jetzt mit der Maus auf die entsprechenden Variablen x oder i fahren, erscheint deren Inhalt als Anzeige. Mit der F8-Taste können Sie nun schrittweise jede weitere Anweisung auslösen. Die aktuelle Zeile wird dann gelb dargestellt. Sie können aber auch mit der F5-Taste die Prozedur weiter laufen lassen bis zum nächsten Haltepunkt oder bis zum Prozedurende. Es lassen sich auch mehrere Haltepunkte setzen. Haltepunkte können beim Testlauf auch gelöscht oder neu gesetzt werden. Weitere Informationen zu den Objekten in der Prozedur erhalten Sie auch durch Einblenden des Lokal-Fensters unter Ansicht/Lokal-Fenster.

### 1.7.7 Codefenster teilen

Bei umfangreichen Programmcodes kommt es vor, dass man eine andere Stelle im Code betrachten möchte, ohne die aktuelle Stelle verlassen zu müssen. Dazu lässt sich das Codefenster teilen und Sie erhalten zwei Fenster, in denen unterschiedliche Stellen der Prozedur(en) dargestellt werden können.

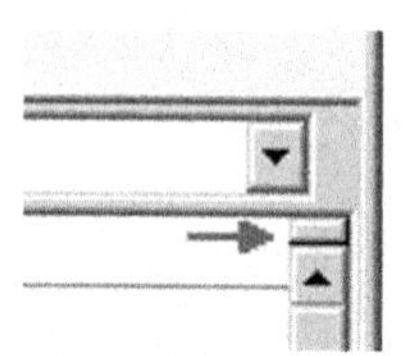

**Bild 1-56**

Schaltfläche zur Teilung des Codefensters

Klicken Sie dazu in der oberen rechten Ecke auf eine kleine vorhandene Schaltfläche. Halten Sie die Maustaste gedrückt und fahren Sie so bis zur Mitte des Codefensters. Das Fenster wird geteilt. Wenn Sie diese Trennlinie wieder anklicken, festhalten und nach oben aus dem Codefenster schieben, wird diese Teilung wieder aufgehoben.

### 1.7.8 Symbolleiste für den Schnellzugriff ergänzen

Mit der Version 2007 hat Microsoft das Konzept der Menü- und Symbolleisten auf ein neues Bedienprinzip umgestellt, das mit dem Schlagwort Ribbon bezeichnet wird. Dem einfacheren Ribbon-Konzept musste die Flexibilität eigener Symbolleisten-Gestaltung weichen. Es existiert jetzt eine Schnellzugriffsleiste, der beliebige Funktionen zugeordnet werden können.

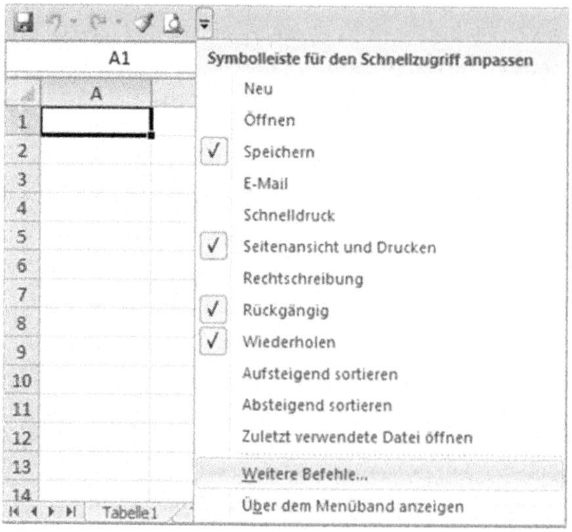

**Bild 1-57**

Symbolleiste für den Schnellzugriff anpassen

Als Beispiel soll hier für die Prozedur Kreis ein Symbol für den Schnellzugriff installiert werden. Dazu klicken wir auf die Schaltfläche Symbolleiste für den Schnellzugriff anpassen, die sich bei der Symbolleiste befindet. Damit öffnet sich eine Menüleiste, unter der sich auch der Befehl *Weitere Befehle ...* befindet.

Unter dem folgenden Dialogfenster wählen wir in der linken Spalte die *Symbolleiste* und unter *Befehle auswählen* den Eintrag *Makros*.

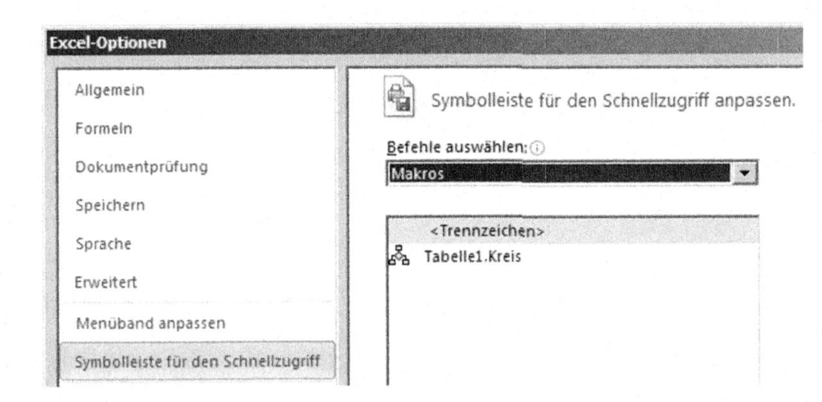


**Bild 1-58**

Dialogfenster zur Auswahl vorhandener Befehle

Es werden die vorhandenen Befehle angezeigt, in unserem Fall die Prozedur Kreis. Mit den Schaltflächen Hinzufügen und Entfernen kann die Symbolleiste für den Schnellzugriff angepasst werden.

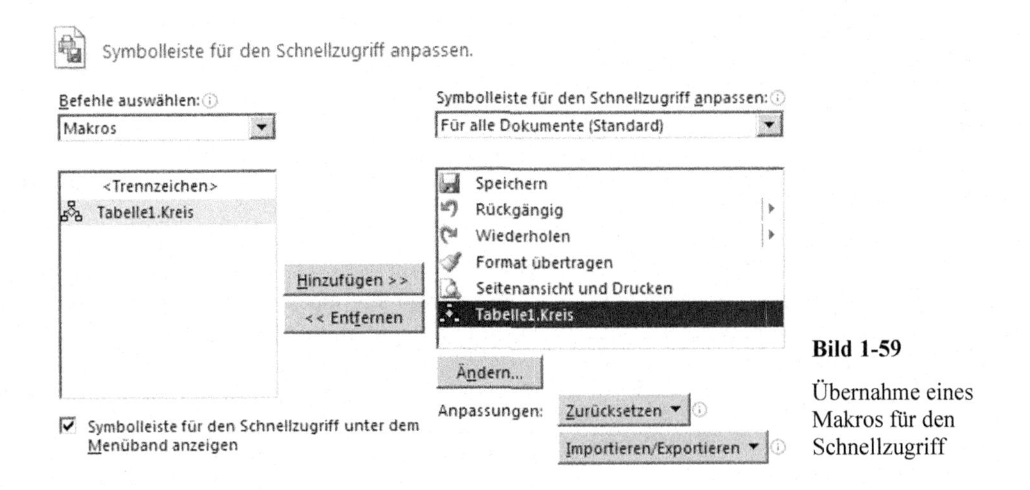


**Bild 1-59**

Übernahme eines Makros für den Schnellzugriff

Wer möchte, kann zusätzlich das Symbol ändern. Mit der Schaltfläche *Ändern* öffnet sich ein Fenster mit verschiedenen Symbolen. Hier kann ein anderes Symbol ausgewählt werden.

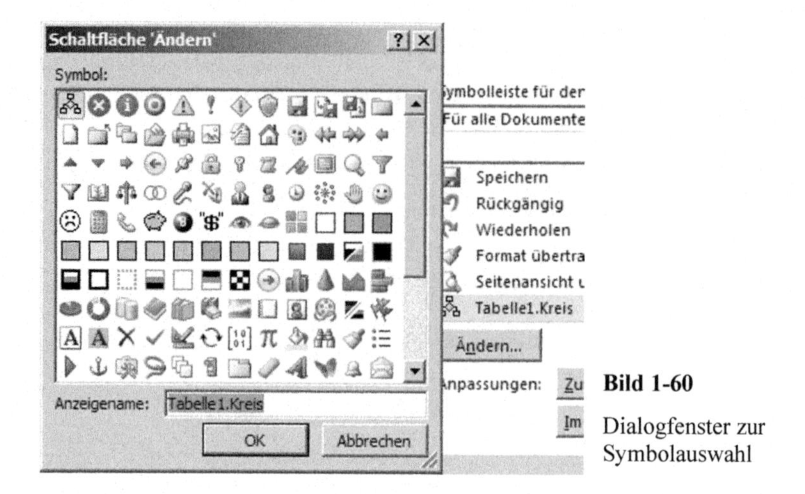


**Bild 1-60**

Dialogfenster zur Symbolauswahl

Die Symbolleiste für den Schnellzugriff kann auch den Aufruf der Entwicklungsumgebung erhalten. Wählen Sie in der Menüleiste der Excel-Tabelle *Entwicklertools*. Klicken Sie mit der rechten Maustaste auf das Symbol Visual Basic und wählen Sie *Zu Symbolleiste für den Schnellzugriff hinzufügen.* Danach steht das Symbol auch in der Schnellzugriffsliste und mit einem einfachen Klick wird die Entwicklungsumgebung aufgerufen.

**Bild 1-61**

Zugriff über die Schnellstartliste

### 1.7.9 Makros aus dem Menübereich Add-Ins aufrufen

Wer für seine Anwendung dennoch einen eigenen Menüeintrag möchte, kann über das Menü-Objekt einen Menüeintrag unter Add-Ins erreichen. Für das Menü wird ein zusätzliches Modul *ModBuchMenu* erstellt.

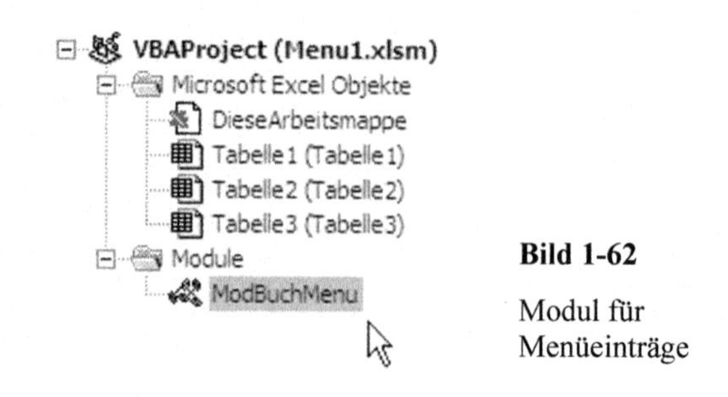


**Bild 1-62**

Modul für Menüeinträge

In dieses Modul wird der nachfolgende Code aus der Codeliste 1-1 eingetragen. Er enthält zwei Prozeduren. *InitMenu* erstellt den Menüeintrag und *RemoveMenu* entfernt ihn wieder. Aufrufen lassen sich diese Prozeduren über Entwicklungstools/Makros.

**Codeliste 1-1** Beispiel Menüprozeduren

```
Option Explicit

Public Sub InitMenu()
   Dim myMenuBar          As CommandBar
   Dim newMenu            As Object
   Dim xMenu              As Object

   Set myMenuBar = CommandBars.ActiveMenuBar
   RemoveMenu

   Set newMenu = myMenuBar.Controls.Add(Type:=msoControlPopup, _
                 Temporary:=False)
   newMenu.Caption = "Excel+VBA"

   Set xMenu = newMenu.Controls.Add(Type:=msoControlButton)
   With xMenu
      .Caption = "Übung1"
      .Style = msoButtonCaption
      .OnAction = "Tabelle1.Kreis1"
   End with

   Set xMenu = newMenu.Controls.Add(Type:=msoControlButton)
   xMenu.Caption = "Übung2"
   xMenu.Style = msoButtonCaption
   xMenu.OnAction = "Kreis_2"

   xMenu.BeginGroup = True
End Sub
Public Sub RemoveMenu()
   Dim x, myMenuBar
   Set myMenuBar = CommandBars.ActiveMenuBar

   For Each x In myMenuBar.Controls
      If x.Caption = "Excel+VBA" Then
         x.Delete
      End If
   Next
End Sub
```

Bei diesem Beispiel befindet sich nach dem Aufruf von *InitMenu* in der Menüleiste unter *Add-Ins* der Eintrag Excel+VBA. Dieser zeigt wiederum die Funktionen Übung1 und Übung2.

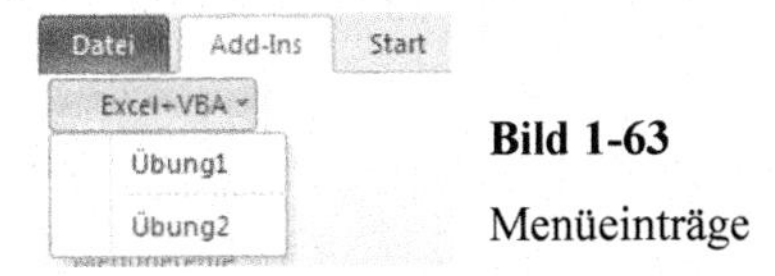


**Bild 1-63**

Menüeinträge

Sie rufen beide die gleiche Prozedur zur Kreisberechnung auf, die wir bereits unter 1.2.2 erarbeitet haben. Allerdings stehen die Prozeduren, sie wurden zur Unterscheidung Kreis_1 und Kreis_2 genannt, in unterschiedlichen Bereichen.

Kreis_1 in der Tabelle1 wird unter Angabe des Tabellenblattes aufgerufen, während Kreis_2 im zusätzlichen Modul *modKreisFläche* direkt aufgerufen wird. Obwohl beide Prozeduren als Private deklariert sind, lassen sie sich auf diese Art aufrufen, ohne dass sie in der Makro-Übersicht erscheinen. Menüeinträge können über das Kontextmenü (rechte Maustaste) auch wieder entfernt werden.

Damit der Menüeintrag nicht ständig aus- und eingeschaltet werden muss, können auch die Ereignisse des Workbooks die Steuerung übernehmen. Mit *Workbook_Open* kann der Menüpunkt beim öffnen der Anwendung installiert und mit *Workbook_BeforeClose* wieder deinstalliert werden. Dazu sind die beiden nachfolgenden Prozeduren unter *DieseArbeitsmappe* zu installieren.

**Codeliste 1-2** Automatische Installation und Deinstallation der Menüprozeduren

```
Option Explicit

Private Sub Workbook_BeforeClose(Cancel As Boolean)
   RemoveMenu
End Sub
Private Sub Workbook_Open()
   InitMenu
End Sub
```

Die Menüprozeduren selbst können dann als *Private Sub* definiert werden. Wer mag, kann die Menüeinträge noch mit einem Icon und einem Erklärungstext versehen, der immer dann erscheint, wenn sich der Mauszeiger auf dem Menüpunkt befindet. Dazu ergänzen Sie die Menüeinträge um die Anweisungen

```
   .TooltipText = "Test!"  'Dieser Text erscheint bei Mouseover
   .BeginGroup = True               'Linie zwischen den Menüpunkten
   .FaceId = 523                                   'Icon über Index
```

Um die ersten 100 Icon-Indizes von über 4000 zu sehen, erstellen Sie einfach einen Menüpunkt nach folgendem Muster:

```
'Icons für Ihre Auswahl
   Set Menu1 = myMenuBar.Controls.Add(Type:=msoControlPopup, _
               Temporary:=False)
   Menu1.Caption = "MenuIcons"
   For n = 0 To 100
      Set xMenu = Menu1.Controls.Add(Type:=msoControlButton, _
                  Temporary:=False)
      With xMenu
         .OnAction = Str(n)
         .Style = msoButtonIconAndCaption
         .Caption = Str(n)
         .FaceId = n
      End With
   Next n
```

### 1.7.10 Berechnungsprozeduren als Add-In nutzen

Berechnungsprozeduren lassen sich in Modulen unter einem Workbook zusammenfassen und mit Speichern unter und dem Dateityp *Microsoft Office Excel Add-In* in dem Standardverzeichnis für Vorlagen speichern. Ein solches Add-In kann dann ebenfalls über die Ereignisprozeduren geladen werden (Codeliste 1-3).

**Codeliste 1-3** Automatische Installation und Deinstallation eines AddIns

```
Private Sub Workbook_BeforeClose(Cancel As Boolean)
   If AddIns("BuchProzeduren").Installed = True Then
      AddIns("BuchProzeduren").Installed = False
   End If
End Sub
Private Sub Workbook_open()
   If AddIns("BuchProzeduren").Installed = False Then
      AddIns("BuchProzeduren").Installed = True
   End If
End Sub
```

### 1.7.11 Eigene Funktionen schreiben und pflegen

Trotz der großen Zahl installierter Funktionen in Excel, findet der Anwender für sein Spezialgebiet nicht immer die Formeln, die er ständig benötigt. Die Lösung sind eigene Funktionen unter VBA. Als Beispiel soll hier eine Funktion zur Berechnung des Flächeninhalts eines beliebigen Dreiecks nach dem Satz des Heron dienen. Der Algorithmus wurde bereits im Beispiel 1.1 beschrieben.

Auch hier wird zunächst ein neues Modul verwendet, das den Namen *MeineFunktionen* bekommt. In das Codefenster wird die Funktion Heron eingetragen.

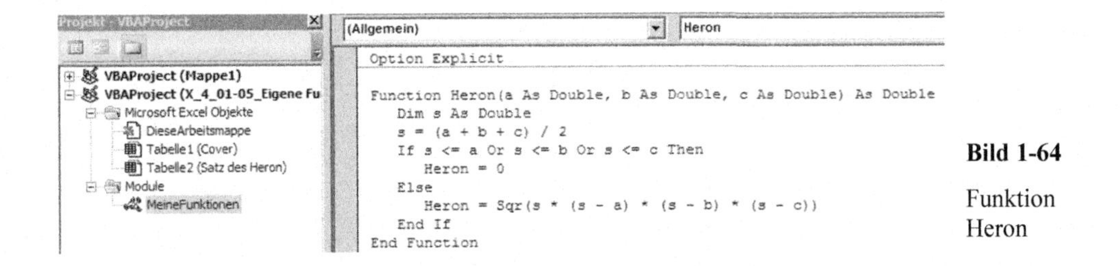


**Bild 1-64**

Funktion Heron

Auf diese Art lassen sich viele weitere Funktionen definieren. Angewendet wird eine so definierte Funktion auf einem Tabellenblatt wie alle Funktionen. Mit =Heron wird der Funktionsname aufgerufen und die Parameter werden durch Semikolon getrennt aufgeführt.

=Heron(A2;B2;C2)

| | A | B | C | D | E |
|---|---|---|---|---|---|
| 1 | Seite a | Seite b | Seite c | Fläche | |
| 2 | 3 | 4 | 5 | =Heron(A2;B2;C2) | |
| 3 | 6,5 | 5,8 | 4,9 | 13,6785087 | |
| 4 | 3 | 4 | 9 | 0 | |
| 5 | 4,6 | 3,8 | 5,8 | 8,72625349 | |
| 6 | 44,6 | 55,9 | 37,7 | 837,671723 | |
| 7 | 121 | 211 | 188 | 11291,6748 | |

**Bild 1-65**

Funktion Heron angewendet

Zur Verwendung eigener Funktionen auch in anderen Arbeitsmappen, kann das Modul *MeineFunktionen*, und natürlich auch andere Module, in der Entwicklungsumgebung über *Datei/Datei exportieren* gespeichert und mit *Datei/Datei importieren* in einer anderen Arbeitsmappe wieder importiert werden.

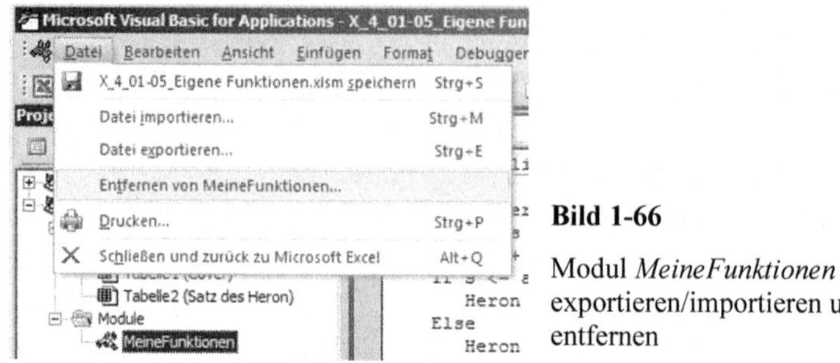


**Bild 1-66**

Modul *MeineFunktionen* exportieren/importieren und entfernen

## 1.7.12 Zugriff auf die Objekte des aktiven VBA-Projekts

Ich kann nur immer wieder darauf hinweisen, im Code möglichst viele Kommentare zu benutzen. Insbesondere sollte jeder Code-Container einen Kommentarkopf haben, in dem etwas über die Erstellung und Funktion der Prozeduren steht. Leider musste ich in diesem Buch aus Platzgründen darauf verzichten. Ein solcher Kommentarkopf lässt sich sehr anschaulich aus einer Prozedur erzeugen und ist damit ein Beispiel dafür, wie Code durch Code erzeugt werden kann. Voraussetzung ist allerdings, dass die Objektbibliothek *Microsoft Visual Basic for Application Extensibility* unter *Extras/Verweise* im VBA-Tool eingebunden wird. Bei einer Laufzeit-Fehlermeldung 1004 ist die *Makrosicherheit* zu hoch gesetzt und es sollte *Zugriff vertrauen* gesetzt werden.

**Codeliste 1-4** Prozedur erzeugt Kommentarkopf

```
Public Sub CodeHeader()
   With Application.VBE.ActiveCodePane.CodeModule
      .InsertLines 1, "'VBA-Modultyp      ."
      .InsertLines 2, "'Modulname:        ."
      .InsertLines 3, "'Autor:            ."
      .InsertLines 4, "'Firma:            ."
      .InsertLines 5, "'Abteilung:        ."
      .InsertLines 6, "'Erstelldatum:     " & Format(Date, "dd.mm.yyyy")
      .InsertLines 7, "'Installation:     ."
      .InsertLines 8, "'Application:      Excel"
      .InsertLines 9, "'Beschreibung:     ."
      .InsertLines 10, "'"
      .InsertLines 11, "                   Option Explicit"
      .InsertLines 12, "'"
      .InsertLines 13, "'Änderungen:        ."
      .InsertLines 14, "'"
   End With
End Sub
```

Aufgerufen wird die Prozedur *CodeHeader* im neu erstellten Modul und erzeugt im leeren Codefenster den nachfolgenden Eintrag. Dieser sollte den eigenen Wünschen entsprechend angepasst werden.

```
'VBA-Modultyp       .
'Modulname:         .
'Autor:             .
'Firma:             .
'Abteilung:         .
'Erstelldatum:      (Datum)
'Installation:      .
'Application:       Excel
'Beschreibung:      .
'
                    Option Explicit
'
'Änderungen:        .
'
```

Doch die VBE-Bibliothek hat noch viel mehr zu bieten. Über die Klasse *VBComponents* lassen sich alle vorhandenen Komponenten lesen und damit auch darauf zugreifen.

```
Sub LeseAlleKomponenten()
   Dim objComp       As VBComponent
   Dim objBook       As Workbook
   Dim sType         As String
   Set objBook = ThisWorkbook
   For Each objComp In objBook.VBProject.VBComponents
      Select Case objComp.Type
      Case 1
         sType = ".bas"
      Case 2, 100
         sType = ".cls"
      Case 3
         sType = ".frm"
      End Select
      MsgBox objComp.Name & sType
   Next
   Set objBook = Nothing
End Sub
```

Die folgende Prozedur erzeugt ein Code-Modul, erstellt darin eine Prozedur und startet sie.

```
Sub ErstelleModul()
   Dim objComp       As VBComponent
   Dim objBook       As Workbook
   Dim sType         As String
   Set objBook = ThisWorkbook
   'vbext =
   Set objComp = objBook.VBProject.VBComponents.Add(vbext_ct_StdModule)
   With objComp.CodeModule
      .InsertLines 2, "Private Sub TestModul"
      .InsertLines 3, "'automatisch generiert"
      .InsertLines 4, "   MsgBox ""TestModul, automatisch generiert"""
      .InsertLines 5, "End Sub"
   End With
   Application.Run "TestModul"
   Set objComp = Nothing
   Set objBook = Nothing
End Sub
```

Die nächste Prozedur ändert die Zeile 4 in der zuvor erstellten Prozedur im *Modul1*.

```
Sub ÄndereModulCode()
   Dim objComp       As VBComponent
   Dim objBook       As Workbook
   Dim sType         As String

   Set objBook = ThisWorkbook
   Set objComp = objBook.VBProject.VBComponents("Modul1")

   With objComp.CodeModule
      .DeleteLines 4
      .InsertLines 4, "   MsgBox ""CodeModul, automatisch generiert"""
   End With
   Application.Run "TestModul"

   Set objComp = Nothing
   Set objBook = Nothing
End Sub
```

Ebenso lassen sich Komponenten exportieren und löschen. Eine Handlung, die unter Makros und eigene Funktionen bereits als manueller Vorgang beschrieben wurde.

```
Sub ModulExport()
   Dim objComp       As VBComponent
   Dim objBook       As Workbook
   Dim sFile         As String

   Set objBook = ThisWorkbook
   Set objComp = objBook.VBProject.VBComponents("Modul1")
   sFile = "C:\Temp\Modul1.bas"
   objComp.Export sFile
   objBook.VBProject.VBComponents.Remove objComp

   Set objComp = Nothing
   Set objBook = Nothing
End Sub
```

Genauso können gespeicherte Komponenten auch wieder importiert werden.

```
Sub ModulImport()
   Dim objBook       As Workbook
   Dim sFile         As String

   Set objBook = ThisWorkbook
   sFile = "C:\Temp\Modul1.bas"
   objBook.VBProject.VBComponents.Import sFile

   Set objBook = Nothing
End Sub
```

# 2 Berechnungen aus der Statik

Die Statik (lat. stare, statum = feststehen) ist die Lehre der Wirkung von Kräften auf starre Körper im Gleichgewichtszustand. Die Statik befasst sich also mit dem Zustand der Ruhe, der dadurch gekennzeichnet ist, dass die an einem Körper angreifenden Kräfte miteinander im Gleichgewicht stehen. Wird das Gleichgewicht der Kräfte gestört, kommt es beispielsweise zu bleibenden plastischen Verformungen oder zum Bruch. Die Folge sind einstürzende Brücken und Bauwerke.

## 2.1 Kräfte im Raum

Eine Kraft kann an Hand ihrer Wirkung beobachtet werden. Ihr Wirken zeigt sich in der Verformung eines Körpers oder der Änderung seines Bewegungszustandes.

Die Kraft hat den Charakter eines linienflüchtigen Vektors und ist somit durch Größe, Wirkrichtung und Angriffspunkt eindeutig bestimmt. Greifen mehrere Kräfte an einem Punkt an, dann lassen sie sich mittels der so genannten Vektoraddition zu einer Kraft, man spricht von einer Resultierenden, zusammenfassen.

Um die Lage und Richtung der Kräfte bestimmen zu können, bedienen wir uns eines Koordinatensystems (x, y, z) mit seinem Ursprung u.

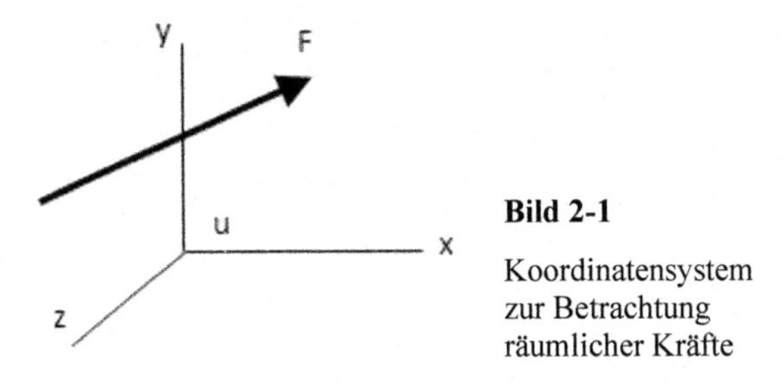


**Bild 2-1**

Koordinatensystem zur Betrachtung räumlicher Kräfte

Die Anordnung der Kräfte im Raum kann beliebig sein. Für den Fall, dass die Wirklinie einer Kraft nicht durch den Ursprung geht, kommen wir zur zweiten wichtigen Größe in der Statik, dem Moment. Ein Moment ist das Produkt aus Kraft x Hebelarm.

$$M = F \cdot a \tag{2.1}$$

Dabei ist der Hebelarm der kürzeste Abstand zwischen Wirklinie der Kraft und Ursprung u. Er liegt außerdem senkrecht zur Wirklinie. Ein Moment ist die Ursache einer Drehbewegung. Momente lassen sich genau wie Kräfte zusammenfassen.

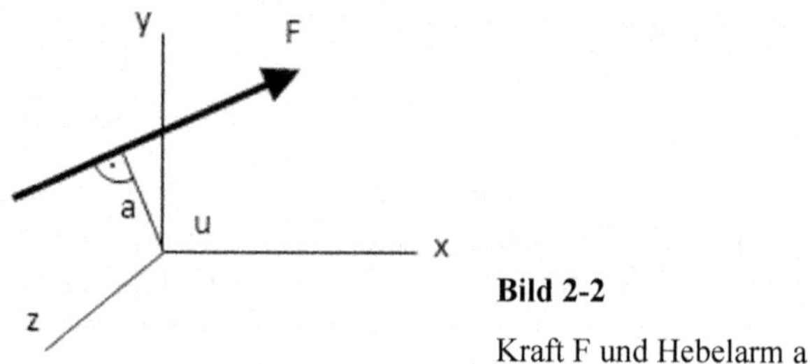


**Bild 2-2**

Kraft F und Hebelarm a

Sind nun n Kräfte $F_i$ (i=1,...n) gegeben, so ergibt sich die resultierende Kraft aus der Summe der Vektoren

$$F_r = \sum_{i=1}^{n} F_i \tag{2.2}$$

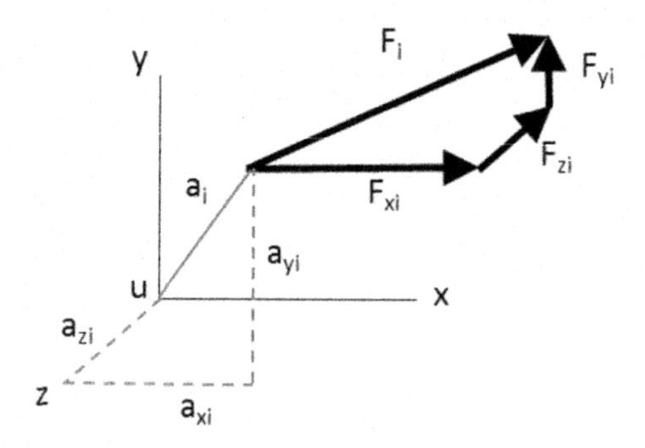


**Bild 2-3**

Komponentendarstellung

und das resultierende Moment aus

$$M_u = \sum_{i=1}^{n} M_{ui} = \sum_{i=1}^{n} a_i \cdot F_i . \tag{2.3}$$

Genauso gilt auch für die Projektionen der Kräfte und Momente auf die Achsen des Koordinatensystems

$$F_{rk} = \sum_{i=1}^{n} F_{ik}, k \in \{x, y, z\} \tag{2.4}$$

$$M_{uk} = \sum_{i=1}^{n} M_{uik} = \sum_{i=1}^{n} \left( a_{ip} \cdot F_{iq} - a_{iq} \cdot F_{ip} \right). \tag{2.5}$$

Darin ist k ϵ {x, y, z} und für p und q als abhängige Indizes gilt:

| k | p | q |
|---|---|---|
| x | y | z |
| y | z | x |
| z | x | y |

Die betragsmäßigen Größen von resultierender Kraft und resultierendem Moment ergeben sich aus den berechneten Komponenten nach dem Satz der Pythagoras

$$|F_r| = \sqrt{\sum_{k=x,y,z} F_{rk}^2} \tag{2.6}$$

$$|M_u| = \sqrt{\sum_{k=x,y,z} M_{uk}^2} \; . \tag{2.7}$$

Beginnen wir an dieser Stelle mit dem Einstieg in die Programmierung, zumal wir das Zusammenfassen von Kräften und Momenten später noch einmal brauchen.

**Aufgabe 2.1 Bestimmung von Resultierenden**

Gesucht ist eine Prozedur, die bei Eingabe von Kräften durch deren Größe und Lage, die resultierende Kraft und das resultierende Moment ermittelt.

Angewandt auf unser Problem, könnte das Top-Down-Design etwa so aussehen wie in Tabelle 2.1 dargestellt. Dies ist auch die einfachste Form einer Strukturierung: Eingabe – Auswertung – Ausgabe. Analog zur einfachsten Darstellung eines Problems: Der Black Box.

**Tabelle 2-1** Top-Down-Design für eine Kräftereduktion

| Reduktion von beliebigen Kräften im Raum auf eine resultierende Kraft und ein resultierendes Moment | | |
|---|---|---|
| Eingabe | Auswertung | Ausgabe |
| Eintragung aller erforderlichen Werte von Kraft und Hebelarm durch ihre Komponenten. | Summation der Komponenten und Berechnung der betragsmäßigen Größen. | Eintrag der berechneten Werte in die Tabelle. Diagramm zur Darstellung vorsehen. |

Oft können Teilprobleme als eigenständige Prozeduren auch in anderen Problemen als Teillösung genutzt werden. Der nächste Schritt ist die graphische Darstellung des Algorithmus als Struktogramm. Dabei kommt nun der zeitliche Ablauf der Lösung ins Spiel.

**Tabelle 2-2** Struktogramm zur Kräftereduktion

<table>
<tr><td colspan="2">Eingabe der erforderlichen Daten zur Berechnung</td></tr>
<tr><td rowspan="2">i = 1 um 1<br>bis n</td><td>$\sum F_{ik} = \sum F_{ik} + F_{ik}, k \in \{x, y, z\}$</td></tr>
<tr><td>$\sum M_{uik} = \sum M_{uik} + M_{uik}$</td></tr>
<tr><td colspan="2">$\left|F_r\right| = \sqrt{\sum_{k=x,y,z} F_{rk}^2}$</td></tr>
<tr><td colspan="2">$\left|M_u\right| = \sqrt{\sum_{k=x,y,z} M_{uk}^2}$</td></tr>
<tr><td colspan="2">Ausgabe der Ergebnisse in Tabellen und Diagrammen</td></tr>
</table>

Das Programm besteht aus drei Unterprogrammen, von denen nur die Auswertung als Struktogramm beschrieben wird. Die Eingabe und Ausgabe ist einfach und daher direkt im Programm zu erkennen. Auch hier spiegelt sich das Top-Down-Design wieder.

**Codeliste 2-1** Formblatterstellung und Testdaten

```
'Prozedur zur Erstellung eines Formblatts
Sub Kraefte_Formblatt()
'Tabelle löschen
   Worksheets("Kräfte").Activate
   Worksheets("Kräfte").Cells.Clear
'Formblatt
   Range("A1:C1").MergeCells = True
   Range("A1") = "Angriffspunkt"
   Range("A2") = "x"
   Range("B2") = "y"
   Range("C2") = "z"
   Range("D1:F1").MergeCells = True
   Range("D1") = "Kraftkomponenten"
   Range("D2") = "x"
   Range("E2") = "y"
   Range("F2") = "z"
   Range("A:F").ColumnWidth = 10
   Columns("A:F").Select
   Selection.NumberFormat = "0.00"
End Sub
'Prozedur löscht und erstellt neues Formblatt und setzt Testdaten ein
Sub Kraefte_Testdaten()
   Call Kraefte_Formblatt
   Range("A3") = 3
   Range("B3") = 0
   Range("C3") = 0
   Range("D3") = 0
   Range("E3") = 3
```

```
    Range("F3") = 0
    Range("A4") = 0
    Range("B4") = 1
    Range("C4") = 0
    Range("D4") = 0
    Range("E4") = 0
    Range("F4") = 4
    Range("A5") = 0
    Range("B5") = 0
    Range("C5") = 2
    Range("D5") = 5
    Range("E5") = 0
    Range("F5") = 0
End Sub
```

Für Formular und Testdaten haben wir die Prozeduren bereits geschrieben. Bleibt also die Auswertung. Auch die Auswertung gliedert sich in drei Bereiche.

**Tabelle 2-3** Struktogramm zum Einlesen der Eingabewerte aus der Tabelle

| i = 1 um 1 bis | | |
|---|---|---|
| Anzahl Zeilen | k =1 um 1 bis 3 | |
| | | $a(i,k) = Inhalt(Zelle)$ |
| | | $F(i,k) = Inhalt(Zelle)$ |

**Tabelle 2-4** Struktogramm Summenbildung

| i = 1 um 1 bis | | |
|---|---|---|
| Anzahl Zeilen | k =1 um 1 bis 3 | |
| | | $\sum a(k) = \sum a(k) + a(i,k)$ |
| | | $\sum F(k) = \sum F(k) + F(i,k)$ |
| | | $\sum M(k) = \sum M(k) + (a(i,p) \cdot F(i,q) - a(i,q) \cdot F(i,p))$ |

**Tabelle 2-5** Struktogramm zur Bestimmung der Resultierenden

| i=1 um 1 bis 3 | |
|---|---|
| | $\sum F = \sum F + F(i) \cdot F(i)$ |
| | $\sum M = \sum M + M(i) \cdot M(i)$ |
| $F_r = \sqrt{\sum F}$ | |

$$M_r = \sqrt{\sum M}$$

**Codeliste 2-2** Auswertung

```
'Prozedur wertet die Eingabedaten auf
Sub Kraefte_Auswertung()
'
'Initialisierung
'
   Dim a()As Double, F()As Double, x As Double, y As Double
   Dim Suma()As Double, SumF()As Double, SumM() As Double
   Dim i As Integer, j As Integer, p(3) As Integer, q(3) As Integer
   Dim Zeilen As Integer
   Dim Sp As String, Zl As String
   p(1) = 2: p(2) = 3: p(3) = 1
   q(1) = 3: q(2) = 1: q(3) = 2
'
'Bestimmung belegter Zeilen
'und Definition der notwendigen Vektoren
'
   Worksheets("Kräfte").Activate
   Cells(Rows.Count, 1).End(xlUp).Select
   Zeilen = ActiveCell.Row
   ReDim a(Zeilen, 3), F(Zeilen, 3)
   ReDim Suma(Zeilen), SumF(Zeilen), SumM(Zeilen)
'
'Einlesen der Eingabewerte aus der Tabelle
'
   For i = 3 To Zeilen
      For j = 1 To 3
         Zl = Right("00" + LTrim(Str(i)), 2)
         Sp = Chr(64 + j)
         a(i, j) = Val(Range(Sp + Zl).Value)
         Suma(j) = Suma(j) + x
         Sp = Chr(67 + j)
         F(i, j) = Val(Range(Sp + Zl).Value)
      Next j
   Next i
'
'Die eigentliche Auswertung
'
   For i = 3 To Zeilen
      For j = 1 To 3
         Suma(j) = Suma(j) + a(i, j)
         SumF(j) = SumF(j) + F(i, j)
         SumM(j) = SumM(j) + (a(i, p(j)) * _
                   F(i, q(j)) - a(i, q(j)) * F(i, p(j)))
      Next j
   Next i
'
'Ausgabe der Resultierenden
'
   i = Zeilen + 2
   Zl = LTrim(Str(i))
   x = 0: y = 0
   For j = 1 To 3
      Sp = Chr(64 + j)
      Range(Sp + Zl) = SumF(j)
```

```
        Sp = Chr(67 + j)
        Range(Sp + Zl) = SumM(j)
        x = x + SumF(j) * SumF(j)
        y = y + SumM(j) * SumM(j)
    Next j
    x = Sqr(x)
    Range("G1") = x
    y = Sqr(y)
    Range("G2") = y
End Sub
```

**Beispiel 2.1 Zusammenfassung mehrerer Kräfte im Raum**

In den Testdaten sind drei Kräfte mit unterschiedlichen Angriffspunkten gegeben (Bild 2-4). Das Programm ermittelt die resultierende Kraft und das resultierende Moment.

| | A | B | C | D | E | F | G | H |
|---|---|---|---|---|---|---|---|---|
| 1 | Angriffspunkt | | | Kraftkomponenten | | | Resultierende Kraft | 7,07 |
| 2 | x | y | z | x | y | z | Resultierendes Moment | 14,04 |
| 3 | 3,00 | 0,00 | 0,00 | 0,00 | 3,00 | 0,00 | Ortsvektor a(x) | -0,26 |
| 4 | 0,00 | 1,00 | 0,00 | 0,00 | 0,00 | 4,00 | Ortsvektor a(y) | -0,58 |
| 5 | 0,00 | 0,00 | 2,00 | 5,00 | 0,00 | 0,00 | Ortsvektor a(z) | 0,76 |
| 6 | | | | | | | Moment Mf(x) | 8,60 |
| 7 | 5,00 | 3,00 | 4,00 | 4,00 | 10,00 | 9,00 | Moment Mf(y) | 5,16 |
| 8 | | | | | | | Moment Mf(z) | 6,88 |

**Bild 2-4** Auswertung Beispiel

**Übung 2.1 Bestimmung der Dyname**

Eine Kombination aus einem Kraftvektor und einem Momentenvektor bezeichnet man in der Mechanik als Dyname. Kräfte und Momente die auf einen Starrkörper wirken, haben eine Dyname als Resultierende. Je nach gewähltem Bezugspunkt kann es vorkommen, dass Kraft- und Momentenvektor der Dyname gleichgerichtet (kollinear) sind - in diesem Fall bezeichnet man die Dyname als Kraftschraube. Ergänzen Sie dieses Programm also um die Bestimmung der Dyname.

**Übung 2.2 Bestimmung der Richtungswinkel**

Außer der Möglichkeit der Komponentenangabe, gibt es zur Richtungsangabe eines Vektors zum Ursprung und den Koordinaten, die Angabe der Richtungswinkel (Bild 2-5). Nehmen Sie deren Bestimmung in Ihre Berechnung mit auf.

$$\varphi_i = \arccos\frac{a_i}{|\alpha|}, \quad |\alpha| = \sqrt{\sum_{i=x,y,z} a_i^2} \tag{2.8}$$

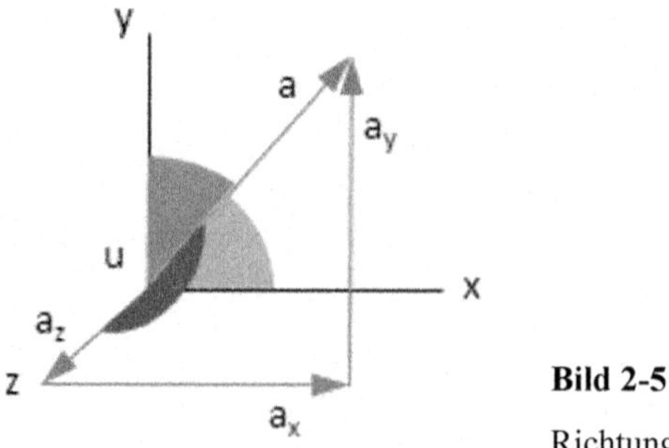


**Bild 2-5**

Richtungswinkel

## 2.2 Kräfte in Tragwerken

Kommen wir nun zu unserem eigentlichen Problem, den Stützkräften in ebenen Tragwerken. Unter einem ebenen Fachwerk versteht man ein Gebilde aus geraden Stäben, die in ihren Endpunkten (man spricht von Knoten) durch reibungsfreie Gelenke verbunden sind. Die äußeren Belastungskräfte greifen dabei nur in Knoten an. Durch diese Idealisierung können in den Stäben nur Zugkräfte oder Druckkräfte übertragen werden.

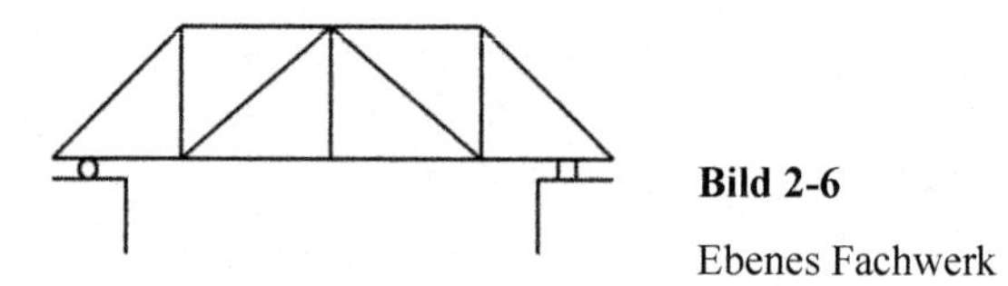

**Bild 2-6**

Ebenes Fachwerk

Zur Berechnung verwenden wir das Knotenpunktverfahren. Dieses Verfahren besagt, jeder Knoten muss für sich im Gleichgewicht sein und somit die zwei Gleichgewichtsbedingungen, Summe aller horizontalen und vertikalen Komponenten gleich Null erfüllen. Da die Stäbe zentrisch an den Knoten angeschlossen sind, entfällt die 3. Gleichgewichtsbedingung:

$$\sum M = 0 .$$

Betrachten wir einen Knoten bezüglich eines Koordinatensystems. Zur Festlegung der Kraftangriffsrichtung, denn die Kräfte können nur längs der Stabrichtung wirken, muss die Gleichgewichtsbedingung

$$\sum_{i=1}^{n} F_i = 0 \tag{2.9}$$

erfüllt sein. In Komponentenschreibweise heißt das, dass alle vertikalen und horizontalen Komponenten ebenfalls Null sein müssen.

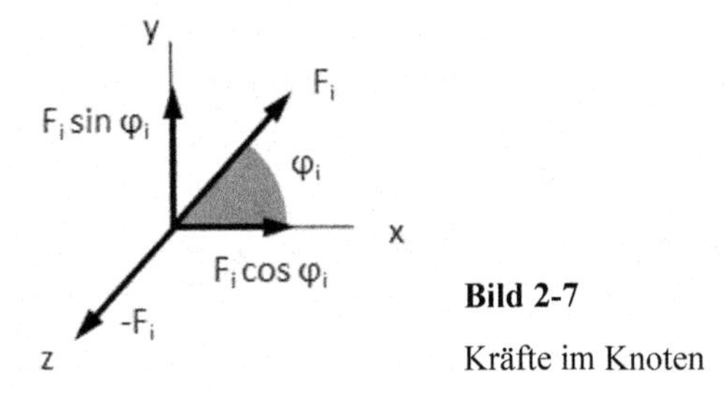


**Bild 2-7**

Kräfte im Knoten

Nun sind je nach Lage des Vektors im Koordinatensystem seine Komponenten unterschiedlich zu bestimmen (siehe Bild 2-8).

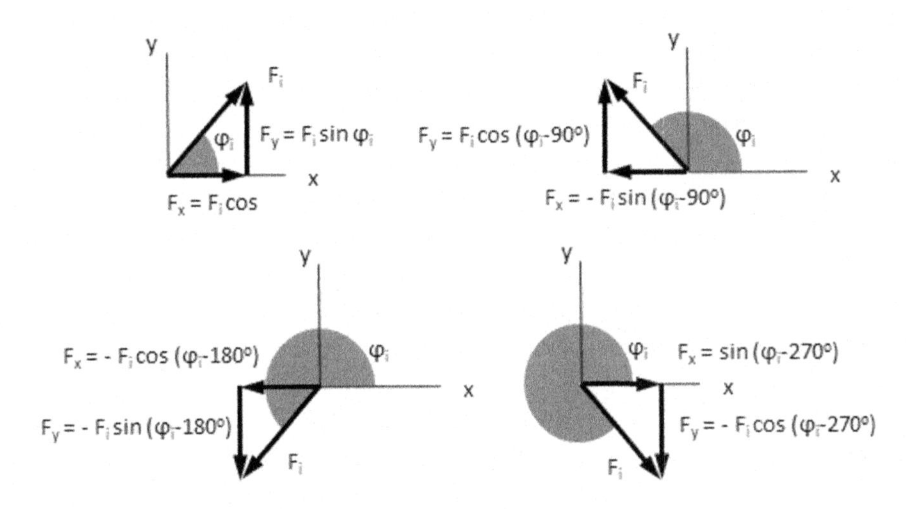


**Bild 2-8** Kräfte im Knoten

Wirkt auf einen Knoten eine äußere Kraft, wird diese ebenfalls am frei gedachten Knoten mit angetragen. In der Berechnung betrachtet man die unbekannte Stabkraft zunächst als Zugkraft. Liefert die Auflösung des Gleichungssystems für eine Stabkraft ein negatives Vorzeichen, so handelt es sich um eine Druckkraft.

**Beispiel 2.2 Eisenbahnbrücke**

Um zu einem Berechnungsalgorithmus zu kommen, betrachten wir nachfolgend als Testbeispiel einer Eisenbahnbrücke nach Bild 2-9. Die Auflagerkräfte ergeben sich aus dem äußeren Gleichgewichtszustand von Kräften und Momenten.

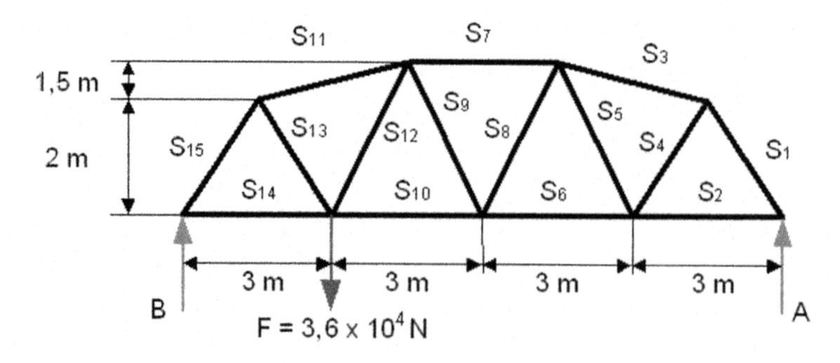


**Bild 2-9** Modell einer Eisenbahnbrücke

Kräftegleichgewicht:

$$A + B + F = 0 \tag{2.10}$$

Daraus folgt durch Umstellung

$$B = -(F + A) \tag{2.11}$$

Momentengleichgewicht:

$$12 \cdot A + 3 \cdot F = 0 \tag{2.12}$$

Daraus folgt durch Umstellung

$$A = -\frac{3}{12} \cdot F \tag{2.13}$$

Durch Einsetzen ergibt sich die Lösung:

$$A = -\frac{3}{12} \cdot 3{,}6 \cdot 10^4\, N = -0{,}9 \cdot 10^4\, N \tag{2.14}$$

$$B = (-3{,}6 + 0{,}9) \cdot 10^4\, N = -2{,}7 \cdot 10^4\, N \tag{2.15}$$

Der erste Knoten hat folgende Kraftvektoren, wobei nur die Auflagerkraft A bekannt ist. Diese ist eine Druckkraft und damit negativ einzusetzen.

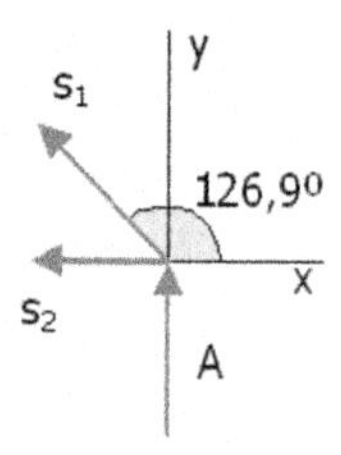


**Bild 2-10** Knoten 1

Winkel der zu berechnenden unbekannten Stabkräfte $\varphi_1 = 126{,}9°$ und $\varphi_2 = 180{,}0°$. Bekannte Kräfte und ihre Lage $\varphi_i = 270{,}0°$ mit $A = F_i = -\,0{,}9 \cdot 10^4$ N.

Horizontale Komponenten:

$- S_1 \sin(126{,}9°-90°) - S_2 \sin(180°-90°) - A \cos(270°-180°) = 0$

$- S_1 \sin(36{,}9°) - S_2 \sin(90°) - A \cos(90°) = 0$

$- S_1 \sin(36{,}9°) - S_2 = 0$, da $\sin(90°) = 1$ und $\cos(90°) = 0$

$S_2 = - S_1 \sin(36{,}9°)$

Vertikale Komponenten:

$S_1 \cos(126{,}9°-90°)+S_2 \cos(180°-90°) - A \sin(270°-180°) = 0$

$S_1 \cos(36{,}9°)+S_2 \cos(90°) - A \sin(90°) = 0$

$S_1 \cos(36{,}9°) - A = 0$

$S_1 = A / \cos(36{,}9°)$

$S_1 = -9000 / \cos(36{,}9°) = - 11254{,}44$

$S_2 = - (- 11254{,}44) \sin(36{,}9°) = 6757{,}39$

In diesem Knoten gibt es nur eine bekannte Kraft, nämlich die Auflagerkraft A. Gibt es an einem Knoten mehrere bekannte Kräfte, müssen diese zu einer resultierenden Kraft zusammengefasst werden. Dieses Zusammenfassen geschieht wie vorher durch Zusammenfassen der Komponenten. Die Vorzeichen der Komponenten bestimmen den Winkel der Lage.

Je nach Lage der Stabkräfte im Koordinatensystem bestimmen sich die horizontalen und vertikalen Anteile über den Sinus oder Kosinus. Betrachten Sie dazu auch die Skizzen über die Lage eines Vektors im Koordinatensystem in Bild 2-8. Setzen wir diese als allgemeine Faktoren $x_i$ und $y_i$ an, dann gelten die Gleichgewichtsbedingungen für horizontale und vertikale Kräfte

$$\sum_{i=1}^{2} x_i \cdot S_i + R_x = 0 \quad und \quad \sum_{i=1}^{2} y_i \cdot S_i + R_y = 0 \tag{2.16}$$

mit $R_x$ und $R_y$ als Komponenten der Resultierenden und $S_1$, $S_2$ den unbekannten Stabkräften.

Ausgeschrieben

$$x_1 S_1 + x_2 S_2 + R_x = 0 \tag{2.17}$$

und

$$y_1 S_1 + y_2 S_2 + R_y = 0\,. \tag{2.18}$$

Umgestellt nach $S_2$

$$S_2 = \frac{-x_1 S_1 - R_x}{x_2} \tag{2.19}$$

und eingesetzt

$$y_1 S_1 + \frac{y_2}{x_2}(-x_1 S_1 - R_x) + R_y = 0\,. \tag{2.20}$$

Umgestellt nach $S_1$

$$S_1 = \frac{\frac{y_2}{x_2} R_x + R_y}{y_1 - \frac{y_2}{x_2} x_1}\,. \tag{2.21}$$

Ist somit $S_1$ ermittelt, lässt sich mit der vorherigen Formel (2.18) auch $S_2$ bestimmen. Ist nur eine Unbekannte gegeben, dann gilt

$$x_1 S_1 = -R_x \tag{2.22}$$

und

$$y_1 S_1 = -R_y . \tag{2.23}$$

Es bleibt noch anzumerken, dass alle Trigonometrischen Funktionen unter VBA als Argument das Bogenmaß benutzen. Die Beziehung zwischen Bogenmaß und Winkel lautet:

$$Bogenma\beta = Winkelma\beta \cdot \frac{\pi}{180^\circ} \tag{2.24}$$

und umgekehrt

$$Winkelma\beta = Bogenma\beta \cdot \frac{180^\circ}{\pi} \tag{2.25}$$

Nun können wir uns an die Erstellung des Algorithmus wagen.

**Aufgabe 2.2 Bestimmung von ebenen Tragwerken**

Gesucht ist eine Prozedur, die bei Eingabe von bekannten Kräften eines ebenen Fachwerks und der Lage von maximal zwei unbekannten Stäben deren Größe bestimmt. Der erste Schritt ist die Erstellung eines Top-Down-Designs, aus dem dann das Struktogramm resultiert.

**Tabelle 2-6** Top-Down-Design für die Berechnung ebener Tragwerke

| Bestimmung der Zug– und Druckkräfte in den Stäben eines ebenen Fachwerks nach der Knotenpunktmethode. | | | |
|---|---|---|---|
| Eingabe | Auswertung | | Ausgabe |
| | Resultierende | Stabkräfte | |
| Bekannte Kräfte mit ihrer Größe und ihrer Lage (Winkel) im Koordinatensystem. Dabei muss das System erkennen, wie viele bekannte Kräfte vorhanden sind. Anschließend werden die Winkel der unbekannten Stabkräfte angegeben. Dies wird so lange fortgesetzt, bis alle Stabkräfte bekannt sind. | Zusammenfassung bekannter Kräfte zu einer Resultierenden mit Angabe von Größe und Richtung. | Berechnung der Stabkräfte nach den zuvor aufgestellten Gleichungen. | Größe der Stabkräfte als Zugkraft (positiv) oder Druckkraft (negativ). |

**Tabelle 2-7** Struktogramm zur Bestimmung der Resultierenden

| Zähler i = 0 | |
|---|---|
| | i=i+1 |
| | Einlesen der bekannten Kraft $F_i$ |
| Solange $F_i \neq 0$ | $\sum F_x = \sum F_x + F_{ix}$ |

| | |
|---|---|
| | $\sum F_y = \sum F_y + F_{iy}$ |
| $R = \sqrt{(\sum F_y \sum F_y + \sum F_x \sum F_x)}$ | |
| Ist $\sum F_y < 0$ oder $\sum F_x < 0$ | |
| ja | Nein |
| R = - R | |

**Tabelle 2-8** Struktogramm zur Bestimmung der Komponenten

| Berechnungen | | |
|---|---|---|
| nach Lage von $\varphi_i$ | $\varphi_i <= 90$ | $\sum F_y = \sum F_y + F \sin \varphi_i$ |
| | | $\sum F_x = \sum F_x + F \cos \varphi_i$ |
| | $\varphi_i > 90$ und $\varphi_i <= 180$ | $\sum F_y = \sum F_y + F \cos(\varphi_i - 90^\circ)$ |
| | | $\sum F_x = \sum F_x - F \sin(\varphi_i - 90^\circ)$ |
| | $\varphi_i > 180$ und $\varphi_i <= 270$ | $\sum F_y = \sum F_y - F \sin(\varphi_i - 180^\circ)$ |
| | | $\sum F_x = \sum F_x - F \cos(\varphi_i - 180^\circ)$ |
| | $\varphi_i > 270$ | $\sum F_y = \sum F_y - F \cos(\varphi_i - 270^\circ)$ |
| | | $\sum F_x = \sum F_x + F \sin(\varphi_i - 270^\circ)$ |

**Tabelle 2-9** Struktogramm zur Bestimmung des resultierenden Winkels

| $\Sigma F_x \neq 0$ | | | | |
|---|---|---|---|---|
| ja | | | | nein |
| $\Sigma F_y >= 0$ | | | | $\varphi = 0$ |
| ja | | nein | | |
| $\Sigma F_x >= 0$ | | $\Sigma F_x >= 0$ | | |
| ja | nein | ja | nein | |
| $\varphi = \arctan(\frac{\sum F_y}{\sum F_x})$ | $\varphi = \arctan(\frac{\sum F_y}{\sum F_x}) + \pi$ | $\varphi = \arctan(\frac{\sum F_y}{\sum F_x}) + 2\pi$ | $\varphi = \arctan(\frac{\sum F_y}{\sum F_x}) + \pi$ | |

**Codeliste 2-3** Formblatt und Auswertung finden Sie auf meiner Website.

Halten wir noch einmal die Vorgehensweise beim Knotenpunktverfahren fest:

- Auflagerkräfte am Gesamtsystem bestimmen.
- Jeden Knoten einzeln betrachten. Man beginnt mit einem Knoten, an dem maximal 2 Stabkräfte unbekannt sind.
- Knotenkräfte als Zugkräfte einzeichnen.
- Bekannte Kräfte als Resultierende zusammenfassen.
- Gleichgewichtsbedingung im Knoten berechnen. Positiv berechnete Kräfte sind Zugkräfte, negativ berechnete Kräfte sind Druckkräfte.
-

**Beispiel 2.2 Eisenbahnbrücke (Fortsetzung)**

Nun zurück zu unserem Beispiel. Mit Hilfe des Programms berechnen wir jetzt schrittweise alle Knoten.

Darstellung von Knoten 1, siehe Bild 2-10.

| | Stabkräfte | | Bekannte Kräfte am Knoten | | Result. + unbek. Kräfte am Knoten | | |
|---|---|---|---|---|---|---|---|
| Stab-Nr. | Winkel [Grad] | Kraft [N] | Winkel [Grad] | Kraft [N] | Winkel [Grad] | Kraft [N] | Stab Nr. |
| 1 | 126.90 | -11254.44 | 270.00 | -9000.00 | 90.00 | 9000.00 | |
| 2 | 180.00 | 6757.40 | | | 126.90 | -11254.44 | 1 |
| | | | | | 180.00 | 6757.40 | 2 |

**Bild 2-11** Auswertung von Knoten 1

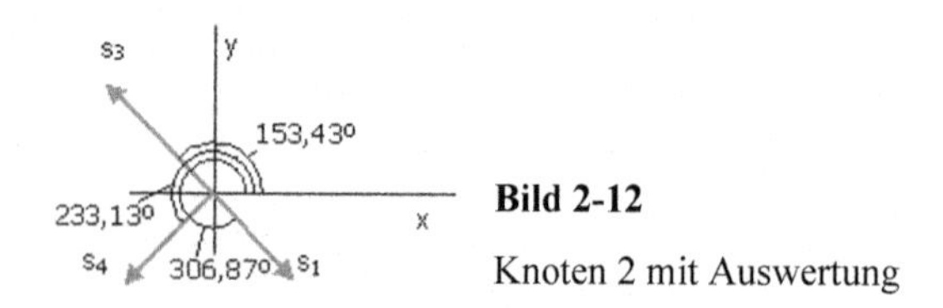


**Bild 2-12**

Knoten 2 mit Auswertung

| | Stabkräfte | | Bekannte Kräfte am Knoten | | Result. + unbek. Kräfte am Knoten | | |
|---|---|---|---|---|---|---|---|
| Stab-Nr. | Winkel [Grad] | Kraft [N] | Winkel [Grad] | Kraft [N] | Winkel [Grad] | Kraft [N] | Stab Nr. |
| 1 | 126.90 | -11254.44 | 306.87 | -11254.44 | 126.87 | 11254.44 | |
| 2 | 180.00 | 6757.40 | | | 153.43 | -10981.24 | 3 |
| 3 | 153.43 | -10981.24 | | | 233.13 | 5114.67 | 4 |
| 4 | 233.13 | 5114.67 | | | | | |

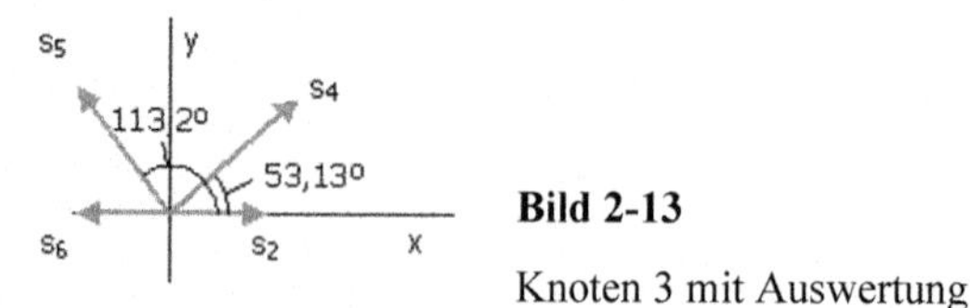


**Bild 2-13**

Knoten 3 mit Auswertung

| | Stabkräfte | | Bekannte Kräfte am Knoten | | Result. + unbek. Kräfte am Knoten | | |
|---|---|---|---|---|---|---|---|
| Stab-Nr. | Winkel [Grad] | Kraft [N] | Winkel [Grad] | Kraft [N] | Winkel [Grad] | Kraft [N] | Stab Nr. |
| 1 | 126,90 | -11254,44 | 0,00 | 6757,40 | 22,61 | 10644,09 | |
| 2 | 180,00 | 6757,40 | 53,13 | 5114,67 | 113,20 | -4451,73 | 5 |
| 3 | 153,43 | -10981,24 | | | 180,00 | 11579,93 | 6 |
| 4 | 233,13 | 5114,67 | | | | | |
| 5 | 113,20 | -4451,73 | | | | | |
| 6 | 180,00 | 11579,93 | | | | | |

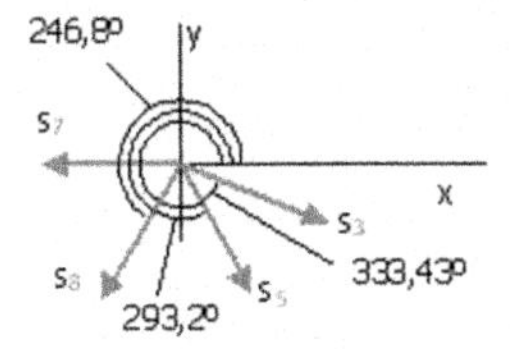


**Bild 2-14**

Knoten 4 mit Auswertung

| | Stabkräfte | | Bekannte Kräfte am Knoten | | Result. + unbek. Kräfte am Knoten | | |
|---|---|---|---|---|---|---|---|
| Stab-Nr. | Winkel [Grad] | Kraft [N] | Winkel [Grad] | Kraft [N] | Winkel [Grad] | Kraft [N] | Stab Nr. |
| 1 | 126,90 | -11254,44 | 293,20 | -4451,73 | 142,12 | 14664,57 | |
| 2 | 180,00 | 6757,40 | 333,43 | -10981,24 | 180,00 | -15434,15 | 7 |
| 3 | 153,43 | -10981,24 | | | 246,80 | 9795,67 | 8 |
| 4 | 233,13 | 5114,67 | | | | | |
| 5 | 113,20 | -4451,73 | | | | | |
| 6 | 180,00 | 11579,93 | | | | | |
| 7 | 180,00 | -15434,15 | | | | | |
| 8 | 246,80 | 9795,67 | | | | | |

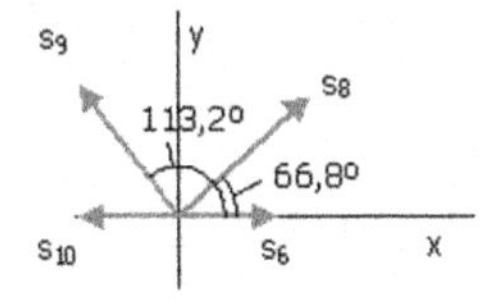


**Bild 2-15**

Knoten 5 mit Auswertung

| | Stabkräfte | | Bekannte Kräfte am Knoten | | Result. + unbek. Kräfte am Knoten | | |
|---|---|---|---|---|---|---|---|
| Stab-Nr. | Winkel [Grad] | Kraft [N] | Winkel [Grad] | Kraft [N] | Winkel [Grad] | Kraft [N] | Stab Nr. |
| 1 | 126,90 | -11254,44 | 0,00 | 11579,93 | 30,25 | 17872,39 | |
| 2 | 180,00 | 6757,40 | 66,80 | 9795,67 | 113,20 | -9795,69 | 9 |
| 3 | 153,43 | -10981,24 | | | 180,00 | 19297,79 | 10 |
| 4 | 233,13 | 5114,67 | | | | | |
| 5 | 113,20 | -4451,73 | | | | | |
| 6 | 180,00 | 11579,93 | | | | | |
| 7 | 180,00 | -15434,15 | | | | | |
| 8 | 246,80 | 9795,67 | | | | | |
| 9 | 113,20 | -9795,69 | | | | | |
| 10 | 180,00 | 19297,79 | | | | | |

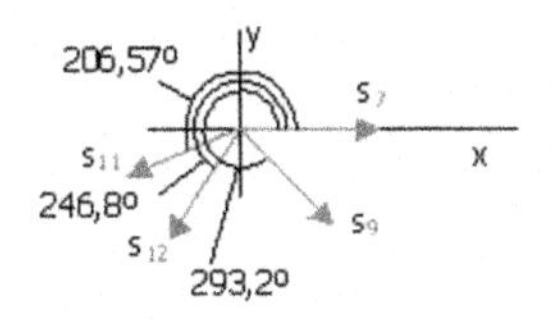


**Bild 2-16**

Knoten 6 mit Auswertung

| | Stabkräfte | | Bekannte Kräfte am Knoten | | Result. + unbek. Kräfte am Knoten | | |
|---|---|---|---|---|---|---|---|
| Stab-Nr. | Winkel [Grad] | Kraft [N] | Winkel [Grad] | Kraft [N] | Winkel [Grad] | Kraft [N] | Stab Nr. |
| 1 | 126,90 | -11254,44 | 0,00 | -15434,15 | 154,98 | 21290,53 | |
| 2 | 180,00 | 6757,40 | 293,20 | -9795,67 | 206,57 | -32948,19 | 11 |
| 3 | 153,43 | -10981,24 | | | 246,80 | 25829,68 | 12 |
| 4 | 233,13 | 5114,67 | | | | | |
| 5 | 113,20 | -4451,73 | | | | | |
| 6 | 180,00 | 11579,93 | | | | | |
| 7 | 180,00 | -15434,15 | | | | | |
| 8 | 246,80 | 9795,67 | | | | | |
| 9 | 113,20 | -9795,69 | | | | | |
| 10 | 180,00 | 19297,79 | | | | | |
| 11 | 206,57 | -32948,19 | | | | | |
| 12 | 246,80 | 25829,68 | | | | | |

**Bild 2-17**

Knoten 7 mit Auswertung

| | Stabkräfte | | Bekannte Kräfte am Knoten | | Result. + unbek. Kräfte am Knoten | | |
|---|---|---|---|---|---|---|---|
| Stab-Nr. | Winkel [Grad] | Kraft [N] | Winkel [Grad] | Kraft [N] | Winkel [Grad] | Kraft [N] | Stab Nr. |
| 1 | 126,90 | -11254,44 | 0,00 | 19297,79 | 337,42 | 31921,01 | |
| 2 | 180,00 | 6757,40 | 66,80 | 25829,68 | 126,87 | 15323,78 | 13 |
| 3 | 153,43 | -10981,24 | 270,00 | 36000,00 | 180,00 | 20278,88 | 14 |
| 4 | 233,13 | 5114,67 | | | | | |
| 5 | 113,20 | -4451,73 | | | | | |
| 6 | 180,00 | 11579,93 | | | | | |
| 7 | 180,00 | -15434,15 | | | | | |
| 8 | 246,80 | 9795,67 | | | | | |
| 9 | 113,20 | -9795,69 | | | | | |
| 10 | 180,00 | 19297,79 | | | | | |
| 11 | 206,57 | -32948,19 | | | | | |
| 12 | 246,80 | 25829,68 | | | | | |
| 13 | 126,87 | 15323,78 | | | | | |
| 14 | 180,00 | 20278,88 | | | | | |

Beim Knoten 8 ist nur eine Unbekannte gegeben. Folglich muss diese der Resultierenden entgegenwirken. Spätestens hier zeigt sich, ob die vorangegangenen Berechnungen richtig waren.

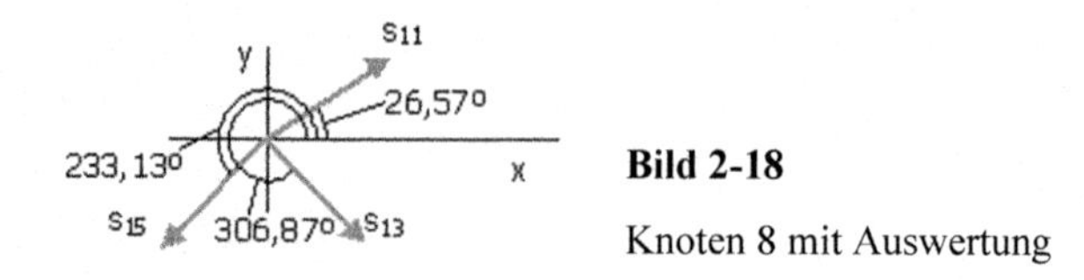


**Bild 2-18**

Knoten 8 mit Auswertung

| | Stabkräfte | | Bekannte Kräfte am Knoten | | Result. + unbek. Kräfte am Knoten | | |
|---|---|---|---|---|---|---|---|
| Stab-Nr. | Winkel [Grad] | Kraft [N] | Winkel [Grad] | Kraft [N] | Winkel [Grad] | Kraft [N] | Stab Nr. |
| 1 | 126,90 | -11254,44 | 26,57 | -32948,19 | 233,09 | 33761,67 | |
| 2 | 180,00 | 6757,40 | 306,87 | 15323,78 | 233,13 | -33761,67 | 15 |
| 3 | 153,43 | -10981,24 | | | | | |
| 4 | 233,13 | 5114,67 | | | | | |
| 5 | 113,20 | -4451,73 | | | | | |
| 6 | 180,00 | 11579,93 | | | | | |
| 7 | 180,00 | -15434,15 | | | | | |
| 8 | 246,80 | 9795,67 | | | | | |
| 9 | 113,20 | -9795,69 | | | | | |
| 10 | 180,00 | 19297,79 | | | | | |
| 11 | 206,57 | -32948,19 | | | | | |
| 12 | 246,80 | 25829,68 | | | | | |
| 13 | 126,87 | 15323,78 | | | | | |
| 14 | 180,00 | 20278,88 | | | | | |
| 15 | 233,13 | -33761,67 | | | | | |

Da nun alle Kräfte bekannt sind, lassen sich diese übersichtlich in das Fachwerk einzeichnen und geben somit eine Vorstellung über den Belastungsverlauf.

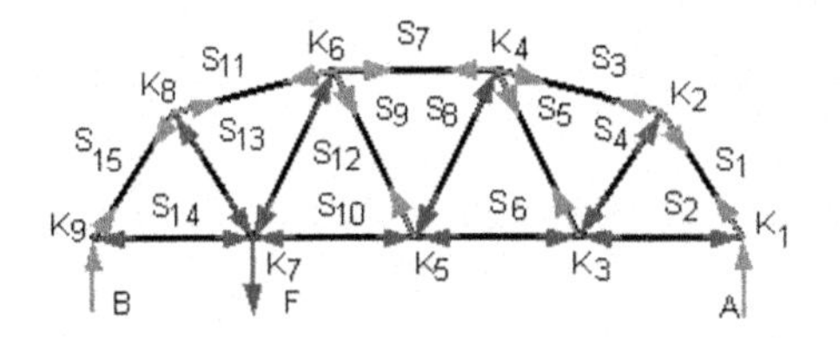


**Bild 2-19**

Zug- und Druck-Kräfte an der Eisenbahnbrücke

### Übung 2.3 Lösung des linearen Gleichungssystems mit Matrizen

Die Lösung des Knotenpunktverfahrens ist die Lösung eines linearen Gleichungssystems mit zwei Unbekannten. Daher lässt sich das Problem auch mit Matrizenoperationen lösen.

### Übung 2.4 Umrechnungen zwischen Winkelmaß und Bodenmaß

Es werden immer wieder Winkelberechnungen erforderlich. Erstellen Sie eine Userform, die bei Eingabe von zwei Seiten eines rechtwinkligen Dreiecks, den zugehörigen Winkel bestimmt. Hier könnte auch eine Umrechnung von Winkelmaß in Bogenmaß und umgekehrt eingebaut werden.

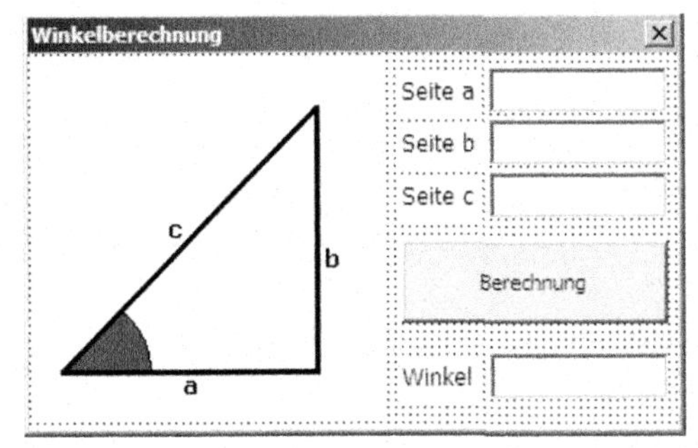


**Bild 2-20**

Userform für Winkelberechnungen

## 2.3 Biegeträger

Die Gleichung der elastischen Linie für einen Biegeträger mit unterschiedlichen Belastungsarten (auch Kombinationen) und unterschiedlicher Fixierung findet sich in jedem technischen Handbuch. So wie das nachfolgende Beispiel können alle anderen Biegefälle behandelt werde.

Betrachtet wird der Fall eines einseitig eingespannten Trägers mit Punkt und Streckenlast.

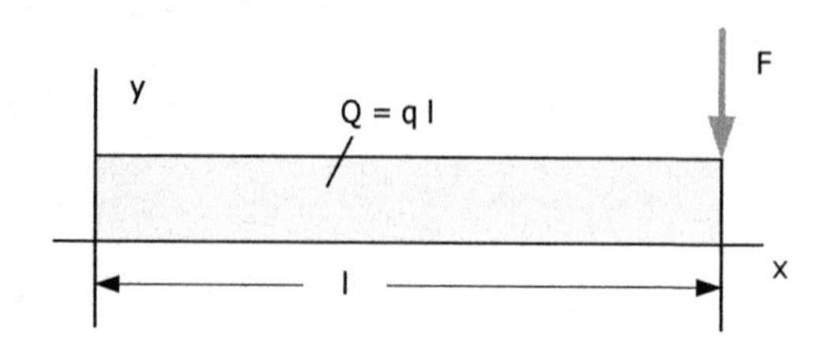


**Bild 2-21**

Einseitig eingespannter Biegeträger mit Punkt- und Streckenlast

Die Gleichung der elastischen Linie lautet allgemein

$$y" = -\frac{M(x)}{E \cdot I}. \tag{2.26}$$

Das Moment an einer beliebigen Stelle x (Bild 2-22) ergibt sich zu

$$M(x) = F(l - x) + q(l - x)\frac{l - x}{2}. \tag{2.27}$$

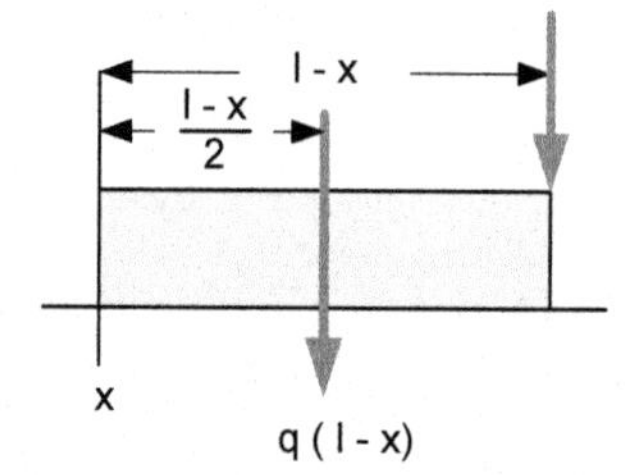


**Bild 2-22**

Gleichgewichtsbedingungen an einer beliebigen Stelle x

Durch Einsetzen ergibt sich

$$y" = -\frac{1}{E \cdot I}(F(l - x) + \frac{q}{2}(l - x)^2). \tag{2.28}$$

Eine Integration führt auf die Gleichung der Balkenneigung

$$y' = -\frac{1}{E \cdot I}(F \cdot l \cdot x - \frac{F}{2}x^2 + \frac{q}{2}l^2 \cdot x - \frac{q}{2}l \cdot x^2 + \frac{q}{6}x^3 + c_1. \tag{2.29}$$

Mit der Randbedingung y'(x=0) = 0 folgt $c_1 = 0$.

Eine nochmalige Integration führt auf die Gleichung der Durchbiegung

$$y = -\frac{1}{E \cdot I}\left(\frac{F}{2} l \cdot x^2 - \frac{F}{6} x^3 + \frac{q}{4} l^2 \cdot x^2 - \frac{q}{6} l \cdot x^3 + \frac{q}{24} x^4 + c_2\right) \quad (2.30)$$

Mit der Randbedingung y(x=0) = 0 folgt auch $c_2 = 0$.

Umgestellt haben wir somit die Gleichungen für Biegemoment und Trägerdurchbiegung.

**Aufgabe 2.3 Belastungen eines einseitig eingespannten Biegeträgers**

Unter Vorgabe von Trägerlänge, Einzellast, Streckenlast, E-Modul und axiales Widerstandsmoment, soll schrittweise bei einem einseitig eingespannten Biegeträger mit konstanten Querschnitt die Durchbiegung und das auftretende Biegemoment ermittelt und ausgegeben werden. Nach der Berechnung sollen die Daten als Grafik dargestellt werden können.

**Tabelle 2-10** Struktogramm zur Bestimmung von Biegemoment und Durchbiegung

| Stelle x = 0 | |
|---|---|
| | $M(x) = F(l-x) + q(l-x)\frac{l-x}{2}$ |
| | $y = -\frac{1}{E \cdot I}\left(\frac{F}{2} l \cdot x^2 - \frac{F}{6} x^3 + \frac{q}{4} l^2 \cdot x^2 - \frac{q}{6} l \cdot x^3 + \frac{q}{24} x^4\right)$ |
| | $x = x + \Delta x$ |
| Solange x<=l | |

**Codeliste 2-4** Prozeduren in der Tabelle tblBiegung

```
Sub Biegung_Eingabe()
   Load frmBiegeträger
   frmBiegeträger.Show
End Sub
Sub Biegung_Diagramme()
   Call Biegung_Moment_Zeigen
   Call Biegung_Verlauf_Zeigen
End Sub
Sub Biegung_Diagramme_Loeschen()
   Dim MyDoc As Worksheet
   Set MyDoc = ThisWorkbook.Worksheets("Biegeträger")
   Dim Shp As Shape
'alle Charts löschen
   For Each Shp In MyDoc.Shapes
      Shp.Delete
   Next
End Sub
```

**Codeliste 2-5** Prozeduren im Modul modBiegung

```
Public MyDoc As Object    'As Worksheet
Public DTitel As String, xTitel As String, yTitel As String
Public intLeft As Integer, intTop As Integer
```

```
Public Sub Biegung_Moment_Zeigen()
   Dim xlRange As Range
   Dim lngNumRows As Long, lngNumCols As Long
'Verweis auf Worksheet mit Daten
   Set MyDoc = ThisWorkbook.Worksheets("Biegeträger")
'Übergabe der Anzahl der Spalten/Zeilen:
   lngNumRows = MyDoc.UsedRange.Rows.Count
   lngNumCols = MyDoc.UsedRange.Columns.Count
'Verweis auf Datenbereich setzen:
   Set xlRange = MyDoc.Range("B2:B" + LTrim(Str(lngNumRows)))
'Diagramm erstellen:
   intLeft = 200
   intTop = 50
   DTitel = "Momentenverlauf"
   xTitel = "Trägerlänge [cm]"
   yTitel = "Moment  M [Ncm]"
   CreateChartObjectRange xlRange
'Verweise freigeben:
   Set xlRange = Nothing
   Set MyDoc = Nothing
End Sub

Public Sub Biegung_Verlauf_Zeigen()
   Dim xlRange As Range
   Dim lngNumRows As Long
   Dim lngNumCols As Long
'Verweis auf Worksheet mit Daten
   Set MyDoc = ThisWorkbook.Worksheets("Biegeträger")
'Übergabe der Anzahl der Spalten/Zeilen:
   lngNumRows = MyDoc.UsedRange.Rows.Count
   lngNumCols = MyDoc.UsedRange.Columns.Count
'Verweis auf Datenbereich setzen:
   Set xlRange = MyDoc.Range("C2:C" + _
  LTrim(Str(lngNumRows)))
'Diagramm erstellen:
   intLeft = 250
   intTop = 240
   DTitel = "Durchbiegungsverlauf"
   xTitel = "Trägerlänge [cm]"
   yTitel = "Durchbiegung  y [cm]"
   CreateChartObjectRange xlRange
'Verweise freigeben:
   Set xlRange = Nothing
   Set MyDoc = Nothing
End Sub

Public Sub CreateChartObjectRange(ByVal xlRange As Range)
   Dim objChart As Object
'Bildschirmaktualisierung deaktivieren:
   Application.ScreenUpdating = False
'Verweis auf Diagramm setzen und Diagramm hinzufügen:
   Set objChart = Application.Charts.Add
   With objChart
      'Diagramm-Typ und -Quelldatenbereich festlegen:
      .ChartType = xlLineStacked
      .SetSourceData Source:=xlRange, PlotBy:=xlColumns
      'Titel festlegen:
      .HasTitle = True
      .ChartTitle.Text = DTitel
      .Axes(xlCategory, xlPrimary).HasTitle = True
      .Axes(xlCategory, _
         xlPrimary).AxisTitle.Characters.Text = xTitel
```

```
      .Axes(xlValue, xlPrimary).HasTitle = True
      .Axes(xlValue, xlPrimary).AxisTitle.Characters.Text = yTitel
      'Diagramm auf Tabellenblatt einbetten:
      .Location Where:=xlLocationAsObject, Name:=MyDoc.Name
   End With
'Legende löschen
   ActiveChart.Legend.Select
   Selection.Delete
'Verweis auf das eingebettete Diagramm setzen:
   Set objChart = _
      MyDoc.ChartObjects(MyDoc.ChartObjects.Count)
   With objChart
      .Left = intLeft
      .Top = intTop
      .Width = 300
      .Height = 200
   End With
'Bildschirmaktualisierung aktivieren:
   Application.ScreenUpdating = True
   Set objChart = Nothing
End Sub
```

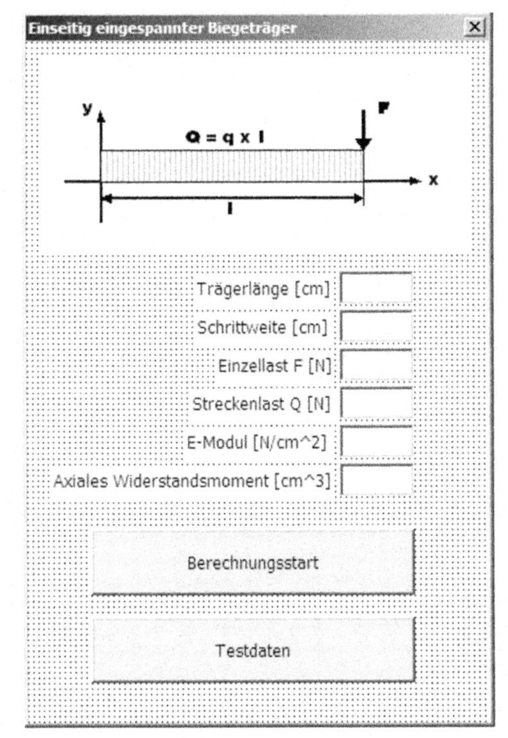


**Bild 2-23**

UserForm zur Eingabe der Berechnungsdaten

Das Formular *frmBiegung* erhält das in Bild 2-23 dargestellte Aussehen. Dazu wird im oberen Teil des Formulars ein Image-Objekt eingefügt. Dieses enthält eine Grafik des Biegeträgers. Diese Grafik können Sie z.B. mit dem Paint-Programm unter Zubehör erstellen. Darunter befinden sich 6 Textboxen, die mit entsprechenden Labels bezeichnet sind. Letztlich gibt es dann noch die beiden Schaltflächen *cmdStart* und *cmdTest*. Im Codebereich des Formulars geben Sie die Anweisungen aus der Codeliste 2.6 ein.

**Codeliste 2-6** Prozeduren im Formular frmBiegung

```
Private Sub cmdStart_Click()
   Call Biegung_Berechnung
End Sub

Private Sub cmdTest_Click()
   TextBox1 = 40
   TextBox2 = 2
   TextBox3 = 10000
   TextBox4 = 40000
   TextBox5 = 2100
   TextBox6 = 600000
End Sub

Sub Biegung_Berechnung()
   Dim Lg As Double, Fe As Double, Qs As Double, Em As Double
   Dim Ia As Double, dx As Double, x As Double
   Dim Mx As Double, xl As Double, yx As Double
   Dim i As Integer
   Dim Zl As String
   Lg = Val(TextBox1)
   dx = Val(TextBox2)
   Fe = Val(TextBox3)
   Qs = Val(TextBox4)
   Em = Val(TextBox5)
   Ia = Val(TextBox6)
   If Lg = 0 Or dx = 0 Or Fe = 0 Or Qs = 0 Or _
      Em = 0 Or Ia = 0 Then
      MsgBox "Fehlerhafte Dateneingabe!", _
         vbCritical + vbOKOnly, "ACHTUNG"
      Exit Sub
   End If
   Worksheets("Biegeträger").Activate
   Worksheets("Biegeträger").Cells.Clear
   Range("A1") = "Stelle" & vbLf & "x [cm]"
   Range("B1") = "Moment" & vbLf & "M [Ncm]"
   Range("C1") = "Biegung" & vbLf & "x [cm]"
   Columns("A:C").EntireColumn.AutoFit
   i = 1
   For x = 0 To Lg Step dx
      xl = x / Lg
      Mx = Lg / 2 * (1 - xl) * (2 * Fe + Qs * (1 - xl))
      yx = -Lg ^ 3 / (24 * Em * Ia) * _
         (4 * Fe * (3 * xl ^ 2 - xl ^ 3) + _
         Qs * (6 * xl ^ 2 - 4 * xl ^ 3 + xl ^ 4))
      i = i + 1
      Zl = Right("00" + LTrim(Str(i)), 2)
      Range("A" + Zl) = x
      Range("B" + Zl) = Round(Mx, 3)
      Range("C" + Zl) = Round(yx, 6)
   Next x
   Unload Me
End Sub
```

**Beispiel 2.3 Biegeträger**

Mit dem Start der Berechnung wird eine UserForm aufgerufen, in der die notwendigen Daten eingeben werden müssen. Eine Schaltfläche Testdaten setzt Beispieldaten ein. Mit der Schaltfläche Berechnungsstart erfolgt in der Tabelle Biegeträger die Ausgabe der Daten. Mit Diagramme zeigen werden die Diagramme des Moments– und Durchbiegungsverlaufs eingeblendet (siehe Bild 2-24).

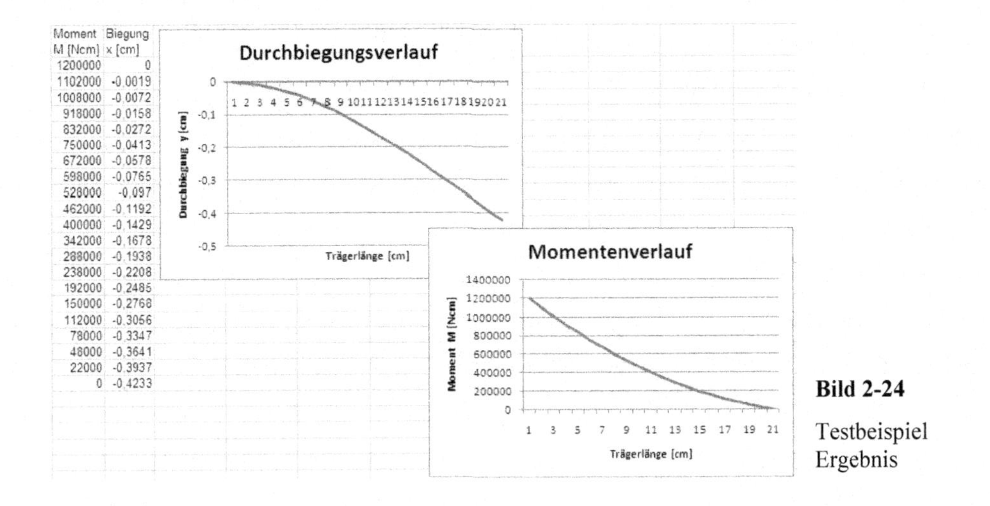

| Moment M [Ncm] | Biegung x [cm] |
|---|---|
| 1200000 | 0 |
| 1102000 | -0,0019 |
| 1008000 | -0,0072 |
| 918000 | -0,0158 |
| 832000 | -0,0272 |
| 750000 | -0,0413 |
| 672000 | -0,0578 |
| 598000 | -0,0765 |
| 528000 | -0,097 |
| 462000 | -0,1192 |
| 400000 | -0,1429 |
| 342000 | -0,1678 |
| 288000 | -0,1938 |
| 238000 | -0,2208 |
| 192000 | -0,2485 |
| 150000 | -0,2768 |
| 112000 | -0,3056 |
| 78000 | -0,3347 |
| 48000 | -0,3641 |
| 22000 | -0,3937 |
| 0 | -0,4233 |



**Bild 2-24**

Testbeispiel Ergebnis

## Übung 2.5 Träger mit Strecken und Einzellast

In Technikhandbüchern finden sich Tabellen mit unterschiedlichen Biegefällen. Zum Beispiel einen frei aufliegenden Biegeträger mit Strecken und Einzellast nach Bild 2-25.

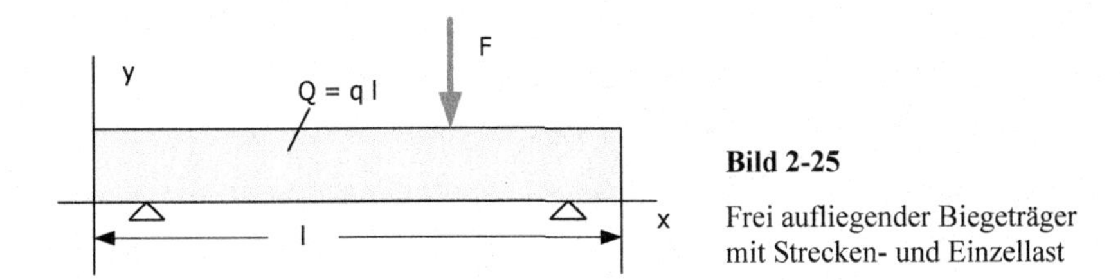


**Bild 2-25**

Frei aufliegender Biegeträger mit Strecken- und Einzellast

Alle Beispiele setzen außerdem einen konstanten Querschnitt des Biegeträgers voraus. Träger mit unterschiedlichen Querschnitten in Teilstücken können in einer Tabelle erfasst und dann bezüglich des Flächenträgheitsmomentes ausgewertet werden.

## Übung 2.6 Träger mit konstanter Biegebelastung

Besondere Formen von Trägern und Wellen sind die mit konstanter Biegebelastung wie in Bild 2-26 dargestellt.

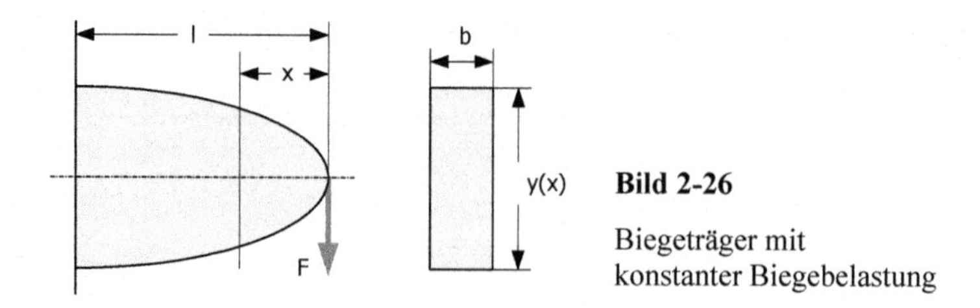


**Bild 2-26**

Biegeträger mit konstanter Biegebelastung

Die Form berechnet sich hier nach der Funktion

$$y(x) = \sqrt{\frac{6 \cdot F}{b \cdot \sigma_{zul}} \cdot x} \tag{2.31}$$

Erstellen Sie ein Arbeitsblatt zur Formenberechnung auch für andere Formen wie Keil und Kegel. Neben dem Biegemomentenverlauf ist auch oft der Querkraftverlauf gefragt. Ergänzen Sie das Beispiel um diese Berechnung. Ebenso die anderen möglichen Berechnungen.

### Übung 2.7 Belastung gekrümmter Stäbe

Lassen wir die Voraussetzung des geraden Biegeträgers fallen, kommen wir zu den Belastungsfällen gekrümmter Stäbe. Zur Vereinfachung kann die Krümmung in einer Ebene liegen. An die Stelle der linearen Spannungsverteilung beim geraden Stab tritt beim gekrümmten Stab eine hyperbolische Spannungsverteilung (Bild 2-27).

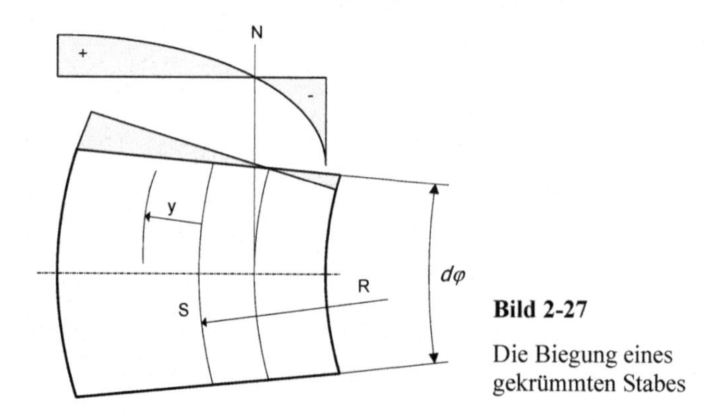


**Bild 2-27**

Die Biegung eines gekrümmten Stabes

### Übung 2.8 Axiale Trägheits- und Widerstandsmomente

Ein sehr schönes Übungsbeispiel ist auch die Berechnung axialer Trägheits- und Widerstandsmomente. Tabellen der üblichen Standardquerschnitte finden Sie in allen Technik-Handbüchern. Für einen Rechteckquerschnitt mit der Breite b und der Höhe h berechnet sich das axiale Trägheitsmoment nach der Formel

$$I = \frac{b \cdot h^3}{12} \tag{2.32}$$

Aus dieser Formel ist ersichtlich, dass die Höhe eines Rechtecks um ein Vielfaches (3. Potenz) mehr zur Stabilität eines Biegeträgers beiträgt, als seine Breite.

# 3 Berechnungen aus der Dynamik

Die Dynamik befasst sich mit den Bewegungen und deren Änderungen, die ein System unter Einwirkung von Kräften erfährt. Zu den zentralen Begriffen gehören Weg, Geschwindigkeit und Beschleunigung ebenso, wie Kraft und Masse. Den Widerstand eines Körpers gegen eine Bewegungsänderung nennt man Trägheit.

## 3.1 Massenträgheitsmomente

Die beschleunigte Drehung eines starren Körpers in der Ebene um eine feste Achse wird durch die Einwirkung eines Drehmoments M hervorgerufen. Dabei vollführt jedes Massenteilchen *dm* eine beschleunigte Bewegung.

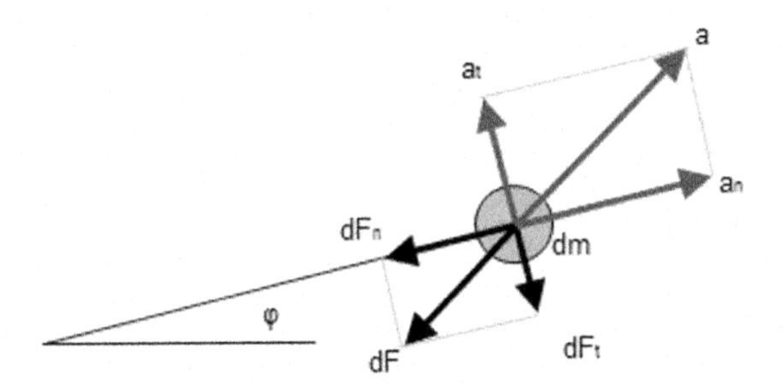


**Bild 3-1**

Beschleunigte Drehung

Ein Massenteil auf einer gekrümmten Bahn unterliegt einer Normal- und Tangentialbeschleunigung. Dies führt nach dem d'Alembertschen Prinzip zu dem Ansatz

$$dF_t = dm \cdot a_t \tag{3.1}$$

und

$$dF_n = dm \cdot a_n . \tag{3.2}$$

Während das Normalkraftdifferential $dF_n$ kein Drehmoment hervorruft, seine Wirkungslinie geht durch den Drehpunkt, ruft das Tangentialkraftdifferential $dF_t$ einen Drehmomentanteil von

$$dM = r \cdot dF_t \tag{3.3}$$

hervor. Für die Gesamtheit aller Anteile gilt damit

$$M = \int r \cdot dF_t = \int r \cdot dm \cdot a_t . \tag{3.4}$$

Darin ist

$$a_t = r \cdot \varepsilon \tag{3.5}$$

mit der Winkelbeschleunigung ε, die für alle Massenteile gleich ist.

$$M = \varepsilon \int r^2 dm \tag{3.6}$$

| Körper | Massenträgheitsmoment |
|---|---|
| Quader 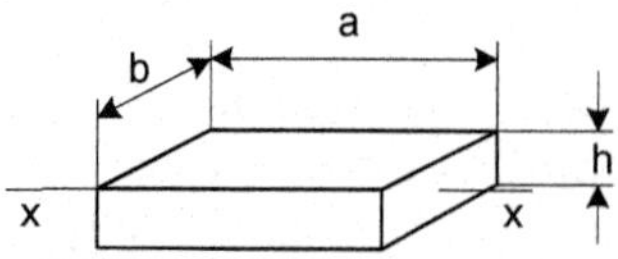 | $I_{dx} = \frac{m}{12}(a^2 + b^2)$ |
| Hohlzylinder 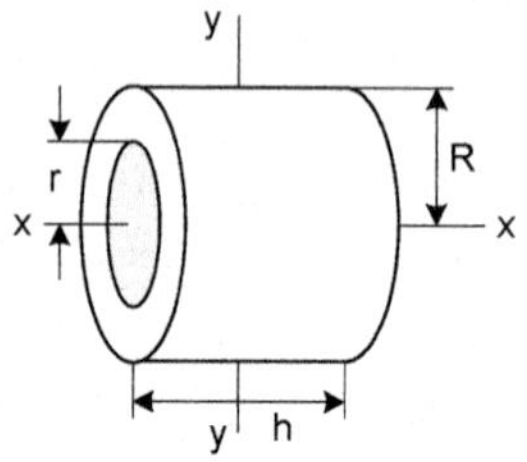 | $I_{dx} = \frac{m}{2}(R^2 + r^2)$ <br> $I_{dy} = \frac{m}{4}(R^2 + r^2 - \frac{h^2}{3})$ |
| Hohlkugel 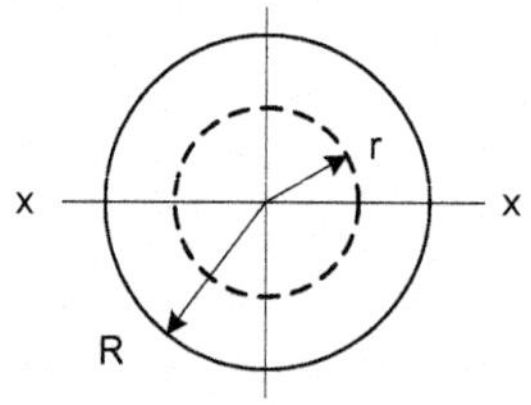 | $I_{dx} = 0{,}4 \cdot m \frac{R^5 - r^5}{R^3 - r^3}$ |
| Gerader Kegelstumpf 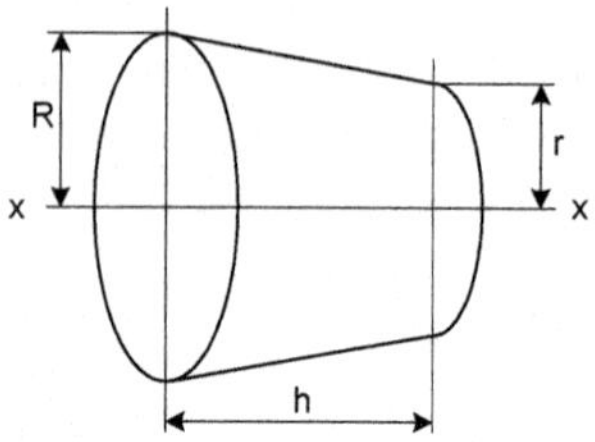 | $I_{dx} = 0{,}3 \cdot m \frac{R^5 - r^5}{R^3 - r^3}$ |
| Kreisring 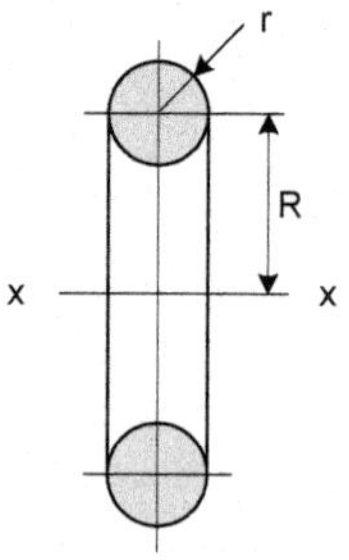 | $I_{dx} = m(R^2 + \frac{3}{4} r^2)$ |

**Bild 3.2** Axiale Massenträgheitsmomente einfacher Grundkörper

Analog zur Massenträgheit bei der Translation (F = m·a), bezeichnet man

$$I_d = \int r^2 dm \tag{3.7}$$

als Massenträgheitsmoment eines starren Körpers.

Genauer, da es sich auf eine Achse bezieht, als axiales Massenträgheitsmoment. Zu beachten ist, dass der Abstand zum Quadrat in die Gleichung eingeht. Auch kompliziert gestaltete Körper lassen sich mit diesen Gleichungen bestimmen, da die Summe der Massenträgheitsmomente einzelner Grundkörper gleich dem Massenträgheitsmoment des aus diesen bestehenden starren Körpers ist. Das liegt an der Eigenschaft des Integrals in Gleichung 3.7.

Nicht immer fällt die Drehachse des Grundkörpers mit der des starren Körpers zusammen, zu der er gehört. Dazu betrachten wir nach Bild 3-3 das Massenträgheitsmoment bezüglich einer zweiten Achse gegenüber der Schwerpunktachse.

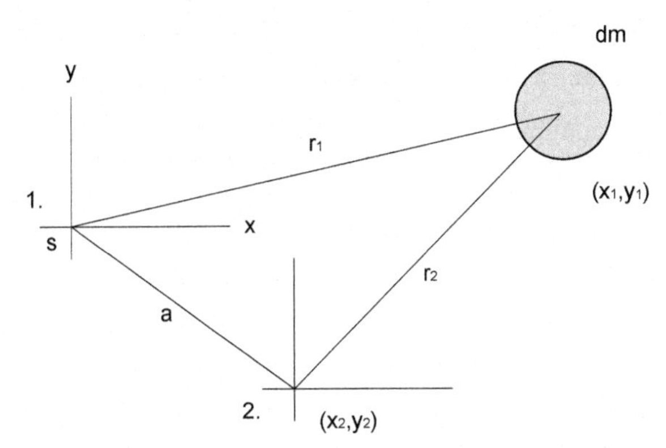


**Bild 3-3**

Drehachse versetzt zur Schwerachse

Es gilt für den Radius $r_2$ die geometrische Beziehung

$$r_2^2 = (x_1 - x_2)^2 + (y_1 - y_2)^2 = r_1^2 + a^2 - 2(x_1 x_2 + y_1 y_2). \tag{3.8}$$

Eingesetzt in (3.7) folgt

$$I_d = \int r_1^2 dm + a^2 \int dm - 2\int (x_1 x_2 + y_1 y_2) dm . \tag{3.9}$$

Darin ist

$$\int dm = m \tag{3.10}$$

und

$$-2\int (x_1 x_2 + y_1 y_2) dm \tag{3.11}$$

das statische Moment des starren Körpers bezüglich des Schwerpunktes, also Null. Damit folgt die, als Satz von Steiner (Verschiebungssatz) bekannte Gesetzmäßigkeit

$$I_{d2} = I_{d1} + ma^2 \tag{3.12}$$

## Aufgabe 3.1 Bestimmung der Massenträgheit mit finiten Elementen

Berechnung der Massenträgheitsmomente der angegebenen Grundkörper und der Umrechnungsmöglichkeit auf eine beliebige Achse. Mittels Summenbildung sollte es möglich sein, das Massenträgheitsmoment, eines aus beliebigen Grundkörpern zusammengesetzten Maschinenteils, zu berechnen.

**Tabelle 3-1** Struktogramm zur Bestimmung von Massenträgheitsmomenten für Maschinenteile aus finiten Elementen

<table>
<tr><td colspan="2">Summe aller $I_d = 0$</td></tr>
<tr><td rowspan="6">Für alle finiten Elemente</td><td></td></tr>
<tr><td>Auswahl des Grundkörpers</td></tr>
<tr><td>Eingabe der Maße a/R, b/r, (h), w, x</td></tr>
<tr><td>Berechnung der Massenträgheitsmomente $I_d$, $I_x$</td></tr>
<tr><td>Summenbildung $\sum I_x = \sum I_x + I_x$</td></tr>
<tr><td>Ausgabe der Berechnungsdaten</td></tr>
</table>

**Codeliste 3-1** Prozeduren in Tabelle tblMassenTM

```
Option Explicit
'Prozedur zur Erstellung eines Formblatts
Sub Formblatt()
'
'Tabelle löschen
   Worksheets("Massenträgheitsmomente").Activate
   Worksheets("Massenträgheitsmomente").Cells.Clear
'Formblatt
   Range("A1") = "Form"
   Range("B1:D1").MergeCells = True
   Range("B1") = "Maße"
   Range("C1") = "Maße"
   Range("D1") = "Maße"
   Range("B2") = "a/R [mm]"
   Range("C2") = "b/r[mm]"
   Range("D2") = "h [mm]"
   Range("E1") = "Dichte"
   Range("E2") = "[kg/dm" + Chrw(179) + "]"
   Range("F1") = "Masse m"
   Range("F2") = "[kg]"
   Range("G1") = "Moment Id"
   Range("G2") = "[kgm"+ Chrw(178) + "]"
   Range("H1") = "Abstand x"
   Range("H2") = "[mm]"
   Range("I1") = "Moment Ix"
   Range("I2") = "[kgm" + Chrw(178) + "]"
   Range("J1") = "Gesamt Ix"
   Range("J2") = "[kgm" + Chrw(178) + "]"
   Range("A:F").ColumnWidth = 10
   Range("G:G").ColumnWidth = 20
   Range("H:H").ColumnWidth = 10
   Range("I:J").ColumnWidth = 20
```

```
   Columns("A:J").Select
   Selection.NumberFormat = "0.00"
   Zeile = 3
   Gesamt = 0
   Zelle
End Sub

Sub Quader()
   Load frmQuader
   frmQuader.Show
End Sub

Sub Zylinder()
   Load frmZylinder
   frmZylinder.Show
End Sub

Sub Kugel()
   Load frmKugel
   frmKugel.Show
End Sub
Sub Kegel()
   Load frmKegel
   frmKegel.Show
End Sub

Sub Ring()
   Load frmRing
   frmRing.Show
End Sub
```

Neben der Tabelle *tblMassenTM* sind noch 5 Formulare für die einzelnen finiten Elemente anzulegen.

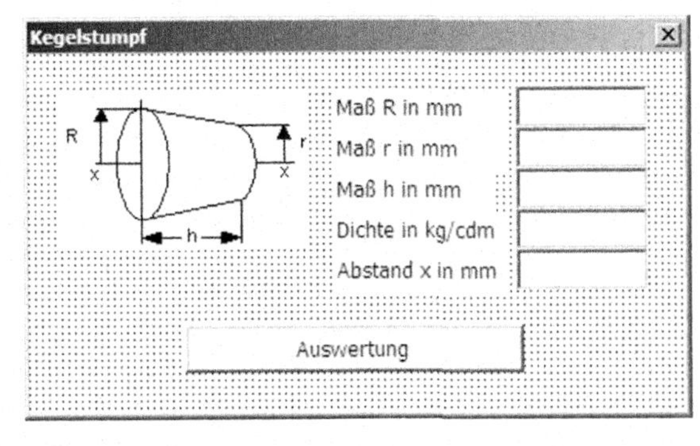


**Bild 3-4** Formular Kegel

**Codeliste 3-2** Prozeduren im Formblatt frmKegel

```
Option Explicit
Private Sub cmdKegel_Click()
   Kegel
End Sub
Private Sub UserForm_Activate()
   TextBox1.SetFocus
End Sub
```

```
Sub Kegel()
   Dim r1       As Double
   Dim r2       As Double
   Dim h        As Double
   Dim d        As Double
   Dim x        As Double
   Dim m        As Double
   Dim Id       As Double
   Dim Ix       As Double
   Dim Gesamt   As Double

   r1 = Val(TextBox1)
   r2 = Val(TextBox2)
   h = Val(TextBox3)
   d = Val(TextBox4)
   x = Val(TextBox5)
   m = 3.1415926 / 3 * h * (r1 * r1 + r1 * r2 + r2 * r2) / 1000000 * d
   Id = 0.3 * m * (r1 ^ 5 - r2 ^ 5) / (r1 ^ 3 - r2 ^ 3) / 1000000
   Ix = Id + m * x * x / 1000000
   Gesamt = Gesamt + Ix
   If Zeile = 0 Then Zeile = 3
   Cells(Zeile, 1) = "Kegel"
   Cells(Zeile, 2) = r1
   Cells(Zeile, 3) = r2
   Cells(Zeile, 4) = h
   Cells(Zeile, 5) = d
   Cells(Zeile, 6) = m
   Cells(Zeile, 7) = Id
   Cells(Zeile, 8) = x
   Cells(Zeile, 9) = Ix
   Cells(Zeile, 10) = Gesamt
   Zeile = Zeile + 1
   Zelle
   Unload Me
End Sub
```

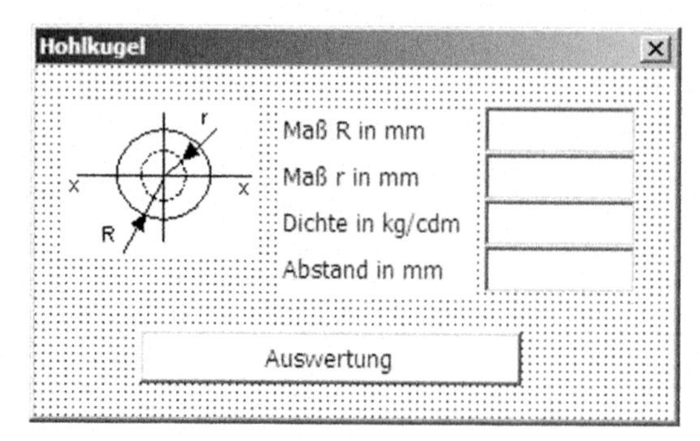


**Bild 3-5** Formular Kugel

**Codeliste 3-3** Prozeduren im Formblatt frmKugel

```
Option Explicit
Private Sub cmdKugel_Click()
   Kugel
End Sub
Private Sub UserForm_Activate()
   TextBox1.SetFocus
```

```
End Sub
Sub Kugel()
   Dim r1        As Double
   Dim r2        As Double
   Dim d         As Double
   Dim x         As Double
   Dim m         As Double
   Dim Id        As Double
   Dim Ix        As Double
   Dim Gesamt    As Double

   r1 = Val(TextBox1)
   r2 = Val(TextBox2)
   d = Val(TextBox4)
   x = Val(TextBox5)
   m = (r1 ^ 3 - r2 ^ 3) * 4 / 3 * 3.1415926 / 1000000 * d
   Id = 0.4 * m * (r1 ^ 5 - r2 ^ 5) / (r1 ^ 3 - r2 ^ 3) / 1000000
   Ix = Id + m * x * x / 1000000
   Gesamt = Gesamt + Ix
   If Zeile = 0 Then Zeile = 3
   Cells(Zeile, 1) = "Kugel"
   Cells(Zeile, 2) = r1
   Cells(Zeile, 3) = r2
   Cells(Zeile, 4) = ""
   Cells(Zeile, 5) = d
   Cells(Zeile, 6) = m
   Cells(Zeile, 7) = Id
   Cells(Zeile, 8) = x
   Cells(Zeile, 9) = Ix
   Cells(Zeile, 10) = Gesamt
   Zeile = Zeile + 1
   Zelle
   Unload Me
End Sub
```

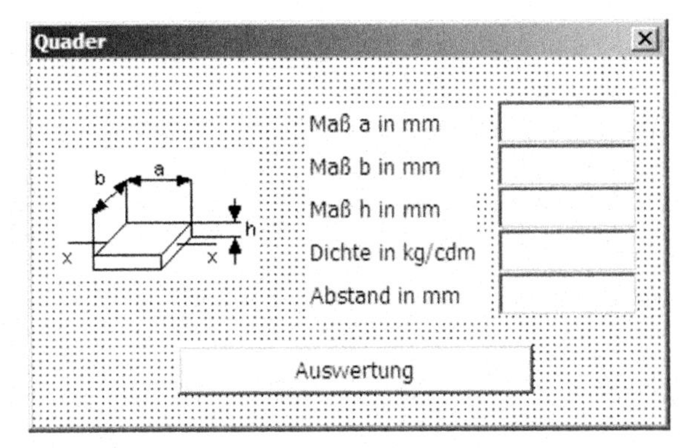


**Bild 3-6**
Formular Quader

**Codeliste 3-4** Prozeduren im Formblatt frmQuader

```
Option Explicit

Private Sub cmdQuader_Click()
   Quader
End Sub
```

```
Private Sub UserForm_Activate()
   TextBox1.SetFocus
End Sub
Sub Quader()
   Dim a        As Double
   Dim b        As Double
   Dim h        As Double
   Dim d        As Double
   Dim x        As Double
   Dim m        As Double
   Dim Id       As Double
   Dim Ix       As Double
   Dim Gesamt   As Double

   a = Val(TextBox1)
   b = Val(TextBox2)
   h = Val(TextBox3)
   d = Val(TextBox4)
   x = Val(TextBox5)
   m = a * b * h / 1000000 * d
   Id = m / 12 * (a * a + b * b) / 1000000
   Ix = Id + m * x * x / 1000000
   Gesamt = Gesamt + Ix
   If Zeile = 0 Then Zeile = 3
   Cells(Zeile, 1) = "Quader"
   Cells(Zeile, 2) = a
   Cells(Zeile, 3) = b
   Cells(Zeile, 4) = h
   Cells(Zeile, 5) = d
   Cells(Zeile, 6) = m
   Cells(Zeile, 7) = Id
   Cells(Zeile, 8) = x
   Cells(Zeile, 9) = Ix
   Cells(Zeile, 10) = Gesamt
   Zeile = Zeile + 1
   Zelle
   Unload Me
End Sub
```

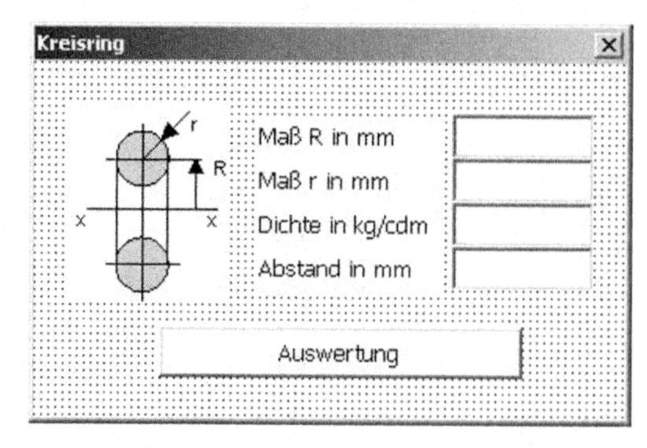


**Bild 3-7**

Formular Kreisring

**Codeliste 3-5** Prozeduren im Formblatt frmRing

```
Private Sub cmdRing_Click()
   Ring
End Sub
```

```
Private Sub UserForm_Activate()
   TextBox1.SetFocus
End Sub

Sub Ring()
   Dim r1        As Double
   Dim r2        As Double
   Dim d         As Double
   Dim x         As Double
   Dim m         As Double
   Dim Id        As Double
   Dim Ix        As Double
   Dim Gesamt    As Double
   r1 = Val(TextBox1)
   r2 = Val(TextBox2)
   d = Val(TextBox4)
   x = Val(TextBox5)
   m = 2 * 3.1415926 ^ 2 * r2 * r2 * r1 / 1000000 * d
   Id = m * (r1 * r1 + 3 / 4 * r2 * r2) / 1000000
   Ix = Id + m * x * x / 1000000
   Gesamt = Gesamt + Ix
   If Zeile = 0 Then Zeile = 3
   Cells(Zeile, 1) = "Ring"
   Cells(Zeile, 2) = r1
   Cells(Zeile, 3) = r2
   Cells(Zeile, 4) = ""
   Cells(Zeile, 5) = d
   Cells(Zeile, 6) = m
   Cells(Zeile, 7) = Id
   Cells(Zeile, 8) = x
   Cells(Zeile, 9) = Ix
   Cells(Zeile, 10) = Gesamt
   Zeile = Zeile + 1
   Zelle
   Unload Me
End Sub
```

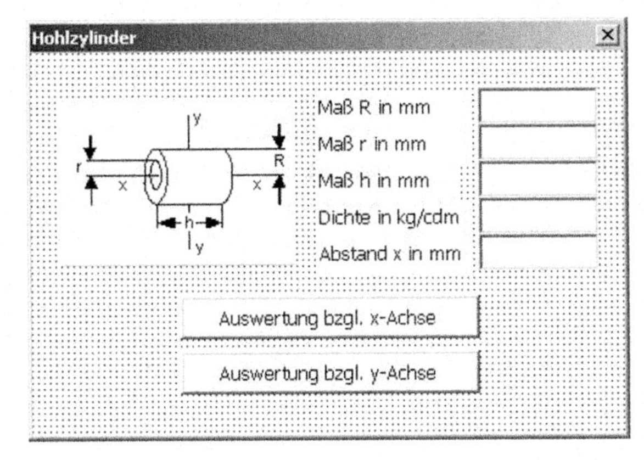


**Bild 3-8**

Formular Hohlzylinder

**Codeliste 3-6** Prozeduren im Formblatt frmZylinder

```
Option Explicit

Private Sub cmdRing_Click()
   Ring
End Sub

Private Sub UserForm_Activate()
   TextBox1.SetFocus
End Sub

Sub Ring()
   Dim r1       As Double
   Dim r2       As Double
   Dim d        As Double
   Dim x        As Double
   Dim m        As Double
   Dim Id       As Double
   Dim Ix       As Double
   Dim Gesamt   As Double

   r1 = Val(TextBox1)
   r2 = Val(TextBox2)
   d = Val(TextBox4)
   x = Val(TextBox5)
   m = 2 * 3.1415926 ^ 2 * r2 * r2 * r1 / 1000000 * d
   Id = m * (r1 * r1 + 3 / 4 * r2 * r2) / 1000000
   Ix = Id + m * x * x / 1000000
   Gesamt = Gesamt + Ix
   If Zeile = 0 Then Zeile = 3
   Cells(Zeile, 1) = "Ring"
   Cells(Zeile, 2) = r1
   Cells(Zeile, 3) = r2
   Cells(Zeile, 4) = ""
   Cells(Zeile, 5) = d
   Cells(Zeile, 6) = m
   Cells(Zeile, 7) = Id
   Cells(Zeile, 8) = x
   Cells(Zeile, 9) = Ix
   Cells(Zeile, 10) = Gesamt
   Zeile = Zeile + 1
   Calle Zelle
   Unload Me
End Sub
```

**Codeliste 3-7** Prozedur im Modul modMassenTM

```
Option Explicit
Public Zeile As Integer
Public Gesamt As Double
Sub Zelle()
   Dim zl As String
   zl = LTrim(Str(Zeile))
   Range("A" + zl).Select
End Sub
```

Variable in Modulen, die mit Public deklariert sind, gelten für das ganze Projekt. Ebenso Prozeduren, die nur mit Sub und nicht mit Private Sub beginnen.

**Beispiel 3.1 Massenträgheitsmoment eines Ankers**

Der dargestellte Anker in Bild 3-9 besteht aus Stahl (Dichte 7,85 kg/dm$^3$) und unterteilt sich in drei Grundkörper (zwei Quader und ein Hohlzylinder).

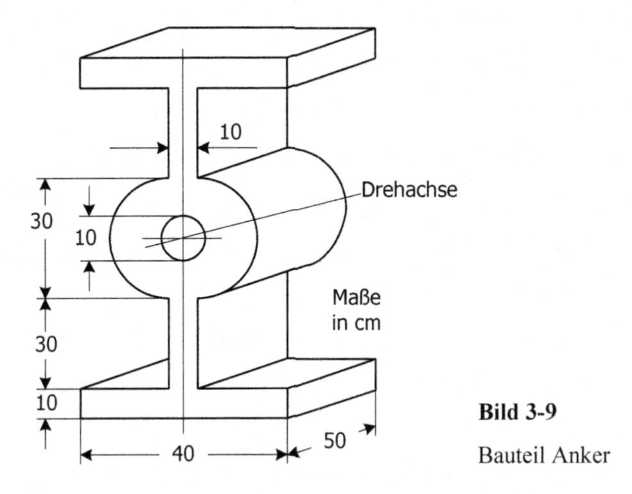


**Bild 3-9**
Bauteil Anker

Das Ergebnis der Berechnung lautet $I_d$=118,61 kgm$^2$.

| | A | B | C | D | E | F | G | H | I | J |
|---|---|---|---|---|---|---|---|---|---|---|
| 1 | Form | Maße | | | Dichte | Masse m | Moment Id | Abstand x | Moment Ix | Gesamt Ix |
| 2 | | a/R [mm] | b/r[mm] | h [mm] | [kg/dm³] | [kg] | [kgm²] | [mm] | [kgm²] | [kgm²] |
| 3 | Zylinder X | 150,00 | 50,00 | 500,00 | 7,85 | 246,62 | 3,08 | 0,00 | 3,08 | 3,08 |
| 4 | Quader | 500,00 | 100,00 | 300,00 | 7,85 | 117,75 | 2,55 | 300,00 | 13,15 | 16,23 |
| 5 | Quader | 500,00 | 100,00 | 300,00 | 7,85 | 117,75 | 2,55 | 300,00 | 13,15 | 29,38 |
| 6 | Quader | 500,00 | 400,00 | 100,00 | 7,85 | 157,00 | 5,36 | 500,00 | 44,61 | 73,99 |
| 7 | Quader | 500,00 | 400,00 | 100,00 | 7,85 | 157,00 | 5,36 | 500,00 | 44,61 | 118,61 |

**Bild 3-10**
Berechnung des Ankers

**Übung 3.1 Ergänzungen**

Nicht immer sind die eingegebenen Maße sinnvoll. Prüfen Sie daher in den entsprechenden Prozeduren die Eingaben und geben Sie notfalls einen Hinweis aus.

Wie Sie am vorangegangenen Beispiel sehen konnten, müssen gleiche Elemente zweimal angegeben werden. Ergänzen Sie das Formblatt um die Eingabe der Stückzahl.

Ergänzen Sie die Elemente um weitere, die Sie in Technik-Handbüchern finden oder aus alten Berechnungen bereits kennen.

## 3.2 Mechanische Schwingungen

Unter einer mechanischen Schwingung versteht man die periodische Bewegung einer Masse um eine Mittellage. Den einfachsten Fall bildet ein Feder-Masse-System. Bei der Bewegung findet ein ständiger Energieaustausch zwischen potentieller und kinetischer Energie statt. Die potentielle Energiedifferenz wird auch als Federenergie bezeichnet. Die bei der Bewegung umgesetzte Wärmeenergie, durch innere Reibung in der Feder, soll unberücksichtigt bleiben.

Wirken auf ein schwingendes System keine äußeren Kräfte, bezeichnet man den Bewegungsvorgang als freie Schwingung, andernfalls als erzwungene Schwingung.

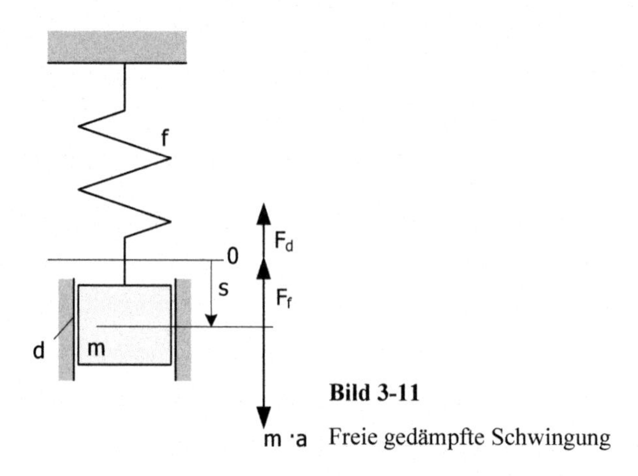


**Bild 3-11**
Freie gedämpfte Schwingung

Die bei der realen Schwingung stets auftretende Widerstandskraft, Bewegung im Medium und Reibungskraft (Stokes'sche Reibung, im Gegensatz zur Coulomb'schen oder Newton'schen Reibung) etc., soll in erster Näherung als geschwindigkeitsproportional angesehen werden. Bei der Betrachtung einer freien gedämpften Schwingung wirkt zum Zeitpunkt t an der Masse die Federkraft

$$F_f = f \cdot s \tag{3.13}$$

mit der Federkonstante f. Für die Dämpfungskraft folgt unter Einführung der Dämpfungskonstanten d als Maß für die Dämpfungsintensität

$$F_d = 2 \cdot m \cdot d \cdot \dot{s} \tag{3.14}$$

Nach dem d'Alembertschen Prinzip folgt

$$m \cdot \ddot{s} = -f \cdot s - 2 \cdot m \cdot d \cdot \dot{s} \,. \tag{3.15}$$

Umgestellt

$$\frac{dv}{dt} = -\frac{f}{m} s - 2 \cdot d \cdot v \tag{3.16}$$

Nach dem Euler-Cauchy-Verfahren ersetzt man den in der Gleichung (3.16) enthaltenen Differentialquotienten durch einen Differenzenquotienten

$$\Delta v = -\left(\frac{f}{m} s + 2dv\right)\Delta t \,. \tag{3.17}$$

Für hinreichend kleine Differenzen $\Delta$t ergibt sich so eine angenäherte Lösung $\Delta$v.

**Tabelle 3-2** Struktogramm zur Simulation einer freien gedämpften Schwingung

| Eingabe m, f, d, $s_0$, $v_0$, $t_0$, $d_t$, $t_e$ | |
|---|---|
| Solange $t < t_e$ | |
| | $\Delta v_i = -\left(\frac{f}{m} s_i + 2d v_{i-1}\right)\Delta t$ . |
| | $v_i = v_{i-1} + \Delta v_i$ |
| | $\Delta s_i = v_i \cdot \Delta t$ |
| | $s_i = s_{i-1} + \Delta s_i$ |
| | $t_i = t_{i-1} + \Delta t$ |
| | Ausgabe $s_i$, $v_i$, $t_i$ |

**Codeliste 3-8** Prozeduren in der Tabelle tblSchwingung

```
Option Explicit
'
'Prozedur zur Erstellung eines Formblatts
Sub Formblatt()
'
'Tabelle löschen
   Worksheets("Schwingung").Activate
   Worksheets("Schwingung").Cells.Clear
'
'Formblatt
   Range("A:A").ColumnWidth = 30
   Range("A1") = "Masse m [kg]"
   Range("A2") = "Federkonstante f [kg/s" + ChrW(178) + "]"
   Range("A3") = "Dämpfungskonstante d [1/s]"
   Range("A4") = "Ausgangsposition s0 [m]"
   Range("A5") = "Ausgangsgeschwindigkeit v0 [m/s]"
   Range("A6") = "Ausgangszeit t [s]"
   Range("A7") = "Schrittweite dt [s]"
   Range("A8") = "Endzeit te [s]"
   Range("B:E").ColumnWidth = 10
   Range("C1:E1").MergeCells = True
   Range("C1") = "Auswertung"
   Range("C2") = "t [s]"
   Range("D2") = "v [m/s]"
   Range("E2") = "s [m]"
   Columns("B:E").Select
   Selection.NumberFormat = "0.00"
   Range("B1").Select
End Sub
```

```
Sub Testdaten()
   Cells(1, 2) = 50
   Cells(2, 2) = 80
   Cells(3, 2) = 0.4
   Cells(4, 2) = -5
   Cells(5, 2) = 0
   Cells(6, 2) = 0
   Cells(7, 2) = 0.1
   Cells(8, 2) = 10
End Sub


Sub Simulation()
   Dim m As Double, f As Double, d As Double, s As Double, v As Double
   Dim t As Double, dt As Double, te As Double
   Dim dV As Double, ds As Double
   Dim i As Integer
   m = Cells(1, 2)
   f = Cells(2, 2)
   d = Cells(3, 2)
   s = Cells(4, 2)
   v = Cells(5, 2)
   t = Cells(6, 2)
   dt = Cells(7, 2)
   te = Cells(8, 2)
   i = 2
   Do
      dV = -(f / m * s + 2 * d * v) * dt
      v = v + dV
      ds = v * dt
      s = s + ds
      t = t + dt
      i = i + 1
      Cells(i, 3) = t
      Cells(i, 4) = v
      Cells(i, 5) = s
   Loop While t < te
End Sub

Public Sub Schwingung_Zeigen()
   Dim MyDoc As Object
   Dim xlRange As Range
   Dim lngNumRows As Long, lngNumCols As Long
'
'Verweis auf Worksheet mit Daten
   Set MyDoc = ThisWorkbook.Worksheets("Schwingung")
'
'Übergabe der Anzahl der Spalten/Zeilen:
   lngNumRows = MyDoc.UsedRange.Rows.Count
   lngNumCols = MyDoc.UsedRange.Columns.Count
'
'Verweis auf Datenbereich setzen:
   Set xlRange = MyDoc.Range("E3:E" + LTrim(Str(lngNumRows)))
'
'Diagramm erstellen:
   CreateChartObjectRange xlRange, MyDoc
'
'Verweise freigeben:
   Set xlRange = Nothing
   Set MyDoc = Nothing
End Sub
```

```
Public Sub CreateChartObjectRange(ByVal xlRange As Range, ByVal MyDoc As
Object)
   Dim objChart As Object
'
'Bildschirmaktualisierung deaktivieren:
   Application.ScreenUpdating = False
'
'Verweis auf Diagramm setzen und Diagramm hinzufügen:
   Set objChart = Application.Charts.Add
   With objChart
      'Diagramm-Typ und -Quelldatenbereich festlegen:
      .ChartType = xlLineStacked
      .SetSourceData Source:=xlRange, PlotBy:=xlColumns
      'Titel festlegen:
      .HasTitle = True
      .ChartTitle.Text = "Freie gedämpfte Schwingung"
      .Axes(xlCategory, xlPrimary).HasTitle = True
      .Axes(xlCategory, xlPrimary).AxisTitle.Characters.Text = "Zeit [s]"
      .Axes(xlValue, xlPrimary).HasTitle = True
      .Axes(xlValue, xlPrimary).AxisTitle.Characters.Text = "Weg [m]"
      'Diagramm auf Tabellenblatt einbetten:
      .Location Where:=xlLocationAsObject, Name:=MyDoc.Name
   End With
'
'Legende löschen
   ActiveChart.Legend.Select
   Selection.Delete
'
'Verweis auf das eingebettete Diagramm setzen:
   Set objChart = MyDoc.ChartObjects(MyDoc.ChartObjects.Count)
   With objChart
      .Left = 400
      .Top = 50
      .Width = 300
      .Height = 200
   End With
'
'Bildschirmaktualisierung aktivieren:
   Application.ScreenUpdating = True
   Set objChart = Nothing
End Sub

Sub Schwingung_Loeschen()
   Dim MyDoc As Worksheet
   Set MyDoc = ThisWorkbook.Worksheets("Schwingung")
   Dim Shp As Shape
'
'alle Charts löschen
   For Each Shp In MyDoc.Shapes
      Shp.Delete
   Next
End Sub
```

Bild 3-12 zeigt das Ergebnis des integrierten Testbeispiels. Sehr deutlich ist am Kurvenverlauf der Einfluss der Dämpfung erkennbar.

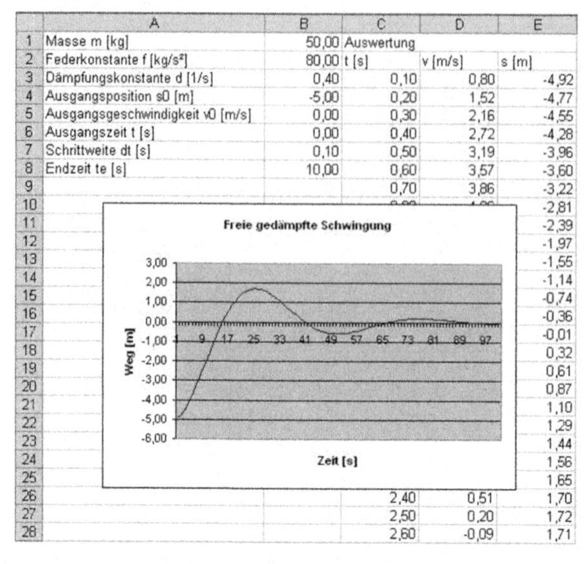

| | A | B | C | D | E |
|---|---|---|---|---|---|
| 1 | Masse m [kg] | 50,00 | Auswertung | | |
| 2 | Federkonstante f [kg/s²] | 80,00 | t [s] | v [m/s] | s [m] |
| 3 | Dämpfungskonstante d [1/s] | 0,40 | 0,10 | 0,80 | -4,92 |
| 4 | Ausgangsposition s0 [m] | -5,00 | 0,20 | 1,52 | -4,77 |
| 5 | Ausgangsgeschwindigkeit v0 [m/s] | 0,00 | 0,30 | 2,16 | -4,55 |
| 6 | Ausgangszeit t [s] | 0,00 | 0,40 | 2,72 | -4,28 |
| 7 | Schrittweite dt [s] | 0,10 | 0,50 | 3,19 | -3,96 |
| 8 | Endzeit te [s] | 10,00 | 0,60 | 3,57 | -3,60 |
| 9 | | | 0,70 | 3,86 | -3,22 |
| 10 | | | | | -2,81 |
| 11 | | | | | -2,39 |
| 12 | | | | | -1,97 |
| 13 | | | | | -1,55 |
| 14 | | | | | -1,14 |
| 15 | | | | | -0,74 |
| 16 | | | | | -0,36 |
| 17 | | | | | -0,01 |
| 18 | | | | | 0,32 |
| 19 | | | | | 0,61 |
| 20 | | | | | 0,87 |
| 21 | | | | | 1,10 |
| 22 | | | | | 1,29 |
| 23 | | | | | 1,44 |
| 24 | | | | | 1,56 |
| 25 | | | | | 1,65 |
| 26 | | | 2,40 | 0,51 | 1,70 |
| 27 | | | 2,50 | 0,20 | 1,72 |
| 28 | | | 2,60 | -0,09 | 1,71 |



**Bild 3-12**

Auswertung des Testbeispiels einer freien gedämpften Schwingung

### Übung 3.2 Nicht lineare Federkennlinie

Die Annahme einer linearen Federkennlinie ist nicht immer ausreichend genau. In der Formel

$$F_f = f \cdot s\left(1 + c \cdot s^2\right) \tag{3.18}$$

ist der linearen Federkennlinie eine kubische Parabel überlagert. Die Dämpfungskraft lässt sich auch als Newton'sche Reibung, also dem Quadrat der Geschwindigkeit proportional ansetzen:

$$F_d = c \cdot \operatorname{sgn}(v) \cdot v^2 \tag{3.19}$$

### Übung 3.3 Erzwungene Schwingung durch rotierende Massen

Schwingungen können durch rotierende Massen erzeugt werden. Bild 3-13 zeigt das Schema einer erzwungenen Schwingung durch einen Rotor. Die im Abstand r außerhalb des Drehpunktes mit der Winkelgeschwindigkeit ω rotierende Masse $m_1$ hat in Schwingungsrichtung den Fliehkraftanteil

$$F_e = m_1 \cdot r \cdot \omega^2 \cdot \sin(\omega \cdot t) \tag{3.20}$$

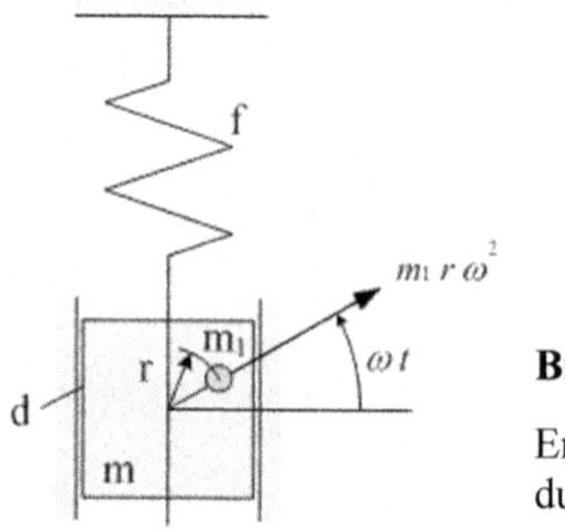



**Bild 3-13**

Erzwungene Schwingung durch eine rotierende Masse

Der Ansatz gestaltet sich wie zuvor mit

$$m \cdot \ddot{s} = -f \cdot s - 2 \cdot (m + m_1) \cdot d \cdot v - m_1 \cdot r \cdot \omega^2 \cdot \sin(\omega \cdot t). \tag{3.21}$$

Diese Gleichung ist für eine konstante Winkelgeschwindigkeit ausgelegt. Ansonsten muss der Algorithmus eine zusätzliche Gleichung ω = f(t) bestimmen.

**Übung 3.4 Erzwungene Schwingung durch rotierende und oszillierende Massen**

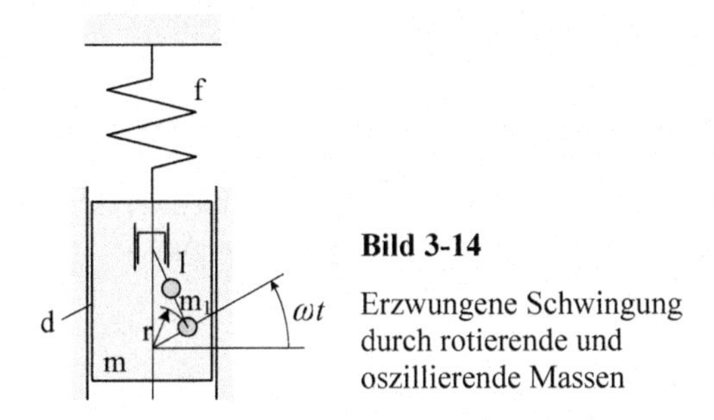


**Bild 3-14**

Erzwungene Schwingung durch rotierende und oszillierende Massen

Oft gibt es neben einer rotierenden Masse auch noch einen oszillierenden Anteil. Ein klassisches Beispiel ist der Schubkurbeltrieb. Bild 3-14 zeigt das Schema einer erzwungenen Schwingung durch rotierende und oszillierende Massen. Diese Massenkräfte werden als Kräfte 1. und 2. Ordnung bezeichnet und ergeben sich aus der Betrachtung.

Massenkraft 1. Ordnung angenähert:

$$F_I = m_1 \cdot r \cdot \omega^2 \cdot \cos(\omega \cdot t) \tag{3.22}$$

Massenkraft 2. Ordnung:

$$F_{II} = m_1 \cdot r \cdot \omega^2 \cdot \frac{r}{l} \cdot \cos^2(\omega \cdot t) \tag{3.23}$$

Die Differentialgleichung der Bewegung lautet damit:

$$m \cdot \ddot{s} = -\left( f \cdot s + 2(m + m_1) \cdot d \cdot v - m_1 \cdot r \cdot \omega^2 \left( \cos(\omega \cdot t) - \frac{r}{l} \cos^2(\omega \cdot t) \right) \right). \tag{3.24}$$

Kolbenmaschinen mit ihren rotierenden und oszillierenden Massen werden oft auf federnd angebrachte Fundamente gestellt. Die so vorhandene Federkraft bei maximaler Auslenkung s des Fundaments

$$F_c = c \cdot s \tag{3.25}$$

und die Trägheitskraft der Fundamentmasse m

$$F_t = m \cdot \ddot{s} \tag{3.26}$$

stehen den Massenkräften gegenüber

$$m \cdot \ddot{s} + c \cdot s = m_1 \cdot r \cdot \omega^2 \left( \cos(\omega \cdot t) + \frac{r}{l} \cos^2(\omega \cdot t) \right). \tag{3.27}$$

# 4 Festigkeitsberechnungen

Von Maschinenteilen und Bauwerken wird ausreichende Festigkeit verlangt. Durch alle möglichen Belastungen und deren Kombinationen dürfen keine bleibenden Formänderungen auftreten, noch darf es zum Bruch kommen. Die Festigkeitslehre hat die Aufgabe, auftretende Spannungen zu berechnen und somit ein Maß für die Sicherheit, bzw. daraus resultierende Abmessungen vorzugeben.

## 4.1 Hauptspannungen eines zusammengesetzten Biegeträgers

In der Praxis treten sehr häufig Biegeträger auf, die sich aus einzelnen rechteckigen Querschnitten zusammensetzen, die außerdem symmetrisch zur Achse liegen.

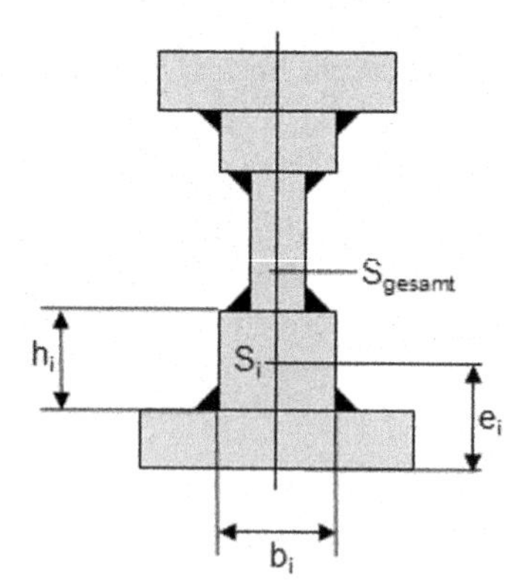


**Bild 4-1**

Geschweißter Biegeträger

Der gemeinsame Schwerpunkt der Rechtecke ergibt sich bezüglich einer beliebigen Achse aus

$$e = \frac{\sum_{i=1}^{n} A_i e_i}{\sum_{i=1}^{n} A_i} . \tag{4.1}$$

Sinnvoller Weise nimmt man als Achse eine Außenkante des Trägers. Das gesamte Flächenträgheitsmoment ist nach Aussage des Steinerschen Satzes

$$I = \sum_{i=1}^{n} \left( \frac{b_i}{12} h_i^3 + A_i e_i^2 \right) - e^2 \sum_{i=1}^{n} A_i \tag{4.2}$$

Unter Beachtung der in Bild 4-2 festgelegten Vorzeichen betrachten wir die am Biegeträger auftretenden Spannungen.

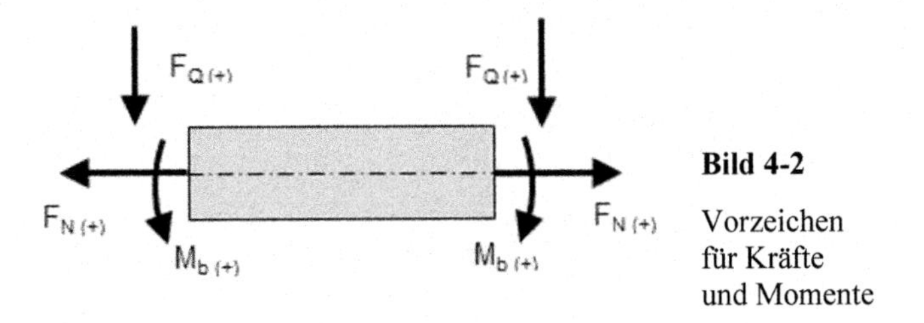


**Bild 4-2**

Vorzeichen für Kräfte und Momente

Vorhandene Zugspannung:

$$\sigma_Z = \frac{F_N}{A}. \tag{4.3}$$

Vorhandene Abscherspannung:

$$\tau_a = \frac{F_Q}{A}. \tag{4.4}$$

Randfaserbiegespannungen:

$$\sigma_{b1} = \frac{M_b(H-e)}{I}, \tag{4.5}$$

$$\sigma_{b2} = -\frac{M_b e}{I}. \tag{4.6}$$

Aus diesen folgen nach einer Vergleichsspannungs-Hypothese die Randfaserhauptspannungen

$$\sigma_{hj} = \frac{1}{2}(\sigma_{bj} + \sigma_Z + \sqrt{(\sigma_{bj} + \sigma_Z)^2 + 4\tau_a^2}),\ j = 1,2. \tag{4.7}$$

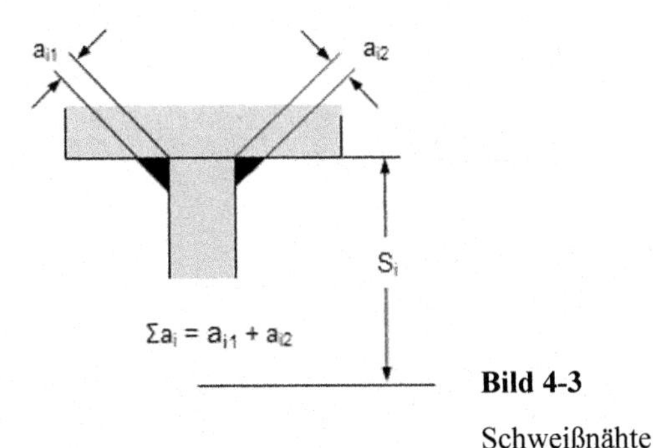


**Bild 4-3**

Schweißnähte

Weiterhin interessieren die in den Schweißnähten auftretenden Spannungen.

Schweißnaht-Biegespannung:

$$\sigma_{bSi} = \frac{M_b}{I}\left(s_i - e\right). \tag{4.8}$$

Schweißnaht-Abscherspannung:

$$\tau_{asi} = \frac{F_Q b_i h_i |e_i - e|}{I \sum a_i} . \tag{4.9}$$

Daraus ergibt sich analog zu Gleichung (4.7)

$$\sigma_{hsi} = \frac{1}{2}(\sigma_{bsi} + \sigma_Z + \sqrt{(\sigma_{bsi} + \sigma_Z)^2 + 4\tau_{asi}^2}) . \tag{4.10}$$

**Aufgabe 4.1 Berechnung eines geschweißten Biegeträgers**

Berechnung des Schwerpunktsabstands, des Flächenträgheitsmoments und aller Spannungen am geschweißten Biegeträger, durch Eingabe der symmetrisch angeordneten Flächen. Dabei wird auch eine symmetrische Anordnung und Gleichverteilung der Schweißnähte vorausgesetzt.

**Tabelle 4-1** Vereinfachtes Struktogramm zur Berechnung geschweißter Biegeträger

| Eingabe aller rechteckigen Querschnitte, die zum Gesamtquerschnitt gehören, ebenso aller Kräfte und Momente |
|---|
| Berechnung des Schwerpunkts und des Flächenträgheitsmoments |
| Berechnung der Hauptspannungen am Biegeträger |
| Berechnung der Hauptspannungen in den Schweißnähten |

Auch bei dieser Anwendung geben wir wieder ein Formblatt vor, so dass die Eingabe in einer Tabelle manuell erfolgen kann. Die Berechnungen selbst betrachten wir nachfolgend detailliert.

**Tabelle 4-2** Struktogramm zur Berechnung des Schwerpunktabstands und des Flächenträgheitsmoments

<table>
<tr><td colspan="2">Alle Summen = 0</td></tr>
<tr><td rowspan="5">Über alle vorhandenen Elemente i=1,…,n</td><td>$H = H + h_i$</td></tr>
<tr><td>$\sum A_i = \sum A_i + b_i \cdot h_i$</td></tr>
<tr><td>$\sum A_i e_i = \sum A_i e_i + b_i \cdot h_i \cdot e_i$</td></tr>
<tr><td>$\sum \frac{b_i}{12} h_i^3 = \sum \frac{b_i}{12} h_i^3 + \frac{b_i}{12} h_i^3$</td></tr>
<tr><td>$\sum A_i e_i^2 = \sum A_i e_i^2 + b_i \cdot h_i \cdot e_i^2$</td></tr>
<tr><td colspan="2">$e = \frac{\sum A_i e_i}{\sum A_i}$</td></tr>
</table>

| $I = \sum\left(\frac{b_i}{12}h_i^3 + A_i e_i^2\right) - e^2 A$ |
| --- |
| Ausgabe H, e, I |

**Tabelle 4-3** Struktogramm Hauptspannungen im Biegeträger

| $\sigma_Z = \frac{F_N}{A}$ |
| --- |
| $\tau_a = \frac{F_Q}{A}$ |
| $\sigma_{b1} = \frac{M_b(H-e)}{I}$ |
| $\sigma_{b2} = -\frac{M_b e}{I}$ |
| $\sigma_{hj} = \frac{1}{2}(\sigma_{bj} + \sigma_Z + \sqrt{(\sigma_{bj} + \sigma_Z)^2 + 4\tau_a^2}),\ j = 1{,}2$ |
| Ausgabe $\sigma_Z, \tau_a, \sigma_{b1}, \sigma_{b2}, \sigma_{h1}, \sigma_{h2}$ |

**Tabelle 4-4** Struktogramm Hauptspannungen in den Schweißnähten

| Über alle vorhandenen Elemente i=2,…,n | |
| --- | --- |
| | $\sigma_{bsi} = \frac{M_b}{I}(s_i - e)$ |
| | $\tau_{asi} = \frac{F_Q b_i h_i \lvert e_i - e \rvert}{I \sum a_i}$ |
| | $\sigma_{hsi} = \frac{1}{2}(\sigma_{bsi} + \sigma_Z + \sqrt{(\sigma_{bsi} + \sigma_Z)^2 + 4\tau_{asi}^2})$ |
| | Ausgabe $\sigma_{bsi}, \tau_{asi}, \sigma_{hsi}$ |

**Codeliste 4-1** Prozeduren im Tabellenblatt tblTräger

```
Option Explicit
'
'Prozedur zur Erstellung eines Formblatts
Sub Formblatt()
'
'Tabelle löschen
   Worksheets("Geschweißter Biegeträger").Activate
   Worksheets("Geschweißter Biegeträger").Cells.Clear
'
'Formblatt
```

```
    Range("A1") = "FN [N]"
    Range("A2") = "FQ [N]"
    Range("A3") = "Mb [Nm]"
    Range("A5") = "H [mm]"
    Range("A6") = "e [mm]"
    Range("A7") = "A [cm" + Chrw(178) + "]"
    Range("A8") = "I [cm^4]"
    Range("A9") = ChrW(963) & "z [N/cm" + Chrw(178) + "]"
    Range("A10") = ChrW(964) & "a [N/cm" + Chrw(178) + "]"
    Range("A11") = ChrW(963) & "b1 [N/cm" + Chrw(178) + "]"
    Range("A12") = ChrW(963) & "b2 [N/cm" + Chrw(178) + "]"
    Range("A13") = ChrW(963) & "h1 [N/cm" + Chrw(178) + "]"
    Range("A14") = ChrW(963) & "h2 [N/cm" + Chrw(178) + "]"

    Range("C1:E1").MergeCells = True
    Range("C1:E1") = "Maße"
    Range("C2") = "b [mm]"
    Range("D2") = "h [mm]"
    Range("E2") = "a [mm]"

    Range("F1") = "Schwerpkt."
    Range("F2") = "e [mm]"
    Range("G1:I1").MergeCells = True
    Range("G1:I1") = "Schweißnähte"
    Range("G2") = ChrW(963) & "b [N/cm" + Chrw(178) + "]"
    Range("H2") = ChrW(964) & "a [N/cm" + Chrw(178) + "]"
    Range("I2") = ChrW(963) & "h [N/cm" + Chrw(178) + "]"

    Range("A:A").ColumnWidth = 12
    Range("B:I").ColumnWidth = 10
    Columns("A:I").Select
    Selection.NumberFormat = "0.00"
    Range("A2").Select
End Sub

Sub Testbeispiel()
    Cells(1, 2) = 5000
    Cells(2, 2) = 1000
    Cells(3, 2) = 500
    Cells(3, 3) = 600
    Cells(3, 4) = 100
    Cells(3, 5) = 0
    Cells(4, 3) = 200
    Cells(4, 4) = 200
    Cells(4, 5) = 5
    Cells(5, 3) = 100
    Cells(5, 4) = 100
    Cells(5, 5) = 4
    Cells(6, 3) = 400
    Cells(6, 4) = 50
    Cells(6, 5) = 4
End Sub

Sub Auswertung()
    Dim Zeile As Integer, i As Integer
    Dim H As Double, e As Double, si As Double
    Dim s1 As Double, s2 As Double, s3 As Double, s4 As Double 'Summen
    s1 = 0: s2 = 0: s3 = 0: s4 = 0
    Zeile = 3
'
'Summenbildung
    Do While Cells(Zeile, 3) > 0
```

```
        e = H + Cells(Zeile, 4) / 2
        Cells(Zeile, 6) = e
        H = H + Cells(Zeile, 4)
        s1 = s1 + Cells(Zeile, 3) * Cells(Zeile, 4)
        s2 = s2 + Cells(Zeile, 3) * Cells(Zeile, 4) * e
        s3 = s3 + Cells(Zeile, 3) / 12 * Cells(Zeile, 4) ^ 3
        s4 = s4 + Cells(Zeile, 3) * Cells(Zeile, 4) * e ^ 2
        Zeile = Zeile + 1
    Loop
'
'Maße und Spannungen
    Cells(5, 2) = H
    Cells(6, 2) = s2 / s1
    Cells(7, 2) = s1 / 100
    Cells(8, 2) = (s3 + s4 - Cells(6, 2) ^ 2 * s1) / 10000
    Cells(9, 2) = Cells(1, 2) / Cells(7, 2)
    Cells(10, 2) = Cells(2, 2) / Cells(7, 2)
    Cells(11, 2) = Cells(3, 2) * 100 * Cells(6, 2) / 10 / Cells(8, 2)
    Cells(12, 2) = Cells(3, 2) * 100 * (Cells(6, 2) - H) / 10 / Cells(8, 2)
    Cells(13, 2) = (Cells(11, 2) + Cells(9, 2) + _
        Sqr((Cells(11, 2) + Cells(9, 2)) ^ 2 + 4 * Cells(10, 2) ^ 2)) / 2
    Cells(14, 2) = (Cells(12, 2) + Cells(9, 2) + _
        Sqr((Cells(12, 2) + Cells(9, 2)) ^ 2 + 4 * Cells(10, 2) ^ 2)) / 2
'
'Schweißnähte
    si = 0
    For i = 3 To Zeile - 1
        If Cells(i, 5) > 0 Then
            Cells(i, 7) = Cells(3, 2) * 100 * (Cells(6, 2) - si) / 10 _
                          / Cells(8, 2)
            Cells(i, 8) = Cells(2, 2) / Cells(8, 2) / 2 * Cells(i, 5) / 10
            Cells(i, 8) = Cells(i, 8) * Cells(i, 3) * Cells(i, 4) / 100
            Cells(i, 8) = Cells(i, 8) * Abs(Cells(i, 6) - Cells(6, 2))
            Cells(i, 9) = (Cells(i, 7) + Cells(9, 2) + _
                Sqr((Cells(i, 7) + Cells(9, 2)) ^ 2 + 4 * Cells(i, 8) ^ 2)) / 2
        End If
        si = si + Cells(i, 4)
    Next i
End Sub
```

### Beispiel 4.1 Laufschiene eines Werkkrans

Dieses Beispiel finden Sie auf meiner Website, siehe Anhang_3_04-01.

### Übung 4.1 Grafik mit Shapes

Leider sind die grafischen Darstellungsmöglichkeiten unter VBA sehr begrenzt. Eine Möglichkeit graphische Elemente darzustellen sind Shapes.

Mit der Anweisung

```
(Ausdruck).AddShape(Type, Left, Top, Width, Height)
```

und dem Type *msoShapeRectangle* lassen sich Rechtecke auf dem Arbeitsblatt anordnen.

So erzeugt die Anweisung

```
Shapes.AddShape msoShapeRectangle, 200 , 100, 80, 60
```

ausgehend von der linken oberen Ecke, 200 Punkte nach rechts und 100 Punkte von oben, ein Rechteck mit der Breite von 80 Punkten und der Höhe von 60 Punkten.

Mit der Visual Basic-Hilfe finden Sie unter dem Index *Addshape* einen Hilfstext, in dem der Link *msoAutoShapeType* eine Vielzahl möglicher Shapeformen anbietet.

## 4.2 Die Anwendung der Monte-Carlo-Methode auf ein Biegeproblem

Die Monte-Carlo-Methode ist die Bezeichnung für ein Verfahren, das mit Zufallszahlen arbeitet. Dazu werden Pseudozufallszahlen (Pseudo deshalb, da diese Zahlen nach einer gesetzmäßigen Methode gebildet werden) erzeugt. Es sind Zahlen, willkürlich aus dem halboffenen Intervall [0,1) mit der Eigenschaft, dass bei einer hinreichenden Anzahl von Zahlen eine Gleichverteilung auf dem Intervall vorliegt (Gesetz der großen Zahl).

Zu ihrer Verwendung werden sie in das entsprechende Intervall transformiert. Sodann wird diese zufällig gewonnene Stichprobe auf Zuverlässigkeit untersucht und falls diese erfüllt sind, auf ein Optimierungskriterium hin getestet. Ist dieses Kriterium besser erfüllt als ein bereits gewonnenes Ergebnis, so liegt eine Verbesserung vor.

Betrachten wir diese Methode an einem einseitig eingespannten Biegeträger, der durch eine Einzelkraft belastet wird.

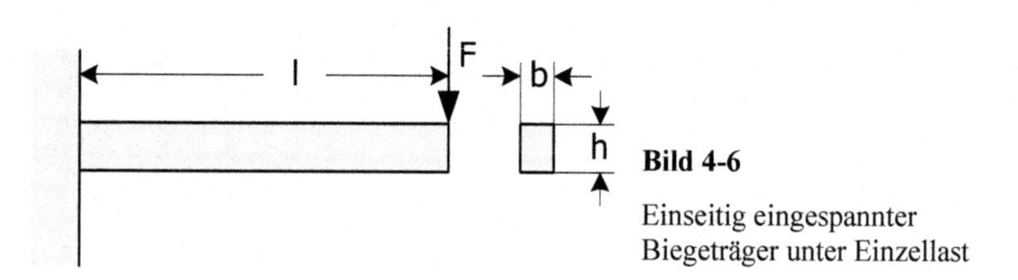


**Bild 4-6**

Einseitig eingespannter Biegeträger unter Einzellast

Das Verhältnis von b/h soll konstant bleiben, also

$$\frac{b}{h} = k = konst. \tag{4.11}$$

Außerdem ist zu berücksichtigen, dass die zulässige Biegung nicht überschritten wird

$$\frac{6 \cdot F \cdot l}{k \cdot h^3} \leq \sigma_{zul} \tag{4.12}$$

und dass eine vorgegebene Durchbiegung nicht unterschritten wird

$$\frac{F \cdot l^3}{3 \cdot E \cdot I} \leq f_{zul}. \tag{4.13}$$

**Aufgabe 4.2 Das kleinste Volumen eines Biegeträgers**

Gesucht ist das kleinste Volumen des dargestellten Biegeträgers (Bild 4-6)

$$V = k \cdot h^2 \cdot l \tag{4.14}$$

für die Grenzen

$$h_{\min} \le h \le h_{\max} \tag{4.15}$$

$$l_{\min} \le l \le l_{\max}\,. \tag{4.16}$$

**Tabelle 4-5** Struktogramm Monte-Carlo-Methode am Biegeträger

- Eingabe F, E, I, l, k, $\sigma_{zul}$, $f_{zul}$, $h_{min}$, $h_{max}$, $l_{min}$, $l_{max}$, n
- $V_0 = V_{\max} = k \cdot h_{\max}^2 \cdot l_{\max}$
- i=1: Randomize
- solange i < n
  - x = Rnd(x)
  - $h_i = (h_{\max} - h_{\min})x + h_{\min}$
  - x=Rnd(x)
  - $l_i = (l_{\max} - l_{\min})x + l_{\min}$
  - $\sigma_i = \frac{6 \cdot F \cdot l_i}{k \cdot h_i^3}$
  - $\sigma_i \le \sigma_{zul}$
    - nein: –
    - ja:
      - $I_i = \frac{h_i^4}{48}$, $f_i = \frac{F \cdot l_i^3}{3 \cdot E \cdot I}$
      - $f_i \le f_{zul}$
        - nein: –
        - ja:
          - $V_i = k \cdot h_i^2 \cdot l_i$
          - $V_i \le V_0$
            - nein: –
            - ja:
              - Ausgabe n, $h_i$, $l_i$, $\sigma_i$, $I_i$, $f_i$, $V_i$
              - $V_0 = V_i$

**Codeliste 4-2** Prozeduren im Tabellenblatt tblMonteCarlo finden Sie auf meiner Website.

**Beispiel 4.2 Stützträger**

Dieses Beispiel finden Sie ebenfalls auf meiner Website, siehe Anhang_3_04-01.

**Übung 4.2 Ergänzungen**

Belegen Sie den berechneten Träger zusätzlich mit einer Streckenlast und werten Sie dann das Testbeispiel noch einmal aus. Üben Sie auch mit anderen Trägerarten, wie z. B. einen beidseitig frei aufliegenden Träger. Auch hier zunächst erst mit Einzellast und danach Kombinationen. Wie verhalten sich die Systeme, wenn ein zusätzliches Biegemoment auftritt?

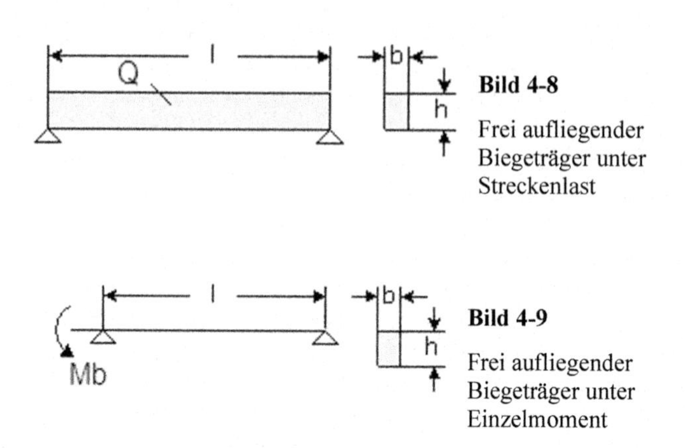


**Bild 4-8**

Frei aufliegender Biegeträger unter Streckenlast

**Bild 4-9**

Frei aufliegender Biegeträger unter Einzelmoment

**Übung 4.3 Flächenbestimmung mit der Monte-Carlo-Methode**

Ein weiteres Anwendungsgebiet ist die Integration von Funktionen, deren Funktionswert sich berechnen lässt, die aber nicht integriert werden können. Oder die Bestimmung von Flächen in Landkarten, z. B. Seen, ist mit dieser Methode möglich.

Als Beispiel wählen wir einen Viertelkreis.

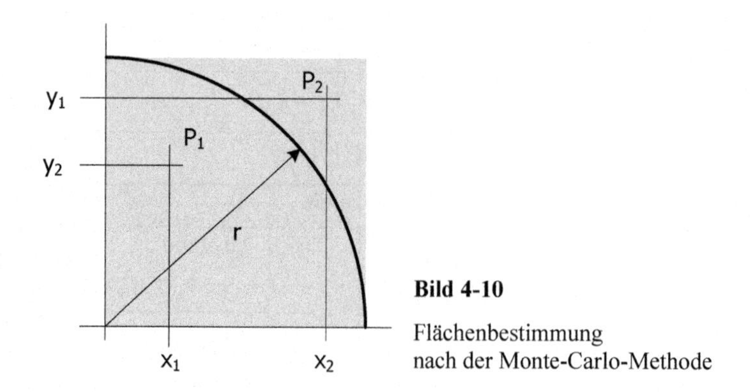


**Bild 4-10**

Flächenbestimmung nach der Monte-Carlo-Methode

Benutzt man zwei Intervalle mit einer Gleichverteilung, dann erhalten die damit erzeugten Punkte in einer Ebene ebenfalls eine Gleichverteilung. Diese Eigenschaft nutzt diese Methode zur Flächenbestimmung. In Bild 4-10 liegt der Punkt $P_1$ in der gesuchten Fläche (Treffer), der Punkte $P_2$ jedoch außerhalb.

Einen Punkt $P_i$ erzeugt man durch zwei Zufallszahlen $x_i$ und $y_i$. Ob $P_i$ ein Treffer ist, ergibt sich aus der Formel des Pythagoras mit

$$\sqrt{x_i^2 + y_i^2} \leq r \tag{4.17}$$

Setzt man r = 1, dann können die im Intervall (0,1] erzeugten Zufallszahlen direkt als Koordinaten eines Punktes in der Ebene verwendet werden.

Erzeugt man hinreichend viele Punkte n und hat damit m Treffer (m < n), und ist $A_K$ der Flächeninhalt des Viertelkreises und $A_Q$ der Flächeninhalt des Quadrats, dann gilt das Verhältnis

$$\frac{m}{n} = \frac{A_K}{A_Q}. \tag{4.18}$$

Und damit

$$A_K = \frac{m}{n} \cdot A_Q. \tag{4.19}$$

Benutzen Sie für Ihre Betrachtung unterschiedliche Größen von n.

**Übung 4.4 Weitere Anwendungen der Monte-Carlo-Methode**

Das Monte-Carlo-Verfahren wird weiterhin für vielfältige und sehr unterschiedliche Bereiche eingesetzt. Um nur einige zu nennen:

- Berechnung bestimmter Integrale
- Lösung gewöhnlicher und partieller Differentialgleichungen
- Zuverlässigkeitsanalysen technischer Systeme
- Lebensdauerbestimmung
- Transport- und Lagerhaltungsprobleme
- Untersuchung von Naturphänomenen, wie Erdbeben
- Simulationen im Bereich Operation Research
- Risikoanalysen
- Probleme der Spieltheorie
- Simulation von Polymer-Mischungen
- Anwendung in der Strahlentherapie
- in Verbindung mit Fuzzy Logic
- das Buffonsche Nadelproblem (älteste Anwendung der MC-Methode von 1777)
- … die Liste ließe sich unendlich lang weiterführen.

Wählen Sie aus den unterschiedlichen Möglichkeiten eine Problemstellung aus und entwickeln Sie in den vorgegebenen Schritten Ihre eigene Lösung.

# 4.3 Objektorientiertes Bestimmungssystem

## 4.3.1 Klassen und ihre Objekte

Bereits in Kapitel 2 haben wir uns mit einfachen Belastungsfällen an Biegeträgern befasst. Nun soll ein objektorientiertes System aufgebaut werden, das die Durchbiegung kombinierter Belastungsfälle bestimmt und dabei auch das Prinzip der Polymorphie und der Vererbung nutzt. Bereits in [29] wurden zu dem Thema die mathematischen Grundlagen beschrieben, so dass ich mich hier auf die Formelanwendungen beschränke.

Ausgangspunkt der Betrachtung ist ein einseitig eingespannter rechteckiger Biegeträger mit den drei Belastungsfällen: Einzelkraft am Trägerende, Einzelmoment am Trägerende und konstante Streckenlast über den Träger.

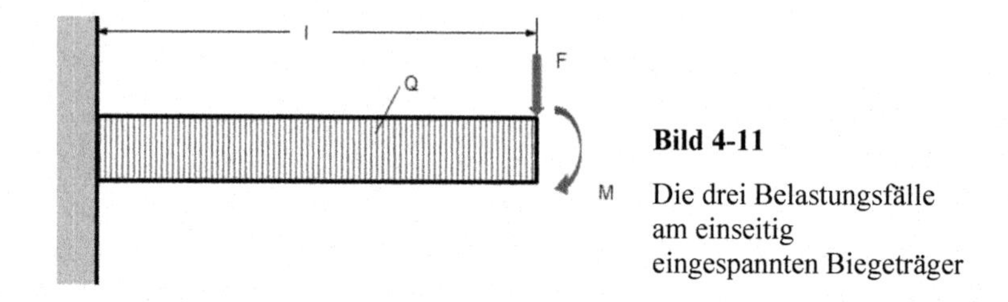


**Bild 4-11**

Die drei Belastungsfälle am einseitig eingespannten Biegeträger

Benötigt wird die Klasse Rechteckiger Biegeträger, mit deren Hilfe wir das Flächenträgheitsmoment bestimmen.

| Rechteckiger Biegträger |
| --- |
| - B:Double<br>- H:Double<br>- EMod:Double<br>- FtM:Double |
| +letB(dNewB.Double)<br>+letH(dNewH:Double)<br>+letEMod(dNewEMod:Double)<br>+getFtM():Double<br>- CalcFtM() |

**Bild 4-12**

Klassendiagramm Rechteckiger Biegeträger

Diese Klasse wird als Sammelcontainer für alle Daten des Biegeträgers betrachtet, so dass hier auch der Elastizitätsmodul abgelegt wird. Er ließe sich auch aus einer Basisklasse Werkstoff über die Werkstoffbezeichnung finden.

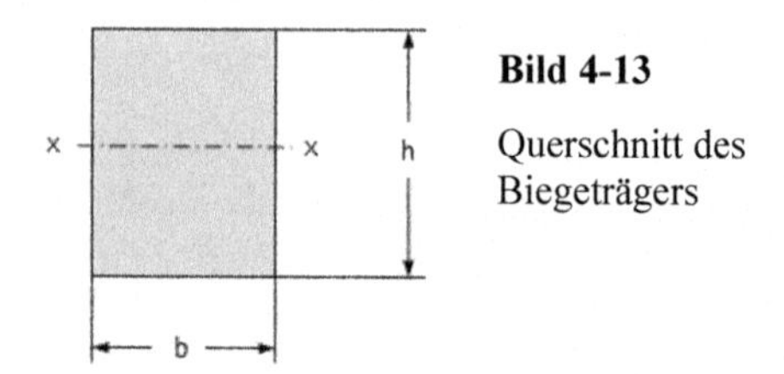


**Bild 4-13**

Querschnitt des Biegeträgers

Das Flächenträgheitsmoment um die horizontale Mittelachse des Rechteckquerschnitts bestimmt sich aus der Formel

$$I_x = \frac{bh^3}{12} \tag{4.20}$$

Damit lässt sich nun das Verhalten der Klasse in einem Aktivitätsdiagramm darstellen. Darin wird das Flächenträgheitsmoment *FtM* erst mit der Anforderung zum Lesen des Wertes von *FtM* an die Klasse bestimmt.

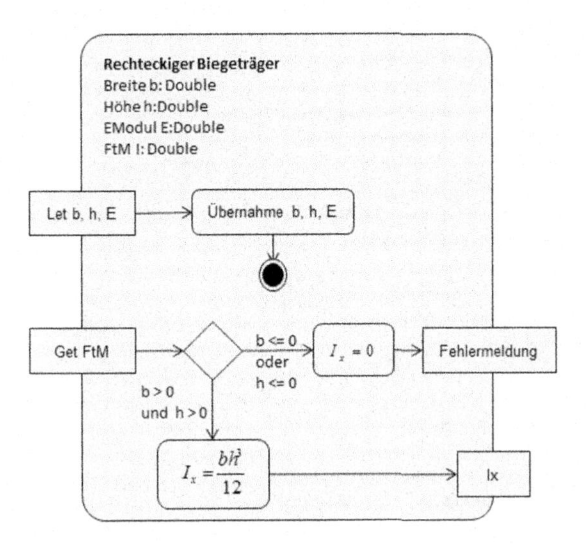


**Bild 4-14**

Aktivitätsdiagramm der Klasse Biegeträger

Den zeitlichen Verlauf zur Bestimmung des Flächenträgheitsmoments, also den unteren Teil im Aktivitätsdiagramm, gibt anschaulich das nachfolgende Sequenzdiagramm wieder.

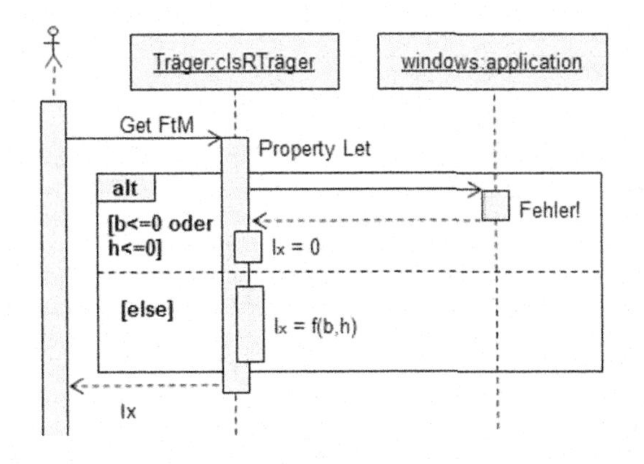


**Bild 4-15**

Sequenzdiagramm zur Bestimmung des Flächenträgheitsmoments

Es zeigt in einem eingefügten Rechteck die Alternativen des Ablaufs und trägt daher in seiner Beschriftung oben links das Kürzel *alt*.

Die Codierung beginnt mit dem Erstellen der Klasse *clsRTräger* in einem Klassenmodul.

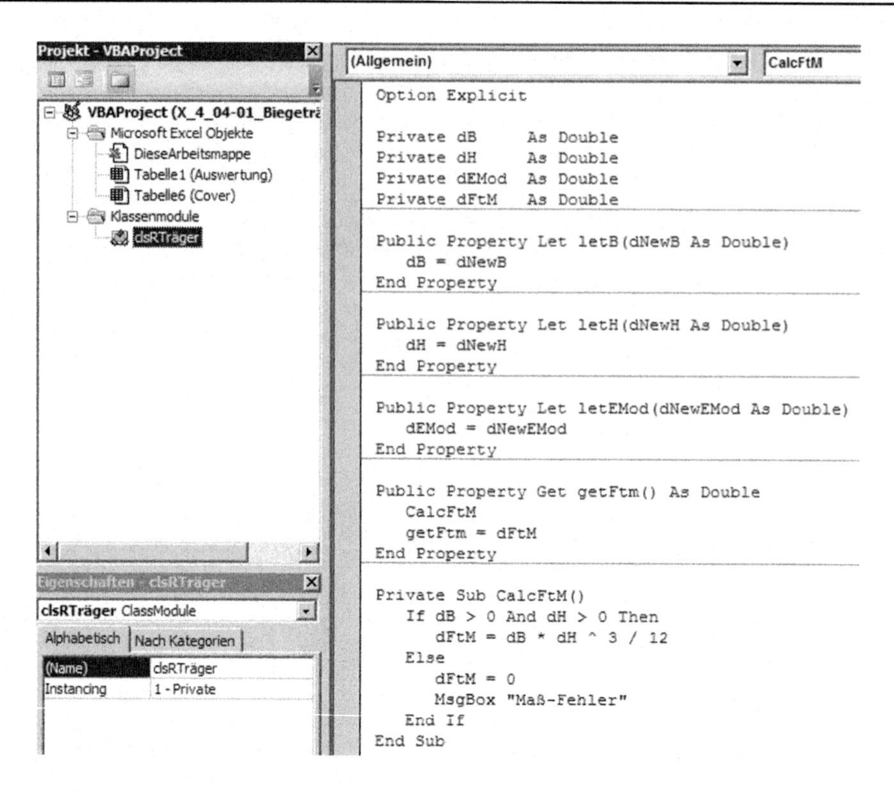


**Bild 4-16** Klassenmodul des Biegeträgers

Mit einer einfachen Testprozedur im Codemodul *modBiegung* testen wir die Anwendung der Klasse.

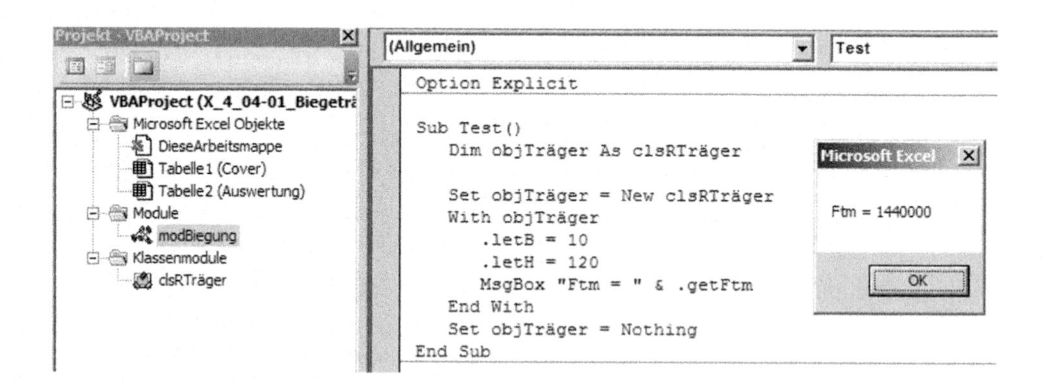


**Bild 4-17** Testprozedur zur Klasse Biegeträger

Nun benötigen wir einen Belastungsfall, natürlich in Form einer Klasse, die mit *clsFall1* bezeichnet wird. Da eine Einzelkraft vorgesehen ist, muss ihr Wert und die Länge des Trägers (= Angriffspunkt der Kraft) übergeben werden.

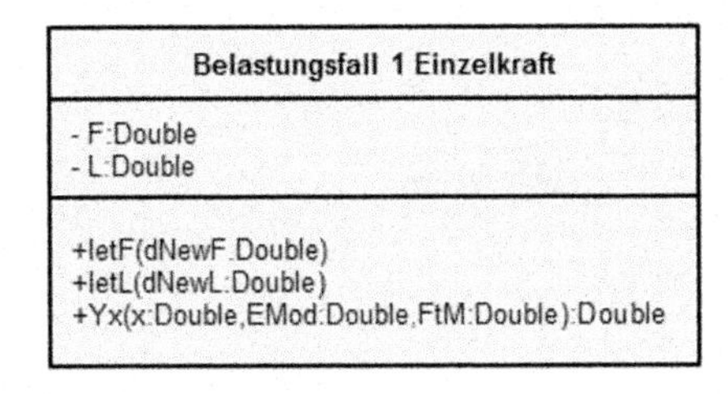


**Bild 4-18**

Klassendiagramm Belastungsfall Einzelkraft

Die Gleichung für die Durchbiegung eines einseitig eingespannten Biegeträgers mit einer Einzelkraft am Ende des Trägers lautet

$$y(x) = \frac{F}{6EI} x^2 l \left(3 - \frac{x}{l}\right). \quad (4.21)$$

Das vorhandene Biegemoment an der Stelle x ist

$$M(x) = F(l - x). \quad (4.22)$$

Die Klasse für den Belastungsfall Einzelkraft hat den nachfolgend dargestellten Code. Sie enthält neben den Property-Prozeduren die Public-Funktion zur Berechnung der Durchbiegung.

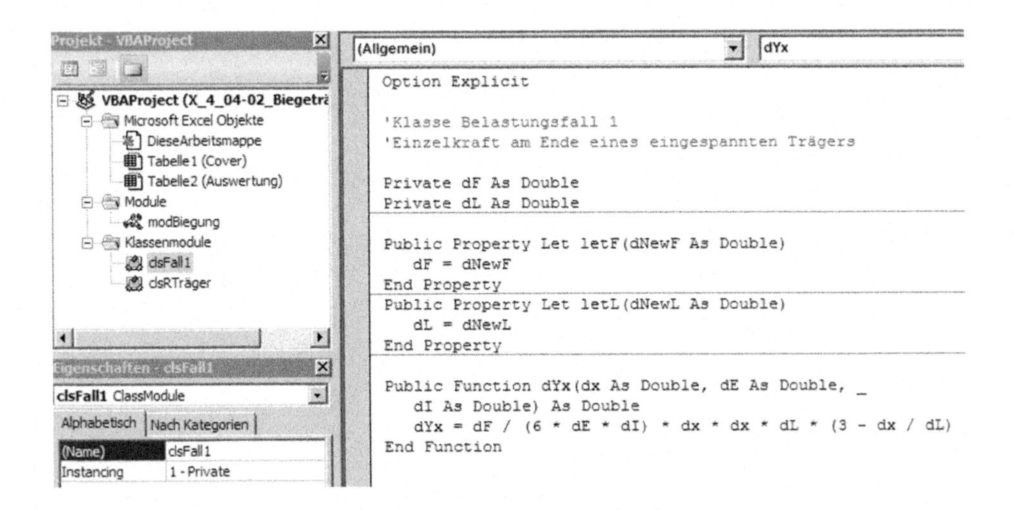


**Bild 4-19** Klassenmodul des Belastungsfalls

Die Prozedur *Test1* im Modul *clsBiegung* bekommt als Ergänzung die neue Klasse *clsFall1* und mit der Instanziierung eines Beispiel wird die Berechnung durch die Ausgabe der Durchbiegung an einer beliebigen Stelle (x = 1200) getestet.

**Codeliste 4-3** Testprozedur zur Bestimmung einer Durchbiegung

```
Sub Test1()
   Dim objTräger      As clsRTräger
   Dim objFall        As clsFall1

   Set objTräger = New clsRTräger
   Set objFall = New clsFall1

   With objTräger
      .letB = 20
      .letH = 210
      .letEMod = 210000
   End With

   With objFall
      .letF = 1800
      .letL = 2000
      'Durchbiegung an der Stelle x=1200
      MsgBox "y(x=1200) = " & _
         .dYx(1200, objTräger.getEMod, objTräger.getFtm)
   End With

   Set objFall = Nothing
   Set objTräger = Nothing
End Sub
```

Doch es ist ja der komplette Durchbiegungsverlauf gesucht, so dass wir ein Array *dy()* einführen, in das wir mit einer Schrittanzahl von 1000 die berechneten Durchbiegungen über die Trägerlänge speichern. Eine Ausgabe mit der Anweisung *debug.print* in den Direktbereich dient zur Kontrolle.

**Codeliste 4-4** Testprozedur zur Bestimmung des Durchbiegungsverlaufs

```
Sub Test2()
   Dim objTräger      As clsRTräger
   Dim objFall        As clsFall1
   Dim dx             As Double
   Dim iCount         As Integer
   Dim dy(1001)       As Double

   Set objTräger = New clsRTräger
   Set objFall = New clsFall1

   With objTräger
      .letB = 20
      .letH = 210
      .letEMod = 210000
   End With
   With objFall
      .letF = 1800
      .letL = 2000
      For iCount = 0 To 1000
         dx = 2000 / 1000 * iCount
         dy(iCount) = .dYx(dx, objTräger.getEMod, objTräger.getFtm)
         Debug.Print dx, dy(iCount)
      Next iCount
   End With
```

```
    Set objFall = Nothing
    Set objTräger = Nothing
End Sub
```

Das nachfolgende Sequenzdiagramm zu diesem Test deckt auf, dass E-Modul und Flächenträgheitsmoment sogar mit Berechnung ständig in der Schleife aufgerufen werden. Hier muss also noch eine Umstellung erfolgen und mit internen Variablen optimieren wir die Rechenzeit.

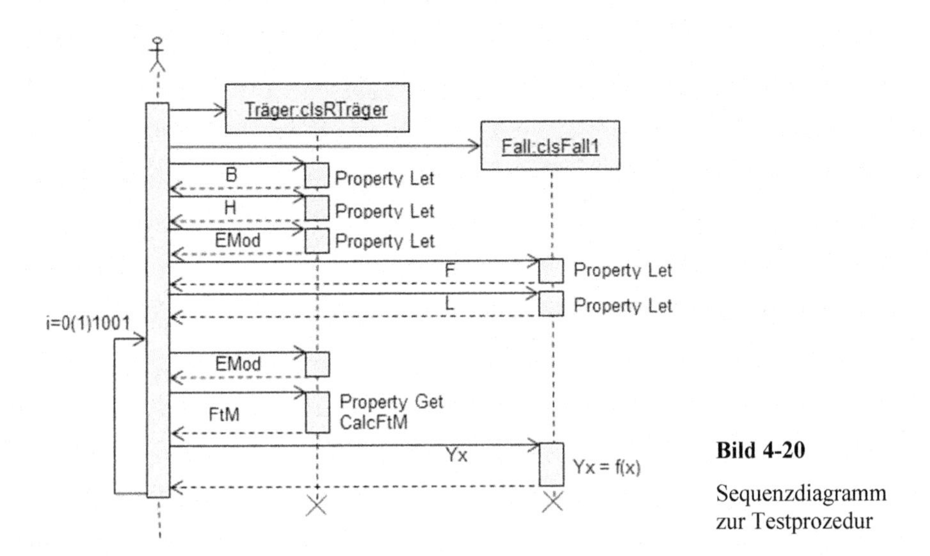


**Bild 4-20**

Sequenzdiagramm zur Testprozedur

Es bleibt im letzten Schritt eine Prozedur für die Ausgabe in ein Liniendiagramm zu schreiben. Dabei soll das Diagramm in dem aktuellen Arbeitsblatt dargestellt werden. Damit ist es universell einsetzbar.

**Codeliste 4-5** Testprozedur zur Visualisierung des Durchbiegungsverlaufs

```
Sub Test3()
   Dim objTräger     As clsRTräger
   Dim objFall       As clsFall1
   Dim objDia        As Chart
   Dim objVal        As Series
   Dim dy(1001)      As Double
   Dim dx(1001)      As Variant
   Dim dx1           As Double
   Dim iCount        As Integer
   Dim dEMod         As Double
   Dim dFtM          As Double

   Set objTräger = New clsRTräger
   Set objFall = New clsFall1
   dEMod = 210000

   With objTräger
      .letB = 20
      .letH = 210
      .letEMod = dEMod
```

```
        dFtM = .getFtm
    End With
    With objFall
        .letF = 1800
        .letL = 2000
        For iCount = 0 To 1000
            dx1 = 2000 / 1000 * iCount
            dx(iCount) = dx1
            dy(iCount) = .dYx(dx1, dEMod, dFtM)
        Next iCount
    End With

    'Diagramm erstellen
    Set objDia = ActiveSheet.Shapes.AddChart.Chart
    With objDia
        .ChartType = xlXYScatterLines 'x-y-Punktdiagramm
        .SeriesCollection.NewSeries
        Set objVal = .SeriesCollection(1)
        With objVal
            .Name = "y(x) = f(F)"
            .XValues = dx
            .Values = dy
            .MarkerStyle = xlMarkerStyleNone
            With .Format.Line
                .Visible = msoTrue
                .Weight = 0.25
                .ForeColor.TintAndShade = 0
                .ForeColor.Brightness = 0
            End With
        End With
        .Axes(xlCategory).MaximumScale = 2000
        .Legend.Select
        Selection.Delete
        Set objVal = Nothing
    End With

    Set objDia = Nothing
    Set objFall = Nothing
    Set objTräger = Nothing
End Sub
```

Das Ergebnis wurde in der Prozedur ja schon ein wenig aufbereitet und soll für dieses Einführungsbeispiel reichen.

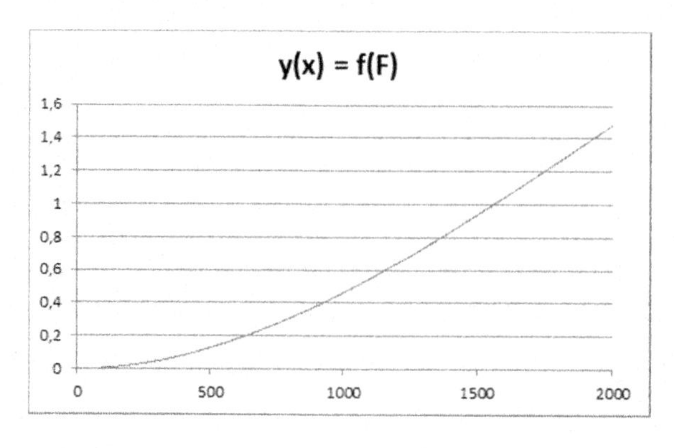


**Bild 4-21**

Durchbiegungsverlauf zum Testbeispiel

Im nächsten Schritt wollen wir die Arrays als Attribute der Klasse Rechteckiger Biegeträger zuordnen, damit für jede Instanziierung die Werte erhalten bleiben. Ebenso soll die Visualisierung eine Methode dieser Klasse werden. Da wir in der Klasse sowohl die Werte als auch den Index brauchen, bekommt die Klasse auch einen Index und schließlich noch eine Variable zur Beschriftung des Diagramms. Auch die Trägerlänge wird nun benötigt.

| Rechteckiger Biegträger |
|---|
| - L:Double<br>- B:Double<br>- H:Double<br>- EMod:Double<br>- FtM:Double<br>- x(1001):Double<br>- y(1001):Double<br>- Idx:Integer<br>- DiaName:String |
| + letB(dNewB:Double)<br>+ letH(dNewH:Double)<br>+ letEMod(dNewEMod:Double)<br>+ letIdx(iNewIdx:Integer)<br>+ letX(dNewX:Double)<br>+ letY(dNewY:Double)<br>+ letDia(sNewDia:String)<br>+ getEMod():Double<br>+ getFtM():Double<br>- CalcFtM()<br>+ ShowDia |

**Bild 4-22**

Erweiterte Klasse Rechteckiger Biegeträger

**Codeliste 4-6** Klasse Rechteckiger Biegeträger

```
Option Explicit

Private dL         As Double
Private dB         As Double
Private dH         As Double
Private dEMod      As Double
Private dFtM       As Double
Private dY(1001)   As Variant
Private dx(1001)   As Variant
Private iIdx       As Integer
Private sDia       As String

Public Property Let letL(dNewL As Double)
   dL = dNewL
End Property
Public Property Let letB(dNewB As Double)
   dB = dNewB
End Property
Public Property Let letH(dNewH As Double)
   dH = dNewH
End Property
Public Property Let letEMod(dNewEMod As Double)
   dEMod = dNewEMod
End Property
Public Property Let letIdx(iNewIdx As Integer)
   iIdx = iNewIdx
End Property
```

```
Public Property Let letX(dNewX As Double)
   dx(iIdx) = dNewX
End Property
Public Property Let letY(dNewY As Double)
   dY(iIdx) = dNewY
   'Debug.Print iIdx, dY(iIdx)
End Property
Public Property Let letDia(sNewDia As String)
   sDia = sNewDia
End Property

Public Property Get getEMod() As Double
   getEMod = dEMod
End Property
Public Property Get getFtm() As Double
   CalcFtM
   getFtm = dFtM
End Property

Private Sub CalcFtM()
   If dB > 0 And dH > 0 Then
      dFtM = dB * dH ^ 3 / 12
   Else
      dFtM = 0
      MsgBox "Maß-Fehler"
   End If
End Sub

Public Sub ShowDia()
   Dim chrDia     As Chart
   Dim objVal     As Series
   Set chrDia = ActiveSheet.Shapes.AddChart.Chart
   With chrDia
      .ChartType = xlXYScatterLines 'x-y-Punktdiagramm
      .SeriesCollection.NewSeries
      Set objVal = .SeriesCollection(1)
      With objVal
         .Name = sDia
         .XValues = dx
         .Values = dY
         .MarkerStyle = xlMarkerStyleNone
         With .Format.Line
            .Visible = msoTrue
            .Weight = 0.25
            .ForeColor.TintAndShade = 0
            .ForeColor.Brightness = 0
         End With
      End With
      Set objVal = Nothing
      .Axes(xlCategory).MinimumScale = 0
      .Axes(xlCategory).MaximumScale = dL
      .Legend.Select
      Selection.Delete
   End With
   Set chrDia = Nothing
End Sub

Private Sub Class_Initialize()
   Dim iCount As Integer
   For iCount = 0 To 1000
      dx(iCount) = 0
      dY(iCount) = 0
```

```
    Next iCount
End Sub
```

Wir testen diesen Code, indem wir zwei verschiedene Belastungsfälle erfassen und erst danach in umgekehrter Reihenfolge ausgeben.

**Codeliste 4-7** Testprozedur mit zwei Instanziierungen

```
Option Explicit

Sub Test()
   Dim objTräger1     As clsRTräger
   Dim objTräger2     As clsRTräger
   Dim objFall1       As clsFall1
   Dim objFall2       As clsFall1
   Dim objDia         As Chart
   Dim objVal         As Series
   Dim dx1            As Double
   Dim iCount         As Integer
   Dim dEMod          As Double
   Dim dFtM           As Double

   Set objTräger1 = New clsRTräger
   Set objFall1 = New clsFall1
   dEMod = 210000
   With objFall1
      .letF = 1800
      .letL = 2000
   End With
   With objTräger1
      .letL = 2000
      .letB = 20
      .letH = 210
      .letEMod = dEMod
      dFtM = .getFtm
      For iCount = 0 To 1000
         dx1 = 2000 / 1000 * iCount
         .letIdx = iCount
         .letX = dx1
         .letY = objFall1.dYx(dx1, dEMod, dFtM)
      Next iCount
      .letDia = "y(x) = f(F1)"
   End With

   Set objTräger2 = New clsRTräger
   Set objFall2 = New clsFall1
   With objFall2
      .letF = 2400
      .letL = 1800
   End With
   With objTräger2
      .letL = 1800
      .letB = 18
      .letH = 190
      .letEMod = dEMod
      dFtM = .getFtm
      For iCount = 0 To 1000
         dx1 = 1800 / 1000 * iCount
         .letIdx = iCount
```

```
            .letX = dx1
            .letY = objFall2.dYx(dx1, dEMod, dFtM)
        Next iCount
        .letDia = "y(x) = f(F2)"
    End With

    objTräger2.ShowDia
    objTräger1.ShowDia
    Set objFall1 = Nothing
    Set objTräger1 = Nothing
    Set objFall2 = Nothing
    Set objTräger2 = Nothing
End Sub
```

Das Ergebnis bestätigt die richtige Funktionsweise. Die Diagramme liegen allerdings übereinander und müssen verschoben werden. Das ließe sich auch im Code erreichen.

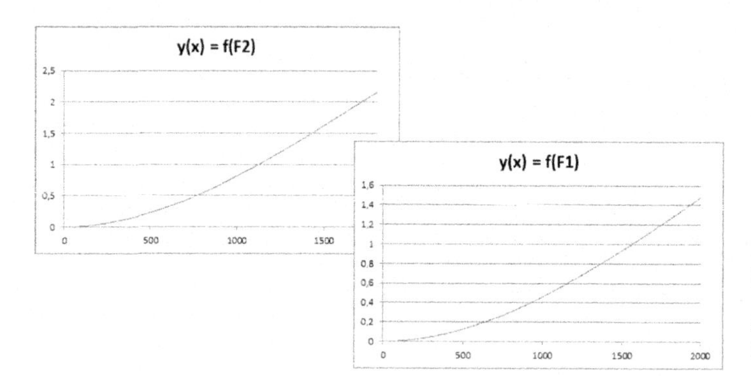


**Bild 4-23**

Ergebnisse der zwei Instanziierungen

Das System soll noch zwei weitere Belastungsarten erhalten. Der zweite Belastungsfall ist ein einzelnes Moment am Trägerende mit der Formel für die Durchbiegung

$$y(x) = \frac{M}{2EI} x^2 . \tag{4.23}$$

Das vorhandene Biegemoment an der Stelle x ist

$$M(x) = M . \tag{4.24}$$

Die Formel für die Durchbiegung unter der Streckenlast lautet

$$y(x) = \frac{Fl^3}{24EI}\left(6\left(\frac{x}{l}\right)^2 - 4\left(\frac{x}{l}\right)^3 + \left(\frac{x}{l}\right)^4\right). \tag{4.25}$$

Darin ist

$$F = q(x)l . \tag{4.26}$$

Das vorhandene Biegemoment an der Stelle x ist

$$M(x) = \frac{Fl}{3}\left(1 - \frac{x}{l}\right)^2 . \tag{4.27}$$

### 4.3.2 Polymorphie

Doch bevor wir das System um diese Belastungsfälle ergänzen, betrachten wir die Struktur und Funktion einer Schnittstelle, auch als Interface bezeichnet. Ein Interface erlaubt die Realisierung des Konzepts der Polymorphie. Darunter versteht man die Fähigkeit, gleiche Methoden auf unterschiedliche Datentypen anzuwenden. Dieser Prozess lässt sich auch mit dem Begriff Abstraktion erklären. So wie die Datentypen *Variant* und *Object* abstrakte Datentypen sind, denen die meisten anderen Datentypen zugewiesen werden können. Polymorphie ist somit eine Abstraktion der Methoden.

In unserem Beispiel haben wir drei verschiedene Klassen für unterschiedliche Belastungsfälle, aber mit immer einer Funktion zur Bestimmung der Durchbiegung. Wir wollen nun eine Interface-Klasse einführen, die eine Abstraktion der Berechnungsfunktionen darstellt. Anders als bei den üblichen Klassen, bekommt eine Interface-Klasse das Präfix *int*. Eine abstrakte Klasse kann auch keine Objekte instanziieren. Sie besteht nur aus Deklarationen. Würden zusätzliche Anweisungen eingetragen, dann würden sie bei der Ausführung ignoriert. Bei VBA ist dies möglich, C++ verhindert es durch den Begriff *abstract*.

Wir erstellen in dem Klassenmodul *intFall* den folgenden Code:

```
Option Explicit

Public dx As Double

Public Sub Yx()
End Sub

Public Property Get getY() As Double
End Property
```

Zunächst einmal wird eine Public-Variable *dx* deklariert. Will eine andere Klasse mit dieser Interface-Klasse korrespondieren, so <u>muss</u> sie die Property-Prozeduren Let und Get zu dieser Variablen besitzen, also etwa wie nachfolgend mit der Besonderheit, dass beide Prozedurnamen mit einem *intFall_* beginnen müssen.

```
Private Property Let intFall_dx(ByVal dNewx As Double)
   dx = dNewx
End Property
Private Property Get intFall_dx() As Double
   intFall_dx = dx
End Property
```

Das gilt auch für die Prozedur Yx. Sie muss in der korrespondieren Klasse ebenfalls mit der Struktur *intFall_Yx* vorhanden sein.

```
Private Sub intFall_Yx()
   dY = dF / (6 * dE * dI) * dx ^ 2 * dL * (3 - dx / dL)
End Sub
```

Anders ist es mit der Deklaration der Property-Funktion *getY*, sie dient nur zum Lesen und erwartet in der korrespondierenden Klasse nachfolgende Struktur.

```
Private Property Get intFall_getY() As Double
   intFall_getY = dY
End Property
```

Wenn wir uns jetzt mal die Prozeduren der korrespondierenden Klasse ansehen, dann stellen wir fest, dass sie alle vom Typ *private* sind. Der Zugriff erfolgt von „außerhalb" also nur über das Interface mit seinen *public*-Strukturen. Diese Methode wird als Kapselung bezeichnet. Folglich müssen alle Eingaben, die an einen der Belastungsfälle gehen, über das Interface laufen, auch wenn es ein Berechnungswert aus einer anderen Klasse ist, wie in unserem Beispiel das Flächenträgheitsmoment.

Zunächst ergänzen wir unser Beispiel durch die Interface-Klasse *intFall* mit dem dargestellten Code.

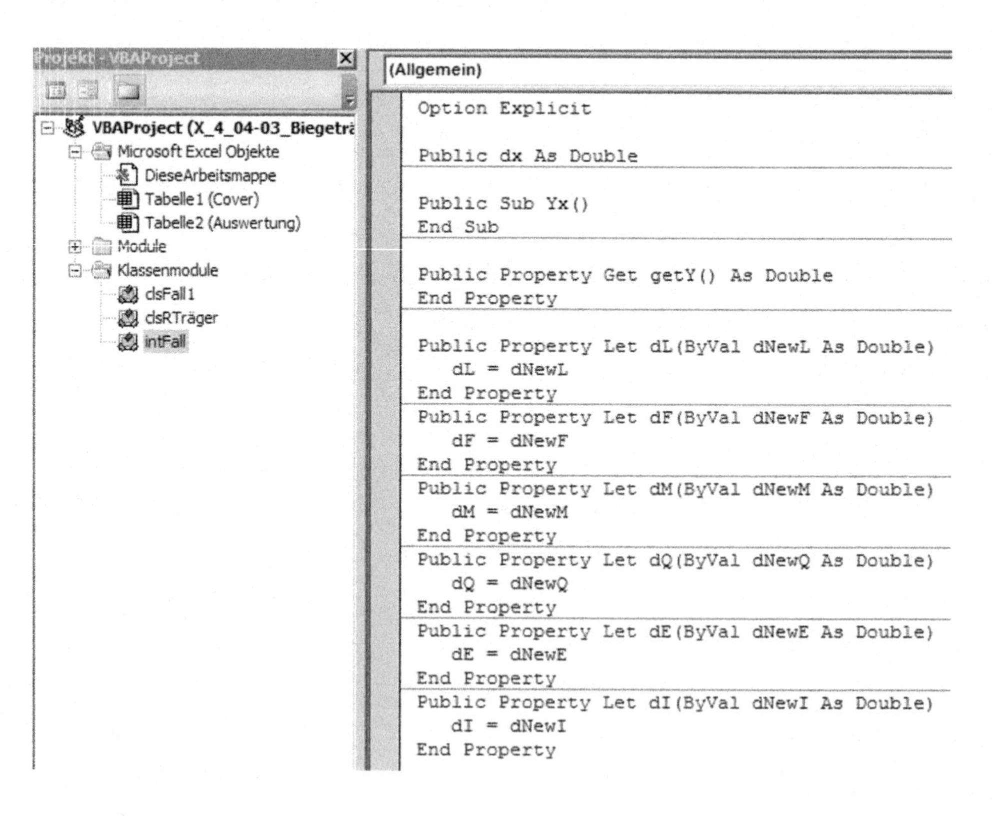


**Bild 4-24** Interface-Klasse intFall

Damit unsere Klasse *clsFall1* mit der Interface-Klasse korrespondieren kann und damit auch gekapselt ist, muss am Anfang die Anweisung

```
Implements intFall
```

stehen. Damit wird die Polymorphie angekündigt. Sind jetzt nicht die zuvor beschriebenen erforderlichen Prozeduren in *clsFall1* vorhanden, dann kommt es zur Fehlermeldung. Wir müssen also diese Klasse umschreiben, bzw. ergänzen.

**Codeliste 4-8** Klasse clsFall1 gekapselt durch das Interface intFall

```
Option Explicit

Implements intFall

Private dY As Double
Private dx As Double
Private dL As Double
Private dF As Double
Private dM As Double
Private dQ As Double
Private dE As Double
Private dI As Double

Private Sub intFall_Yx()
   dY = dF / (6 * dE * dI) * dx ^ 2 * dL * (3 - dx / dL)
End Sub
Private Property Get intFall_getY() As Double
   intFall_getY = dY
End Property

Private Property Get intFall_dx() As Double
   intFall_dx = dx
End Property
Private Property Let intFall_dx(ByVal dNewx As Double)
   dx = dNewx
End Property

Private Property Let intFall_dL(ByVal dNewL As Double)
   dL = dNewL
End Property
Private Property Let intFall_dF(ByVal dNewF As Double)
   dF = dNewF
End Property
Private Property Let intFall_dM(ByVal dNewM As Double)
   dM = dNewM
End Property
Private Property Let intFall_dQ(ByVal dNewQ As Double)
   dQ = dNewQ
End Property
Private Property Let intFall_dE(ByVal dNewE As Double)
   dE = dNewE
End Property
Private Property Let intFall_dI(ByVal dNewI As Double)
   dI = dNewI
End Property
```

Auch wenn in diesem Belastungsfall weder ein Moment noch eine Streckenlast auftreten, müssen die Property-Prozeduren eingesetzt werden, da die Interface-Klasse dies fordert. Lediglich die Deklarationen von dM und dQ könnten entfallen; sie wurden aber zur Übersichtlichkeit stehen gelassen.

Auch die Übergabe des Elastizitätsmoduls an die Träger-Klasse ist bei dieser Konstellation nicht erforderlich. Bei einer Erweiterung des Systems zur Bestimmung von Spannungen ist sie vielleicht nützlich.

Im letzten Schritt muss auch die Testprozedur angepasst werden. Wir gehen zurück auf einen Einzelfall, ebenfalls zur Übersichtlichkeit.

**Codeliste 4-9** Testprozedur

```
Option Explicit

Sub Test()
   Dim objTräger      As clsRTräger
   Dim objFall        As intFall
   Dim dx1            As Double
   Dim iCount         As Integer

   Set objTräger = New clsRTräger

   With objTräger
      .letL = 2000
      .letB = 20
      .letH = 210
      .letEMod = 210000
   End With

   Set objFall = New clsFall1
   With objFall
      .dF = 1800
      .dL = 2000
      .dE = 210000
      .dI = objTräger.getFtm
   End With

   With objTräger
      For iCount = 0 To 1000
         dx1 = 2000 / 1000 * iCount
         .letIdx = iCount
         .letX = dx1
         objFall.dx = dx1
         objFall.Yx
         .letY = objFall.getY
      Next iCount
      .letDia = "y(x) = f(F1)"
      .ShowDia
   End With

   Set objFall = Nothing
   Set objTräger = Nothing
End Sub
```

Auf eine Besonderheit soll noch hingewiesen werden. Bisher waren Deklaration und Instanzierung eines Objekts immer mit folgenden Anweisungen erfolgt:

```
Dim objName as clsKlasse
Set objName = New clsKlasse
```

Mit der Nutzung einer Interface-Klasse wird daraus:

```
Dim objName as intKlasse
Set objName = New clsKlasse
```

Die Deklaration erfolgt hier mit der Interface-Klasse, während die Instanziierung mit der Anwendungs-Klasse erfolgt.

Bevor wir mit der Erweiterung um andere Belastungsfälle beginnen, betrachten wir die Testprozedur noch einmal im Sequenzdiagramm.

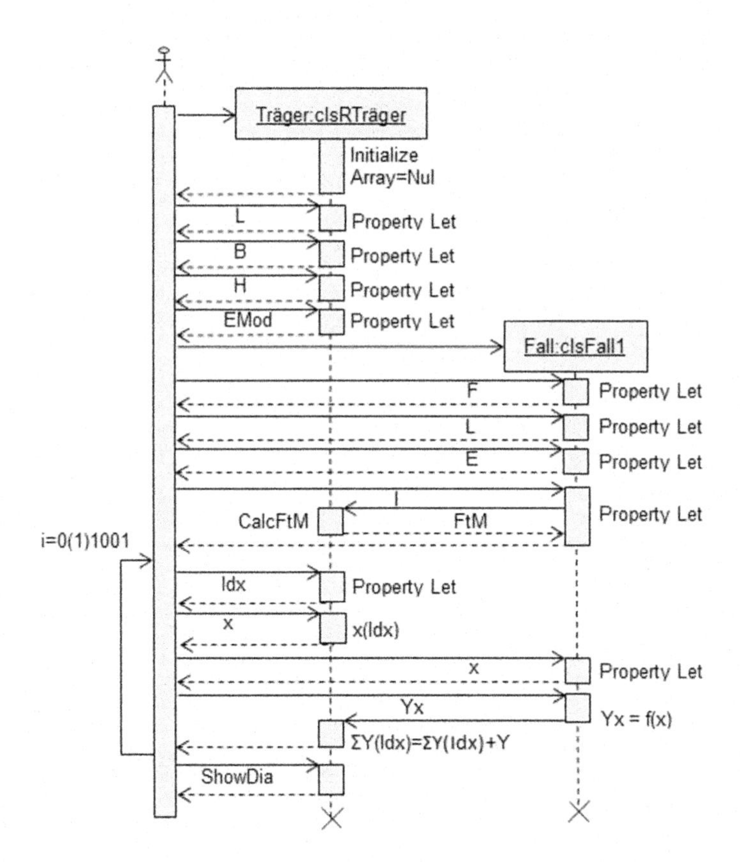


**Bild 4-25**

Sequenzdiagramm zur Testprozedur

Die Klassen der beiden anderen Belastungsfälle sind quasi eine komplette Kopie der ersten Klasse, bis auf die Formel für die Durchbiegung.

**Codeliste 4-10** Berechnung in Klasse clsFall2 zur Belastung durch ein Moment

```
Private Sub intFall_Yx()
   dY = dM / (2 * dE * dI) * dx ^ 2
End Sub
```

**Codeliste 4-11** Berechnung in Klasse clsFall3 zur Belastung durch eine Streckenlast

```
Private Sub intFall_Yx()
   dY = dQ * dL ^ 3 / (24 * dE * dI) * _
      (6 * (dx / dL) ^ 2 - 4 * (dx / dL) ^ 3 + (dx / dL) ^ 4)
End Sub
```

Wie schon in [29] gezeigt wurde, ist die Durchbiegung bei einer Kombination von Belastungsarten gleich der Summe der Einzelbelastungen. So ergibt sich für alle drei Belastungsarten und deren Kombinationen eine vereinfachte Testprozedur der nachfolgenden Form, gezeigt an jeweils einem Beispiel.

**Codeliste 4-12** Bestimmung der Durchbiegung kombinierter Belastungsfälle

```
Option Explicit

Sub Test()
'Objekte
   Dim objTräger   As clsRTräger
   Dim objFall     As intFall
'Träger
   Dim dLänge      As Double
   Dim dBreite     As Double
   Dim dHöhe       As Double
   Dim dEMod       As Double
'Belastung
   Dim dKraft      As Double
   Dim dMoment     As Double
   Dim dQuer       As Double
'Diagramm-Variable
   Dim dx1         As Double
   Dim iCount      As Integer
   Dim iFall       As Integer
   Dim sHinweis    As String

   dLänge = 2000      'mm
   dBreite = 40       'mm
   dHöhe = 240        'mm
   dEMod = 210000     'N/mm^2
   dKraft = 2000      'N
   dMoment = 200000   'Nmm
   dQuer = 200       'N/mm

'Bestimme Flächenträgheitsmoment
   Set objTräger = New clsRTräger
   With objTräger
      .letL = dLänge
      .letB = dBreite
      .letH = dHöhe
      .letEMod = dEMod
   End With

'Diagrammwahl
   sHinweis = "Belastungsfall angeben:" & vbLf & _
      "1 = F / 2 = M / 3 = Q" & vbLf & _
      "4 = F+M / 5 = F+Q / 6 = M+Q" & vbLf & _
      "7 = F+M+Q"
   iFall = InputBox(sHinweis)
```

```
'Durchbiegung durch Einzelkraft
   If iFall = 1 Or iFall = 4 Or iFall = 5 Or iFall = 7 Then
      Set objFall = New clsFall1
      With objFall
         .dF = dKraft
         .dL = dLänge
         .dE = dEMod
         .dI = objTräger.getFtm
      End With
      With objTräger
         For iCount = 0 To 1000
            dx1 = dLänge / 1000 * iCount
            .letIdx = iCount
            .letX = dx1
            objFall.dx = dx1
            objFall.Yx
            .letY = objFall.getY
         Next iCount
      End With
   End If

'Durchbiegung durch Einzelmoment
   If iFall = 2 Or iFall = 4 Or iFall = 6 Or iFall = 7 Then
      Set objFall = New clsFall2
      With objFall
         .dM = dMoment
         .dL = dLänge
         .dE = 210000
         .dI = objTräger.getFtm
      End With
      With objTräger
         For iCount = 0 To 1000
            dx1 = dLänge / 1000 * iCount
            .letIdx = iCount
            .letX = dx1
            objFall.dx = dx1
            objFall.Yx
            .letY = objFall.getY
         Next iCount
      End With
   End If

'Durchbiegung durch Streckenlast
   If iFall = 3 Or iFall = 5 Or iFall = 6 Or iFall = 7 Then
      Set objFall = New clsFall3
      With objFall
         .dQ = dQuer
         .dL = dLänge
         .dE = 210000
         .dI = objTräger.getFtm
      End With
      With objTräger
         For iCount = 0 To 1000
            dx1 = dLänge / 1000 * iCount
            .letIdx = iCount
            .letX = dx1
            objFall.dx = dx1
            objFall.Yx
            .letY = objFall.getY
         Next iCount
      End With
```

```
    End If
'Ausgabe
    With objTräger
        .letDia = "Belastungsfall" & Str(iFall)
        .ShowDia
    End With
    Set objFall = Nothing
    Set objTräger = Nothing
End Sub
```

Mit Hilfe dieses OOP-Systems lassen sich nun beliebig viele Diagramme mit unterschiedlichen Belastungsfällen auf einem Arbeitsblatt erzeugen, ohne dass die Daten auf einem Arbeitsblatt abgelegt sind.

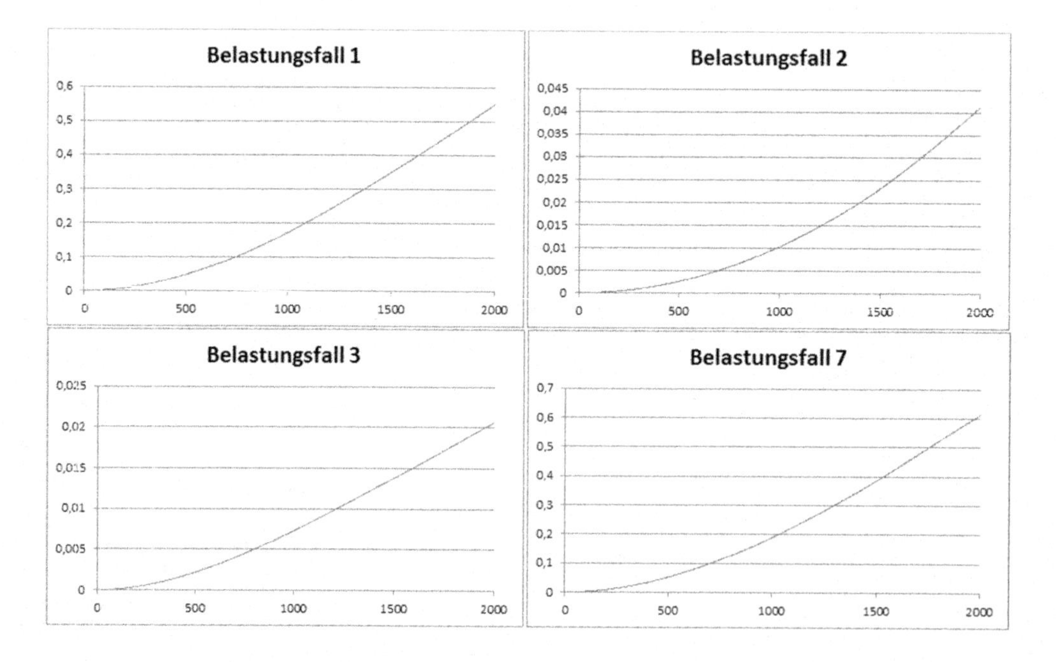


**Bild 4-26** Verschiedene Ergebnisse durch Kombinationswahl

### 4.3.3 Vererbung

Das Prinzip der Vererbung ist eines der grundlegenden Prinzipien der OOP. Ausgehend von einer Basisklasse werden deren Attribute und Methoden in neue Klassen, sogenannte abgeleitete Klassen übernommen, die dann Erweiterungen oder Einschränkungen erfahren. Im UML-Klassendiagramm wird eine Vererbungsbeziehung durch einen offenen dreieckigen Pfeil dargestellt.

Anders als in der klassischen OOP-Sprache C++, lässt sich in VBA die Vererbung dadurch erreichen, dass Objekte einer Klasse als Attribute in einer anderen Klasse eingesetzt werden. Dazu betrachten wir bezogen auf unser Beispiel Biegungsverlauf ein Klassendiagramm als Ausgangspunkt.

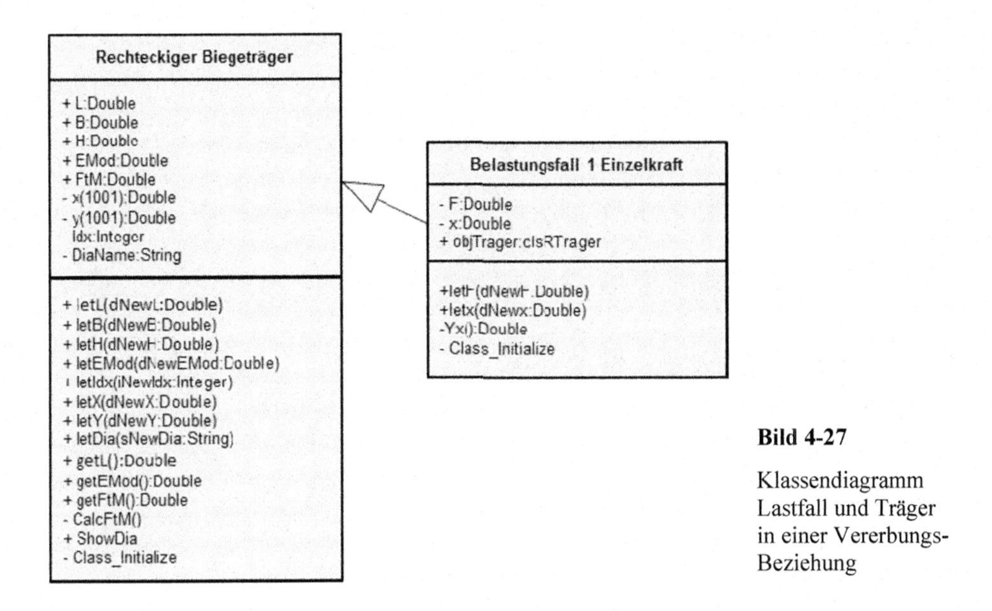


**Bild 4-27**

Klassendiagramm Lastfall und Träger in einer Vererbungs-Beziehung

Die Klasse rechteckiger Biegeträger *clsRTräger* enthält alle Attribute und Methoden, die sich einem Biegeträger zuordnen lassen, während die Klasse Belastungsfall *clsFall1* nur die Attribute und Methoden der Belastung enthält.

**Codeliste 4-13** Klasse rechteckiger Biegeträger

```
Public dL           As Double
Public dB           As Double
Public dH           As Double
Public dEMod        As Double
Public dFtM         As Double
Private dY(1001)    As Variant
Private dx(1001)    As Variant
Private iIdx        As Integer
Private sDia        As String

Public Property Let letL(dNewL As Double)
   dL = dNewL
End Property
Public Property Let letB(dNewB As Double)
   dB = dNewB
End Property
Public Property Let letH(dNewH As Double)
   dH = dNewH
End Property
Public Property Let letEMod(dNewEMod As Double)
   dEMod = dNewEMod
End Property
Public Property Let letIdx(iNewIdx As Integer)
   iIdx = iNewIdx
End Property
Public Property Let letX(dNewX As Double)
   dx(iIdx) = dNewX
```

```
End Property
Public Property Let letY(dNewY As Double)
   dY(iIdx) = dNewY
End Property
Public Property Let letDia(sNewDia As String)
   sDia = sNewDia
End Property
Public Property Get getL() As Double
   getL = dL
End Property
Public Property Get getEMod() As Double
   getEMod = dEMod
End Property
Public Property Get getFtm() As Double
   getFtm = dFtM
End Property

Public Sub CalcFtM()
   If dB > 0 And dH > 0 Then
      dFtM = dB * dH ^ 3 / 12
   Else
      dFtM = 0
      MsgBox "Maß-Fehler"
   End If
End Sub

Public Sub ShowDia()
   Dim chrDia     As Chart
   Dim objVal     As Series
   Set chrDia = ActiveSheet.Shapes.AddChart.Chart
   With chrDia
      .ChartType = xlXYScatterLines 'x-y-Punktdiagramm
      .SeriesCollection.NewSeries
      Set objVal = .SeriesCollection(1)
      With objVal
         .Name = sDia
         .XValues = dx
         .Values = dY
         .MarkerStyle = xlMarkerStyleNone
         With .Format.Line
            .Visible = msoTrue
            .Weight = 0.25
            .ForeColor.TintAndShade = 0
            .ForeColor.Brightness = 0
         End With
      End With
      Set objVal = Nothing
      .Axes(xlCategory).MinimumScale = 0
      .Axes(xlCategory).MaximumScale = dL
      .Legend.Select
      Selection.Delete
   End With
   Set chrDia = Nothing
End Sub
Private Sub Class_Initialize()
   Dim iCount As Integer
   For iCount = 0 To 1000
      dx(iCount) = 0
      dY(iCount) = 0
   Next iCount
End Sub
```

**Codeliste 4-14** Klasse Belastungsfall 1

```
Dim dx             As Double
Dim dF             As Double
Public objTräger    As clsRTräger

Property Let letX(dNewX As Double)
   dx = dNewX
End Property
Property Let letF(dNewF As Double)
   dF = dNewF
End Property
Function dYx() As Double
   With objTräger
      dYx = dF / (6 * .getEMod * .getFtm) * _
         dx * dx * .getL * (3 - dx / .getL)
   End With
End Function
Private Sub Class_Initialize()
   Set objTräger = New clsRTräger
End Sub
```

Durch diese Aufteilung wird der Code in den Klassen sehr übersichtlich. Die Testprozedur im Modul behält ihre ungefähre Größe.

**Codeliste 4-15** Testprozedur

```
Sub Test()
   Dim objTräger      As clsRTräger
   Dim objFall        As clsFall1
   Dim dx1            As Double
   Dim iCount         As Integer

   Set objFall = New clsFall1
   With objFall
      With .objTräger
         .letL = 2000
         .letB = 20
         .letH = 210
         .letEMod = 210000
         .CalcFtM
      End With
      .letF = 1800
      For iCount = 0 To 1000
         dx1 = 2000 / 1000 * iCount
         .objTräger.letIdx = iCount
         .objTräger.letX = dx1
         .letX = dx1
         .objTräger.letY = .dYx
      Next iCount
      .objTräger.letDia = "y(x) = f(F1)"
      .objTräger.ShowDia
   End With
   Set objFall = Nothing
   Set objTräger = Nothing
End Sub
```

Betrachten wir auch zu diesem Ablauf noch einmal das Sequenzdiagramm im nachfolgenden Bild. Sehr deutlich ist darin an der Stelle zur Berechnung von *Yx* der Vererbungsteil zu erkennen. Den Einbau der anderen Belastungsfälle überlasse ich dem Leser. Es dürfte bei der übersichtlichen Struktur auch keine Probleme geben.

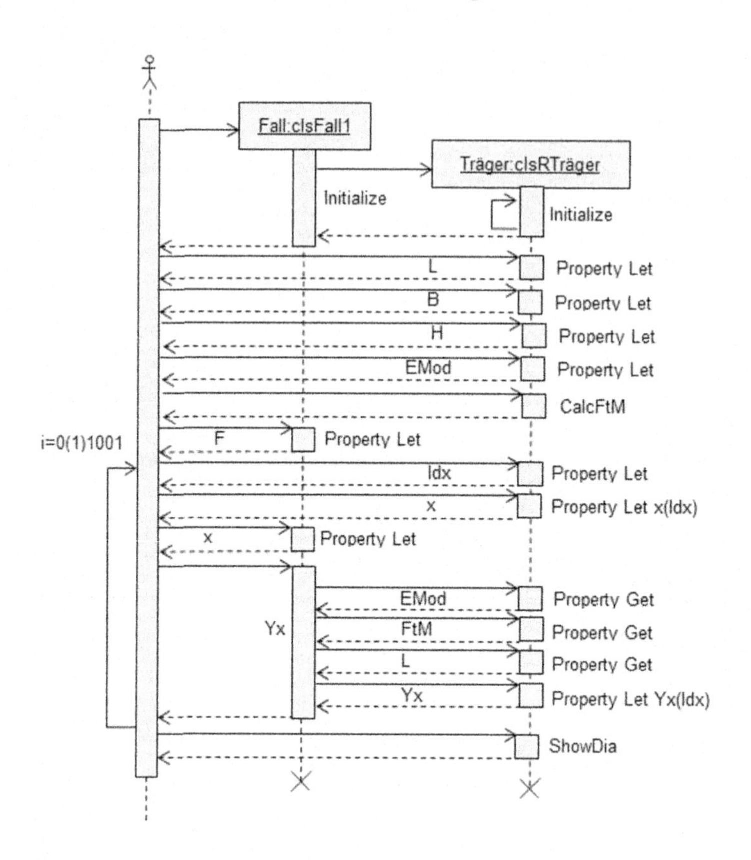


**Bild 4-28**

Sequenzdiagramm zur Vererbung

Für den Leser bieten sich verschiedene Möglichkeiten, beide Systeme weiter auszubauen, auch in Bezug auf die Diagramme, wie Achsenbeschriftungen und Gitterlinien. Die Systeme können weitere Belastungsfälle bekommen und wären damit ein guter Einstieg, um die Mechanismen zu verstehen. Eine Werkstoff-Klasse wäre eine weitere Möglichkeit, ebenso die Verwendung anderer Querschnittsformen.

Der Leser wird dabei feststellen, dass die Erweiterung des Systems über Klassen und deren Schnittstellen bzw. Vererbung wesentlich einfacher und übersichtlicher ist als mit der einfachen modularen Programmierung. Ebenso wird er aber auch feststellen, dass die Anwendung des Polymorphismus und der Vererbung nur bei größeren Projekten sinnvoll ist.

# 5 Berechnungen von Maschinenelementen

Der Begriff Maschinenelement ist eine Fachbezeichnung des Maschinenbaus. Als Maschinenelemente werden nicht weiter zerlegbare Bestandteile einer Maschinenkonstruktion bezeichnet. Sie sind auf grundsätzlich naturwissenschaftlichen Prinzipien beruhende technische Lösungen. Neue Maschinenelemente entstehen durch den Konstruktionsprozess, bei dem die Berechnung der Funktionstüchtigkeit im Vordergrund steht.

## 5.1 Volumenberechnung nach finiten Elementen

Die Grundlage dieser Berechnung ist die Tatsache, dass sich komplexe Maschinenteile in einfache Grundkörper zerlegen lassen. Wichtig für die sichere Handhabung ist, dass einfache und wenige Grundkörper benutzt werden.

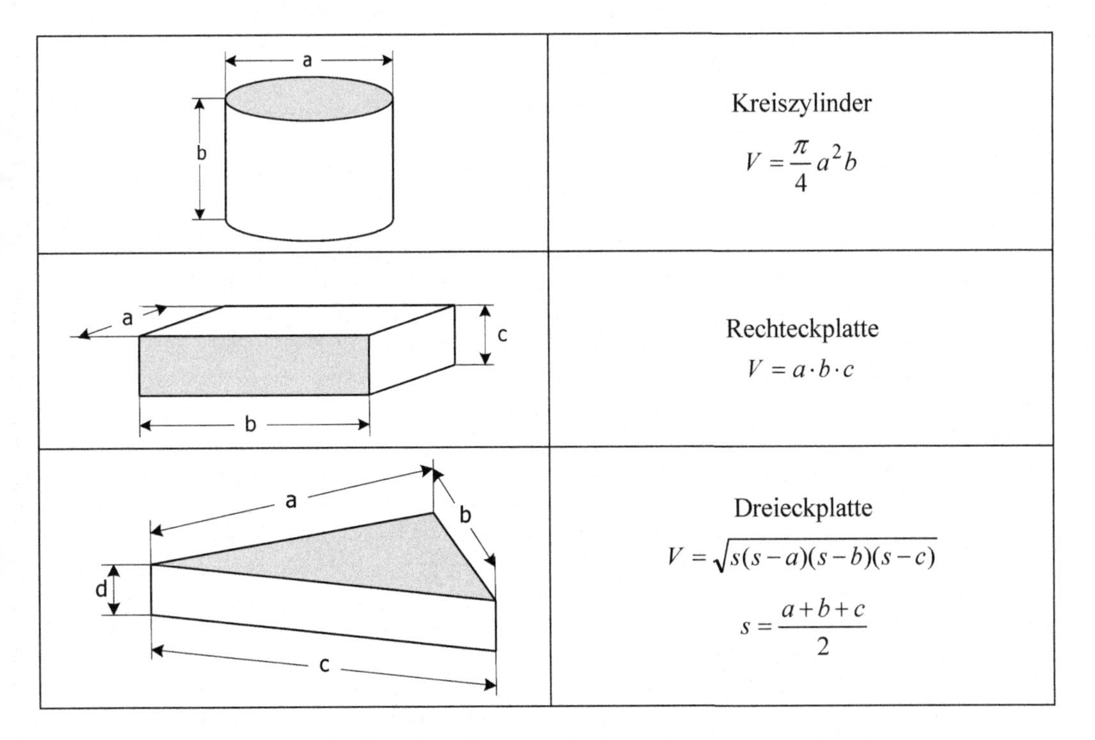


**Bild 5-1** Finite Elemente zur Volumenberechnung

Die Zerlegung eines Maschinenelements in diese Grundkörper kann im positiven wie im negativen Sinne gesehen werden. Ein positives Element ist z. B. eine Welle. Ein negatives Element eine Bohrung. Es können auch mehrere gleiche Grundelemente auftreten.

### Aufgabe 5.1 Volumenberechnung mit finiten Elementen

Das Volumen von Maschinenelementen ist durch die Zerlegung in die in Bild 5-1 dargestellten finiten Elemente zu bestimmen. Dabei wird durch eine Stückzahl die Menge des finiten Elements angegeben. Eine negative Stückzahl bedeutet Volumenabzug (negatives Element).

**Tabelle 5-1** Struktogramm zur Volumenberechnung

| Auswahl R(echteck), D(reieck), Z(ylinder) oder S(umme) | | | |
|---|---|---|---|
| R(echteck) | D(reieck) | Z(ylinder) | S(umme) |
| Eingabe a, b, c, s | Eingabe a, b, c, d, s | Eingabe a, b, s | |
| $V = a \cdot b \cdot c$ | $s = \frac{a+b+c}{2}$ <br> $V = d\sqrt{s(s-a)(s-b)(s-c)}$ | $V = \frac{\pi}{4} a^2 b$ | |
| $V_G = V \cdot s$ | | | |
| Ausgabe $V_G$ | | | |

Über die Eingabe der Form (R/D/Z) im Tabellenblatt soll die jeweilige Eingabe der Daten auf einem Formular stattfinden. Dazu werden die Formulare *frmDreieck*, *frmRechteck* und *frmZylinder* angelegt.

Im Tabellenblatt befinden sich zwei Prozeduren. Die Prozedur *Worksheet_Change (ByVal Target As Range)* reagiert auf Veränderung im Tabellenblatt. Ist eine Veränderung in der Spalte Form eingetreten, wird das entsprechende Formular geladen, bzw. es wird die Gesamtsumme berechnet.

**Codeliste 5-1** Prozeduren im Tabellenblatt tblVolumen finden Sie auf meiner Website.

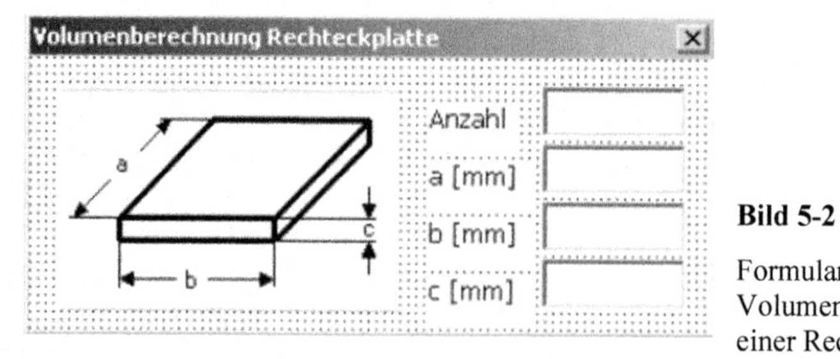


**Bild 5-2** Formular zur Volumenberechnung einer Rechteckplatte

Nach Eingabe der letzten Maßeingabe (c) wird automatisch zur Auswertung weitergeschaltet.

**Codeliste 5-2** Prozeduren im Formular frmRechteck finden Sie auf meiner Website.

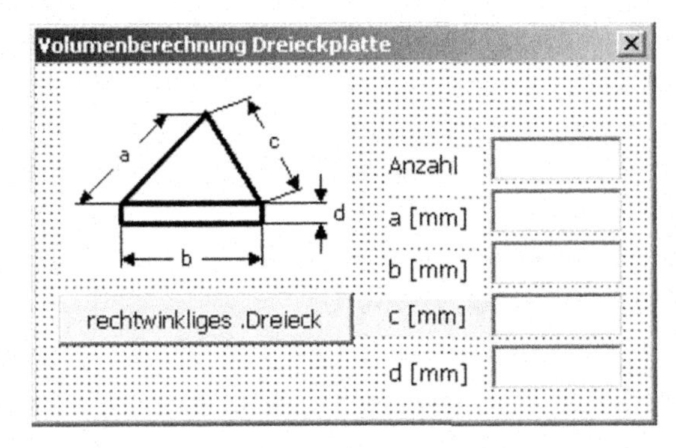


**Bild 5-3**

Formular zur Volumenberechnung einer Dreieckplatte

Bei einem rechtwinkligen Dreieck ist eine Zusatzberechnung eingebaut, denn nicht immer ist die Größe c bekannt. Über den Satz des Pythagoras lässt sich in diesem Fall c ermitteln.

**Codeliste 5-3** Prozeduren im Formular frmDreieck finden Sie auf meiner Website.

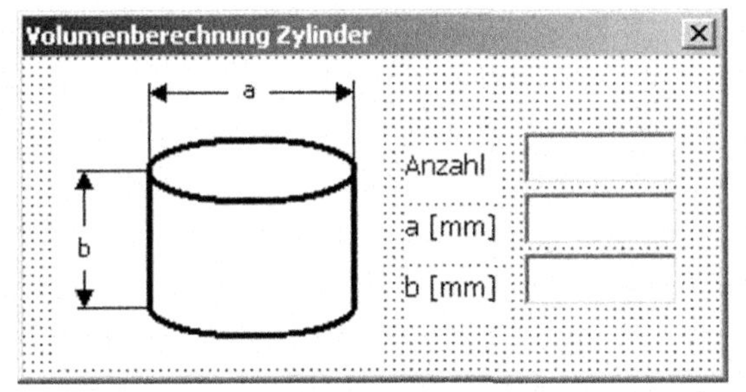


**Bild 5-4**

Formular zur Volumenberechnung eines Zylinders

**Codeliste 5-4** Prozeduren im Formular frmZylinder finden Sie auf meiner Website.

Es bleiben noch die Prozeduren im Modul *modVolumen*. Neben dem Formblatt soll noch ein Kommentar ein- und ausgeschaltet werden.

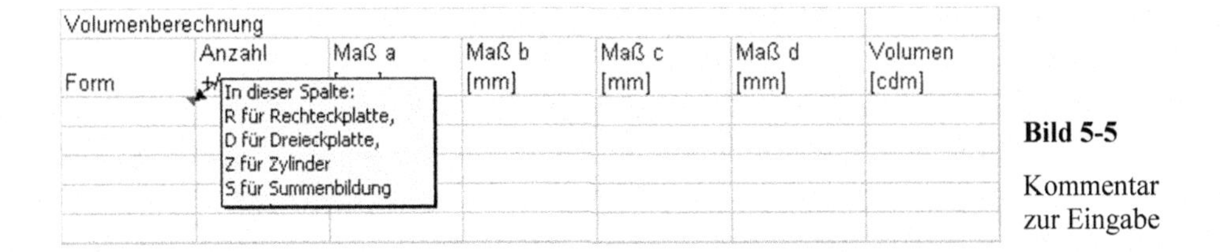


**Bild 5-5**

Kommentar zur Eingabe

**Codeliste 5-5** Prozeduren im Modul modVolumen finden Sie auf meiner Website.

**Beispiel 5.1 Wandlager**

Dieses Beispiel finden Sie auf meiner Website, siehe Anhang_3-05-01.

Durch die Einführung einer weiteren Spalte Dichte kann auch das Gewicht eines Maschinenelementes berechnet werden. Das ist besonders hilfreich, wenn unterschiedliche Materialien zum Einsatz kommen.

Die Bildung von Zwischensummen ist dann sinnvoll, wenn bei umfangreicheren Berechnungen mehrere Baugruppen berechnet werden.

Die Ergänzung anderer finiter Elemente ist dann notwendig, wenn diese Elemente nicht ausreichen. In Technikhandbüchern gibt es eine Vielzahl solcher Elemente mit den entsprechenden Formeln.

## 5.2 Durchbiegung von Achsen und Wellen

Feststehende oder umlaufende Achsen haben in der Regel tragende Funktionen und werden daher auf Biegung belastet. Ihre Auslegung richtet sich nach der zulässigen Biegespannung und auch nach der zulässigen Durchbiegung. Bei der Auslegung von Wellen kommt zum vorhandenen Biegemoment die größte Belastung in Form eines Torsionsmomentes hinzu. Diese resultiert aus dem zu übertragenden Drehmoment.

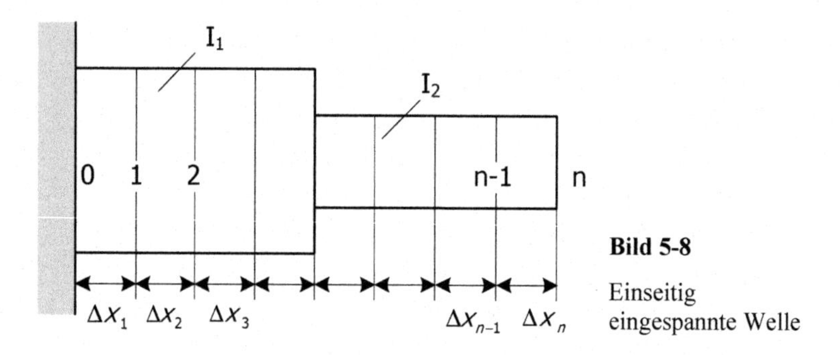


**Bild 5-8**

Einseitig eingespannte Welle

Zur Ableitung unserer Formeln betrachten wir einen einseitig eingespannten Stab und zerlegen ihn gedanklich in nicht notwendig gleich große Schrittweiten $\Delta x_i$ (i=1,...,n).

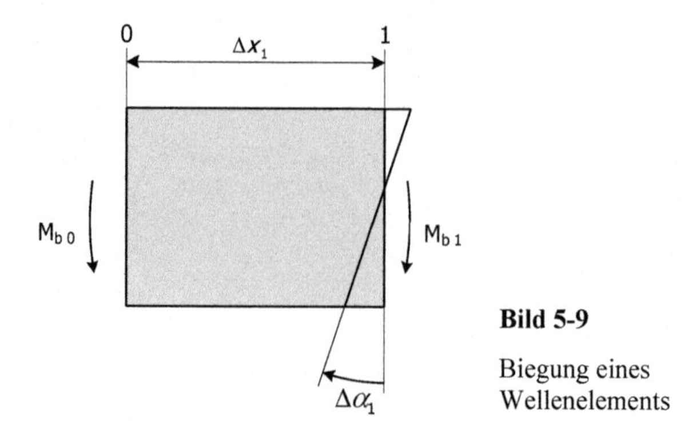


**Bild 5-9**

Biegung eines Wellenelements

Nun betrachten wir das erste Element mit der Länge $x_1$. Durch Einwirkung eines resultierenden Moments aus allen Belastungen verformt sich das Element um den Winkel $\Delta\alpha_i$. Setzen wir nun angenähert das arithmetische Mittel der Biegemomente

$$M_{b0,1} = \frac{M_{b0} + M_{b1}}{2} \tag{5.1}$$

als konstant über dem Streckenelement $\Delta x_1$ voraus, so bildet sich nach Bild 5-10 die Biegelinie als Kreisbogen aus.

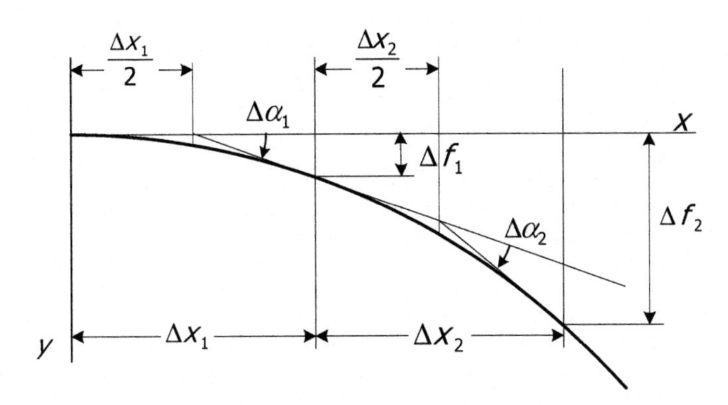


**Bild 5-10**

Durchbiegungsverhältnisse

Die Änderung des Winkels ist aus der Gleichung der elastischen Linie angenähert

$$\Delta\alpha_i = \frac{M_{b0,1} \cdot \Delta x_i}{I_1 \cdot E}. \tag{5.2}$$

Woraus sich sofort die Durchbiegung an der Stelle 1

$$\Delta f_1 = \frac{1}{2} \Delta x_1 \cdot \tan(\Delta\alpha_1) \tag{5.3}$$

und wegen der kleinen Winkel mit $\tan(\alpha_1) \approx \alpha_1$ aus

$$\Delta f_1 = \frac{1}{2} \Delta x_1 \cdot \Delta\alpha_1 \tag{5.4}$$

ermittelt. Für das nachfolgende Element ergibt sich dann eine Durchbiegung von

$$\Delta f_2 = \frac{1}{2} \Delta x_2 \Delta\alpha_2 + \left( \frac{\Delta x_1}{2} + \Delta x_2 \right) \Delta\alpha_1 . \tag{5.5}$$

Allgemein gilt für die i-te Stelle

$$\begin{aligned} \Delta f_i = {} & \frac{\Delta x_i}{2} \Delta\alpha_i + \left( \frac{\Delta x_1}{2} + \Delta x_2 + \ldots + \Delta x_i \right) \Delta\alpha_1 \\ & + \left( \frac{\Delta x_2}{2} + \Delta x_3 + \ldots + \Delta x_i \right) \Delta\alpha_2 + \ldots + \left( \frac{\Delta x_{i-1}}{2} + \Delta x_i \right) \Delta\alpha_{i-1} \end{aligned} \tag{5.6}$$

bzw.

$$\Delta f_i = \sum_{k=1}^{i} \left( \frac{\Delta x_k}{2} + \sum_{m=k+1}^{i} \Delta x_m \right) \Delta\alpha_k . \tag{5.7}$$

Daraus folgt letztlich die maximale Durchbiegung für i = n.

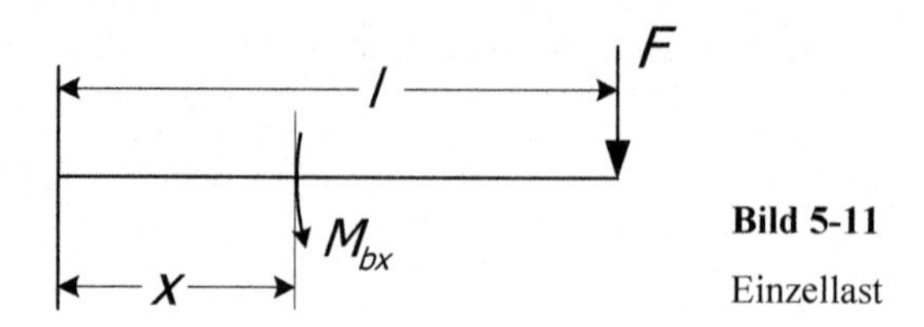


**Bild 5-11**
Einzellast

Bezüglich des Biegemoments an der Stelle x hat eine Einzellast den Anteil

$$M_{bx} = F_i(l_i - x), x \le l_i. \tag{5.8}$$

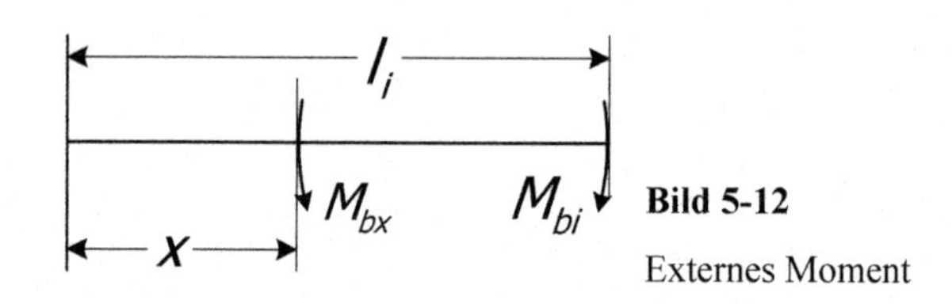


**Bild 5-12**
Externes Moment

Ein Momentanteil bestimmt sich aus

$$M_{bx} = M_i, x \le l_i \tag{5.9}$$

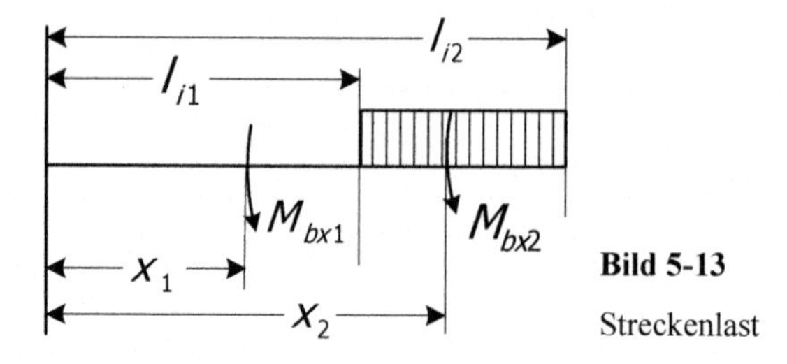


**Bild 5-13**
Streckenlast

Hieraus folgt für eine konstante spezifische Streckenlast q

$$M_{bx1} = q(l_{i,2} - l_{i,1})\left(\frac{l_{i,1} + l_{i,2}}{2} - x_1\right), x_1 < l_{i,1} \tag{5.10}$$

bzw.

$$M_{bx2} = q(l_{i,2} - x_2)\left(\frac{l_{i,2} + x_2}{2} - x_2\right). \tag{5.11}$$

**Aufgabe 5.2 Berechnung der Durchbiegung von Achsen und Wellen**

Ein Berechnungsalgorithmus soll in einer Eingabephase alle angreifenden, äußeren Kräfte, Momente und Streckenlasten erfassen. Danach soll in einer schrittweisen Berechnung die Durchbiegung bestimmt werden.

**Tabelle 5-2** Struktogramm zur Berechnung von Durchbiegungen

<table>
<tr><td colspan="5">Einlesen des E-Moduls E und der Schrittweite $\Delta x$</td></tr>
<tr><td colspan="5">$x=0$</td></tr>
<tr><td colspan="5">$M_0=0$: $M_1=0$</td></tr>
<tr><td colspan="5">$\sum \Delta f=0$</td></tr>
<tr><td colspan="5">Solange $x < l_{max}$</td></tr>
<tr><td></td><td colspan="4">Über alle vorhandenen Einzelkräfte</td></tr>
<tr><td></td><td></td><td colspan="3">Einlesen von $F_i$ und $l_i$</td></tr>
<tr><td></td><td></td><td colspan="3">$x < l_i$ ?</td></tr>
<tr><td></td><td></td><td colspan="2">ja</td><td>nein</td></tr>
<tr><td></td><td></td><td colspan="2">$M_1 = M_1 + F_i(l_i - x)$</td><td></td></tr>
<tr><td></td><td colspan="4">Über alle vorhandenen Einzelmomente</td></tr>
<tr><td></td><td></td><td colspan="3">Einlesen von $M_i$ und $l_i$</td></tr>
<tr><td></td><td></td><td colspan="3">$x < l_i$ ?</td></tr>
<tr><td></td><td></td><td colspan="2">ja</td><td>Nein</td></tr>
<tr><td></td><td></td><td colspan="2">$M_1 = M_1 + M_i$</td><td></td></tr>
<tr><td></td><td colspan="4">Über alle vorhandenen Streckenlasten</td></tr>
<tr><td></td><td></td><td colspan="3">Einlesen von $q_i$, $l_{i1}$ und $l_{i2}$</td></tr>
<tr><td></td><td></td><td colspan="3">$x < l_{i2}$ ?</td></tr>
<tr><td></td><td></td><td colspan="2">ja</td><td>nein</td></tr>
<tr><td></td><td></td><td colspan="2">$x < l_{i1}$ ?</td><td></td></tr>
<tr><td></td><td></td><td>ja</td><td>nein</td><td></td></tr>
<tr><td></td><td></td><td>$M_1 = M_1 + q(l_{i2} - l_{i1})\left(\frac{l_{i1} + l_{i2}}{2} - x\right)$</td><td>$M_1 = M_1 + q(l_{i2} - x)\left(\frac{l_{i2} + x}{2} - x\right)$</td><td></td></tr>
<tr><td></td><td colspan="4">Über alle vorhandenen Abmessungen</td></tr>
<tr><td></td><td></td><td colspan="3">$I_i = 0$</td></tr>
<tr><td></td><td></td><td colspan="3">Einlesen von $D_i$ und $l_i$</td></tr>
</table>

| x < $l_i$ ? | | |
|---|---|---|
| ja | | nein |
| $I_i = 0$ | | |
| ja | nein | |
| $I_i = \frac{\pi}{4} \cdot \left(\frac{D_i}{2}\right)^4$ | | |
| $l_{max} = l_i$ | | |

| x > 0 ? | |
|---|---|
| ja | nein |
| $M_i = \frac{M_0 + M_1}{2}$ | |
| $\Delta\alpha_i = \frac{M_i \cdot \Delta x}{I_i \cdot E}$ | |
| $\Delta f_i = \frac{\Delta x}{2} \Delta\alpha_i$ | |
| $\sum \Delta f = \sum \Delta f + \Delta f_i$ | |
| $x = x + \Delta x$ | |
| $M_0 = M_1$ | |

Dieser für einseitig eingespannte Wellen entstandene Algorithmus ist allgemeiner anwendbar. So lässt sich auch die Durchbiegung für eine beidseitig aufliegende, abgesetzte Welle berechnen.

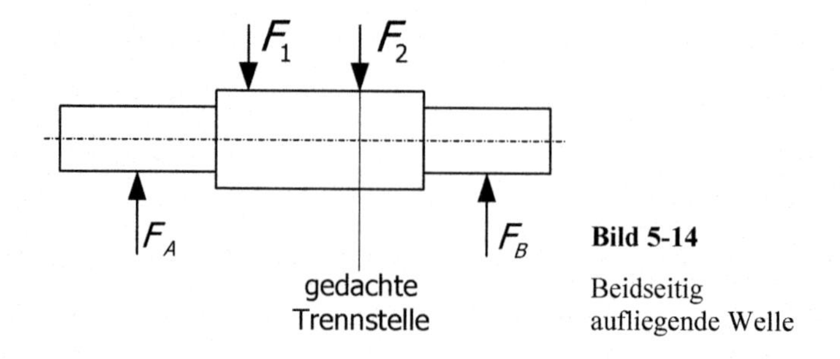


**Bild 5-14**

Beidseitig aufliegende Welle

Dazu wird diese an einer beliebigen Stelle (wegen des geringeren Rechenaufwandes möglichst an einer Stelle mit Einzelkraft) zerteilt gedacht und die beiden Wellenstücke werden wie an ihrer Trennstelle eingespannte Wellen behandelt. Das Vorzeichen von Belastungs- und

Lagerkraft muss dabei beachtet werden. Beide Berechnungen ergeben Kurven, die zusammengesetzt werden.

Da in den Auflagen die Durchbiegung Null sein muss, lässt sich eine Gerade zu beiden Punkten ziehen. Die tatsächliche Durchbiegung an der Stelle x ist

$$\Delta f_x = -\Delta f_b + (l - x) \tan \alpha \qquad (5.12)$$

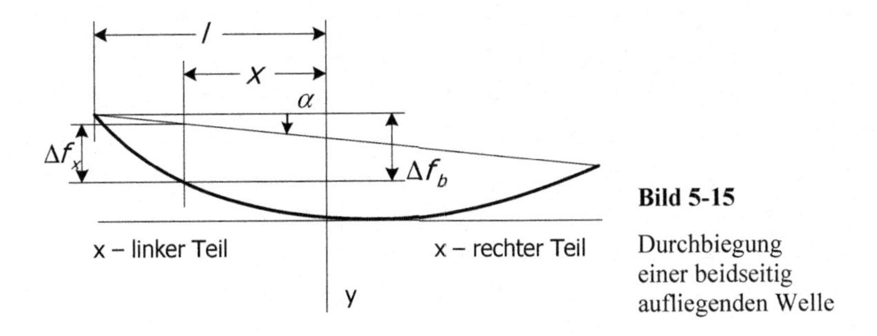


**Bild 5-15**

Durchbiegung einer beidseitig aufliegenden Welle

Abschließend soll ebenfalls noch ein statisch unbestimmter Fall behandelt werden, nämlich die Lagerung einer Welle in drei Punkten. Zunächst lässt man das mittlere Lager unbeachtet und ermittelt die Durchbiegung für eine beidseitig aufliegende Welle nach der zuvor beschriebenen Methode. Anschließend wird die Durchbiegung für die gleiche Welle nur mit der mittleren Stützkraft belastet ermittelt. Da die Stützkraft nicht bekannt ist, wird zunächst eine beliebige, wir nennen sie Fs*, angenommen. Mit Hilfe der Durchbiegung fs ohne Stützkraft und der Durchbiegung fs* bei angenommener Stützkraft Fs* ist

$$F_s = F_s^* \frac{f_s}{f_s^*} \qquad (5.13)$$

die tatsächliche Stützkraft, denn an dieser Stelle muss die Durchbiegung ebenfalls Null werden.

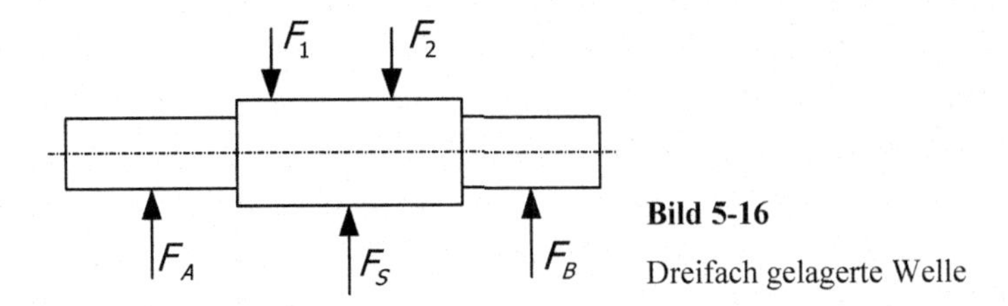


**Bild 5-16**

Dreifach gelagerte Welle

Für die Außenlager gilt in gleicher Weise

$$F_A = F_A^* \frac{f_s}{f_s^*} \qquad (5.14)$$

bzw.

$$F_B = F_B^* \frac{f_s}{f_s^*}. \qquad (5.15)$$

Darin sind $F_A$* und $F_B$* die aus der Belastung nur mit angenommener mittlerer Stützkraft gewonnenen Lagerreaktionen. Nun wird dieser Fall noch einmal mit den so normierten Kräften nachgerechnet. Die Summe der beiden Durchbiegungen stellt dann die tatsächliche angenäherte Durchbiegung dar.

Zur Berechnung benötigen wir lediglich ein Tabellenblatt. Allerdings werden wir die benötigten Liniendiagramme in ein Modul auslagern, so dass wir dieses auch für spätere Anwendungen nutzen können. Die im Modul *modLinienDiagramm* im Kopf unter Public deklarierten Variablen gelten für das ganze Projekt.

**Codeliste 5-6** Prozeduren im Tabellenblatt tblDurchbiegung

```
Option Explicit
Sub Formblatt()
   Dim I As Integer, x As Integer, y As Integer
   Dim Zl As String, Sp As String
   Worksheets("Durchbiegung").Activate
   Worksheets("Durchbiegung").Cells.Clear
   Range("A1:B1").MergeCells = True
   Range("A1") = "E-Modul [N/mm" + ChrW(178) + "] ="
   Range("E1:F1").MergeCells = True
   Range("E1") = "Schrittweite " + ChrW(8710) + "x [mm]="
   Range("A2:B2").MergeCells = True
   Range("A2:B2") = "Einzelkräfte"
   Range("A3") = "F" + vbLf + " [N]"
   Range("B3") = "l" + vbLf + "[mm]"
   Range("C2:D2").MergeCells = True
   Range("C2:D2") = "Einzelmomente"
   Range("C3") = "Mb" + vbLf + "[Nmm]"
   Range("D3") = "l" + vbLf + "[mm]"
   Range("E2:G2").MergeCells = True
   Range("E2:G2") = "Streckenlasten"
   Range("E3") = "q" + vbLf + "[N/mm]"
   Range("F3") = "l1" + vbLf + "[mm]"
   Range("G3") = "l2" + vbLf + "[mm]"
   Range("H2:I2").MergeCells = True
   Range("H2:I2") = "Abmessungen"
   Range("H3") = "D" + vbLf + "[mm]"
   Range("I3") = "l" + vbLf + "[mm]"
   Range("J3") = "I" + vbLf + "[cm^4]"
   Range("K2:M2").MergeCells = True
   Range("K2:M2") = "Auswertung"
   Range("K3") = "x" + vbLf + "[mm]"
   Range("L3") = ChrW(8710) + ChrW(945) + vbLf
   Range("M3") = ChrW(8710) + "f" + vbLf + "[mm]"
   Range("A4").Select
End Sub

Sub Testdaten_Links()
   Cells(1, 3) = 210000
   Cells(1, 7) = 10
   Cells(4, 1) = 6000
   Cells(4, 2) = 1200
   Cells(4, 5) = 2.4
   Cells(4, 6) = 0
   Cells(4, 7) = 900
   Cells(5, 5) = 2
   Cells(5, 6) = 900
   Cells(5, 7) = 1500
   Cells(6, 5) = 1.6
   Cells(6, 6) = 1500
```

```
    Cells(6, 7) = 1900
    Cells(4, 8) = 96
    Cells(4, 9) = 900
    Cells(5, 8) = 90
    Cells(5, 9) = 1500
    Cells(6, 8) = 78
    Cells(6, 9) = 1900
End Sub

Sub Testdaten_Rechts()
    Cells(1, 3) = 210000
    Cells(1, 7) = 10
    Cells(4, 1) = 6000
    Cells(4, 2) = 1200
    Cells(4, 5) = 2.4
    Cells(4, 6) = 0
    Cells(4, 7) = 900
    Cells(5, 5) = 2
    Cells(5, 6) = 900
    Cells(5, 7) = 1700
    Cells(6, 5) = 1.6
    Cells(6, 6) = 1700
    Cells(6, 7) = 2100
    Cells(4, 8) = 96
    Cells(4, 9) = 900
    Cells(5, 8) = 90
    Cells(5, 9) = 1700
    Cells(6, 8) = 78
    Cells(6, 9) = 2100
End Sub

Sub Auswertung()
    Dim x As Double, M0 As Double, M1 As Double, Fi As Double
    Dim li As Double, Mi As Double, l1i As Double, l2i As Double, qi As Double
    Dim E As Double, dx As Double, lmax As Double, Di As Double
    Dim Ii As Double, y As Double, da As Double, df As Double, Sf As Double
    Dim i As Integer, k As Integer, m As Integer, n As Integer
    x = 0: n = 0
    M0 = 0: M1 = 0
    E = Cells(1, 3)
    dx = Cells(1, 7)
    Sf = 0
'Auswertungsschleife
    Do
'Einzelkräfte
        i = 0
        Do
            i = i + 1
            Fi = Cells(3 + i, 1)
            li = Cells(3 + i, 2)
            If Fi > 0 Then
                If x < li Then
                    M1 = M1 + Fi * (li - x)
                End If
            End If
        Loop While Fi > 0
'Einzelmomente
        i = 0
        Do
            i = i + 1
            Mi = Cells(3 + i, 3)
            li = Cells(3 + i, 4)
```

```
         If Mi > 0 Then
            If x < li Then
               M1 = M1 + Mi
            End If
         End If
      Loop While Mi > 0
'Streckenlasten
      i = 0
      Do
         i = i + 1
         qi = Cells(3 + i, 5)
         l1i = Cells(3 + i, 6)
         l2i = Cells(3 + i, 7)
         If qi > 0 Then
            If x < l2i Then
               If x < l1i Then
                  M1 = M1 + qi * (l2i - l1i) * ((l1i + l2i) / 2 - x)
               Else
                  M1 = M1 + qi * (l2i - x) * ((x + l2i) / 2 - x)
               End If
            End If
         End If
      Loop While qi > 0
'Flächenträgheitsmoment
      i = 0
      Ii = 0
      Do
         i = i + 1
         Di = Cells(3 + i, 8)
         li = Cells(3 + i, 9)
         If Di > 0 Then
            If x < li Then
               If Ii = 0 Then
                  Ii = 3.1415926 / 4 * (Di / 2) ^ 4
                  Cells(3 + i, 10) = Ii
               End If
            End If
            lmax = li
         End If
      Loop While Di > 0
'Schrittweite
      If x > 0 Then
         Mi = (M0 + M1) / 2
         da = Mi * dx / Ii / E
         df = dx / 2 * da
         Sf = Sf + df
         n = n + 1
         Cells(n + 3, 11) = x
         Cells(n + 3, 12) = da
         Cells(n + 3, 13) = Sf
      End If
      x = x + dx
      M0 = M1
'Schleifenende
   Loop While x < lmax
End Sub
'
'Darstellung der Durchbiegung als Diagramm
Sub Durchbiegung_Zeigen()
   Dim xlRange As Range
   Dim lngNumRows As Long
   Dim lngNumCols As Long
```

```
'
'Verweis auf Worksheet mit Daten
   Set objLinienDiagramm = ThisWorkbook.Worksheets("Durchbiegung")
'
'Übergabe der Anzahl der Spalten/Zeilen:
   lngNumRows = objLinienDiagramm.UsedRange.Rows.Count
   lngNumCols = objLinienDiagramm.UsedRange.Columns.Count
'
'Verweis auf Datenbereich setzen:
   Set xlRange = objLinienDiagramm.Range("M4:M" + LTrim(Str(lngNumRows)))
'
'Diagramm erstellen:
   intLeft = 100
   intTop = 100
   intWidth = 300
   intHeight = 200
   DTitel = "Durchbiegung"
   xTitel = "x [mm] "
   yTitel = "y [mm]"
   CreateChartObjectRange xlRange
'
'Verweise freigeben:
   Set xlRange = Nothing
   Set objLinienDiagramm = Nothing
End Sub
'
'Darstellung der Winkeländerung als Diagramm
Sub Winkeländerung_Zeigen()
   Dim xlRange As Range
   Dim lngNumRows As Long
   Dim lngNumCols As Long
'
'Verweis auf Worksheet mit Daten
   Set objLinienDiagramm = ThisWorkbook.Worksheets("Durchbiegung")
'
'Übergabe der Anzahl der Spalten/Zeilen:
   lngNumRows = objLinienDiagramm.UsedRange.Rows.Count
   lngNumCols = objLinienDiagramm.UsedRange.Columns.Count
'
'Verweis auf Datenbereich setzen:
   Set xlRange = objLinienDiagramm.Range("L4:L" + LTrim(Str(lngNumRows)))
'Diagramm erstellen:
   intLeft = 200
   intTop = 150
   intWidth = 300
   intHeight = 200
   DTitel = "Winkeländerung"
   xTitel = "x [mm] "
   yTitel = "alpha"
   CreateChartObjectRange xlRange
'
'Verweise freigeben:
   Set xlRange = Nothing
   Set objLinienDiagramm = Nothing
End Sub
Sub Durchbiegung_Löschen()
'
'Verweis auf Worksheet mit Daten
   Set objLinienDiagramm = ThisWorkbook.Worksheets("Durchbiegung")
   LinienDiagramme_Löschen
End Sub
```

**Codeliste 5-7** Prozeduren im Modul modLinienDiagramm

```
Option Explicit
Public objLinienDiagramm As Object    'als Worksheet
Public DTitel As String, xTitel As String, yTitel As String
Public intLeft As Integer, intTop As Integer
Public intWidth As Integer, intHeight As Integer
'
'Erstellung eines Linien-Diagramms
Public Sub CreateChartObjectRange(ByVal xlRange As Range)
   Dim objChart As Object
'
'Bildschirmaktualisierung deaktivieren:
   Application.ScreenUpdating = False
'
'Verweis auf Diagramm setzen und Diagramm hinzufügen:
   Set objChart = Application.Charts.Add
   With objChart
      'Diagramm-Typ und -Quelldatenbereich festlegen:
      .ChartType = xlLine
      .SetSourceData Source:=xlRange, PlotBy:=xlColumns
      'Titel festlegen:
      .HasTitle = True
      .ChartTitle.Text = DTitel
      .Axes(xlCategory, xlPrimary).HasTitle = True
      .Axes(xlCategory, xlPrimary).AxisTitle.Characters.Text = xTitel
      .Axes(xlValue, xlPrimary).HasTitle = True
      .Axes(xlValue, xlPrimary).AxisTitle.Characters.Text = yTitel
      'Diagramm auf Tabellenblatt einbetten:
      .Location Where:=xlLocationAsObject, Name:=objLinienDiagramm.Name
   End With
'
'Legende löschen
   ActiveChart.Legend.Select
   Selection.Delete
'
'Verweis auf das eingebettete Diagramm setzen:
   Set objChart = _

      objLinienDiagramm.ChartObjects(objLinienDiagramm.ChartObjects.Count)
   With objChart
      .Left = intLeft
      .Top = intTop
      .Width = intWidth
      .Height = intHeight
   End With
'
'Bildschirmaktualisierung aktivieren:
   Application.ScreenUpdating = True
   Set objChart = Nothing
End Sub
'
'Entfernung aller Shapes aus der Tabelle
Sub LinienDiagramme_Löschen()
   Dim Shp As Shape
'alle Charts löschen
   For Each Shp In objLinienDiagramm.Shapes
      Shp.Delete
   Next
End Sub
```

**Beispiel 5.2 Durchbiegung einer frei aufliegenden, mehrfach abgesetzten Welle**

Die in Bild 5-17 dargestellte Welle soll auf Durchbiegung untersucht werden. Wird dabei ein zulässiger Wert von f = 1 mm überschritten, so soll an die Stelle der größten Durchbiegung ein weiteres Lager gesetzt werden. Für diesen Fall sind ebenfalls Durchbiegungsverlauf und Lagerkräfte gefragt.

Aus einem Momentenansatz um A folgt $F_B$=13,032 kN und aus dem Kräftegleichgewicht $F_A$=14,368 kN.

Die Auswertung für den linken Teil liefert eine Durchbiegung von -1,292 mm (siehe Bild 5-18).

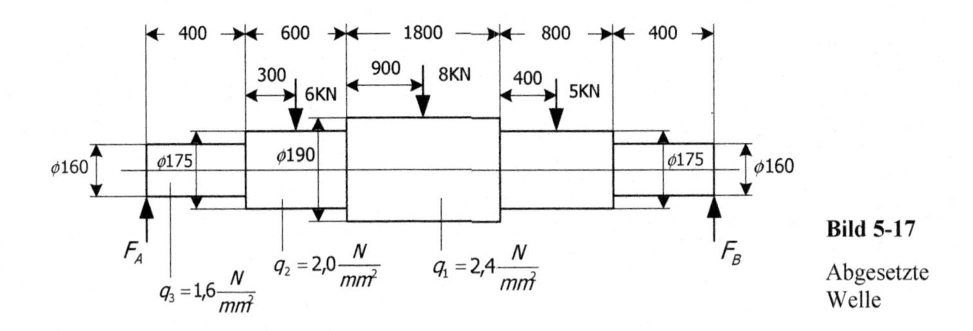


**Bild 5-17** Abgesetzte Welle

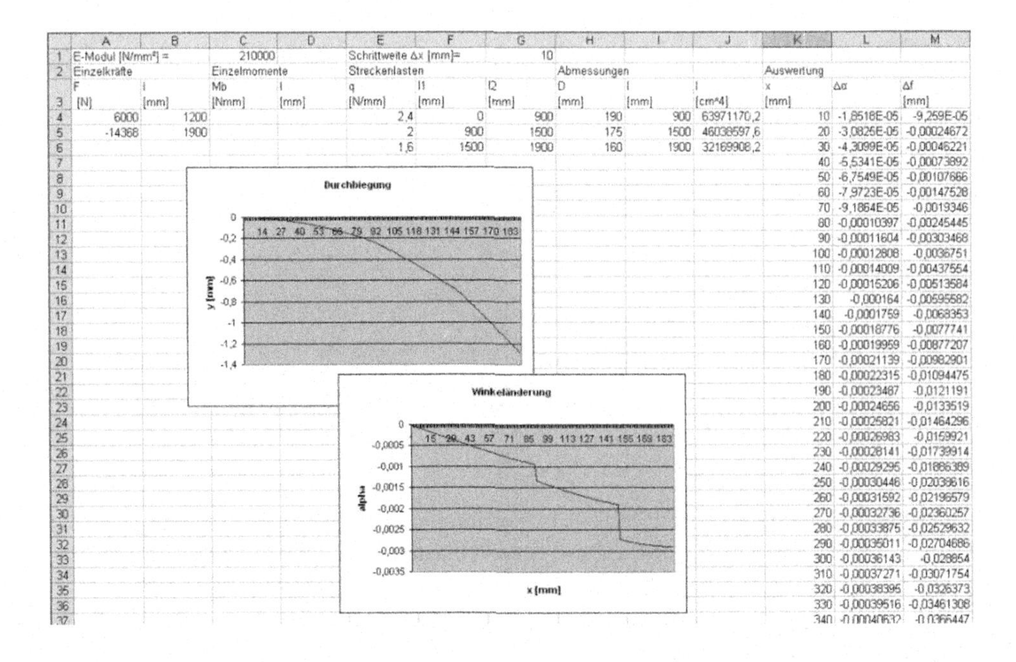

| | A | B | C | D | E | F | G | H | I | J | K | L | M |
|---|---|---|---|---|---|---|---|---|---|---|---|---|---|
| 1 | E-Modul [N/mm²] = | | 210000 | | Schrittweite Δx [mm]= | | 10 | | | | | | |
| 2 | Einzelkräfte | | Einzelmomente | | Streckenlasten | | | Abmessungen | | | Auswertung | | |
| 3 | F [N] | i [mm] | Mb [Nmm] | l [mm] | q [N/mm] | l1 [mm] | l2 [mm] | D [mm] | l [mm] | I [cm^4] | x [mm] | Δα | Δf [mm] |
| 4 | 6000 | 1200 | | | 2,4 | 0 | 900 | 190 | 900 | 63971170,2 | 10 | -1,8518E-05 | -9,259E-05 |
| 5 | -14368 | 1900 | | | 2 | 900 | 1500 | 175 | 1500 | 46038597,6 | 20 | -3,0825E-05 | -0,00024672 |
| 6 | | | | | 1,6 | 1500 | 1900 | 160 | 1900 | 32169908,2 | 30 | -4,3099E-05 | -0,00046221 |
| 7 | | | | | | | | | | | 40 | -5,5341E-05 | -0,00073892 |
| 8 | | | | | | | | | | | 50 | -6,7549E-05 | -0,00107666 |
| 9 | | | | | | | | | | | 60 | -7,9723E-05 | -0,00147528 |
| 10 | | | | | | | | | | | 70 | -9,1864E-05 | -0,0019346 |
| 11 | | | | | | | | | | | 80 | -0,00010397 | -0,00245445 |
| 12 | | | | | | | | | | | 90 | -0,00011604 | -0,00303468 |
| 13 | | | | | | | | | | | 100 | -0,00012808 | -0,0036751 |
| 14 | | | | | | | | | | | 110 | -0,00014009 | -0,00437554 |
| 15 | | | | | | | | | | | 120 | -0,00015206 | -0,00513584 |
| 16 | | | | | | | | | | | 130 | -0,000164 | -0,00595582 |
| 17 | | | | | | | | | | | 140 | -0,0001759 | -0,0068353 |
| 18 | | | | | | | | | | | 150 | -0,00018776 | -0,0077741 |
| 19 | | | | | | | | | | | 160 | -0,00019959 | -0,00877207 |
| 20 | | | | | | | | | | | 170 | -0,00021139 | -0,00982901 |
| 21 | | | | | | | | | | | 180 | -0,00022315 | -0,01094475 |
| 22 | | | | | | | | | | | 190 | -0,00023487 | -0,0121191 |
| 23 | | | | | | | | | | | 200 | -0,00024656 | -0,0133519 |
| 24 | | | | | | | | | | | 210 | -0,00025821 | -0,01464296 |
| 25 | | | | | | | | | | | 220 | -0,00026983 | -0,0159921 |
| 26 | | | | | | | | | | | 230 | -0,00028141 | -0,01739914 |
| 27 | | | | | | | | | | | 240 | -0,00029295 | -0,01886389 |
| 28 | | | | | | | | | | | 250 | -0,00030446 | -0,02038616 |
| 29 | | | | | | | | | | | 260 | -0,00031592 | -0,02196579 |
| 30 | | | | | | | | | | | 270 | -0,00032736 | -0,02360257 |
| 31 | | | | | | | | | | | 280 | -0,00033875 | -0,02529632 |
| 32 | | | | | | | | | | | 290 | -0,00035011 | -0,02704686 |
| 33 | | | | | | | | | | | 300 | -0,00036143 | -0,028854 |
| 34 | | | | | | | | | | | 310 | -0,00037271 | -0,03071754 |
| 35 | | | | | | | | | | | 320 | -0,00038395 | -0,0326373 |
| 36 | | | | | | | | | | | 330 | -0,00039516 | -0,03461308 |
| 37 | | | | | | | | | | | 340 | -0,00040632 | -0,0366447 |



**Bild 5-18** Linker Teil der abgesetzten Welle Fall I

Die Auswertung für den rechten Teil liefert eine Durchbiegung von -1,572 mm. Die Durchbiegung in der Mitte ergibt sich aus der geometrischen Beziehung (Bild 5.20)

$$f_s = f_B + \frac{l_2}{l_1}(f_A - f_B) = f_B + \frac{2100}{4000}(f_A - f_B) = -1{,}425 mm .$$

Damit wird ein mittleres Stützlager erforderlich. Dieses wir zunächst mit 10 kN angenommen (Bild 5-20).

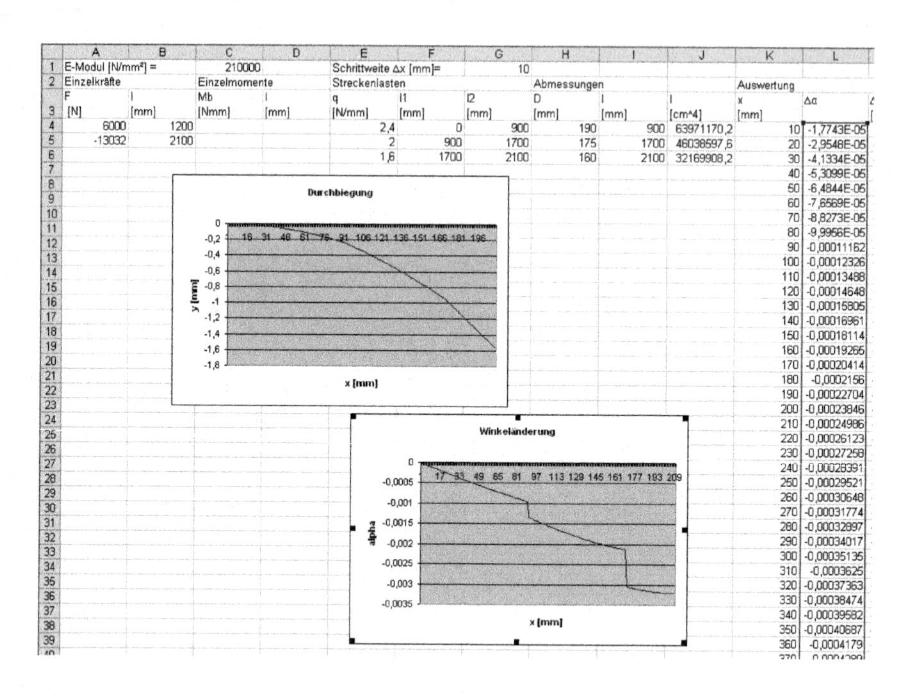

| | A | B | C | D | E | F | G | H | I | J |
|---|---|---|---|---|---|---|---|---|---|---|
| 1 | E-Modul [N/mm²] = | | 210000 | | Schrittweite Δx [mm]= | | 10 | | | |
| 2 | Einzelkräfte | | Einzelmomente | | Streckenlasten | | | Abmessungen | | |
| 3 | F [N] | l [mm] | Mb [Nmm] | l [mm] | q [N/mm] | l1 [mm] | l2 [mm] | D [mm] | l [mm] | I [cm^4] |
| 4 | 6000 | 1200 | | | 2,4 | 0 | 900 | 190 | 900 | 63971170,2 |
| 5 | -13032 | 2100 | | | 2 | 900 | 1700 | 175 | 1700 | 46038597,6 |
| 6 | | | | | 1,6 | 1700 | 2100 | 160 | 2100 | 32169908,2 |

| Auswertung x [mm] | Δα |
|---|---|
| 10 | -1,7743E-05 |
| 20 | -2,9548E-05 |
| 30 | -4,1334E-05 |
| 40 | -5,3099E-05 |
| 50 | -6,4844E-05 |
| 60 | -7,6569E-05 |
| 70 | -8,8273E-05 |
| 80 | -9,9956E-05 |
| 90 | -0,00011162 |
| 100 | -0,00012326 |
| 110 | -0,00013488 |
| 120 | -0,00014648 |
| 130 | -0,00015805 |
| 140 | -0,00016961 |
| 150 | -0,00018114 |
| 160 | -0,00019265 |
| 170 | -0,00020414 |
| 180 | -0,0002156 |
| 190 | -0,00022704 |
| 200 | -0,00023846 |
| 210 | -0,00024986 |
| 220 | -0,00026123 |
| 230 | -0,00027258 |
| 240 | -0,00028391 |
| 250 | -0,00029521 |
| 260 | -0,00030648 |
| 270 | -0,00031774 |
| 280 | -0,00032897 |
| 290 | -0,00034017 |
| 300 | -0,00035135 |
| 310 | -0,0003625 |
| 320 | -0,00037363 |
| 330 | -0,00038474 |
| 340 | -0,00039582 |
| 350 | -0,00040687 |
| 360 | -0,0004179 |



**Bild 5-19** Rechter Teil der abgesetzten Welle Fall I

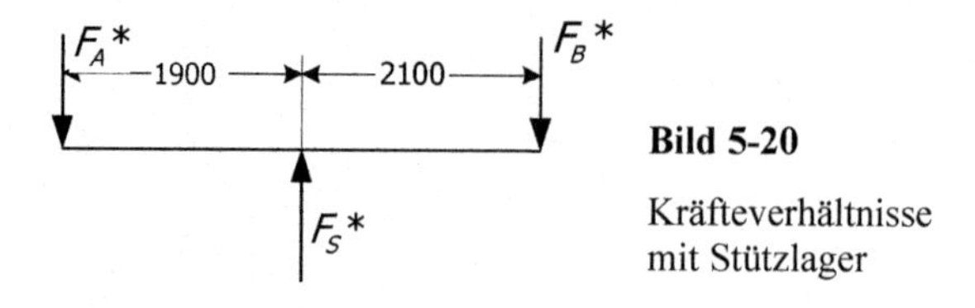



**Bild 5-20**

Kräfteverhältnisse mit Stützlager

Durch Momenten- und Kräftegleichgewicht bestimmen sich die Auflagerkräfte zu $F_A$*=5,25 KN und $F_B$*=4,75 KN. Diese werden (ohne Streckenlasten) in die Berechnung eingesetzt.

Die Auswertung des linken Teils liefert jetzt 0,657 mm als Durchbiegung (Bild 5-21).

Die Auswertung des rechten Teils liefert jetzt 0,803 mm (Bild 5-22). Die Durchbiegung in der Mitte wäre in diesem Fall

$$f_S^* = f_B^* + \frac{2100}{4000}(f_A^* - f_B^*) = 0{,}726 mm .$$

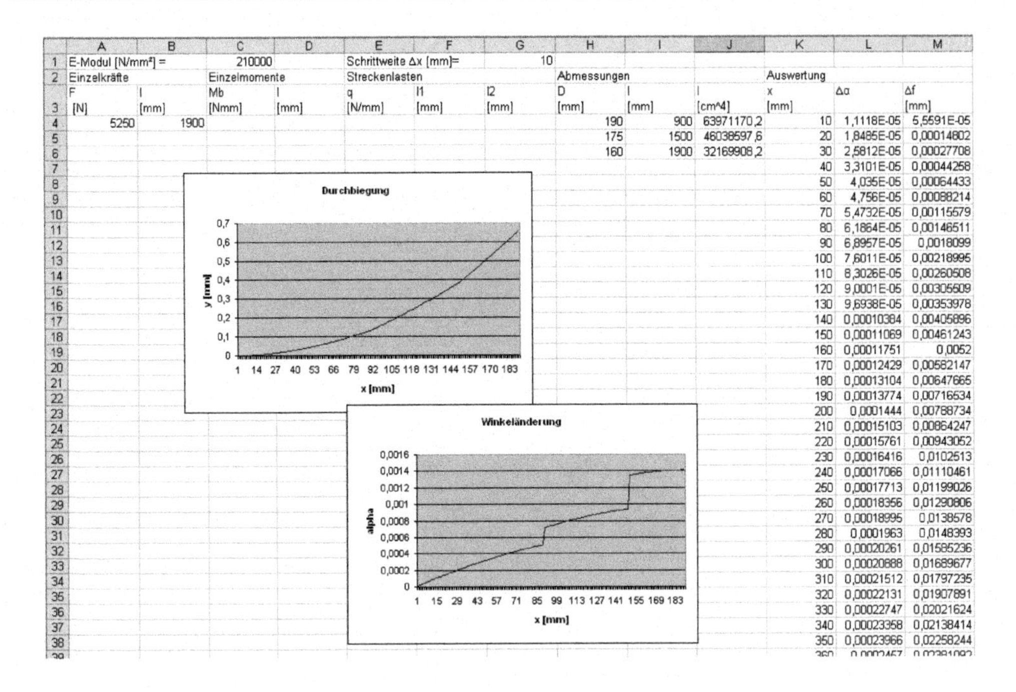

| | A | B | C | D | E | F | G | H | I | J | K | L | M |
|---|---|---|---|---|---|---|---|---|---|---|---|---|---|
| 1 | E-Modul [N/mm²] = | | 210000 | | Schrittweite Δx [mm]= | | 10 | | | | | | |
| 2 | Einzelkräfte | | Einzelmomente | | Streckenlasten | | | Abmessungen | | | Auswertung | | |
| 3 | F [N] | l [mm] | Mb [Nmm] | l [mm] | q [N/mm] | l1 [mm] | l2 [mm] | D [mm] | l [mm] | I [cm^4] | x [mm] | Δα | Δf [mm] |
| 4 | 5250 | 1900 | | | | | | 190 | 900 | 63971170,2 | 10 | 1,1118E-05 | 5,5591E-05 |
| 5 | | | | | | | | 175 | 1500 | 46038597,6 | 20 | 1,8485E-05 | 0,00014802 |
| 6 | | | | | | | | 160 | 1900 | 32169908,2 | 30 | 2,5812E-05 | 0,00027708 |
| 7 | | | | | | | | | | | 40 | 3,3101E-05 | 0,00044258 |
| 8 | | | | | | | | | | | 50 | 4,035E-05 | 0,00064433 |
| 9 | | | | | | | | | | | 60 | 4,756E-05 | 0,00088214 |
| 10 | | | | | | | | | | | 70 | 5,4732E-05 | 0,00115579 |
| 11 | | | | | | | | | | | 80 | 6,1864E-05 | 0,00146511 |
| 12 | | | | | | | | | | | 90 | 6,8957E-05 | 0,0018099 |
| 13 | | | | | | | | | | | 100 | 7,6011E-05 | 0,00218995 |
| 14 | | | | | | | | | | | 110 | 8,3026E-05 | 0,00260508 |
| 15 | | | | | | | | | | | 120 | 9,0001E-05 | 0,00305509 |
| 16 | | | | | | | | | | | 130 | 9,6938E-05 | 0,00353978 |
| 17 | | | | | | | | | | | 140 | 0,00010384 | 0,00405896 |
| 18 | | | | | | | | | | | 150 | 0,00011069 | 0,00461243 |
| 19 | | | | | | | | | | | 160 | 0,00011751 | 0,0052 |
| 20 | | | | | | | | | | | 170 | 0,00012429 | 0,00582147 |
| 21 | | | | | | | | | | | 180 | 0,00013104 | 0,00647665 |
| 22 | | | | | | | | | | | 190 | 0,00013774 | 0,00716534 |
| 23 | | | | | | | | | | | 200 | 0,0001444 | 0,00788734 |
| 24 | | | | | | | | | | | 210 | 0,00015103 | 0,00864247 |
| 25 | | | | | | | | | | | 220 | 0,00015761 | 0,00943052 |
| 26 | | | | | | | | | | | 230 | 0,00016416 | 0,0102513 |
| 27 | | | | | | | | | | | 240 | 0,00017066 | 0,01110461 |
| 28 | | | | | | | | | | | 250 | 0,00017713 | 0,01199026 |
| 29 | | | | | | | | | | | 260 | 0,00018356 | 0,01290806 |
| 30 | | | | | | | | | | | 270 | 0,00018995 | 0,0138578 |
| 31 | | | | | | | | | | | 280 | 0,0001963 | 0,0148393 |
| 32 | | | | | | | | | | | 290 | 0,00020261 | 0,01585236 |
| 33 | | | | | | | | | | | 300 | 0,00020888 | 0,01689677 |
| 34 | | | | | | | | | | | 310 | 0,00021512 | 0,01797235 |
| 35 | | | | | | | | | | | 320 | 0,00022131 | 0,01907891 |
| 36 | | | | | | | | | | | 330 | 0,00022747 | 0,02021624 |
| 37 | | | | | | | | | | | 340 | 0,00023358 | 0,02138414 |
| 38 | | | | | | | | | | | 350 | 0,00023966 | 0,02258244 |



**Bild 5-21** Linker Teil der abgesetzten Welle mit Stützkraft Fall II

Die richtigen Kräfte lassen sich nun berechnen aus

$$F_S = F_S^* \frac{f_S}{f_S^*} = -10kN \cdot \left( -\frac{-1{,}428mm}{0{,}726mm} \right) = 19{,}669kN .$$

und somit ist dann auch

$$F_A = F_A^* \frac{f_S}{f_S^*} = 5{,}25kN \cdot \left( -\frac{-1{,}428mm}{0{,}726mm} \right) = 10{,}326kN$$

und

$$F_B = F_B^* \frac{f_S}{f_S^*} = 4{,}75kN \cdot \left( -\frac{-1{,}428mm}{0{,}726mm} \right) = 9{,}343kN .$$

Die Ergebnisse in der Spalte M der jeweiligen Auswertungen von Fall I und Fall III übertragen wir in ein weiteres Tabellenblatt (Bild 5-25) zur Auswertung. Neben diesen erzeugen wir manuell eine Spalte mit der Summe von Fall I und Fall III. Um die Daten über die gesamte Wellenlänge zu erhalten, müssen wir die Daten in eine einzige Spalte transponieren. Die erfüllt eine Prozedur *Transponieren* (Codeliste 5-7) in unserem Tabellenblatt. Ebenso erstellen wir manuell ein Liniendiagramm über die Gesamtdaten.

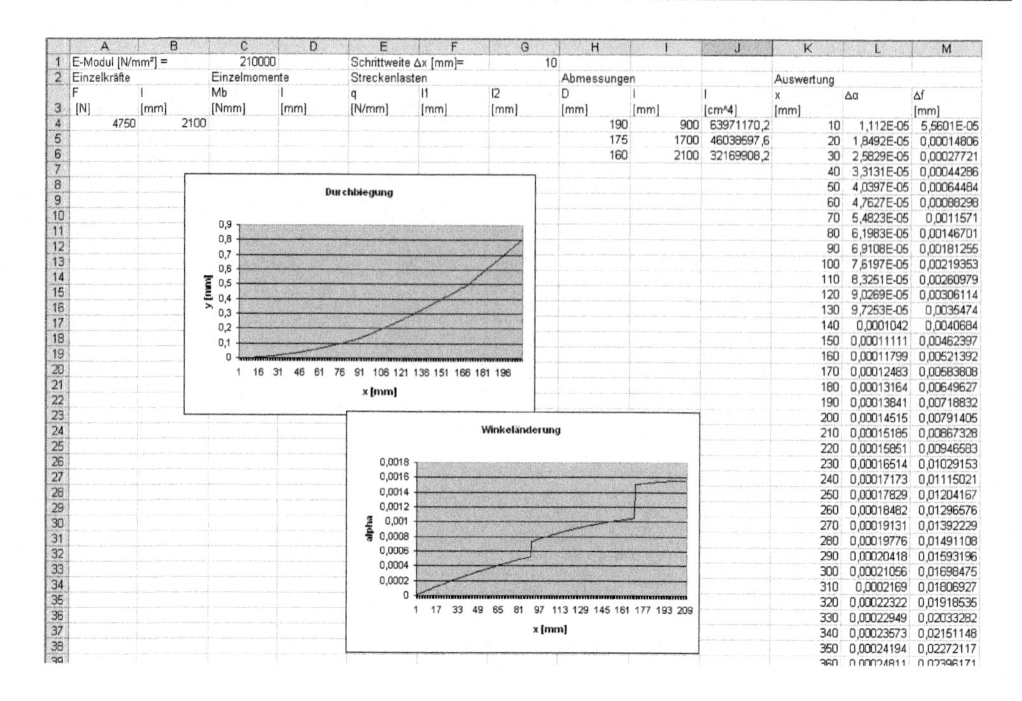

| | A | B | C | D | E | F | G | H | I | J | K | L | M |
|---|---|---|---|---|---|---|---|---|---|---|---|---|---|
| 1 | E-Modul [N/mm²] = | | 210000 | | Schrittweite Δx [mm]= | | 10 | | | | | | |
| 2 | Einzelkräfte | | Einzelmomente | | Streckenlasten | | | Abmessungen | | | Auswertung | | |
| 3 | F [N] | l [mm] | Mb [Nmm] | l [mm] | q [N/mm] | l1 [mm] | l2 [mm] | D [mm] | l [mm] | I [cm^4] | x [mm] | Δα | Δf [mm] |
| 4 | 4750 | 2100 | | | | | | 190 | 900 | 63971170,2 | 10 | 1,112E-05 | 5,5601E-05 |
| 5 | | | | | | | | 175 | 1700 | 46038597,6 | 20 | 1,8492E-05 | 0,00014806 |
| 6 | | | | | | | | 160 | 2100 | 32169908,2 | 30 | 2,5829E-05 | 0,00027721 |
| 7 | | | | | | | | | | | 40 | 3,3131E-05 | 0,00044286 |
| 8 | | | | | | | | | | | 50 | 4,0397E-05 | 0,00064484 |
| 9 | | | | | | | | | | | 60 | 4,7627E-05 | 0,00088298 |
| 10 | | | | | | | | | | | 70 | 5,4823E-05 | 0,0011571 |
| 11 | | | | | | | | | | | 80 | 6,1983E-05 | 0,00146701 |
| 12 | | | | | | | | | | | 90 | 6,9108E-05 | 0,00181255 |
| 13 | | | | | | | | | | | 100 | 7,6197E-05 | 0,00219353 |
| 14 | | | | | | | | | | | 110 | 8,3251E-05 | 0,00260979 |
| 15 | | | | | | | | | | | 120 | 9,0269E-05 | 0,00306114 |
| 16 | | | | | | | | | | | 130 | 9,7253E-05 | 0,0035474 |
| 17 | | | | | | | | | | | 140 | 0,0001042 | 0,0040684 |
| 18 | | | | | | | | | | | 150 | 0,00011111 | 0,00462397 |
| 19 | | | | | | | | | | | 160 | 0,00011799 | 0,00521392 |
| 20 | | | | | | | | | | | 170 | 0,00012483 | 0,00583808 |
| 21 | | | | | | | | | | | 180 | 0,00013164 | 0,00649627 |
| 22 | | | | | | | | | | | 190 | 0,00013841 | 0,00718832 |
| 23 | | | | | | | | | | | 200 | 0,00014515 | 0,00791405 |
| 24 | | | | | | | | | | | 210 | 0,00015185 | 0,00867328 |
| 25 | | | | | | | | | | | 220 | 0,00015851 | 0,00946583 |
| 26 | | | | | | | | | | | 230 | 0,00016514 | 0,01029153 |
| 27 | | | | | | | | | | | 240 | 0,00017173 | 0,01115021 |
| 28 | | | | | | | | | | | 250 | 0,00017829 | 0,01204167 |
| 29 | | | | | | | | | | | 260 | 0,00018482 | 0,01296576 |
| 30 | | | | | | | | | | | 270 | 0,00019131 | 0,01392229 |
| 31 | | | | | | | | | | | 280 | 0,00019776 | 0,01491108 |
| 32 | | | | | | | | | | | 290 | 0,00020418 | 0,01593196 |
| 33 | | | | | | | | | | | 300 | 0,00021056 | 0,01698475 |
| 34 | | | | | | | | | | | 310 | 0,0002169 | 0,01806927 |
| 35 | | | | | | | | | | | 320 | 0,00022322 | 0,01918535 |
| 36 | | | | | | | | | | | 330 | 0,00022949 | 0,02033282 |
| 37 | | | | | | | | | | | 340 | 0,00023573 | 0,02151148 |
| 38 | | | | | | | | | | | 350 | 0,00024194 | 0,02272117 |
| 39 | | | | | | | | | | | 360 | 0,00024811 | 0,02396171 |



**Bild 5-22** Rechter Teil der abgesetzten Welle mit Stützkraft Fall II

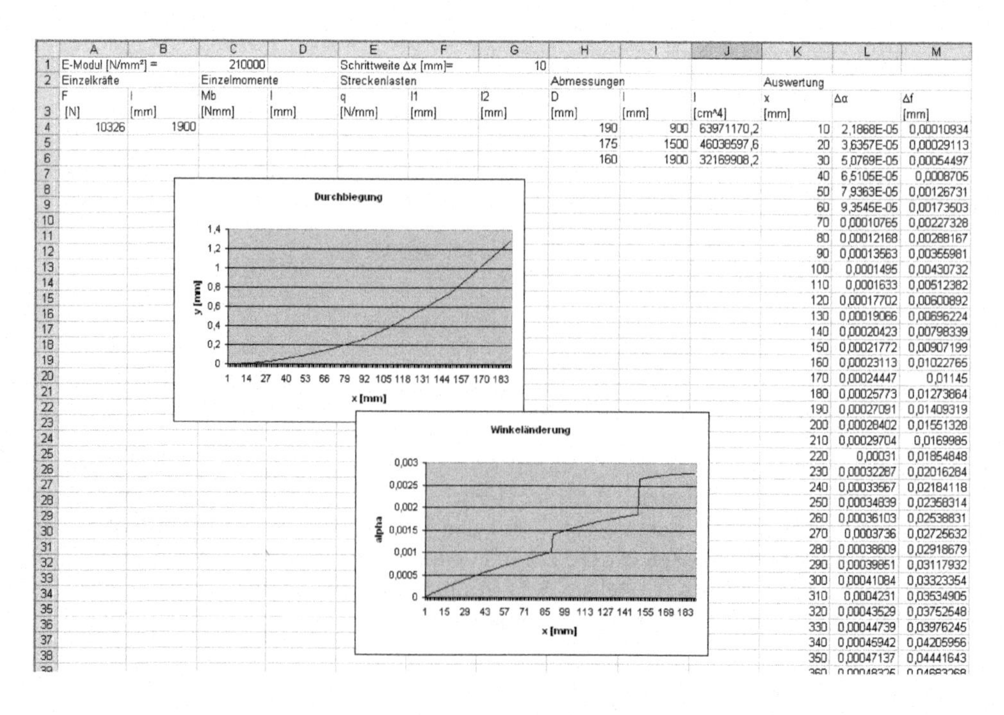

| | A | B | C | D | E | F | G | H | I | J | K | L | M |
|---|---|---|---|---|---|---|---|---|---|---|---|---|---|
| 1 | E-Modul [N/mm²] = | | 210000 | | Schrittweite Δx [mm]= | | 10 | | | | | | |
| 2 | Einzelkräfte | | Einzelmomente | | Streckenlasten | | | Abmessungen | | | Auswertung | | |
| 3 | F [N] | l [mm] | Mb [Nmm] | l [mm] | q [N/mm] | l1 [mm] | l2 [mm] | D [mm] | l [mm] | I [cm^4] | x [mm] | Δα | Δf [mm] |
| 4 | 10326 | 1900 | | | | | | 190 | 900 | 63971170,2 | 10 | 2,1868E-05 | 0,00010934 |
| 5 | | | | | | | | 175 | 1500 | 46038597,6 | 20 | 3,6357E-05 | 0,00029113 |
| 6 | | | | | | | | 160 | 1900 | 32169908,2 | 30 | 5,0769E-05 | 0,00054497 |
| 7 | | | | | | | | | | | 40 | 6,5105E-05 | 0,0008705 |
| 8 | | | | | | | | | | | 50 | 7,9363E-05 | 0,00126731 |
| 9 | | | | | | | | | | | 60 | 9,3545E-05 | 0,00173503 |
| 10 | | | | | | | | | | | 70 | 0,00010765 | 0,00227328 |
| 11 | | | | | | | | | | | 80 | 0,00012168 | 0,00288167 |
| 12 | | | | | | | | | | | 90 | 0,00013563 | 0,00355981 |
| 13 | | | | | | | | | | | 100 | 0,0001495 | 0,00430732 |
| 14 | | | | | | | | | | | 110 | 0,0001633 | 0,00512382 |
| 15 | | | | | | | | | | | 120 | 0,00017702 | 0,00600892 |
| 16 | | | | | | | | | | | 130 | 0,00019066 | 0,00696224 |
| 17 | | | | | | | | | | | 140 | 0,00020423 | 0,00798339 |
| 18 | | | | | | | | | | | 150 | 0,00021772 | 0,00907199 |
| 19 | | | | | | | | | | | 160 | 0,00023113 | 0,01022765 |
| 20 | | | | | | | | | | | 170 | 0,00024447 | 0,01145 |
| 21 | | | | | | | | | | | 180 | 0,00025773 | 0,01273864 |
| 22 | | | | | | | | | | | 190 | 0,00027091 | 0,01409319 |
| 23 | | | | | | | | | | | 200 | 0,00028402 | 0,01551328 |
| 24 | | | | | | | | | | | 210 | 0,00029704 | 0,0169985 |
| 25 | | | | | | | | | | | 220 | 0,00031 | 0,01854848 |
| 26 | | | | | | | | | | | 230 | 0,00032287 | 0,02016284 |
| 27 | | | | | | | | | | | 240 | 0,00033567 | 0,02184118 |
| 28 | | | | | | | | | | | 250 | 0,00034839 | 0,02358314 |
| 29 | | | | | | | | | | | 260 | 0,00036103 | 0,02538831 |
| 30 | | | | | | | | | | | 270 | 0,0003736 | 0,02725632 |
| 31 | | | | | | | | | | | 280 | 0,00038609 | 0,02918679 |
| 32 | | | | | | | | | | | 290 | 0,00039851 | 0,03117932 |
| 33 | | | | | | | | | | | 300 | 0,00041084 | 0,03323354 |
| 34 | | | | | | | | | | | 310 | 0,0004231 | 0,03534905 |
| 35 | | | | | | | | | | | 320 | 0,00043529 | 0,03752548 |
| 36 | | | | | | | | | | | 330 | 0,00044739 | 0,03976245 |
| 37 | | | | | | | | | | | 340 | 0,00045942 | 0,04205956 |
| 38 | | | | | | | | | | | 350 | 0,00047137 | 0,04441643 |



**Bild 5-23** Linker Teil der abgesetzten Welle mit Stützkraft Fall III

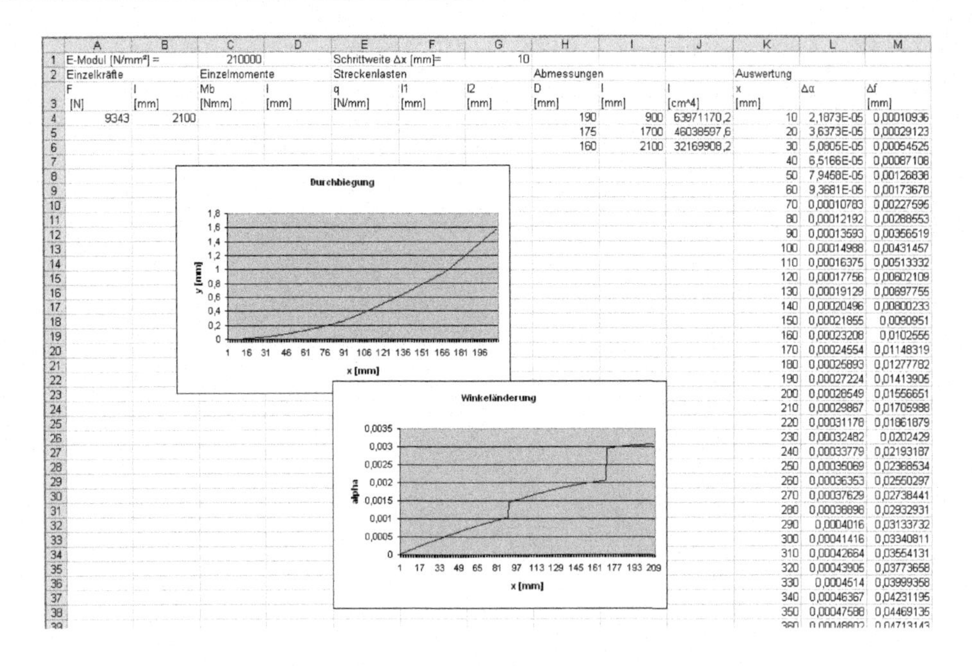


**Bild 5-24** Rechter Teil der abgesetzten Welle mit Stützkraft Fall III

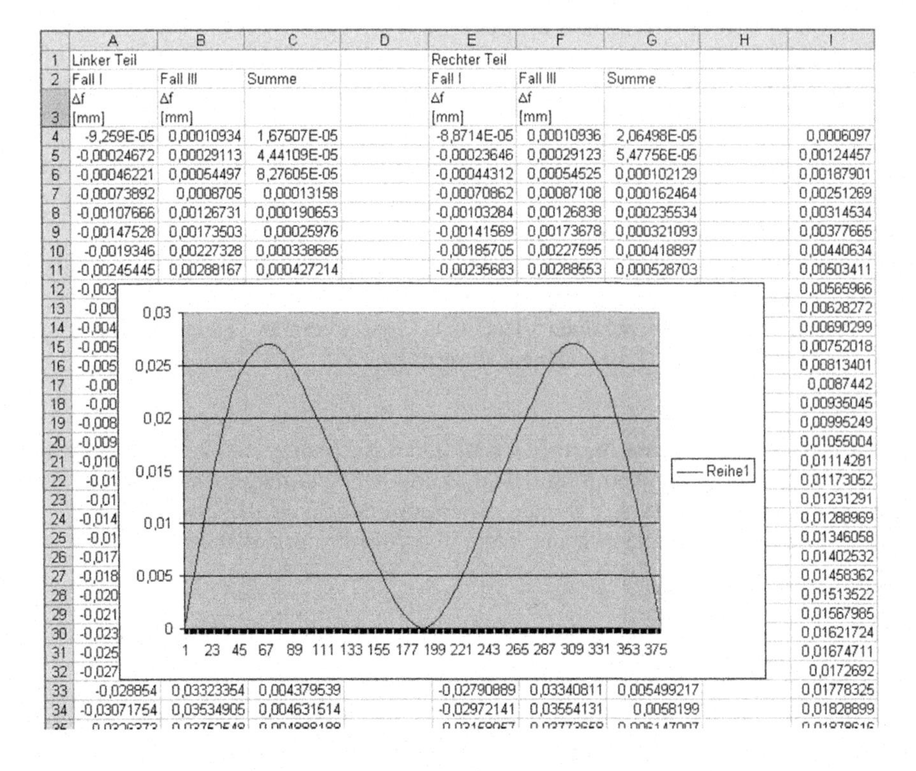


**Bild 5-25** Durchbiegungsverlauf mit mittlerer Stützkraft

**Codeliste 5-8** Prozedur zur Auswertung der Fälle I und III in einem zusätzlichen Tabellenblatt

```
Option Explicit
Sub Transponieren()
   Dim i As Integer, j As Integer, k As Integer
'
'Ermittelt die Anzahl Werte in der Spalte C
   i = 4
   Do
      If Cells(i, 3) > 0 Then j = i
      i = i + 1
   Loop While Cells(i, 3) <> 0
'
'Tranponiert die Werte aus C nach I
'in umgekehrter Reihenfolge
   k = 3
   For i = j To 4 Step -1
      k = k + 1
      Cells(k, 9) = Cells(i, 3)
   Next i
'
'Ermittelt die Anzahl Werte in der Spalte G
   i = 4
   Do
      If Cells(i, 3) > 0 Then j = i
      i = i + 1
   Loop While Cells(i, 3) <> 0
'
'Tranponiert die Werte aus G nach I
'im Anschluss an die vorhandenen Daten
   For i = 4 To j
      k = k + 1
      Cells(k, 9) = Cells(i, 3)
   Next i
End Sub
```

### Übung 5.1 Kerbempfindlichkeit

Bei abgesetzten Wellen kann es an Stellen mit Durchmesseränderung (allgemein als Kerben bezeichnet) zu örtlich hohen Spannungsspitzen kommen. Diesen Sachverhalt muss man durch Festigkeitsnachweise berücksichtigen. Hat man eine Normal- oder Vergleichsspannung ermittelt, wir wollen sie mit $\sigma_n$ bezeichnen, so setzt man

$$\sigma_{\max} = \sigma_n \cdot \alpha_k . \tag{5.16}$$

Die darin enthaltene Formzahl ($\alpha_k >= 1$) wird durch Rechnung und Versuch gewonnen. Die Formzahl berücksichtigt die Kerbform. Bei dynamischer Belastung müssen weitere Parameter berücksichtigt werden, wie z. B. die Kerbempfindlichkeit. Ebenso die Oberflächenbeschaffenheit des Bauteils. Nach Thum folgt mit der Kerbempfindlichkeit

$$\sigma_{\max} = (1 + (\alpha_k - 1)\eta_k)\sigma_n . \tag{5.17}$$

Der so gewonnene Faktor wird abgekürzt als Kerbwirkungszahl $\beta_k$ bezeichnet und man erhält

$$\sigma_{\max} = \beta_k \cdot \sigma_n . \tag{5.18}$$

Integrieren Sie diesen Festigkeitsnachweis in die Berechnung durch Angabe der Übergangsradien und durch Bestimmung von $\beta_k$ aus einem Diagramm (z. B. Interpolation).

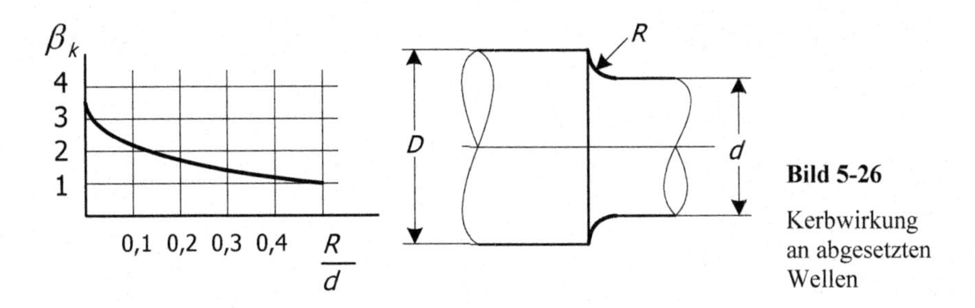


**Bild 5-26**

Kerbwirkung an abgesetzten Wellen

**Übung 5.2 Torsionsbelastung von Wellen**

Neben der Biegebelastung unterliegen Wellen oft einer gleichzeitigen Torsionsbelastung. Mit einem Torsionsmoment Mt ergibt sich eine Schubspannung zu

$$\tau = \frac{M_t}{I_t} \cdot r . \tag{5.19}$$

Das darin enthaltene Flächenmoment beträgt für Vollquerschnitte

$$I_t = I_p = \frac{1}{2} \cdot \pi \cdot r^4 . \tag{5.20}$$

Für Hohlquerschnitte mit dem Außenradius $r_a$ und dem Innenradius $r_i$ folgt

$$I_t = I_p = \frac{1}{2} \cdot \pi \cdot \left( r_a^4 - r_i^4 \right). \tag{5.21}$$

Bei gleichzeitiger Belastung ermittelt man eine Vergleichsspannung

$$\sigma_V = \sqrt{\sigma_b^2 + 3 \cdot (\alpha_0 \cdot \tau_t)^2} \le \sigma_{zul} . \tag{5.22}$$

Diese Vergleichsspannung darf einen zulässigen Höchstwert nicht überschreiten.

Man setzt üblicherweise:

$\alpha_0 = 1{,}0$ wenn σ und τ wechselnd.

$\alpha_0 = 0{,}7$ wenn σ wechselnd und τ ruhend oder schwellend.

Bei Wellen mit konstantem Durchmesser verdrehen sich die Enden infolge der Torsion um den Verdrehwinkel

$$\varphi = \frac{M_t}{G \cdot I_p} . \tag{5.23}$$

Darin ist G der Schubmodul, eine Materialkonstante. Für Stahl beträgt diese 80000 N/mm².

# 6 Technische Statistik und Wahrscheinlichkeitsrechnung

Die Anfänge zum Einsatz statistischer Methoden in der Technik gehen auf die 20er-Jahre des 1900 Jahrhunderts zurück. Karl Daeves fand die ersten Gesetzmäßigkeiten in der beginnenden Massenproduktion. Seine Untersuchungsmethodik stand damals unter dem Begriff Großzahlforschung. In den letzten Jahrzehnten standen immer mehr Probleme der Industrie im Vordergrund. Beurteilung von Messreihen, Stichproben in Produktionen und vieles mehr. So hat sich der Begriff Technische Statistik gebildet. In diesem Wissenschaftsgebiet unterscheidet man zwei grundsätzliche Bereiche.

Der erste Bereich befasst sich mit der Untersuchung und Auswertung von Datenmengen. Im Wesentlichen sind dies statistische Prüfverfahren, sowie Regressions- und Korrelationsanalysen zur Darstellung von Wirkzusammenhängen.

Der zweite Bereich befasst sich mit Methoden der Eingangs- und Endkontrolle und der Überwachung von Produktionsprozessen. Hier hat sich der Begriff Statistische Qualitätskontrolle heraus geprägt.

## 6.1 Gleichverteilung und Klassen

Es ist gewöhnlich sehr schwierig und kostspielig, Originaldaten in ihrer Fülle zu beurteilen. Zu diesem Zweck entnimmt man der Gesamtmenge (man spricht von Grundgesamtheit) einzelne Stichproben. Doch wie beurteilt man die so gewonnenen Daten?

Eine Methode zur Beurteilung von großen Datenmengen ist das Zusammenfassen in Klassen. Dazu wird die ganze Variationsbreite der Daten in n Klassen unterteilt und die Daten den Klassen zugeordnet. Die Betrachtung der Klassen zeigt dann schnell erste Ergebnisse. Doch in wie viele Klassen unterteilt man eine Datenmenge? Zu viele oder nur wenige Klassen bringen möglicherweise nicht die richtigen Aussagen. Eine oft angewandte empirische Formel zur Bestimmung der Anzahl Klassen lautet

$$k = 1 + 3{,}3 \cdot {}^{10}\log(n). \tag{6.1}$$

Darin ist k die Anzahl Klassen und n der Stichprobenumfang.

Um Aussagen über eine größere Datenmenge machen zu können, muss man diese Datenmenge erst einmal besitzen. Einen Datengenerator haben wir bereits kennen gelernt, den Pseudozufallszahlengenerator.

**Aufgabe 6.1 Erzeugung von Zufallszahlen für eine statistische Untersuchung**

Mittels eines Zufallszahlengenerators sollen n Zahlen erzeugt werden. Die so erhaltene Datenmenge soll in Klassen nach der Formel 6.1 eingeteilt werden. Welche Verteilung ist zu erwarten und wie verhalten sich die Klassen mit größer werdendem n?

**Tabelle 6-1** Struktogramm zur Erzeugung und Auswertung von Pseudozufallszahlen

<table>
<tr><td colspan="4">Eingabe n</td></tr>
<tr><td colspan="4">$k = 1 + 3{,}3 \log(n)$</td></tr>
<tr><td colspan="4">Randomize</td></tr>
<tr><td colspan="4">i=1 bis n</td></tr>
<tr><td rowspan="8"></td><td colspan="3">x=Rnd(x)</td></tr>
<tr><td colspan="3">j=1:m=0</td></tr>
<tr><td rowspan="6">solange<br>m=0</td><td colspan="2">Ist x < j*k</td></tr>
<tr><td>ja</td><td>nein</td></tr>
<tr><td>T(j)=x (Eintragung in Tabelle, Spalte j)</td><td></td></tr>
<tr><td>m=1</td><td></td></tr>
<tr><td colspan="2">j=j+1</td></tr>
</table>

In das neu angelegte Tabellenblatt schreiben wir die nachfolgenden Prozeduren von Codeliste 6-1. In Kapitel 4.1 haben wir uns schon einmal mit Shapes auseinandergesetzt. Hier kommen sie nun zum Einsatz. Denn eine grafische Möglichkeit, Stichproben übersichtlich darzustellen, sind Histogramme. Dabei werden die Häufigkeitsverteilungen durch Balken dargestellt. Sie vermitteln einen optischen Eindruck von der Verteilung.

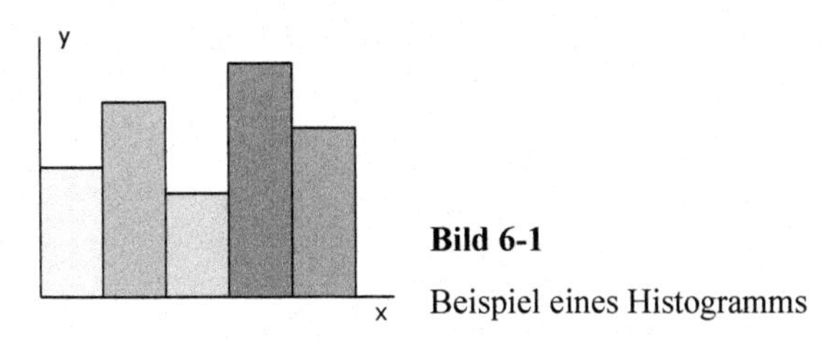


**Bild 6-1**

Beispiel eines Histogramms

**Codeliste 6-1** Prozeduren im Tabellenblatt tblZufallszahlen

```
Option Explicit
Sub Tabelle_leer()
   Worksheets("Zufallszahlen").Cells.Clear
End Sub
Sub Zufallszahlen()
   Dim I As Long, j As Long, n As Long
   Dim k As Integer, m As Integer
   Dim dx As Double, x As Double
   Worksheets("Zufallszahlen").Activate
   n = InputBox("Bitte eingeben..", "Anzahl Zufallszahlen", 1000)
   k = Int(1 + 3.3 * Log(n) / Log(10#))
   ReDim T(k)
   For i = 1 To k
      T(i) = 0
   Next i
```

```
    dx = 1 / k
    x = 0
    Randomize
    For i = 1 To n
       x = Rnd(x)
       j = 1: m = 0
       Do
          If x < j / k Then
             T(j) = T(j) + 1
             Cells(T(j), j) = x
             m = 1
          End If
          j = j + 1
       Loop While m = 0
    Next i
End Sub

Sub Grafik_einblenden()
    Dim i As Long, j As Long, k As Long, a() As Long
    Dim b As Double, h As Double, n As Double, max As Double
    Worksheets("Zufallszahlen").Activate
    b = 60
    n = 0
    max = 0
    Do
       n = n + 1
    Loop While Cells(1, n) <> ""
    n = n - 1
    ReDim a(n)
    For i = 1 To n
       j = 0
       Do
          j = j + 1
          If Cells(j, i) <> "" Then
             k = j
          End If
       Loop While Cells(j, i) <> ""
       a(i) = k
       If k > max Then max = k
    Next i
    For i = 1 To n
       h = Int(a(i) / max * 500)
       'Parameter: Type, Left, Top, Width, Height
       Shapes.AddShape msoShapeRectangle, (i - 1) * b, 0, b, h
    Next i
End Sub

Sub Grafik_ausblenden()
    Dim Shp As Shape
    Worksheets("Zufallszahlen").Activate
'alle Charts löschen
    For Each Shp In Shapes
       Shp.Delete
    Next
End Sub
```

Die Prozedur *Tabelle_leer* löscht alle Daten vom Arbeitsblatt. Die Prozedur *Zufallszahlen* erzeugt eine abgefragte Anzahl Pseudozufallszahlen und ordnet sie nach Klassen auf dem Tabellenblatt. Die Prozedur *Grafik_zeigen* setzt die so gewonnenen Daten mittels Shapes in ein Histogramm um. Diese Grafik löscht die Prozedur *Grafik_ausblenden*. Denn anders als die

Daten vom Arbeitsblatt mit *Cells.Clear* zu löschen, müssen die Shapes durch *Shape.Delete* entfernt werden.

Da uns aber auch sehr große Datenmengen interessieren, gibt es noch eine weitere Prozedur in diesem Arbeitsblatt. Sie folgt in der Codeliste 6-2 und ist im Menü bereits eingetragen. Diese Prozedur trägt aus Platz- und Zeitgründen die einzelnen Zufallszahlen nicht mehr ins Arbeitsblatt ein, sondern merkt sich die Verteilung in einer indizierten Variablen. Dabei ist der Index die Klassennummer.

Aus der Einführung über Pseudozufallszahlen wissen wir, dass eine Gleichverteilung auf dem Intervall vorhanden sein muss, wenn nur hinreichend viele Zahlen erzeugt werden. Es liegt also nahe, diese Gesetzmäßigkeit für Pseudozufallszahlen auch für unseren Computer bestätigt zu finden.

**Codeliste 6-2** Eine zweite Auswertungs-Prozedur im Tabellenblatt tblZufallszahlen

```
Sub Zufallszahlen_II()
   Dim i As Long, j As Long, n As Long, max As Long, min As Long
   Dim k As Integer, m As Integer
   Dim dx As Double, x As Double, b As Double, h As Double, dif As Double
   Dim pdif As Double, d As Double, p As Double
   Worksheets("Zufallszahlen").Activate
   n = InputBox("Bitte eingeben..", "Anzahl Zufallszahlen", 1000)
   k = Int(1 + 3.3 * Log(n) / Log(10#))
   ReDim T(k) As Long
   For i = 1 To k
      T(i) = 0
   Next i
   dx = 1 / k
   x = 0
   Randomize
   For i = 1 To n
      x = Rnd(x)
      m = 0
      j = 1
      Do
         If x < j / k Then
            T(j) = T(j) + 1
            m = 1
         End If
         j = j + 1
      Loop While m = 0
      max = j - 1
   Next i
   max = 0: min = 0
   For i = 1 To k
      If i = 1 Then min = T(i)
      If T(i) < min Then min = T(i)
      If T(i) > max Then max = T(i)
   Next i
   b = 60
   For i = 1 To k
      h = Int(T(i) / max * 400)
      'Parameter: Type, Left, Top, Width, Height
      Shapes.AddShape msoShapeRectangle, (i - 1) * b, 51, b, h
      d = max - min
      p = 100 - Int(T(i) / max * 1000) / 10
      If i = 1 Then
         dif = d
```

```
            pdif = p
         Else
            If d > dif Then dif = d
            If p > pdif Then pdif = p
         End If
         Cells(1, i) = T(i)
         Cells(2, i) = max - T(i)
         Cells(3, i) = Int(T(i) / max * 1000) / 10
      Next i
      Cells(1, k + 1) = max
      Cells(2, k + 1) = dif
      Cells(3, k + 1) = pdif
   End Sub
```

**Beispiel 6.1 Klasseneinteilung von Pseudozufallszahlen**

In der nachfolgenden Tabelle sind Werte angegeben, wie sie sich in ähnlicher Form auf jedem anderen Rechner auch ergeben. Es ist leicht zu erkennen, dass mit zunehmender Anzahl Pseudozufallszahlen die prozentuale Abweichung zwischen den Klassen gegen Null konvergiert und damit bei einer hinreichenden Anzahl von Pseudozufallszahlen eine Gleichverteilung gegeben ist.

**Tabelle 6-2** Klasseneinteilung von Pseudozufallszahlen

| Anzahl Zahlen | In einer Klasse | | |
|---|---|---|---|
| | Maximalanzahl von Pseudozufallszahlen | Größte Abweichung zur Maximalanzahl | Größte Abweichung in % |
| 1.000 | 117 | 31 | 26,5 |
| 10.000 | 787 | 125 | 15,9 |
| 100.000 | 5983 | 195 | 3,3 |
| 1.000.000 | 50437 | 1108 | 2,2 |
| 10.000.000 | 417562 | 1874 | 0,5 |

Lässt man die Klassenzahl gegen Unendlich gehen, gelangt man zur nachfolgenden Funktion der Gleichverteilung, die auch als Dichtefunktion bezeichnet wird.

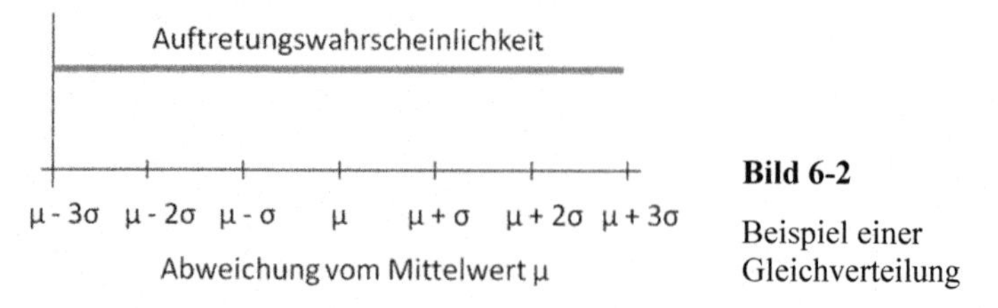


**Bild 6-2**

Beispiel einer Gleichverteilung

Alle Werte kommen gleich häufig vor, etwa wie die Augen beim Würfeln.

## 6.2 Normalverteilung

Neben der Gleichverteilung ist die von Gauß gefundene Normalverteilung sehr wichtig. Weitere wichtige Verteilungen sind noch die Binomialverteilung und die Poissonverteilung. Der Grundgedanke bei der Normalverteilung ist, dass die Wahrscheinlichkeit des Auftretens mit dem Abstand zum Mittelwert stark abnimmt. Es kommt zu der auch als Glockenkurve bezeichneten Funktion.

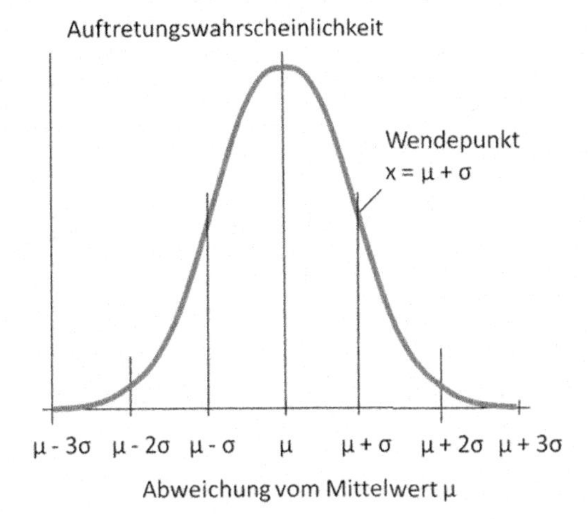


**Bild 6-3**

Dichtefunktion der Normalverteilung

Die Normalverteilung selbst bestimmt sich aus der Gleichung

$$f_n(x) = \frac{1}{\sqrt{2\pi} \cdot \sigma} \cdot e^{-\frac{(x-\mu)^2}{2\sigma}} \tag{6.2}$$

mit μ als Mittelwert der Normalverteilung und σ als Standardabweichung.

Man kann eine solche Normalverteilung auch mittels Pseudozufallszahlen erzeugen. Dazu bedient man sich des zentralen Grenzwertsatzes, der besagt, dass die Summe von unendlich vielen Zufallszahlen einer Gleichverteilung eine Zufallszahl mit Gaußscher Verteilung ergibt. Mit

$$f(x_i) = 1, \quad 0 \le x_i < 1 \tag{6.3}$$

wird

$$\lim_{n \to \infty} p\left[\sum_{i=1}^{n} x_i\right] \to \textit{GaußscheVerteilung} \cdot \tag{6.4}$$

mit dem Mittelwert n/2 und der Standardabweichung $\sqrt{(n/12)}$. Für endliche Werte N erhält man eine Zufallszahl y mit dem Mittelwert 0 und der Standardabweichung 1 durch

$$y = \frac{\left[\sum_{i=1}^{N} x_i\right] - \frac{N}{2}}{\sqrt{\frac{N}{12}}}. \tag{6.5}$$

Bereits für N=12 wird die Gaußverteilung hinreichend angenähert und die Formel vereinfacht sich zu

$$y = \sum_{i=1}^{12} x_i - 6 . \tag{6.6}$$

Allgemein jedoch, mit einer Standardabweichung σ und μ als Mittelwert gilt

$$y = \sigma \left( \sum_{i=1}^{12} x_i - 6 \right) + \mu . \tag{6.7}$$

**Aufgabe 6.2 Erzeugung von normal verteilten Zufallszahlen**

Mittels einer Prozedur sollen normal verteilte Zufallszahlen erzeugt werden. Nach deren Sortierung soll eine Grafik die Funktion darstellen.

Ergänzen Sie also das Menü um die weiteren Punkte *Normalverteilung* und *Normalverteilung zeigen.*

**Tabelle 6-3** Struktogramm zur Erzeugung von normal verteilten Zufallszahlen.

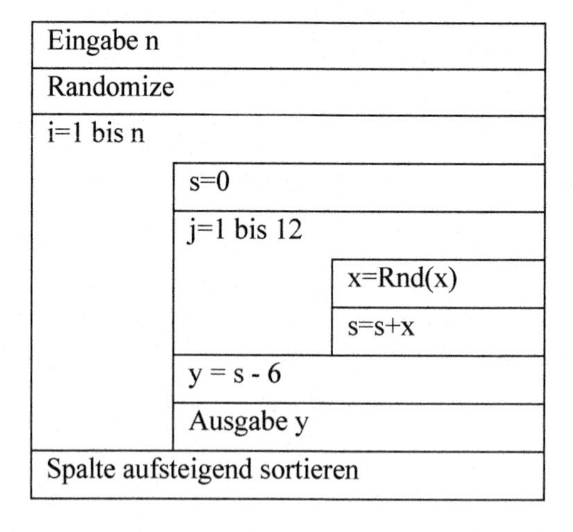


**Codeliste 6-3** Weitere Prozeduren im Tabellenblatt tblZufallszahlen

```
Sub Normalverteilung()
   Dim x As Double, y As Double, s As Double
   Dim i As Long, n As Long
   Dim j As Integer
   Worksheets("Zufallszahlen").Activate
   n = InputBox("Bitte eingeben..", "Anzahl Zufallszahlen", 1000)
   x = 0
   Randomize
   For i = 1 To n
      s = 0
      For j = 1 To 12
         x = Rnd(x)
         s = s + x
      Next j
      y = s - 6
      Cells(i, 1) = y
   Next i
```

```
    Columns("A:A").Select
    Selection.Sort Key1:=Range("A1"), _
       Order1:=xlAscending, _
       Header:=xlGuess, _
       OrderCustom:=1, MatchCase:=False, _
       Orientation:=xlTopToBottom, _
       DataOption1:=xlSortNormal
End Sub
Sub Normalverteilungs_Diagramm()
    Charts.Add
    ActiveChart.ChartType = xlLine
    ActiveChart.SetSourceData
  Source:=Sheets("Zufallszahlen").Range("A1:A1000"), PlotBy:=xlColumns
    ActiveChart.Location Where:=xlLocationAsObject, Name:="Zufallszahlen"
    With ActiveChart
       .HasTitle = True
       .ChartTitle.Characters.Text = "Normalverteilung"
       .Axes(xlCategory, xlPrimary).HasTitle = True
       .Axes(xlCategory, xlPrimary).AxisTitle.Characters.Text = "x"
       .Axes(xlValue, xlPrimary).HasTitle = True
       .Axes(xlValue, xlPrimary).AxisTitle.Characters.Text = "y"
    End With
    ActiveChart.HasLegend = False
    ActiveChart.HasDataTable = False
End Sub
```

Ein Start der Normalverteilung liefert die nachfolgenden Werte. Die Normalverteilung ist gut zu erkennen. Mit einer Normalverteilung lassen sich per Simulation viele Produktionsprozesse ohne große Kosten und Zeitaufwand untersuchen.

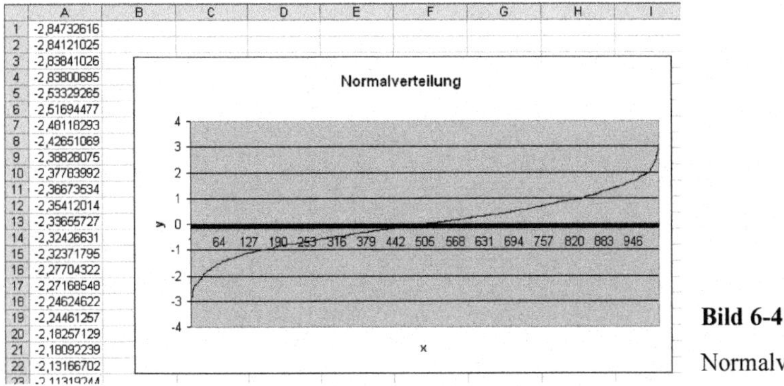


**Bild 6-4**

Normalverteilung

### Beispiel 6.2 Fertigungssimulation

Auf einer automatischen Fertigungsanlage wird ein Bauteil mit einer Bohrung versehen. Der Durchmesser ist als normal verteilt anzusehen. Der Erwartungswert ist 45 mm bei einer Standardabweichung von 0,12 mm.

Zu bestimmen ist der prozentuale Anteil an Ausschuss bei einer erlaubten Toleranz von ± 0,15 mm. Der Anteil an Ausschuss soll durch eine Umrüstung der Maschine verringert werden. Zu bestimmen ist die Standardabweichung, bei der mindestens 92% der Bauteile im Toleranzbereich liegen.

**Codeliste 6-4** Prozeduren im Arbeitsblatt tblFertigung

```
Option Explicit
Sub Normalverteilung_Formblatt()
   Worksheets("Fertigung").Activate
   Worksheets("Fertigung").Cells.Clear
   Range("A1") = "Mittelwert"
   Range("A2") = "Standardabweichung"
   Range("A3") = "Toleranzbereich +/-"
   Range("A4") = "Anzahl Zufallszahlen"
   Range("A6") = "Ausschuss - Anzahl"
   Range("A7") = "            - %"
   Range("A:A").ColumnWidth = 20
   Range("B:B").ColumnWidth = 10
End Sub

Sub Normalverteilung()
   Dim x As Double, y As Double, su As Double, mi As Double
   Dim ab As Double, tb As Double
   Dim i As Long, n As Long, m As Long
   Dim j As Integer, k As Integer
   DoEvents
   Worksheets("Fertigung").Activate
   mi = Cells(1, 2)
   ab = Cells(2, 2)
   tb = Cells(3, 2)
   n = Cells(4, 2)
   x = 0
   Randomize
   For k = 1 To 10
      m = 0
      For i = 1 To n
         su = 0
         For j = 1 To 12
            x = Rnd(x)
            su = su + x
         Next j
         y = ab * (su - 6) + mi
         If Abs(mi - y) > tb Then m = m + 1
      Next i
      Cells(6, 1 + k) = m
      Cells(7, 1 + k) = Int(1000 / n * m) / 10
   Next k
End Sub
```

Die Auswertung ist so aufgebaut, dass gleichzeitig 10 Auswertungen ausgeführt werden. Mit den Beispieldaten wird ein Ausschuss von ca. 21,5% erreicht.

| | A | B | C | D | E | F | G | H | I | J | K |
|---|---|---|---|---|---|---|---|---|---|---|---|
| 1 | Mittelwert | 45 | | | | | | | | | |
| 2 | Standardabweichung | 0,12 | | | | | | | | | |
| 3 | Toleranzbereich +/- | 0,15 | | | | | | | | | |
| 4 | Anzahl Zufallszahlen | 100000 | | | | | | | | | |
| 5 | | | | | | | | | | | |
| 6 | Ausschuss - Anzahl | 21366 | 21427 | 21400 | 21520 | 21610 | 21410 | 21422 | 21402 | 21681 | 21612 |
| 7 | - % | 21,3 | 21,4 | 21,4 | 21,5 | 21,6 | 21,4 | 21,4 | 21,4 | 21,6 | 21,6 |

**Bild 6-5** Auswertung mit der Standardabweichung 0,12

Reduziert man die Standardabweichung nur um 0,01, so erhält man

| | A | B | C | D | E | F | G | H | I | J | K |
|---|---|---|---|---|---|---|---|---|---|---|---|
| 1 | Mittelwert | 45 | | | | | | | | | |
| 2 | Standardabweichung | 0,11 | | | | | | | | | |
| 3 | Toleranzbereich +/- | 0,15 | | | | | | | | | |
| 4 | Anzahl Zufallszahlen | 100000 | | | | | | | | | |
| 5 | | | | | | | | | | | |
| 6 | Ausschuss - Anzahl | 17531 | 17537 | 17606 | 17689 | 17362 | 17446 | 17492 | 17324 | 17504 | 17433 |
| 7 | - % | 17,5 | 17,5 | 17,6 | 17,6 | 17,3 | 17,4 | 17,4 | 17,3 | 17,5 | 17,4 |

**Bild 6-6** Auswertung mit der Standardabweichung 0,11

### Übung 6.1 Lebensdauer eines Verschleißteils

Untersuchen Sie weitere Fertigungsprobleme. Zum Beispiel die Lebensdauer eines Verschleißteils ist normal verteilt mit $\mu = 360$ Tagen und $\sigma = 30$ Tagen. Wie groß ist die Wahrscheinlichkeit, dass die Lebensdauer weniger als 3, 6, 9, 12 Monate beträgt (1 Monat = 30 Tage).

### Übung 6.2 Binomial- und Poisson-Verteilung

Die Binomial-Verteilung ist eine der wichtigsten diskreten Wahrscheinlichkeitsverteilungen von gleichartigen und unabhängigen Versuchen, die nur zwei Ereignisse haben. Diese Verteilung wird auch oft Bernoulli- oder Newton-Verteilung genannt. Sie ist bei allen Problemen anwendbar, denen folgende Fragestellung zugrunde liegt.

In einem Behälter befinden sich schwarze und weiße Kugeln, zusammen N Stück. Es wird jeweils eine Kugel gezogen und wieder zurückgelegt. Die Wahrscheinlichkeit für das Ziehen einer schwarzen Kugel, also dem Ereignis E, sei p. Geschieht das Ziehen einer schwarzen Kugel mit der Wahrscheinlichkeit p, so ist das Ziehen einer weißen Kugel von der Wahrscheinlichkeit 1-p. Gefragt wird nach der Wahrscheinlichkeit, dass in einer Reihe von n Zügen, k-mal das Ereignis E eintritt, und somit (n-k)-mal nicht eintritt.

Von k schwarzen Kugeln und (n-k) weißen Kugeln gibt es

$$\binom{n}{k} = \frac{n!}{k!(n-k)!} \tag{6.8}$$

verschiedene Permutationen. Nach dem Additionsgesetz folgt die gesuchte Wahrscheinlichkeit aus der Formel

$$P_n(k) = \binom{n}{k} p^k (1-p)^{n-k}. \tag{6.9}$$

Der Poisson-Verteilung liegt dasselbe Problem zugrunde wie bei der Binomial-Verteilung. Es unterscheidet sich nur dadurch, dass die Anzahl der Ereignisse E sehr groß und die Wahrscheinlichkeit p sehr klein ist. Die Poisson-Verteilung ist die Grenzverteilung der Binomial-Verteilung für $n \to \infty$ und für $p \to 0$. Zusätzlich wird angenommen, dass das Produkt $n \cdot p$ konstant ist.

### Übung 6.3 Regression und Korrelation

Wir haben Verfahren zur Analyse von Stichproben behandelt, bei denen nur jeweils ein Wert betrachtet wird. Oft jedoch liegt mehr als nur ein Wert vor und es ist nach deren Beziehung untereinander gefragt. Hier kommen die Begriffe Regression und Korrelation in Spiel. Versuchen Sie die Begriffe zu thematisieren und programmieren Sie einen Anwendungsfall.

## 6.3 Probabilistische Simulation

Der klassische Wahrscheinlichkeitsbegriff ist definiert mit

$$W = \frac{m}{n}, \quad (0 \leq W \leq 1) \tag{6.10}$$

mit der Anzahl m der möglichen Fälle, bei denen das Ereignis eintritt und der Anzahl n aller möglichen Fälle. Danach hat ein unmögliches Ereignis die Wahrscheinlichkeit W = 0 und ein sicheres Ereignis die Wahrscheinlichkeit W = 1.

Als Probabilistische Simulation werden die Algorithmen bezeichnet, die mit Wahrscheinlichkeitsmodellen arbeiten. Eine der ersten Anwendungen war die Diffusion von Neutronen durch die Bleiwand eines Kernreaktors. Weitere bekannte Anwendungen sind die Simulation des Verkehrsflusses an einer Kreuzung, die Simulation eines Flughafens, die Abfertigung an Tankstellen und vieles mehr. Also auch Warteschlangenprobleme lassen sich mit dieser Methode betrachten.

Grundlage dieser Methode ist die Erzeugung von Wahrscheinlichkeiten durch gleichverteilte Zufallszahlen auf einem Intervall. Damit lassen sich dann nach dem Gesetz der großen Zahl Wahlvorhersagen ziemlich genau erstellen und auch Probabilistische Simulationen erzeugen.

Hat man früher diese Zufallszahlen durch Funktionen erreicht, so können diese heute auf dem PC mit einer Funktion erstellt werden. Und eben mit dieser so wichtigen Eigenschaft, dass bei der Erzeugung hinreichend vieler Zufallszahlen eine Gleichverteilung im PC auf dem Intervall von 0 bis 1 erfolgt.

### Aufgabe 6.3 Probabilistische Simulation einer Werkzeugausgabe

Wir betrachten als einfaches Warteschlangenproblem eine Werkzeugausgabe. Diese ist mit vier Leuten als Bedienpersonal besetzt. Nun kommen im Schnitt elf Ausleiher pro Minute und belegen zusammen mit einem Bedienpersonal eine bestimmte Bedienzeit. Sind alle Bediener besetzt, so muss der Ausleiher warten. Die Bedienzeiten sind ebenfalls unterschiedlich und nach einer Studie (hinreichend viele nach dem Gesetz der großen Zahl) ermittelt worden. Wichtig ist, dass die Summe der Wahrscheinlichkeiten 1 ergibt. Damit ist unser Wahrscheinlichkeitsmodell anwendbar.

Betrachten wir zunächst den im nachfolgenden Flussdiagramm dargestellten Algorithmus. Eine Zufallszahl benötigen wir an zwei Stellen. Die Wahrscheinlichkeit pro Sekunde, dass ein Ausleiher erscheint, ist

$$w_A = \frac{Anzahl_Ausleiher_pro_Minute}{60} \,. \tag{6.11}$$

Ist nun die Zufallszahl x <= wA, dann erscheint ein Ausleiher. Es können auch mehr als die vorgegebene Anzahl Ausleiher pro Minute erscheinen. Aber lässt man die Simulation nur hinreichend lange laufen (Gesetz der großen Zahl), dann stellt sich im Schnitt diese Verteilung ein.

**Tabelle 6-4** Struktogramm zur Simulation einer Werkzeugausgabe

| | | | | | |
|---|---|---|---|---|---|
| i=0 (Bedienzeit und Wahrscheinlichkeit als Vektor speichern) | | | | | |
| Solange eine Wahrscheinlichkeit gegeben ist | | | | | |
| | Tabellenwert der Wahrscheinlichkeit w in Vektor w(i) speichern | | | | |
| | Summierung der Wahrscheinlichkeiten $\sum w = \sum w + w$ | | | | |
| | Tabellenwert der Bedienzeit z in Vektor z(i) speichern | | | | |
| Zeit=0 | | | | | |
| Ausleiher=0 | | | | | |
| Zufallszahlenstart | | | | | |
| Solange Zeit < Gesamtzeit | | | | | |
| | Zeit = Zeit + 1 Sekunde | | | | |
| | Über alle Bediener | (Vorhandene Bedienzeiten um eine Sekunde reduzieren) | | | |
| | | Ist BZ(i)>0 ? (Bediener hat Bedienzeit) | | | |
| | | Ja | | | Nein |
| | | BZ(i) = BZ(i) - 1 | | | |
| | Erzeugung einer Zufallszahl x | | | | |
| | Ist x <= w ? (Erscheint ein Ausleiher?) | | | | |
| | Ja | | | | Nein |
| | Ausleiher = Ausleiher + 1 | | | | |
| | Ist AL > 0 ? Sind Ausleiher vorhanden, dann zuteilen falls möglich | | | | |
| | Ja | | | | Nein |
| | Über alle Bediener | | | | |
| | | Bediener hat keine Bedienzeit | | | |
| | | Ja | | Nein | |
| | | Bedienzeit nach Wahrscheinlichkeit zuweisen | | | |
| | | Erzeugung einer Zufallszahl x | | | |
| | | Finde zutreffende Wahrscheinlichkeit | | | |
| | | | BZ(i)=z(i) | | |
| | | | Ausleiher=Ausleiher-1 | | |
| | | | (Zuordnung abbrechen) | | |

**Codeliste 6-5** Prozeduren im Arbeitsblatt tblAusgabe finden Sie auf meiner Website.

## Beispiel 6.3 Testdaten

Unser Testbeispiel (Bild 6-7) liefert eine Grafik der wartenden Ausleiher. Interessant ist diese Analyse erst, wenn man bedenkt, dass mit den wartenden Ausleihern unter Umständen auch die Produktion wartet.

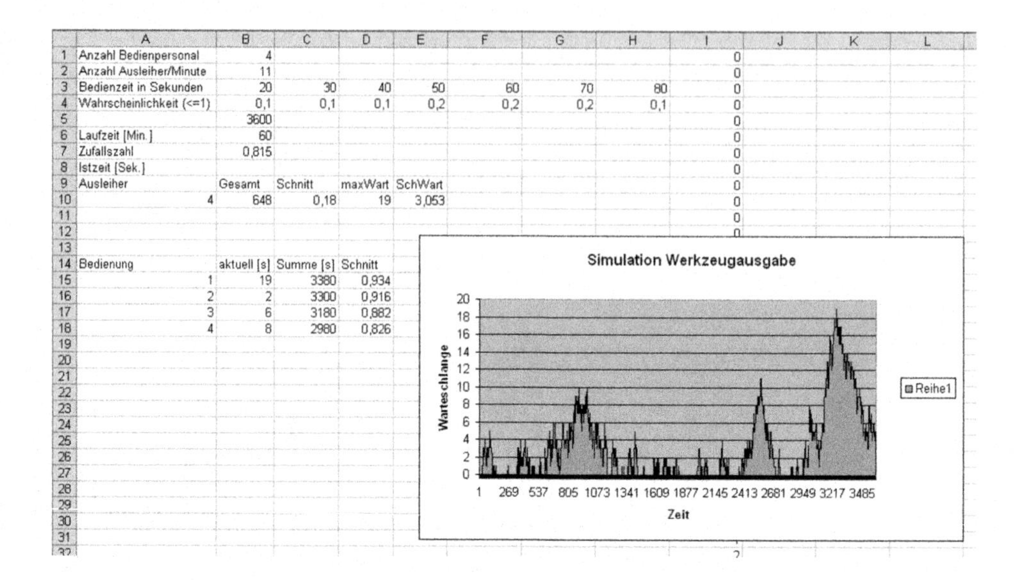

| | A | B | C | D | E | F | G | H | I |
|---|---|---|---|---|---|---|---|---|---|
| 1 | Anzahl Bedienpersonal | 4 | | | | | | | 0 |
| 2 | Anzahl Ausleiher/Minute | 11 | | | | | | | 0 |
| 3 | Bedienzeit in Sekunden | 20 | 30 | 40 | 50 | 60 | 70 | 80 | 0 |
| 4 | Wahrscheinlichkeit (<=1) | 0,1 | 0,1 | 0,1 | 0,2 | 0,2 | 0,2 | 0,1 | 0 |
| 5 | | 3600 | | | | | | | 0 |
| 6 | Laufzeit [Min.] | 60 | | | | | | | 0 |
| 7 | Zufallszahl | 0,815 | | | | | | | 0 |
| 8 | Istzeit [Sek.] | | | | | | | | 0 |
| 9 | Ausleiher | Gesamt | Schnitt | maxWart | SchWart | | | | 0 |
| 10 | 4 | 648 | 0,18 | 19 | 3,053 | | | | 0 |
| 11 | | | | | | | | | 0 |
| 14 | Bedienung | aktuell [s] | Summe [s] | Schnitt | | | | | |
| 15 | 1 | 19 | 3380 | 0,934 | | | | | |
| 16 | 2 | 2 | 3300 | 0,916 | | | | | |
| 17 | 3 | 6 | 3180 | 0,882 | | | | | |
| 18 | 4 | 8 | 2980 | 0,826 | | | | | |



**Bild 6-7** Probabilistische Simulation einer Werkzeugausgabe

## Übung 6.4 Ergänzungen

Simulationen in dieser Form bilden in ihrer Einfachheit nicht den wirklichen Prozess ab. So haben die Leute des Bedienpersonals auch Pausenzeiten und es wäre besser, man würde zu jeder Person ein Zeitmodell hinterlegen. Auch die Gleichverteilung der Ausleiher über den Tag als lineare Funktion entspricht nicht der Wirklichkeit. Analysen zeigen, dass es Zeiten mit größerem Andrang und Zeiten mit geringem Andrang gibt. Die Darstellung durch eine Funktion mittels Approximation oder Interpolation wäre eine Erweiterung. Auch Simulationen mit der Normalverteilung können Sie programmieren.

## Übung 6.5 Reparaturzeiten

Ein Arbeiter betreut mehrere Maschinen. Beim gleichzeitigen Ausfall mehrerer Maschinen kann dieser sich nur um eine Maschine kümmern. Erst nach dem Ende einer Reparatur kann sich der Arbeiter um die nächste kümmern. Bestimmt man die Wahrscheinlichkeit eines Maschinenausfalls und die Wahrscheinlichkeiten der Reparaturzeiten, so lässt sich damit auch ein anschauliches Modell konstruieren. Interessant ist dann die Frage nach der gesamten Ausfallzeit der Maschinen, bedingt durch Wartezeiten.

Das in der Anwendung programmierte Diagramm sollten Sie auch so umstellen, dass es für andere Anwendungen ebenfalls genutzt werden kann. Orientieren Sie sich an dem Modul *modLinienDiagramm* in Kapitel 5. Möglicherweise lassen sich beide Prozeduren in einem Modul zusammenfassen. Eventuell durch einen Parameter innerhalb der gleichen Prozedur.

# 7 Wirtschaftliche Berechnungen

Wirtschaftlichkeit ist ein Zentralbegriff der Betriebswirtschafts- und Managementlehre über den sparsamen Umgang mit den Ressourcen Material, Personal und Maschinen. Durch niedrige Kosten und kurze Durchlaufzeiten kann man in der Fertigung viel zur Wirtschaftlichkeit beitragen. Die Wirtschaftlichkeit ist eine Kennzahl, die das Verhältnis von Ertrag zum Aufwand misst. Ein Handeln nach dem Wirtschaftlichkeitsprinzip bedeutet, aus Alternativen die zu wählen, die die höchste Wirtschaftlichkeit aufweist. Bei einer rein mengenmäßigen Betrachtung spricht man auch von technischer Wirtschaftlichkeit, Technizität oder Produktivität. Meist genügt eine Mengenrelation nicht, dann stehen als Beispiel auch Leistung, Nutzen für Output und Kosten für Input. Gelegentlich wird mit Wirtschaftlichkeit der Grad angegeben, der für bestimmte Vorgaben erreicht wurde.

## 7.1 Maschinenbelegung nach Johnson

Die Maschinenbelegung ist ein klassisches Reihenfolgeproblem. Zur Herstellung von n Produkten sind eine Reihe von m Maschinen gegeben. Jedes Produkt $P_i$ (i = 1, 2, 3, …, n) durchläuft in der gleichen Reihenfolge die Maschinen $M_k$ (k = 1, 2, 3, …, m). Die Gesamtbearbeitungszeit hängt von der Folge ab, in der die Produkte bearbeitet werden. Sie ist in der Regel für jede Permutation

$$\begin{matrix} 1,2,3,\ldots,n \\ i_1, i_2, \ldots, i_n \end{matrix} \qquad (7.1)$$

eine andere.

Die zu fertigende Menge eines Produktes wir als Los bezeichnet. Losgrößen können, je nach Produkt, einige hundert bis tausend Stück betragen. Der Einfachheit halber nehmen wir an, dass ein Produkt $P_i$ erst dann von einer Maschine $M_k$ auf die Maschine $M_{k+1}$ wechselt, wenn das ganze Los auf der Maschine $M_k$ bearbeitet ist. Dabei kann der Fall eintreten, dass die nachfolgende Maschine noch das vorherige Produkt $P_{i-1}$ bearbeitet, so dass das i-te Los warten muss bis die Maschine $M_{k+1}$ frei wird.

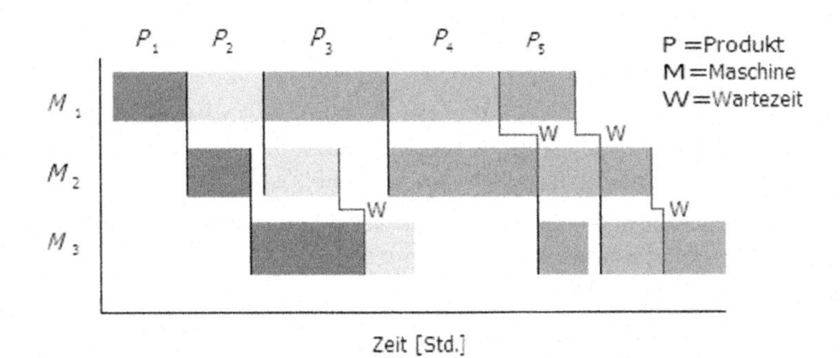


**Bild 7-1**

Maschinen-Belegungszeiten in einer Produktion

Gesucht ist nun die optimale Durchlaufreihenfolge, für die die Gesamtbearbeitungszeit ein Minimum wird. Dabei sind durchaus mehrere Lösungen möglich.

Bezeichnet man mit $t_{ik}$ die Bearbeitungszeit des Produktes $P_i$ auf der Maschine $M_k$, so braucht dieses Produkt für den Durchlauf durch alle m Maschinen die Zeit

$$T_i = \sum_{k=1}^{m} t_{ik} + \sum_{k=1}^{m} w_{ik} \tag{7.2}$$

Darin sind $w_{ik}$ die Wartezeiten für den Einsatz auf den Maschinen. Meistens sind diese jedoch Null.

Sind keine Zwischenlager vorhanden und tritt eine Wartezeit $w_{ik}$ von Produkt $P_i$ auf der Maschine $M_k$ auf, so darf erst mit der Bearbeitung von $P_i$ auf der Maschine $M_{k-1}$ nach der Wartezeit $w_{ik}$ begonnen werden, damit der Produktionsprozess ohne Wartezeit durchgeführt werden kann.

Für n Produkte erhält man die gesamte Durchlaufzeit dadurch, dass man sämtliche Wartezeiten und die gesamte Bearbeitungszeit des letzten Produktes addiert

$$T_i = \sum_{k=1}^{m} t_{nk} + \sum_{i=1}^{n-1} \max_{1 \le k \le n} \left\{ \sum_{j=1}^{k} t_{ij} - \sum_{j=1}^{k-1} t_{i+1,j} \right\} \tag{7.3}$$

Wollte man alle möglichen n Permutationen durchspielen, so ergeben sich n! Möglichkeiten und damit stoßen wir schnell an die Grenze eines durchführbaren Rechenaufwandes.

Nun gibt es in diesem Fall einen einfachen Algorithmus, der von Johnson gefunden wurde. Das Verfahren ist für eine zweistufige Bearbeitung gedacht, also Vorsicht mit mehr als zweistufiger Fertigung. Dass es dennoch auch hier Lösungen geben kann, zeigt das nachfolgende Beispiel.

Das Verfahren von Johnson besteht aus folgenden Schritten:

1. Es werden $P_i$ (i=1, 2, 3, …, n) Produkte auf $M_k$ Maschinen (k=1, 2, 3, …, m) hergestellt. Zu bestimmen ist $x = \text{Min} ( t_{1,1}, \ldots, t_{m,1}, t_{1,n}, \ldots, t_{m,n} )$. Gibt es mehrere x, so kann ein beliebiges gewählt werden.
2. Ist $x = t_{i,1}$ so wird das Produkt $P_i$ zuerst bearbeitet. Ist $x = t_{i,n}$, so wird das Produkt $P_i$ zuletzt bearbeitet.
3. Streiche das Produkt $P_i$ und gehe zurück zu 1., bis alle Produkte eingeplant sind.

### Aufgabe 7.1 Maschinenbelegung nach Johnson

Wir wollen die Maschinenbelegung nach Johnson programmieren. Um allerdings diesen Algorithmus auf m Maschinen in der Fertigungsfolge betrachten zu können, ändern wir die Betrachtung auf die erste Maschine $M_1$ und die letzte Maschine $M_m$ ab.

Zuerst erfolgt die Initialisierung eines Produktvektors. Er soll festhalten, welches Produkt bei der Vergabe der Fertigungsreihenfolge bereits verplant ist. Zunächst wird dieser Merker auf den Index des Produkts gesetzt und später bei der Vergabe auf null.

Eine einfache Grafik mittels Shapes soll die Maschinenbelegung darstellen. Sie vermittelt Aussagen, die aus den berechneten Daten nicht sofort ersichtlich sind, wie etwa die auftretenden Wartezeiten.

**Tabelle 7-1** Optimale Maschinenbelegung nach einer modifizierten Johnson-Methode

| i = 0 | |
|---|---|
| i = 1 bis n | |
| | M(i) = i |
| i = 0 | |
| Solange i < n | |
| | Suche das erste nicht verplante Produkt und setze den Zeitaufwand auf das Minimum. |
| | Suche in allen nicht verplanten Produkten die minimale Zeit, die auf der ersten oder letzten Maschine belegt wird. |
| | Ordne je nach Lage des Minimums (erste oder letzte Maschine) das Produkt einem weiteren Merker zu. |
| | i = i + 1 |
| | M(x) = 0 |

Die grau gekennzeichneten Prozeduren müssen noch genauer beschrieben werden.

**Tabelle 7-2** Suche erstes Produkt

| j = 1 | |
|---|---|
| Solange M(j) = 0 | |
| | j = j + 1 |
| Min = t(j,1) | |
| x = j | |

**Tabelle 7-3** Suche Minimum

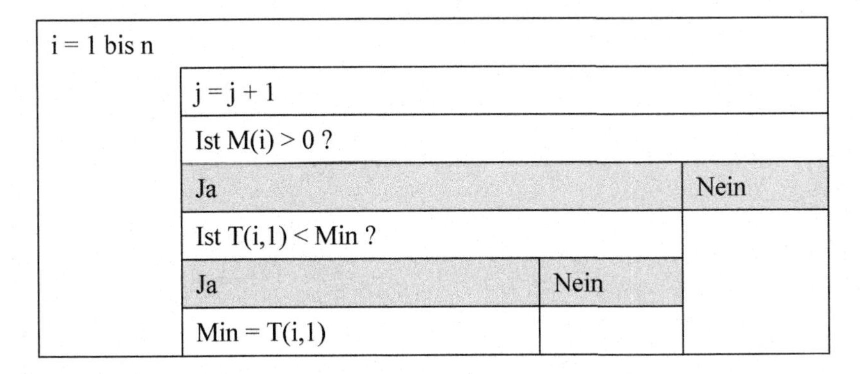

| i = 1 bis n | | | |
|---|---|---|---|
| | j = j + 1 | | |
| | Ist M(i) > 0 ? | | |
| | Ja | | Nein |
| | Ist T(i,1) < Min ? | | |
| | Ja | Nein | |
| | Min = T(i,1) | | |

| | x = i | | |
|---|---|---|---|
| | y = 1 | | |
| | Ist T(i,m) < Min ? | | |
| | Ja | Nein | |
| | Min = T(i,m) | | |
| | x = i | | |
| | y = m | | |

**Tabelle 7-4** Ordne je nach Lage des Minimums

| Ist j = 1 ? | |
|---|---|
| Ja | Nein |
| $i_1 = i_1 + 1$ | $i_2 = i_2 + 1$ |
| $M_1(i_1) = x$ | $M_2(i_2) = x$ |

Die Merker $M_1()$und $M_2()$ enthalten am Ende die Fertigungsreihenfolge der Produkte in der Form

$$M_{11},\ldots,M_{1p},M_{2q},\ldots,M_{21},$$

d. h. im ersten Merker in aufsteigender Reihenfolge und im zweiten Merker in absteigender Reihenfolge.

Eine neu angelegte Tabelle *tblBelegung* werden wir diesmal nur als Ausgabeelement benutzen. Die eigentlichen Prozeduren schreiben wir in ein Modul und die notwendigen Eingaben erhalten wir über ein Formblatt.

Ein Testbeispiel wird nachfolgend beschrieben. Die Funktion *Neue Berechnung* ruft ein Formblatt Bild 7-2 zur Eingabe der Anzahl Maschinen und Produkte auf. Danach wird auf dem Arbeitsblatt eine Eingabe der Belegungszeiten erwartet. Die *Auswertung* nutzt diese Daten zur Optimierung. Mittels *Shapes* wird eine einfache Grafik eingeblendet. Die Farbdarstellung wird mittels RGB-Farben realisiert. Dadurch werden gleiche Farben bei Shapes und Formblatt erzeugt.

**Codeliste 7-1** Prozeduren im Modul modBelegung finden Sie auf meiner Website.

**Codeliste 7-2** Prozeduren im Formular frmBelegung finden Sie ebenfalls auf meiner Website.

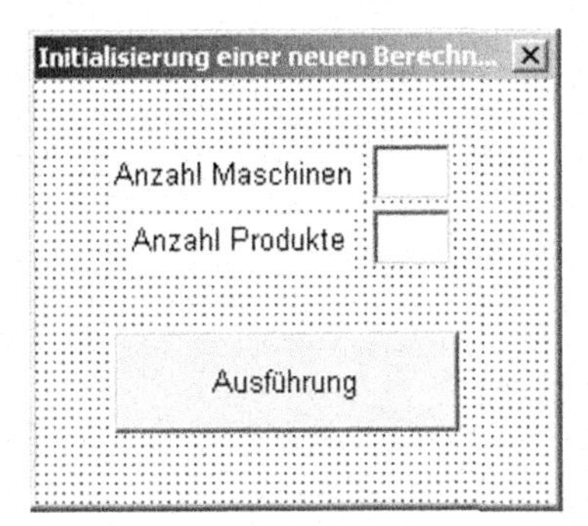


**Bild 7-2**

Formular zur Dateneingabe

**Beispiel 7.1 Produktionsbetrieb**

In einem Produktionsbetrieb werden fünf Produkte auf drei Maschinen in gleicher Reihenfolge produziert. Die Belegungszeiten der Maschinen ($M_1$, $M_2$, $M_3$) in Stunden je Produkt sind: $P_1$( 5, 3, 8), $P_2$(5, 3, 4), $P_3$(12, 4, 2), $P_4$(4, 2, 7) und $P_5$(8, 2, 9).

| | A | B | C | D | E | F | G | H | I | J | K | L | M | N | O |
|---|---|---|---|---|---|---|---|---|---|---|---|---|---|---|---|
| 1 | | | | | | | | | | | | | | | |
| 2 | | | M01 | M02 | M03 | FARBE | Gesetzte Reihenfolge | Optimierte Reihenfolge | FOLGE | M01 | | M02 | | M03 | |
| 3 | | P01 | 5 | 3 | 8 | | 16 | 21 | 2 | 4 | 9 | 9 | 12 | 13 | 21 |
| 4 | | P02 | 5 | 3 | 4 | | 20 | 34 | 5 | 17 | 22 | 22 | 25 | 30 | 34 |
| 5 | | P03 | 12 | 4 | 2 | | 28 | 40 | 4 | 22 | 34 | 34 | 38 | 38 | 40 |
| 6 | | P04 | 4 | 2 | 7 | | 35 | 13 | 1 | 0 | 4 | 4 | 6 | 6 | 13 |
| 7 | | P05 | 8 | 2 | 9 | | 45 | 30 | 3 | 9 | 17 | 17 | 19 | 21 | 30 |
| 8 | | | | | | | Durchlaufzeit: 45 | Durchlaufzeit: 40 | | | | | | | |
| 9 | | | | | | | | Einsparung: 11,11 % | | | | | | | |
| 10 | | | | | | | | | | | | | | | |
| 11 | | | | | | | | | | | | | | | |
| 12 | | | | | | | | | | | | | | | |
| 13 | | | | | | | | | | | | | | | |
| 14 | | | | | | | | | | | | | | | |

**Bild 7-3** Auswertung des Testbeispiels

**Übung 7.1 Ergänzungen**

Lassen Sie eine Halbierung oder andere Einteilung der Losgrößen zu. Vermeiden Sie Wartezeiten durch eine verzögerte Produktion wie anfangs beschrieben.

## 7.2 Optimale Losgröße

Aus dem Bereich der Produktion gibt es aus Kostensicht folgende Überlegungen. Wird der Verkauf eines Produktes x mit der Menge m pro Jahr eingeschätzt, so könnte man diese Menge auf einmal produzieren. Zwar fallen dann die Rüstkosten nur einmal an, dafür gibt es aber Lagerkosten. Ebenso müssen Material und Löhne vorfinanziert werden. Es fallen also Bankzinsen an. Mit kleiner werdenden Losgrößen werden zwar die Lagerkosten und Bankzinsen weniger, dafür werden aber die Rüstkosten höher.

Der Verlauf der Rüstkosten über der Losgröße ist der einer Hyperbel, während Lagerkosten und Kapitalbindung in Form einer Geraden verlaufen. Addiert man beide Kurven zu den Gesamtkosten so zeigt sich, dass diese an einer Stelle ein Minimum annehmen. Man spricht hier von einem Optimum und bezeichnet die zugehörige Losgröße als optimale Losgröße.

Sind $x_{Ges}$ die voraussichtliche Gesamtstückzahl pro Jahr und $K_R$ die Rüstkosten in Euro/Los so ergeben sich die Gesamtrüstkosten für jede Losgröße x aus der Formel

$$G_R = \frac{x_{Ges}}{x} \cdot K_R \tag{7.4}$$

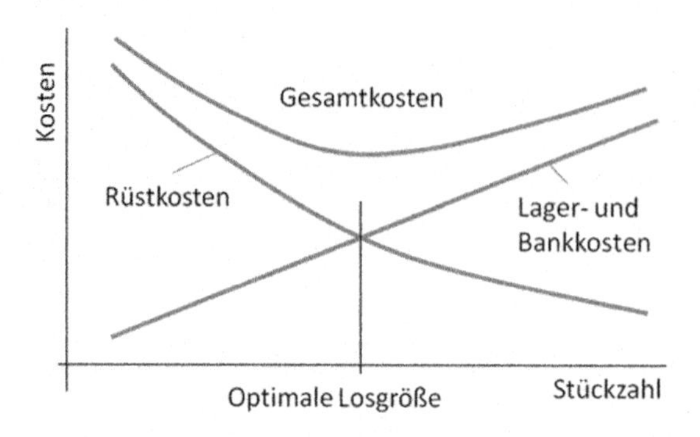


**Bild 7-4**
Optimale Losgröße

Sind $K_H$ die Herstellkosten ohne Rüstanteil pro Stück und $z_B$ der Zinssatz für Bankzins in [%/Jahr] und $z_L$ der Zinssatz für Lagerkosten ebenfalls in [%/Jahr], so werden damit die Gesamtlagerkosten

$$G_L = \frac{x}{2} \cdot K_H \cdot \frac{z_B + z_L}{100} \tag{7.5}$$

Die Gesamtkosten pro Jahr sind damit

$$G = G_R + G_L \tag{7.6}$$

Und daraus wiederum die Gesamtkosten pro Stück

$$G_S = \frac{G}{x_{Ges}} \tag{7.7}$$

### Aufgabe 7.2 Bestimmung der optimalen Losgröße

Mit einer Aufteilung von z. B. $x_{Ges}/100$ werden die Kosten schrittweise berechnet und so rechnerisch und grafisch die optimale Losgröße ermittelt.

**Tabelle 7-5** Struktogramm zur Bestimmung der optimalen Losgröße

| Eingabe der Rüstkosten $K_R$, Herstellkosten $K_H$, Jahresbedarf $x_{Ges}$, Bankzinssatz $z_B$ und Lagerzinssatz $z_L$ | |
|---|---|
| $\Delta x = \frac{x_{Ges}}{100}$, $x = 0$ | |
| $solange: x \le x_{Ges}$ | |
| | $G_R = \frac{x_{Ges}}{x} \cdot K_R$ |

| | $G_L = \frac{x}{2} \cdot K_H \cdot \frac{z_B + z_L}{100}$ |
|---|---|
| | $G = G_R + G_L$ |
| | $G_S = \frac{G}{x_{Ges}}$ |
| | $x = x + \Delta x$ |
| | Ausgabe<br>Optimale Losgröße |

**Codeliste 7-3** Prozeduren im Arbeitsblatt tblLosgröße

```
Option Explicit
Sub Losgroesse_Eingabe()
   Load frmLosgroesse
   frmLosgroesse.Show
End Sub
Sub Losgroesse_Diagramm()
   Call Losgroesse_Datengrafik
End Sub
Sub Losgroesse_Diagramm_Loeschen()
   Dim MyDoc As Worksheet
   Set MyDoc = ThisWorkbook.Worksheets("Losgroesse")
   Dim Shp As Shape
'
'alle Charts löschen
   For Each Shp In MyDoc.Shapes
      Shp.Delete
   Next
End Sub
```

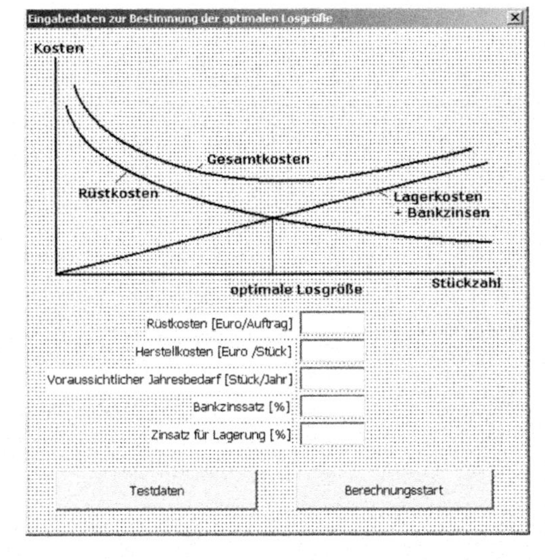


**Bild 7-5**

Formular zur Dateneingabe

Zur Eingabe benutzen wir das Formular nach Bild 7-5.

**Codeliste 7-4** Prozeduren im Formular

```
Private Sub cmdTest_Click()
   TextBox1 = "450"
   TextBox2 = "22"
   TextBox3 = "1000"
   TextBox4 = "12"
   TextBox5 = "15"
End Sub

Private Sub cmdStart_Click()
   Dim Kr As Double, Kh As Double, xj As Double, Bz As Double, Lz As Double
   Dim x As Double, Kgr As Double, Kgl As Double, Kg As Double
   Dim Kgs As Double, KMin As Double
   Dim i As Integer, iMin As Integer

   Worksheets("Losgroesse").Activate
   Worksheets("Losgroesse").Cells.Clear
   Range("A1").Value = "Losgröße" & vbLf & "[Stück]"
   Range("B1").Value = "Gesamt-" & vbLf & "Rüstkosten" & vbLf & "[Euro]"
   Range("C1").Value = "Gesamt-" & vbLf & "Lagerkosten" & vbLf & "[Euro]"
   Range("D1").Value = "Gesamt-" & vbLf & "Kosten" & vbLf & "[Euro]"
   Range("E1").Value = "Gesamt-" & vbLf & "Kosten/Stück" & vbLf & "[Euro]"
   Columns("A:E").EntireColumn.AutoFit
'   ActiveWindow.Visible = False
'   Windows("BfI.xls").Activate
   Columns("B:E").Select
   Selection.NumberFormat = "0.00"
   Kr = Val(TextBox1)
   Kh = Val(TextBox2)
   xj = Val(TextBox3)
   Bz = Val(TextBox4)
   Lz = Val(TextBox5)
   i = 1
   iMin = 0
   KMin = 0
   For x = xj / 100 To xj Step (xj / 100)
      Kgr = xj / x * Kr                   'Gesamtrüstkosten
      Kgl = x / 2 * Kh * (Bz + Lz) / 100  'Gesamtlagerkosten
      Kg = Kgr + Kgl                      'Gesamtkosten
      Kgs = Kg / xj                       'Gesamtkosten/Stück
      i = i + 1
'
'Minimum bestimmen
      If iMin = 0 Then
         KMin = Kg
         iMin = i
      Else
         If Kg < KMin Then
            KMin = Kg
            iMin = i
         End If
      End If
'
'Eintrag in Tabelle
      Zl = Right("000" + LTrim(Str(i)), 3)
      Range("A" + Zl).Value = Round(x, 2)
      Range("B" + Zl).Value = Round(Kgr, 2)
      Range("C" + Zl).Value = Round(Kgl, 2)
```

```
      Range("D" + Zl).Value = Round(Kg, 2)
      Range("E" + Zl).Value = Round(Kgs, 2)
   Next x
   Zl = Right("000" + LTrim(Str(iMin)), 3)
   Range("A" + Zl + ":E" + Zl).Interior.Color = vbYellow
   Range("A" + Zl + ":E" + Zl).Select
   Unload Me
End Sub
```

**Codeliste 7-5** Prozeduren im Modul modLosgröße

```
Option Explicit
Public MyDoc As Object     'As Worksheet
Public DTitel As String, xTitel As String, yTitel As String
Sub Losgroesse_Datengrafik()
   Dim lngNumRows As Long, lngNumCols As Long
'Verweis auf Worksheet mit Daten
   Set MyDoc = ThisWorkbook.Worksheets("Losgroesse")
'Übergabe der Anzahl der Spalten/Zeilen:
   lngNumRows = MyDoc.UsedRange.Rows.Count
   lngNumCols = MyDoc.UsedRange.Columns.Count
'Neues Diagramm
    Charts.Add
    ActiveChart.ChartType = xlLineStacked100
    ActiveChart.SetSourceData Source:=Sheets("Losgroesse"). _
      Range("A1:E" + LTrim(Str(lngNumRows))), PlotBy:=xlColumns
    ActiveChart.Location Where:=xlLocationAsObject, Name:="Losgroesse"
    With ActiveChart
        .HasTitle = True
        .ChartTitle.Characters.Text = "KOSTENVERLAUF"
        .Axes(xlCategory, xlPrimary).HasTitle = True
        .Axes(xlCategory, xlPrimary).AxisTitle.Characters.Text = "Losgröße"
        .Axes(xlValue, xlPrimary).HasTitle = True
        .Axes(xlValue, xlPrimary).AxisTitle.Characters.Text = "Kosten"
    End With
End Sub
```

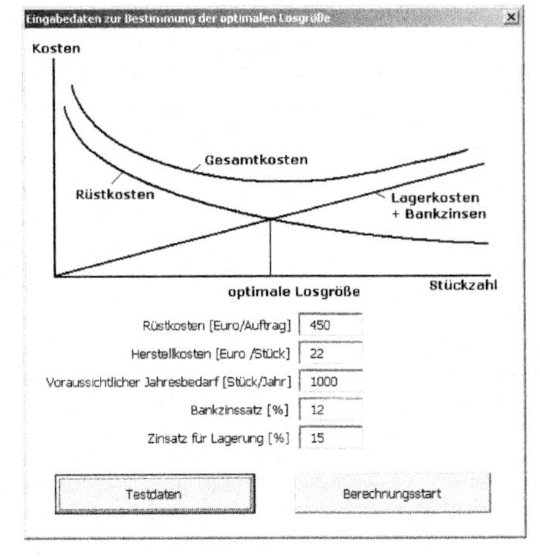


**Bild 7-6**

Testdateneingabe

Ein Formular besitzt die Eigenschaft Picture, so dass wir mit einem Doppelklick auf diese Eigenschaft über ein Dialogfeld eine Grafik als Hintergrundbild einblenden können. Neben dieser Grafik, die noch einmal die funktionalen Zusammenhänge zeigt, enthält das Formular Textboxen zur Dateneingabe. Diese sind durch Labels entsprechend beschriftet. Mit der Schaltfläche *Testdaten* werden die Textboxen mit Testdaten gefüllt. Mit der Schaltfläche *Berechnungsstart* erfolgt dann die Auswertung.

### Beispiel 7.2 Produktionsbetrieb

In einem Produktionsbetrieb werden 1000 Bauteile pro Jahr produziert. Die Rüstkosten betragen 450 Euro/Auftrag. Die Herstellkosten betragen 22 Euro/Stück. Die Bankzinsen liegen bei 12 % und die Lagerkosten liegen bei 15 %.

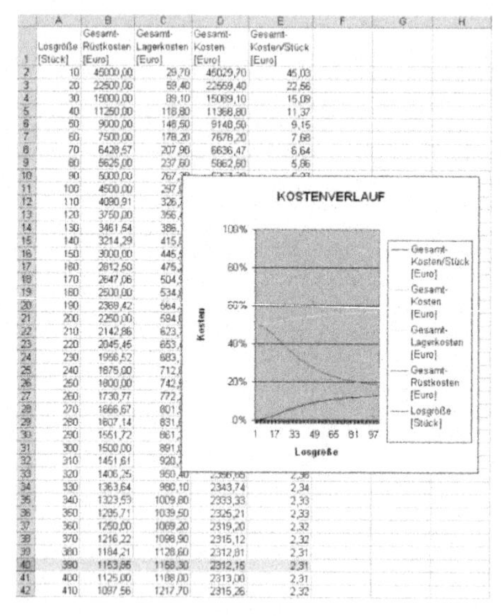

| | A | B | C | D | E | F | G | H |
|---|---|---|---|---|---|---|---|---|
| 1 | Losgröße [Stück] | Gesamt-Rüstkosten [Euro] | Gesamt-Lagerkosten [Euro] | Gesamt-Kosten [Euro] | Gesamt-Kosten/Stück [Euro] | | | |
| 2 | 10 | 45000,00 | 29,70 | 45029,70 | 45,03 | | | |
| 3 | 20 | 22500,00 | 59,40 | 22559,40 | 22,56 | | | |
| 4 | 30 | 15000,00 | 89,10 | 15089,10 | 15,09 | | | |
| 5 | 40 | 11250,00 | 118,80 | 11368,80 | 11,37 | | | |
| 6 | 50 | 9000,00 | 148,50 | 9148,50 | 9,15 | | | |
| 7 | 60 | 7500,00 | 178,20 | 7678,20 | 7,68 | | | |
| 8 | 70 | 6428,57 | 207,90 | 6636,47 | 6,64 | | | |
| 9 | 80 | 5625,00 | 237,60 | 5862,60 | 5,86 | | | |
| 10 | 90 | 5000,00 | 767,[illegible] | [illegible] | [illegible] | | | |
| 11 | 100 | 4500,00 | 297,[illegible] | [illegible] | [illegible] | | | |
| 12 | 110 | 4090,91 | 326,[illegible] | [illegible] | [illegible] | | | |
| 13 | 120 | 3750,00 | 356,[illegible] | [illegible] | [illegible] | | | |
| 14 | 130 | 3461,54 | 386,[illegible] | [illegible] | [illegible] | | | |
| 15 | 140 | 3214,29 | 415,[illegible] | [illegible] | [illegible] | | | |
| 16 | 150 | 3000,00 | 445,[illegible] | [illegible] | [illegible] | | | |
| 17 | 160 | 2812,50 | 475,[illegible] | [illegible] | [illegible] | | | |
| 18 | 170 | 2647,06 | 504,[illegible] | [illegible] | [illegible] | | | |
| 19 | 180 | 2500,00 | 534,[illegible] | [illegible] | [illegible] | | | |
| 20 | 190 | 2368,42 | 564,[illegible] | [illegible] | [illegible] | | | |
| 21 | 200 | 2250,00 | 594,[illegible] | [illegible] | [illegible] | | | |
| 22 | 210 | 2142,86 | 623,[illegible] | [illegible] | [illegible] | | | |
| 23 | 220 | 2045,45 | 653,[illegible] | [illegible] | [illegible] | | | |
| 24 | 230 | 1956,52 | 683,[illegible] | [illegible] | [illegible] | | | |
| 25 | 240 | 1875,00 | 712,[illegible] | [illegible] | [illegible] | | | |
| 26 | 250 | 1800,00 | 742,[illegible] | [illegible] | [illegible] | | | |
| 27 | 260 | 1730,77 | 772,[illegible] | [illegible] | [illegible] | | | |
| 28 | 270 | 1666,67 | 801,[illegible] | [illegible] | [illegible] | | | |
| 29 | 280 | 1607,14 | 831,[illegible] | [illegible] | [illegible] | | | |
| 30 | 290 | 1551,72 | 861,[illegible] | [illegible] | [illegible] | | | |
| 31 | 300 | 1500,00 | 891,[illegible] | [illegible] | [illegible] | | | |
| 32 | 310 | 1451,61 | 920,[illegible] | [illegible] | [illegible] | | | |
| 33 | 320 | 1406,25 | 950,40 | [illegible] | [illegible] | | | |
| 34 | 330 | 1363,64 | 980,10 | 2343,74 | 2,34 | | | |
| 35 | 340 | 1323,53 | 1009,80 | 2333,33 | 2,33 | | | |
| 36 | 350 | 1285,71 | 1039,50 | 2325,21 | 2,33 | | | |
| 37 | 360 | 1250,00 | 1069,20 | 2319,20 | 2,32 | | | |
| 38 | 370 | 1216,22 | 1098,90 | 2315,12 | 2,32 | | | |
| 39 | 380 | 1184,21 | 1128,60 | 2312,81 | 2,31 | | | |
| 40 | 390 | 1153,85 | 1158,30 | 2312,15 | 2,31 | | | |
| 41 | 400 | 1125,00 | 1188,00 | 2313,00 | 2,31 | | | |
| 42 | 410 | 1097,56 | 1217,70 | 2315,26 | 2,32 | | | |



**Bild 7-7**

Testdatenauswertung

Das Programm berechnet schrittweise die Kostenverhältnisse für unterschiedliche Losgrößen. Ein gelber Balken in der Tabelle (Bild 7-7) markiert die optimale Losgröße.

### Übung 7.2 Optimale Bestellmengen

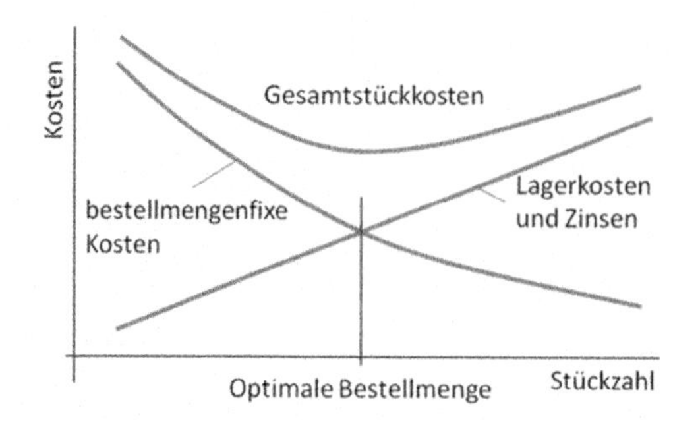



**Bild 7-8**

Stückkosten
in Abhängigkeit
von der Bestellmenge

Ein ähnliches Problem wie die Bestimmung der optimalen Losgröße ist die Bestimmung der optimalen Bestellmenge. Auch bei diesem Problem gibt es gegenläufige Kostenentwicklungen.

Zu den bestellfixen Kosten zählen die Kosten, die bei der Angebotseinholung und Angebotsprüfung anfallen. Um diese möglichst klein zu halten, würden große Bestellmengen sinnvoll sein. Andererseits werden damit die schon beschriebenen Lagerhaltungs- und Bankzinsen höher. Auch hier gilt es bestellfixe Kosten und Lagerhaltungskosten so zu wählen, dass diese ein Minimum werden. Die so gewonnene Menge ist die optimale Bestellmenge. In der Literatur finden Sie die Formeln und Algorithmen.

### Übung 7.3 Break-Even-Analyse

Eine weitere, oft angewandte Berechnung, ist die Break-Even-Analyse. Diese Methode ermittelt die Absatzmenge, bei der die Umsatzerlöse die fixen und variablen Kosten decken. Die Break-Even-Methode zeigt die Wirkung von Umsatz- und Kostenänderungen auf den Gewinn.

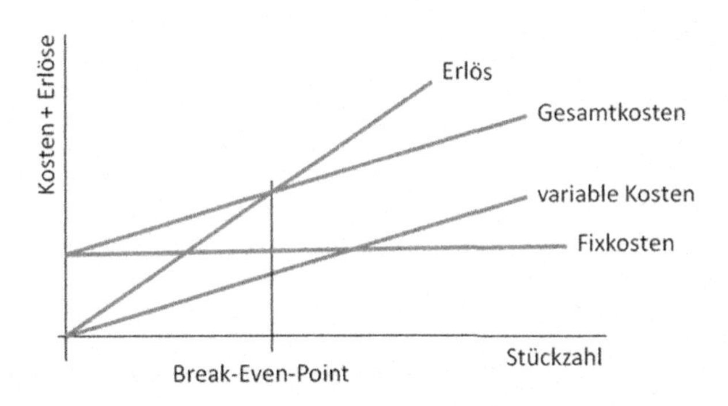


**Bild 7-9**

Kosten und Erlöse in Abhängigkeit von der Bestellmenge

Es gibt den mengenmäßigen B-E-P:

$$\text{Break} - \text{Even} - \text{Point} = \frac{\sum \text{Fixkosten}}{\text{Deckungsbeitrag je Stück}}, \tag{7.8}$$

und den wertmäßigen B-E-P:

$$\text{Break} - \text{Even} - \text{Point} = \frac{\sum \text{Fixkosten}}{\text{Deckungsquote je Stück}}. \tag{7.9}$$

Darin ist der Deckungsbeitrag je Stück der Verkaufspreis je Stück – variable Kosten und die Deckungsquote je Stück der Deckungsbeitrag je Stück / Verkaufspreis je Stück.

### Übung 7.4 Nutzwertanalyse

Ein weiteres Anwendungsbeispiel aus diesem Bereich ist die Nutzwertanalyse. Sie wurde in den USA unter dem Begriff *utility analysis* entwickelt und seit den 70er Jahren auch in Deutschland eingesetzt. Die Nutzwertanalyse priorisiert verschiedene Lösungen. Dies geschieht durch deren Gewichtung im Hinblick zur Erreichung eines oder mehrerer Ziele.

Zunächst gilt es festzustellen, welche Kriterien für eine Projektentscheidung wichtig und maßgeblich sein sollen. In den meisten Fällen können schon im ersten Schritt k. o. -Kriterien formuliert werden, die zwingend erfüllt werden müssen. Lösungen, die diese Bedingung nicht erfüllen, scheiden sofort aus. Diese Muss-Kriterien können durch Soll-Kriterien ergänzt werden, deren Erfüllung erwünscht, aber nicht notwendig ist.

In einem zweiten Schritt müssen nun die einzelnen Soll-Ziele in eine Ordnung gebracht werden. Möglich ist eine Systematisierung in Form von Oberzielen und dazugehörigen Unterzielen. Den einzelnen Zielen werden Gewichtungsfaktoren zugeordnet. Ein Beispielschema zeigt Bild 7-10.

| Lösungen | Teilnutzen 1 X Ziel 1 (Faktor 2) | Teilnutzen 2 X Ziel 2 (Faktor 4) | Teilnutzen 3 X Ziel 3 (Faktor 3) | Nutzen |
|---|---|---|---|---|
| A | 3 x 2 = 6 | 2 x 4 = 8 | 4 x 3 = 12 | 26 |
| B | 3 x 2 = 6 | 3 x 4 = 12 | 2 x 3 = 6 | 24 |
| C | 2 x 2 = 4 | 2 x 4 = 8 | 1 x 3 = 3 | 15 |

**Bild 7-10**

Beispiel einer Nutzwertanalyse

Der Vorteil bei der Anwendung der Nutzwertanalyse ist die Flexibilität in der Erfassung einer großen Anzahl von Erfordernissen. Übersichtlich werden einzelne Alternativen vergleichbar, auch wenn sie vorher unvergleichbar scheinen. Der Nachteil ist aber auch, dass nicht immer gewährleistet ist, dass die richtigen Kriterien ausgewählt wurden. Dies gilt ebenso für die Gewichtung der Kriterien. Damit der persönliche Faktor gering gehalten wird, sollten mehrere Personen bei einer Nutzwertanalyse mitwirken.

In der Ausführung unterscheidet man die einfache und die stufenweise Nutzwertanalyse. Bei der einfachen Nutzwertanalyse (Bild 7-10) gehen alle Bewertungskriterien in die Bewertung ein. Bei der stufenweisen Nutzwertanalyse gehen in die erste Bewertung nicht alle Kriterien ein. Sie werden zunächst nach wichtig und unwichtig unterteilt. Die wichtigen dann wiederum nach qualitativer und quantitativer Zielsetzung. So wird zwischen subjektiver und objektiver Zielsetzung getrennt.

Erst mit Hilfe dieser Strukturen erfolgen dann die eigentliche Beurteilung und damit die Ergebnisfindung. Als letzten Schritt werden alle als unwichtig erachteten Merkmale zusätzlich für einen Vergleich herangezogen, um die Richtigkeit des Ergebnisses noch einmal zu überprüfen.

# 8 Berechnungen aus der Strömungslehre

Die Strömungslehre ist ein Teil der Mechanik und wird auch Hydro- oder Fluidmechanik genannt. Ihre Aufgabe ist die Untersuchung von Flüssigkeiten und Gasen auf Druck-, Geschwindigkeits- und Dichteänderungen, sowie auftretende Strömungskräfte und vorhandene Energieinhalte. Je nach Bewegungszustand und Fluid kann man sie unterteilen in ruhende und strömende Fluide. Grundlage der Strömungslehre bilden die Newtonschen Bewegungsgesetze (Sir Isaac Newton, 1643-1727).

## 8.1 Rotation von Flüssigkeiten

Ein offener Behälter, der teilweise mit einer Flüssigkeit gefüllt ist, rotiert mit konstanter Winkelgeschwindigkeit um eine vertikale Achse.

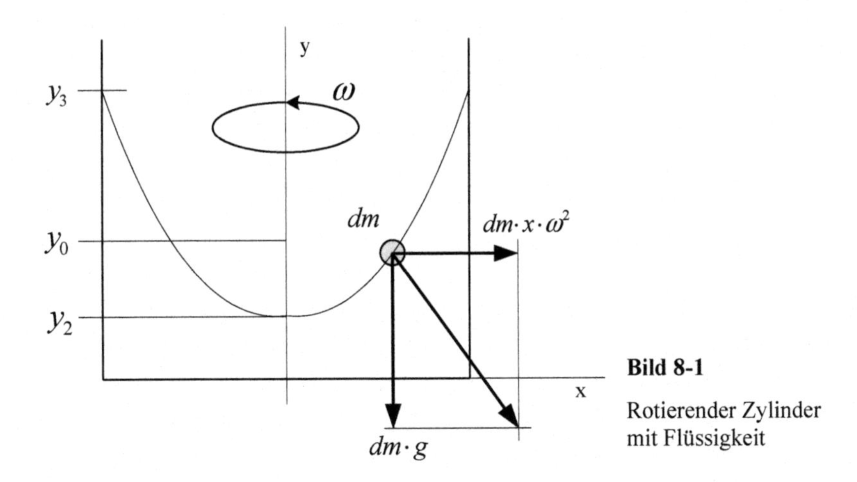


**Bild 8-1**

Rotierender Zylinder mit Flüssigkeit

Wir betrachten den Zustand, bei dem die Flüssigkeit nach einer Weile dieselbe Winkelgeschwindigkeit wie der Behälter erreicht hat. Eine Betrachtung der Kräfteverhältnisse für das Massenteil dm liefert

$$\tan\alpha = \frac{dm \cdot x \cdot \omega^2}{dm \cdot g} = \frac{x \cdot \omega^2}{g}. \tag{8.1}$$

Dieser Wert entspricht aber genau dem Differentialquotienten

$$\tan\alpha = \frac{dx}{dy} = \frac{x \cdot \omega^2}{g} \tag{8.2}$$

an der Stelle x der Kurve. Eine Integration liefert

$$y = \frac{\omega^2}{g} \int x \cdot dx = \frac{\omega^2}{g}\left(\frac{x^2}{2}\right) + c. \tag{8.3}$$

Die Integrationskonstante c bestimmt sich aus den Randbedingungen, für x = 0 ist $y = y_2$. Folglich ist $c = y_2$.

Damit ergibt sich

$$y = \frac{\omega^2}{g}\left(\frac{x^2}{2}\right) + y_2 . \tag{8.4}$$

Die Kurve, die diese Gleichung beschreibt, heißt quadratischer Rotationsparaboloid. Es interessiert zunächst, welche Extremhöhen $y_2$ und $y_3$ der Rotationsparaboloid annimmt, wenn die Flüssigkeit bei ruhendem Gefäß einen Spiegel bei $y_0$ hat. Diese Extremwerte ergeben sich aus der Volumenbetrachtung. Es gilt, dass das Volumen eines quadratischen Rotationsparaboloids die Hälfte des ihn umfassenden Zylinders beträgt.

$$V_P = \frac{1}{2} r^2 \cdot \pi \cdot (y_3 - y_2) . \tag{8.5}$$

Aus der Volumenkonstanz der Flüssigkeit vor und bei der Rotation folgt

$$r^2 \cdot \pi \cdot (y_0 - y_2) = \frac{1}{2} r^2 \cdot \pi \cdot (y_3 - y_2) \tag{8.6}$$

$$y_0 = \frac{y_3 + y_2}{2} . \tag{8.7}$$

Für y an der Stelle x = r folgt

$$y(r) = \frac{\omega^2}{g} \cdot \frac{r^2}{2} + y_2 = y_3 \tag{8.8}$$

und eingesetzt

$$y_0 = \frac{y_2}{2} + \frac{1}{2}\left(\frac{\omega^2 \cdot r^2}{2 \cdot g} + y_2\right) \tag{8.9}$$

$$y_2 = y_0 - \frac{\omega^2 \cdot r^2}{4 \cdot g} \tag{8.10}$$

Folglich ist auch

$$y_3 = y_0 + \frac{\omega^2 \cdot r^2}{4 \cdot g} . \tag{8.11}$$

Aus diesen Gleichungen ist leicht zu erkennen, dass der Flüssigkeitsspiegel mit dem Maß

$$\frac{\omega^2 \cdot r^2}{4 \cdot g} \tag{8.12}$$

um die Ausgangslage schwankt.

**Aufgabe 8.1 Bestimmung der Lage des Flüssigkeitsspiegels**

Ein Programm soll die Extremwerte und den Funktionsverlauf des Flüssigkeitsspiegels in rotierenden Gefäßen bestimmen. Dazu ist eine schrittweise Berechnung des Rotationsparaboloids vorzunehmen. Die Werte sollen in ein Arbeitsblatt eingetragen und mit ihrer Hilfe soll der Funktionsverlauf auch als Grafik mittels eines Diagramms dargestellt werden.

**Tabelle 8-1** Struktogramm zur Berechnung des Rotationsparaboloiden

| Eingabe von Gefäßradius r, Spiegelhöhe im Ruhezustand y0 und Winkelgeschwindigkeit ω | |
|---|---|
| $c = y_0 - \frac{\omega^2 \cdot x^2}{4 \cdot g}$ | |
| Für alle x von 0 bis r mit Schrittweite r/100 | |
| | $y = \frac{\omega^2 \cdot x^2}{4 \cdot g} + c$ |
| | Ausgabe von y in die Tabelle |

Wir benötigen lediglich ein Arbeitsblatt.

**Codeliste 8-1** Prozeduren in der Tabelle tblRotation

```
Option Explicit
Sub Rotation_Formblatt()
   Dim MyDoc As Object
   Dim Shp As Shape
   Set MyDoc = ThisWorkbook.Worksheets("Rotation")
   MyDoc.Activate
   MyDoc.Cells.Clear
'alle Charts löschen
   For Each Shp In MyDoc.Shapes
      Shp.Delete
   Next
'Neue Beschriftung
   Range("A1") = "Gefäßradius r [m]"
   Range("A2") = "Spiegelhöhe y0 [m]"
   Range("A3") = "Winkelgeschwindigkeit w [1/s]"
   Columns("A:E").EntireColumn.AutoFit
End Sub

Sub Rotation_Auswertung()
   Dim x As Double, y As Double, r As Double, y0 As Double, w As Double
   Dim g As Double, c As Double
   Dim i As Integer
   g = 9.81 'Erdbeschleunigung [m/s^2]
   r = Cells(1, 2)
   y0 = Cells(2, 2)
   w = Cells(3, 2)
   c = y0 - (w * w * r * r / (4 * g))
   i = 0
   For x = 0 To r Step r / 100
      y = w * w * x * x / (2 * g) + c
      i = i + 1
      Cells(i, 3) = y
   Next x
End Sub
```

```
Sub Rotation_zeigen()
    Charts.Add
    ActiveChart.ChartType = xlLine
    ActiveChart.SetSourceData Source:=Sheets("Rotation").Range("C1:C100"), _
        PlotBy:=xlColumns
    ActiveChart.SeriesCollection(1).Name = "=""Flüssigkeitsspiegel"""
    ActiveChart.Location Where:=xlLocationAsObject, Name:="Rotation"
    With ActiveChart
        .HasTitle = True
        .ChartTitle.Characters.Text = "Rotationsparaboloid"
        .Axes(xlCategory, xlPrimary).HasTitle = True
        .Axes(xlCategory, xlPrimary).AxisTitle.Characters.Text = "x"
        .Axes(xlValue, xlPrimary).HasTitle = True
        .Axes(xlValue, xlPrimary).AxisTitle.Characters.Text = "y"
    End With
    ActiveWindow.Visible = False
End Sub
```

**Beispiel 8.1 Rotierender Wasserbehälter**

Ein offener zylindrischer Behälter mit einem Durchmesser von 1 m und einer Höhe von 6 m enthält Wasser von 3 m Höhe. Welche Verhältnisse stellen sich ein, wenn der Behälter mit einer Winkelgeschwindigkeit von 18 $s^{-1}$ rotiert.

Die Auswertung in Bild 8-2 zeigt in der Grafik den Flüssigkeitsspiegel. Die untere Spiegelgrenze liegt bei 0,936 m und die obere bei knapp 5 m.

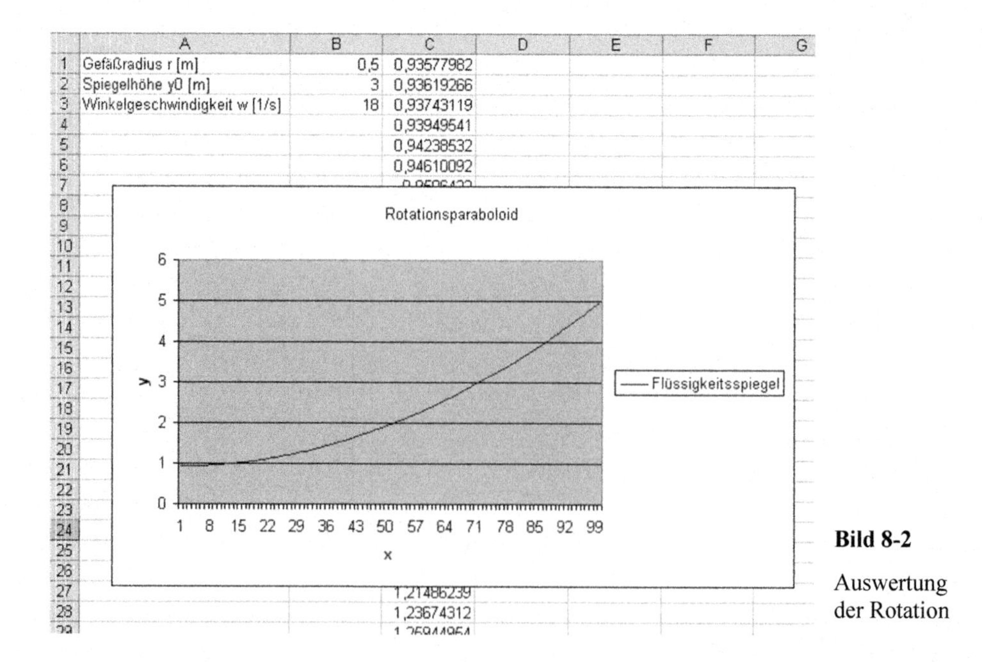


**Bild 8-2**

Auswertung der Rotation

**Übung 8.1 Ergänzungen**

Wie verhält sich das System bei einem geschlossenen Behälter oder wie verhalten sich Flüssigkeiten bei Translation. Leiten Sie die entsprechenden Formeln ab und entwickeln Sie dazu eine Anwendung.

# 8.2 Laminare Strömung in zylindrischen Rohren

Strömungen treten in vielen Zuständen auf. Man unterscheidet stationäre oder instationäre, gleichförmige oder ungleichförmige und laminare oder turbulente Strömung. Eine Strömung kann ein-, zwei- oder dreidimensional sein. Sie kann Wirbel besitzen oder wirbelfrei sein.

Solange die Flüssigkeitsteilchen einer Rohrströmung ihren Abstand zur Rohrachse beibehalten, spricht man von laminarer Rohrströmung. Dieses Strömungsverhalten erlaubt es, ein zylindrisches Flüssigkeitselement an beliebiger Stelle zu betrachten (Bild 8-3).

Die Gleichgewichtsbetrachtung liefert

$$p_1 \cdot A + p_2 \cdot A + m \cdot g \cdot \sin\alpha = 0 . \tag{8.13}$$

Durch Einsatz der Dichte ρ und der Geometrie folgt

$$p_1 \cdot r^2 \cdot \pi + p_2 \cdot r^2 \cdot \pi + r^2 \cdot \pi \cdot l \cdot \rho \cdot g \cdot \sin\alpha = 0 . \tag{8.14}$$

Da zwischen p1 und p2 eine Differenz p besteht, folgt nach Umstellung

$$r^2 \cdot \pi \cdot (p + l \cdot \rho \cdot g \cdot \sin\alpha) = 0 . \tag{8.15}$$

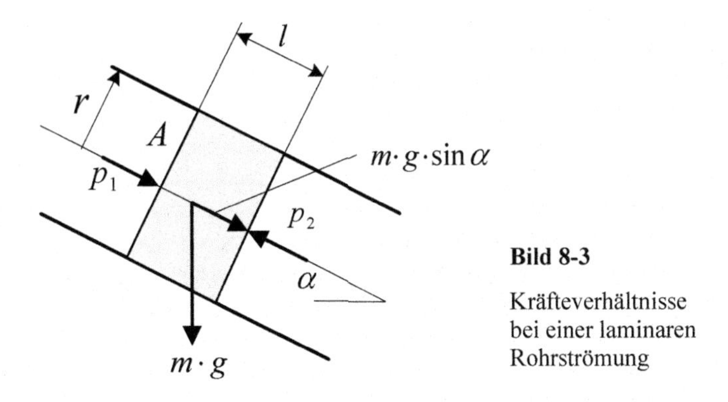


**Bild 8-3**

Kräfteverhältnisse bei einer laminaren Rohrströmung

Durch die unterschiedlichen Geschwindigkeiten der Strömungsschichten treten innere Reibungen und damit Schubkräfte von der Größe

$$\frac{F_S}{A_{Rohr}} = \mu \frac{dv(r)}{dr} \tag{8.16}$$

auf. Der Proportionalitätsfaktor μ wird als dynamische Zähigkeit der Flüssigkeit bezeichnet. Mit der Gleichsetzung ergibt sich die Differentialgleichung

$$r^2 \cdot \pi \cdot p + l \cdot \rho \cdot g \cdot \sin\alpha = 2 \cdot r \cdot \pi \cdot l \cdot \mu \frac{dv(r)}{dr} . \tag{8.17}$$

Eine Umformung erbringt

$$dv(r) = \frac{p + l \cdot \rho \cdot g \cdot \sin\alpha}{2 \cdot l \cdot \mu} r \cdot dr . \tag{8.18}$$

Die Integration liefert

$$v(r) = \frac{p + l \cdot \rho \cdot g \cdot \sin\alpha}{2 \cdot l \cdot \mu} \cdot \frac{r^2}{2} + c\,. \tag{8.19}$$

Aus den Randbedingungen $v(r_0)=0$ folgt

$$c = -\frac{p + l \cdot \rho \cdot g \cdot \sin\alpha}{2 \cdot l \cdot \mu} \cdot \frac{r_0^2}{2}\,. \tag{8.20}$$

Mithin ist

$$v(r) = \frac{p + l \cdot \rho \cdot g \cdot \sin\alpha}{4 \cdot l \cdot \mu} \left(r_0^2 - r^2\right). \tag{8.21}$$

Der durch die Ringfläche strömende Volumenstrom ergibt sich aus der Differentialgleichung

$$dQ = 2 \cdot r \cdot \pi \cdot dr \cdot v(r)\,. \tag{8.22}$$

Mit der Integration

$$Q = \int_0^{r_0} 2 \cdot r \cdot \pi \cdot dr \frac{p + l \cdot \rho \cdot g \cdot \sin\alpha}{4 \cdot l \cdot \mu} \left(r_0^2 - r^2\right) \tag{8.23}$$

erhalten wir

$$Q = \frac{\pi(p + l \cdot \rho \cdot g \cdot \sin\alpha)}{8 \cdot l \cdot \mu} r_0^4\,. \tag{8.24}$$

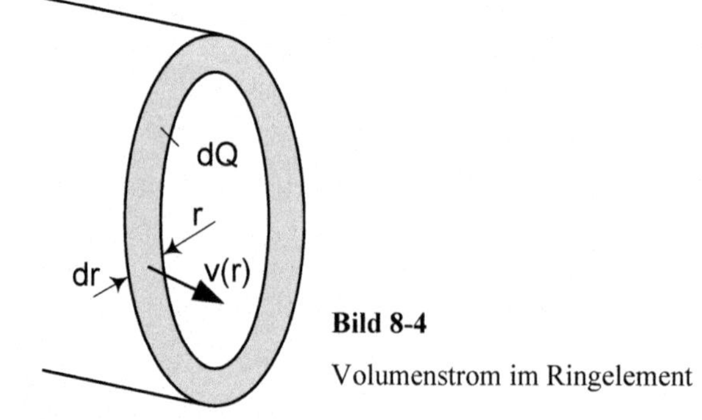


**Bild 8-4**

Volumenstrom im Ringelement

Dieses Gesetz nach Hagen-Poiseuille wird auch als Ohmsches Gesetz der laminaren Rohrströmung bezeichnet. Die mittlere Strömungsgeschwindigkeit ist demnach

$$v_m = \frac{Q}{A} = r_0^2 \frac{p + l \cdot \rho \cdot g \cdot \sin\alpha}{8 \cdot l \cdot \mu}\,. \tag{8.25}$$

### Aufgabe 8.2 Ermittlung des Geschwindigkeitsverlaufs und des Volumenstroms in einem geneigten Rohr mit laminarer Strömung

Ein Programm soll über den Radius schrittweise die örtliche Geschwindigkeit ermitteln und daraus die mittlere Geschwindigkeit bestimmen, aus der sich dann der Volumenstrom ergibt.

**Tabelle 8-2** Struktogramm zur Berechnung des Strömungsverlaufs einer laminaren Rohrströmung

| Eingabe aller erforderlichen Daten | |
|---|---|
| $\sin\alpha = \frac{\alpha \cdot \pi}{180}$ | |
| Für alle r von 0 bis $r_0$ mit Schrittweite $r_0/100$ | |
| | $v(r) = \frac{p + l \cdot \rho \cdot g \cdot \sin\alpha}{4 \cdot l \cdot \mu}\left(r_0^2 - r^2\right)$ |
| | Ausgabe von r und v(r) in die Tabelle |
| $v_m = \frac{Q}{A} = r_0^2 \frac{p + l \cdot \rho \cdot g \cdot \sin\alpha}{8 \cdot l \cdot \mu}$ | |
| $Q = v_m \cdot r^2 \cdot \pi$ | |
| Ausgabe $v_m$ und Q | |

Auch der Projekt-Explorer weist nur das Arbeitsblatt aus.

**Codeliste 8-2** Prozeduren in der Tabelle tblStrömung

```
Option Explicit

Sub Strömung_Formblatt()
   Dim MyDoc As Object
   Dim Shp As Shape
   Set MyDoc = ThisWorkbook.Worksheets("Strömung")
   MyDoc.Activate
   MyDoc.Cells.Clear

'alle Charts löschen
   For Each Shp In MyDoc.Shapes
      Shp.Delete
   Next

'Neue Beschriftung
   Range("A1") = "Rohrlänge l [m]"
   Range("A2") = "Rohrinnenradius r0 [m]"
   Range("A3") = "Druckdifferenz p [N/cm" + Chrw(178) + "]"
   Range("A4") = "Flüssigkeitsdichte [kg/dm" + Chrw(179) + "]"
   Range("A5") = "Dynamische Zähigkeit [Ns/m" + Chrw(178) + "]"
   Range("A6") = "Neigungswinkel [Grad]"
   Range("A8") = "Mittl.Strömungsgeschw. vm [m/s]"
   Range("A9") = "Volumenstrom Q [m" + Chrw(179) + "/s]"
   Columns("A:E").EntireColumn.AutoFit
End Sub

Sub Strömung_Auswertung()
   Dim r As Double, r0 As Double, l As Double, p As Double, d As Double
   Dim u As Double, a As Double, sa As Double, g As Double
   Dim v As Double, vm As Double, Q As Double
   Dim i As Integer
```

```
    l = Cells(1, 2)
    r0 = Cells(2, 2)
    p = Cells(3, 2)
    d = Cells(4, 2)
    u = Cells(5, 2)
    a = Cells(6, 2)
    sa = Sin(a * 3.1415926 / 180)

    For r = 0 To r0 Step r0 / 100
       v = (p * 10000 + l * d * 1000 * g * sa) / _
           (4 * l * u) * (r0 * r0 - r * r)
       i = i + 1
       Cells(i, 3) = r
       Cells(i, 4) = v
    Next r

    vm = r0 * r0 * (p * 10000 + l * d * 1000 * g * sa) / (8 * l * u)
    Q = vm * r0 * r0 * 3.1415926
    Cells(8, 2) = vm
    Cells(9, 2) = Q
End Sub

Sub Strömung_zeigen()
    Columns("D:D").Select
    Charts.Add
    ActiveChart.ChartType = xlLine
    ActiveChart.SetSourceData Source:=Sheets("Strömung").Range("D1:D100"), _
        PlotBy:=xlColumns

'    ActiveChart.SeriesCollection(1).Name = "=""Strömungsgeschwindigkeit"""

    ActiveChart.Location Where:=xlLocationAsObject, Name:="Strömung"
    With ActiveChart
        .HasTitle = True
        .ChartTitle.Characters.Text = "Strömungsgeschwindigkeit"
        .Axes(xlCategory, xlPrimary).HasTitle = True
        .Axes(xlCategory, xlPrimary).AxisTitle.Characters.Text = "r [m]"
        .Axes(xlValue, xlPrimary).HasTitle = True
        .Axes(xlValue, xlPrimary).AxisTitle.Characters.Text = "v [m/s]"
    End With
    ActiveChart.HasDataTable = False
    ActiveChart.Legend.Select
    Selection.Delete
End Sub
```

**Beispiel 8.2 Laminare Rohrströmung**

In einem 5 m langen Rohr mit einem Innendurchmesser von 200 mm, das unter 20 Grad geneigt ist, fließt ein Medium mit einer Dichte von $\rho$=0,75 kg/dm$^3$, bei einer Druckdifferenz von 0,5 N/cm$^2$. Die dynamische Zähigkeit des Mediums beträgt 0,2 Ns/m$^2$.

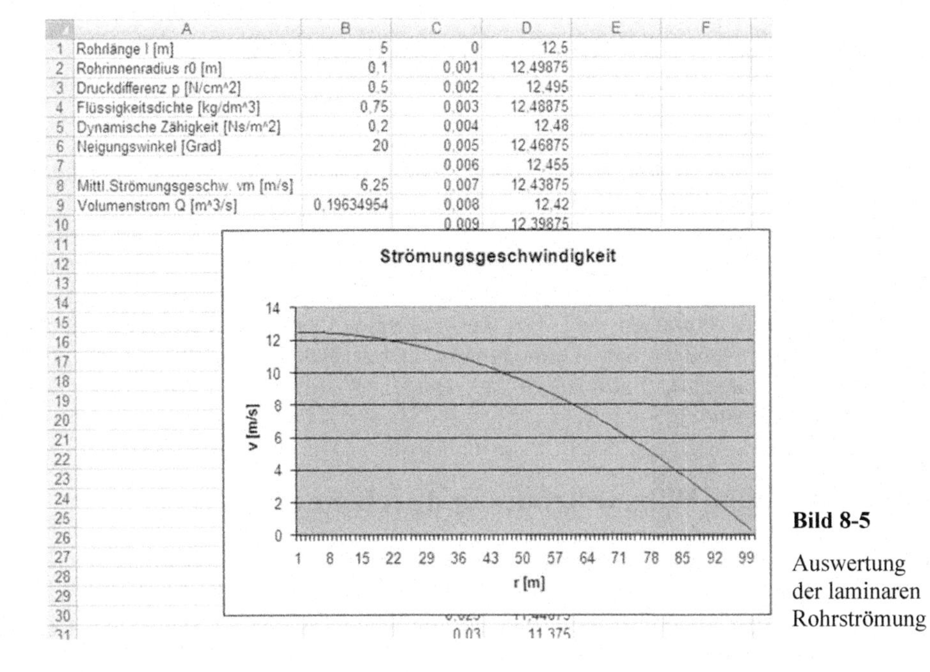

| | A | B | C | D | E | F |
|---|---|---|---|---|---|---|
| 1 | Rohrlänge l [m] | 5 | 0 | 12.5 | | |
| 2 | Rohrinnenradius r0 [m] | 0.1 | 0.001 | 12.49875 | | |
| 3 | Druckdifferenz p [N/cm^2] | 0.5 | 0.002 | 12.495 | | |
| 4 | Flüssigkeitsdichte [kg/dm^3] | 0.75 | 0.003 | 12.48875 | | |
| 5 | Dynamische Zähigkeit [Ns/m^2] | 0.2 | 0.004 | 12.48 | | |
| 6 | Neigungswinkel [Grad] | 20 | 0.005 | 12.46875 | | |
| 7 | | | 0.006 | 12.455 | | |
| 8 | Mittl.Strömungsgeschw. vm [m/s] | 6.25 | 0.007 | 12.43875 | | |
| 9 | Volumenstrom Q [m^3/s] | 0.19634954 | 0.008 | 12.42 | | |
| 10 | | | 0.009 | 12.39875 | | |
| 31 | | | 0.03 | 11.375 | | |



**Bild 8-5**

Auswertung der laminaren Rohrströmung

## Übung 8.2 Strömungsverluste

Ergänzen Sie die Berechnung um Strömungsverluste im glatten Rohr. Strömungsverluste entstehen auch bei Querschnitts- und Richtungsänderungen. Querschnittsänderungen können sprungartig oder stetig erfolgen. Für all diese Fälle gibt es Gleichungen. Ebenso über Strömungsverluste beim Ausfluss ins Freie durch untere oder seitliche Öffnungen in Behältern.

Von laminarer Spaltströmung spricht man, wenn sich die Flüssigkeit zwischen ebenen ruhenden Platten bewegt. Dabei ist die Geschwindigkeit konstant. Zur Überwindung der Reibung muss ein Druckgefälle existieren.

## Übung 8.3 Rohrströmung von gasförmigen Flüssigkeiten

Eine weitere Anwendung wäre die Berechnung von Druck- und Geschwindigkeitsverlauf bei einer Rohrströmung von gasförmigen Flüssigkeiten (Bild 8-6). Bei dieser Strömung liegt eine expandierende Strömung vor, da in Folge der meist hohen Strömungsgeschwindigkeiten, größere Druckverluste auftreten.

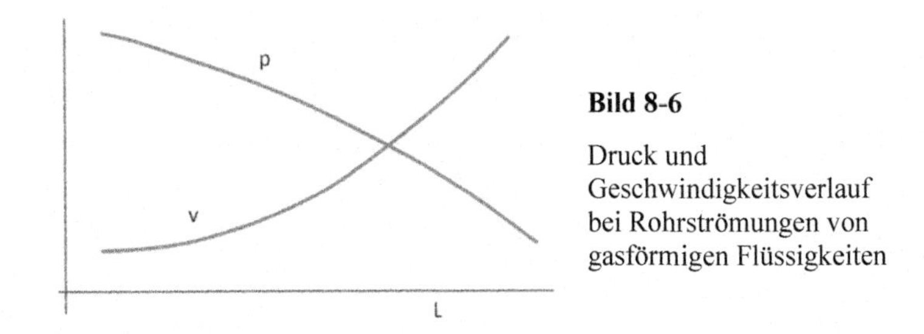



**Bild 8-6**

Druck und Geschwindigkeitsverlauf bei Rohrströmungen von gasförmigen Flüssigkeiten

# 9 Berechnungen aus der Thermodynamik

Die Thermodynamik befasst sich mit Wärmeprozessen, insbesondere der Umwandlung von Wärme in eine andere Energieform (oder umgekehrt). Die klassische Thermodynamik untersucht Gleichgewichtszustände, im Allgemeinen abgeschlossener Systeme, sowie die Zustandsänderungen beim Übergang von einem Gleichgewichtszustand in einen anderen, die mit einer Zu- beziehungsweise Abfuhr von Wärme oder mechanischer Energie (Arbeit) sowie Temperaturänderungen verbunden sind. Der Zustand eines thermodynamischen Systems im Gleichgewicht wird durch einen Satz thermodynamischer Zustandsgrößen (Temperatur, Druck, Volumen, Energie, Entropie, Enthalpie u. a.) festgelegt, die durch Zustandsgleichungen miteinander verknüpft sind.

## 9.1 Nichtstationäre Wärmeströmung durch eine Wand

Das Kriterium einer nichtstationären Wärmeströmung ist die örtliche Temperaturveränderung über die Zeit gesehen. Betrachtet werden feste Stoffe in der Form größerer Scheiben (Wände), so dass der Temperaturverlauf über der Fläche als konstant vorausgesetzt werden kann. Es soll uns hier nur der Temperaturverlauf durch die Wand und ihre zeitliche Veränderung interessieren.

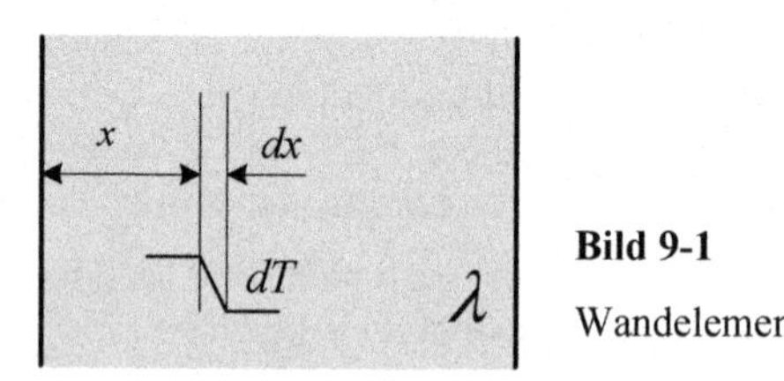


**Bild 9-1**

Wandelement

Nach der obigen Darstellung folgt für ein infinitesimales Wandelement dx mit der Wärmeleitzahl λ des Wandmaterials und der Wandfläche A, dass an der Stelle x der Wärmestrom

$$Q'_x = \lambda \cdot A \frac{dT}{dx} \tag{9.1}$$

austritt, während an der Stelle x + dx der Wärmestrom

$$Q'_{x+dx} = \lambda \cdot A \left( \frac{dT}{dx} + \frac{d^2T}{dx^2} dx \right) \tag{9.2}$$

von der Wand aufgenommen wird. Die so entstehende Wärmedifferenz

$$dQ'_x = \lambda \cdot A \frac{d^2T}{dx^2} dx \tag{9.3}$$

erhöht die Temperatur des Wandelements. Diese Wärmedifferenz kann auch durchaus negativ sein und damit eine Temperaturabnahme bedeuten. Die Wärmeaufnahme in der Zeit dt ist nach den Gesetzen der Thermodynamik

$$dQ' = c \cdot \lambda \cdot A \cdot dx \frac{dT}{dx}. \tag{9.4}$$

In dieser Gleichung ist c die spezifische Wärme und ρ die Dichte der Wand. Durch Gleichsetzung folgt

$$\frac{dT}{dt} = \frac{\lambda}{c \cdot \rho} \cdot \frac{d^2T}{dx^2} dx \tag{9.5}$$

Die Stoffkonstante in dieser Gleichung wird allgemein als Temperaturleitzahl bezeichnet

$$\alpha = \frac{\lambda}{c \cdot \rho}. \tag{9.6}$$

Mittels Euler-Cauchy wird auch hier wieder der Differentialquotient durch den Differenzenquotienten ersetzt

$$\frac{\Delta_t T}{\Delta t} = \alpha \frac{\Delta_x^2 T}{\Delta x^2}. \tag{9.7}$$

Mit der gewählten Schrittweite Δx und der gewählten Zeitdifferenz Δt herrscht an der Stelle i·Δx zu der Zeit k·Δt die Temperatur

$$T(i \cdot \Delta x, k \cdot \Delta t) = T_{i,k}. \tag{9.8}$$

Diese verkürzte Schreibweise werden wir weiter benutzen und durch Einsetzen der Differenzen

$$\Delta_t T = T_{i,k+1} - T_{i,k} \tag{9.9}$$

$$\Delta_x T = T_{i+1,k} - T_{i,k} \tag{9.10}$$

$$\Delta_x^2 T = T_{i+1,k} + T_{i-1,k} - 2 \cdot T_{i,k} \tag{9.11}$$

ergibt sich die Rekursionsformel

$$T_{i,k+1} - T_{i,k} = \alpha \frac{\Delta t}{\Delta x^2} (T_{i+1,k} + T_{i-1,k} - 2 \cdot T_{i,k}). \tag{9.12}$$

Damit ist bei gegebener Temperaturverteilung Ti,k in der Wand die Verteilung Ti,k+1 angenähert berechenbar. Wählt man in dieser Gleichung

$$\alpha \frac{\Delta t}{\Delta x^2} = \frac{1}{2}, \tag{9.13}$$

so folgt aus der Gleichung (9.12)

$$T_{i,k+1} = \frac{1}{2}\left(T_{i+1,k} + T_{i-1,k}\right). \tag{9.14}$$

Also dem arithmetischen Mittel zum Zeitpunkt k Δt. Mit $T_i$ als Innentemperatur des Fluides mit dem Wärmekoeffizienten $\alpha_i$ und der Temperatur $T_0$ der Oberfläche (bei x=0) gilt

$$(T_0 - T_i) = \frac{\lambda}{\alpha}\left(\frac{\Delta T}{\Delta x}\right). \tag{9.15}$$

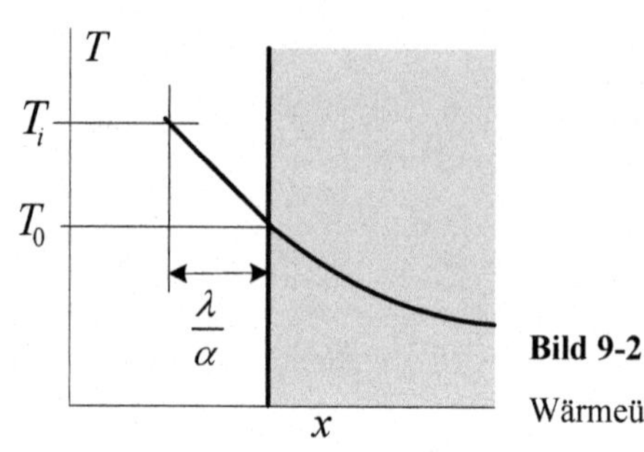


**Bild 9-2**

Wärmeübergang

Gemäß dem Differenzenverfahren denkt man sich die Wand in viele Scheiben der Dicke $\Delta$x zerlegt, in deren Mitte jeweils die Temperaturen $T_{1,k}$, $T_{2,k}$, ... herrschen. Zur Erfüllung der Randbedingungen ergänzt man die Wandscheiben um eine weitere Hilfsscheibe mit der Temperatur $T_{-1}$. Zwischen -1 und 1 wird Wärme nur durch Wärmeleitung übertragen. Damit gilt die Gleichung nach (9.14)

$$T_0 = \frac{1}{2}(T_1 + T_{-1}). \tag{9.16}$$

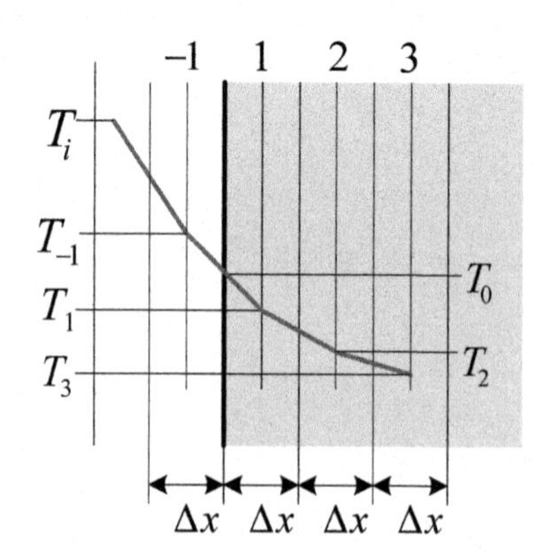


**Bild 9-3**

Schichtmodell

Die Hilfstemperatur $T_{-1}$ ergibt sich aus der Energiebilanz

$$\alpha(T_0 - T_i) = \frac{\lambda}{\frac{\Delta x}{2}}(T_1 - T_0) \tag{9.17}$$

und durch Gleichsetzung

$$T_{-1} = \frac{\beta - 1}{1 + \beta} T_1 + \frac{2}{1 + \beta} T_i \tag{9.18}$$

mit

$$\beta = \frac{2 \cdot \lambda}{\alpha \cdot \Delta x}. \tag{9.19}$$

**Aufgabe 9.1 Berechnung einer stationären Wärmeströmung durch eine Wand**

Das Programm soll den Temperaturverlauf in einer Wand nach endlichen Zeitintervallen bestimmen und grafisch ausgeben.

**Tabelle 9-1** Struktogramm zur Berechnung einer nichtstationären Wärmeströmung

| Eingabe von Wandstärke x, Unterteilung n, Wärmeleitfähigkeit λ, Spez. Wärmekapazität c, Dichte ρ, Wärmeübergangszahlen α Innen und Außen |
|---|
| $\Delta x = \frac{x}{n}$ |
| $\alpha = \frac{\lambda}{c \cdot \rho}$ |
| $\Delta t = \frac{\Delta x^2}{2 \cdot \alpha}$ |
| Aufbau des Eingabeformulars Starttemperaturen |
| Manuelle Eingabe der Daten |
| Einlesen der Startwerte |
| Hilfsgrößen<br>$\beta_i = \frac{2 \cdot \lambda}{\alpha_i \cdot \Delta x}$<br>$\beta_a = \frac{2 \cdot \lambda}{\alpha_a \cdot \Delta x}$ |
| Berechnung der Hilfstemperaturen $T_{-1}$ und $T_{n+2}$<br>$T_{-1} = \frac{\beta_i - 1}{1 + \beta_i} T_1 + \frac{2}{1 + \beta_i} T_i$<br>$T_{n+2} = \frac{\beta_a - 1}{1 + \beta_a} T_{n+1} + \frac{2}{1 + \beta_a} T_a$ |
| Berechnung der Wandtemperaturen $T_{0i}$ und $T_{0a}$<br>$T_{0i} = \frac{1}{2}(T_1 + T_{-1})$ |

$$T_{0a} = \frac{1}{2}\left(T_{n+1} + T_{n+2}\right)$$

Für eine vorgegebene Anzahl Schritte mit Δt

$$t = t + \Delta t$$

Berechnung der Hilfstemperaturen $T_{-1}$ und $T_{n+2}$

$$T_{-1} = \frac{\beta_i - 1}{1+\beta_i} T_1 + \frac{2}{1+\beta_i} T_i$$

$$T_{n+2} = \frac{\beta_a - 1}{1+\beta_a} T_{n+1} + \frac{2}{1+\beta_a} T_a$$

Für alle i=2 bis n+1

$$T_{i,neu} = \frac{1}{2}\left(T_{i+1,alt} + T_{i-1,alt}\right)$$

Übernahme der neuen Daten als alte Daten

Berechnung der Wandtemperaturen $T_{0i}$ und $T_{0a}$

$$T_{0i} = \frac{1}{2}\left(T_1 + T_{-1}\right)$$

$$T_{0a} = \frac{1}{2}\left(T_{n+1} + T_{n+2}\right)$$

Ausgabe der Temperaturen

**Codeliste 9-1** Prozeduren in der Tabelle tblWandtemperatur

```
Option Explicit
Sub Wandtemperatur_Formblatt()
   Dim MyDoc As Object
   Dim Shp As Shape
   Set MyDoc = ThisWorkbook.Worksheets("Wandtemperatur")
   MyDoc.Activate
   MyDoc.Cells.Clear
'
'alle Charts löschen
   For Each Shp In MyDoc.Shapes
      Shp.Delete
   Next
'Neue Beschriftung
   Range("A1") = "Wandstärke x [m]"
   Range("A2") = "Schrittanzahl n (max=95)"
   Range("A3") = "Wärmeleitfähigkeit L [W/m K]"
   Range("A4") = "Spez. Wärmekapazität c [kJ/kg K]"
   Range("A5") = "Dichte d [kg/" + Chrw(179) + "m]"
   Range("A6") = "Wärmeübergangszahl-Innen  a1 [W/m" + Chrw(178) + " grd]"
   Range("A7") = "Wärmeübergangszahl-Aussen a2 [W/m" + Chrw(178) + " grd]"
   Columns("A:B").EntireColumn.AutoFit
End Sub
```

```
Sub Wandtemperatur_Testdaten()
   Cells(1, 2) = 1
   Cells(2, 2) = 10
   Cells(3, 2) = 1.2
   Cells(4, 2) = 1
   Cells(5, 2) = 2000
   Cells(6, 2) = 8
   Cells(7, 2) = 5
End Sub

Sub Wandtemperatur_Verlauf()
   Dim t(99) As Double, tx(99) As Double
   Dim x As Double, L As Double, c As Double, d As Double, Ti As Double
   Dim Ta As Double, T7 As Double, Tmin As Double, Tmax As Double
   Dim a As Double, a1 As Double, a2 As Double, dx As Double
   Dim dt As Double, tt As Double, xi As Double, g As Double
   Dim n As Integer, i As Integer, j As Integer, an As Integer
   tt = 0
'
'Daten
   x = Cells(1, 2)
   n = Cells(2, 2)
   L = Cells(3, 2)
   c = Cells(4, 2)
   d = Cells(5, 2)
   Ti = Cells(8, 2)
   Ta = Cells(9, 2)
'
'Bestimmung der Schrittweiten
   If n = 0 Then
      dx = 0
   Else
      dx = x / n
   End If
   a = L / (c * d)
   If a = 0 Then
      dt = 0
   Else
      dt = (dx * dx) / (2 * a)
   End If
'
'Temperaturverteilung
   Range("C:" + Chr$(66 + n + 4)).ColumnWidth = 6
   Columns("C:" + Chr$(66 + n + 4)).Select
   Selection.NumberFormat = "0.0"
   Range("A13") = "Temperatur (an der Stelle x)"
   Range("B14") = "Zeit"
   Range("A14") = "Eingabe Start-Temperaturverlauf "
   Range("B14") = 0
   Cells(13, 3) = "Ti"
   Cells(13, 4) = "T(0)"
   For i = 1 To n
      xi = (i - 0.5) * dx
      Cells(13, 4 + i) = "T(" + LTrim(Str(xi)) + ")"
   Next i
   Cells(13, 4 + n + 1) = "T(" + LTrim(Str(x)) + ")"
   Cells(13, 4 + n + 2) = "Ta"
   Range("C14").Select
   Range("A10") = "Anzahl der Durchläufe"
End Sub
```

```
Sub Wandtemperatur_Auswertung()
   Dim t(99) As Double, tx(99) As Double
   Dim x As Double, L As Double, c As Double, d As Double, Ti As Double
   Dim Ta As Double, T7 As Double, Tmin As Double, Tmax As Double
   Dim a As Double, a1 As Double, a2 As Double, b1 As Double, b2 As Double
   Dim dx As Double, dt As Double, tt As Double, xi As Double, g As Double
   Dim n As Integer, i As Integer, j As Integer, an As Integer
   tt = 0
'Daten
   x = Cells(1, 2)
   n = Cells(2, 2)
   L = Cells(3, 2)
   c = Cells(4, 2)
   d = Cells(5, 2)
   a1 = Cells(6, 2)
   a2 = Cells(7, 2)
   Ti = Cells(8, 2)
   Ta = Cells(9, 2)
'Bestimmung der Schrittweiten
   If n = 0 Then
      dx = 0
   Else
      dx = x / n
   End If
   a = L / (c * d)
   If a = 0 Then
      dt = 0
   Else
      dt = (dx * dx) / (2 * a)
   End If
'Einlesen und Hilfspunkte
   Ti = Cells(14, 3)
   Ta = Cells(14, 3 + n + 3)
   For i = 2 To n + 1
      t(i) = Cells(14, 3 + i)
   Next i
   b1 = (2 * L) / (a1 * dx)
   b2 = (2 * L) / (a2 * dx)
   t(1) = (b1 - 1) / (1 + b1) * t(2) + 2 / (1 + b1) * Ti
   t(n + 2) = (b2 - 1) / (1 + b2) * t(n + 1) + 2 / (1 + b2) * Ta
   Cells(14, 3 + 1) = (t(1) + t(2)) / 2
   Cells(14, 3 + n + 2) = (t(n + 1) + t(n + 2)) / 2
'Berechnung der zeitlichen Veränderungen
   an = Cells(10, 2)
   tt = 0
   For i = 1 To an
      tt = tt + dt
      t(1) = (b1 - 1) / (1 + b1) * t(2) + 2 / (1 + b1) * Ti
      t(n + 2) = ((b2 - 1) / (1 + b2)) * t(n + 2) + (2 / (1 + b2)) * Ta
      tx(1) = t(1)
      tx(n + 2) = t(n + 2)
      For j = 2 To n + 1
         tx(j) = (t(j + 1) + t(j - 1)) / 2
      Next j
      For j = 1 To n + 2
         t(j) = tx(j)
      Next j
      Cells(14 + i, 2) = Int(tt * 10) / 10
      Cells(14 + i, 3) = Ti
      Cells(14 + i, 3 + 1) = (t(1) + t(2)) / 2
      For j = 2 To n + 1
         Cells(14 + i, 3 + j) = t(j)
```

```
      Next j
      Cells(14 + i, 3 + n + 2) = (t(n + 1) + t(n + 2)) / 2
      Cells(14 + i, 3 + n + 3) = Ta
   Next i
End Sub

Sub Wandtemperatur_Zeigen()
   Dim i As Integer
   Charts.Add
   ActiveChart.ChartType = xlLineMarkers
   ActiveChart.SetSourceData Source:=Sheets("Wandtemperatur"). _
            Range("C14:P14"), PlotBy:=xlRows
   For i = 1 To 19
      ActiveChart.SeriesCollection.NewSeries
   Next i
   For i = 1 To 19
      ActiveChart.SeriesCollection(i).Values = _
         "=Wandtemperatur!R" + LTrim(Str(14 + i)) + "C3:R" + _
                  LTrim(Str(14 + i)) + "C16"
   Next i
   ActiveChart.Location Where:=xlLocationAsObject, Name:="Wandtemperatur"
    With ActiveChart
        .HasTitle = True
        .ChartTitle.Characters.Text = "Zeitlicher Temperaturverlauf"
        .Axes(xlCategory, xlPrimary).HasTitle = True
        .Axes(xlCategory, xlPrimary).AxisTitle.Characters.Text = "x [m]"
        .Axes(xlValue, xlPrimary).HasTitle = True
        .Axes(xlValue, xlPrimary).AxisTitle.Characters.Text = "T [K]"
    End With
    ActiveChart.Legend.Select
    Selection.Delete
End Sub
```

Für die Berechnung wird ein Tabellenblatt *tblWandtemperatur* angelegt.

**Beispiel 9.1 Berechnung einer stationären Wärmeströmung durch eine Wand**

Ein großer Behälter hat 1 m Wandstärke. Sein Material hat eine Wärmeleitfähigkeit $\lambda = 1{,}2$ W/(m K). Die spezifische Wärmekapazität beträgt $c = 1$ kJ/(kg K) und die Dichte $\rho = 2000$ kg/dm³. Während der Behälter gleichförmig 40 Grad Celsius hat, wird ein Fluid von 80 Grad Celsius eingefüllt. Danach kommt der Behälter in eine Umgebungstemperatur von 20 Grad Celsius. Welcher Temperaturverlauf stellt sich mit der Zeit ein? Die Wärmeübergangszahlen sind für innen $\alpha = 8$ W/(m² K) und außen $\alpha = 5$ W/(m² K).

Nachfolgend ist in Bild 9-4 die Auswertung zu sehen.

**Übung 9.1 Wärmeströmung durch mehrschichtige Wände**

Oft ist nach den Wärmemengen gefragt, die durch Wände übertragen werden. Erstellen Sie auf einem Arbeitsblatt eine solche Berechnung und berücksichtigen Sie dabei auch Wände, die aus mehreren Schichten unterschiedlichen Materials bestehen.

**Übung 9.2 Mehrdimensionale Wärmeströmung**

Strömt Wärme nicht nur in einer Richtung, so ergibt sich aus Gleichung 9.3 unter Berücksichtigung aller drei Koordinatenanteile die Differentialgleichung

$$\frac{\vartheta T}{\vartheta t} = a\left(\frac{\vartheta^2 T}{\vartheta x^2} + \frac{\vartheta^2 T}{\vartheta y^2} + \frac{\vartheta^2 T}{\vartheta z}\right). \tag{9.20}$$

Sonderfälle dieser Gleichung sind der Wärmefluss in einem Zylinder mit dem Radius r, bei dem die z-Richtung vernachlässigt werden kann

$$\frac{\vartheta T}{\vartheta t} = a\left(\frac{\vartheta^2 T}{\vartheta r^2} + \frac{1}{r} \cdot \frac{\vartheta T}{\vartheta r}\right) \tag{9.21}$$

und der Wärmefluss in einer Kugel mit dem Radius r

$$\frac{\vartheta T}{\vartheta t} = a\left(\frac{\vartheta^2 T}{\vartheta r^2} + \frac{2}{r} \cdot \frac{\vartheta T}{\vartheta r}\right) \tag{9.22}$$

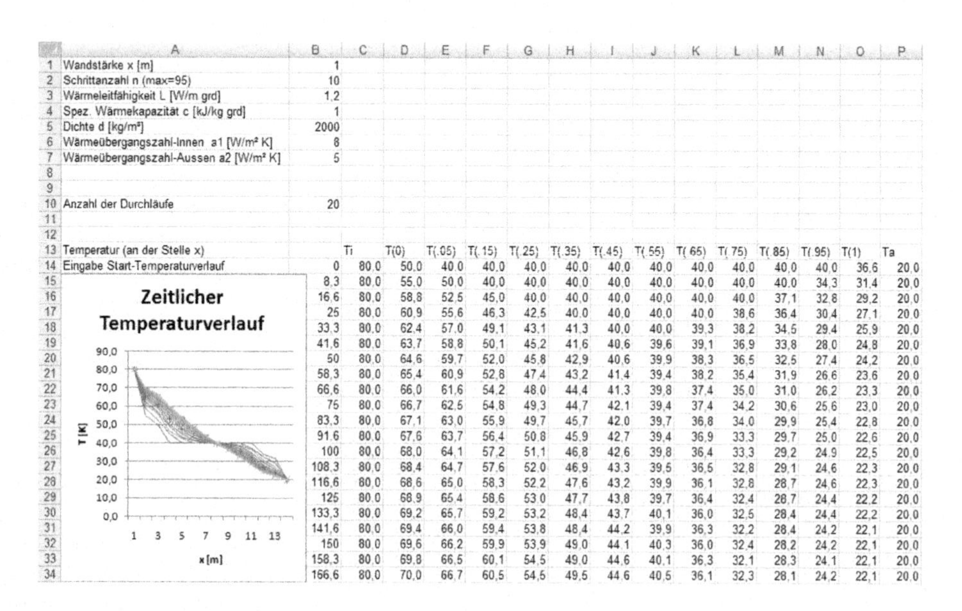

| | A | B | C | D | E | F | G | H | I | J | K | L | M | N | O | P |
|---|---|---|---|---|---|---|---|---|---|---|---|---|---|---|---|---|
| 1 | Wandstärke x [m] | 1 | | | | | | | | | | | | | | |
| 2 | Schrittanzahl n (max=95) | 10 | | | | | | | | | | | | | | |
| 3 | Wärmeleitfähigkeit L [W/m grd] | 1,2 | | | | | | | | | | | | | | |
| 4 | Spez. Wärmekapazität c [kJ/kg grd] | 1 | | | | | | | | | | | | | | |
| 5 | Dichte d [kg/m³] | 2000 | | | | | | | | | | | | | | |
| 6 | Wärmeübergangszahl-Innen a1 [W/m² K] | 8 | | | | | | | | | | | | | | |
| 7 | Wärmeübergangszahl-Aussen a2 [W/m² K] | 5 | | | | | | | | | | | | | | |
| 8 | | | | | | | | | | | | | | | | |
| 9 | | | | | | | | | | | | | | | | |
| 10 | Anzahl der Durchläufe | 20 | | | | | | | | | | | | | | |
| 11 | | | | | | | | | | | | | | | | |
| 12 | | | | | | | | | | | | | | | | |
| 13 | Temperatur (an der Stelle x) | | Ti | T(0) | T(.05) | T(.15) | T(.25) | T(.35) | T(.45) | T(.55) | T(.65) | T(.75) | T(.85) | T(.95) | T(1) | Ta |
| 14 | Eingabe Start-Temperaturverlauf | 0 | 80,0 | 50,0 | 40,0 | 40,0 | 40,0 | 40,0 | 40,0 | 40,0 | 40,0 | 40,0 | 40,0 | 40,0 | 36,6 | 20,0 |
| 15 | | 8,3 | 80,0 | 55,0 | 50,0 | 40,0 | 40,0 | 40,0 | 40,0 | 40,0 | 40,0 | 40,0 | 40,0 | 34,3 | 31,4 | 20,0 |
| 16 | | 16,6 | 80,0 | 58,8 | 52,5 | 45,0 | 40,0 | 40,0 | 40,0 | 40,0 | 40,0 | 40,0 | 37,1 | 32,8 | 29,2 | 20,0 |
| 17 | | 25 | 80,0 | 60,9 | 55,6 | 46,3 | 42,5 | 40,0 | 40,0 | 40,0 | 40,0 | 38,6 | 36,4 | 30,4 | 27,1 | 20,0 |
| 18 | | 33,3 | 80,0 | 62,4 | 57,0 | 49,1 | 43,1 | 41,3 | 40,0 | 40,0 | 39,3 | 38,2 | 34,5 | 29,4 | 25,9 | 20,0 |
| 19 | | 41,6 | 80,0 | 63,7 | 58,8 | 50,1 | 45,2 | 41,6 | 40,6 | 39,6 | 39,1 | 36,9 | 33,8 | 28,0 | 24,8 | 20,0 |
| 20 | | 50 | 80,0 | 64,6 | 59,7 | 52,0 | 45,8 | 42,9 | 40,6 | 39,9 | 38,3 | 36,5 | 32,5 | 27,4 | 24,2 | 20,0 |
| 21 | | 58,3 | 80,0 | 65,4 | 60,9 | 52,8 | 47,4 | 43,2 | 41,4 | 39,4 | 38,2 | 35,4 | 31,9 | 26,6 | 23,6 | 20,0 |
| 22 | | 66,6 | 80,0 | 66,0 | 61,6 | 54,2 | 48,0 | 44,4 | 41,3 | 39,8 | 37,4 | 35,0 | 31,0 | 26,2 | 23,3 | 20,0 |
| 23 | | 75 | 80,0 | 66,7 | 62,5 | 54,8 | 49,3 | 44,7 | 42,1 | 39,4 | 37,4 | 34,2 | 30,6 | 25,6 | 23,0 | 20,0 |
| 24 | | 83,3 | 80,0 | 67,1 | 63,0 | 55,9 | 49,7 | 45,7 | 42,0 | 39,7 | 36,8 | 34,0 | 29,9 | 25,4 | 22,8 | 20,0 |
| 25 | | 91,6 | 80,0 | 67,6 | 63,7 | 56,4 | 50,8 | 45,9 | 42,7 | 39,4 | 36,9 | 33,3 | 29,7 | 25,0 | 22,6 | 20,0 |
| 26 | | 100 | 80,0 | 68,0 | 64,1 | 57,2 | 51,1 | 46,8 | 42,6 | 39,8 | 36,4 | 33,3 | 29,2 | 24,9 | 22,5 | 20,0 |
| 27 | | 108,3 | 80,0 | 68,4 | 64,7 | 57,6 | 52,0 | 46,9 | 43,3 | 39,5 | 36,5 | 32,8 | 29,1 | 24,6 | 22,3 | 20,0 |
| 28 | | 116,6 | 80,0 | 68,6 | 65,0 | 58,3 | 52,2 | 47,6 | 43,2 | 39,9 | 36,1 | 32,8 | 28,7 | 24,6 | 22,3 | 20,0 |
| 29 | | 125 | 80,0 | 68,9 | 65,4 | 58,6 | 53,0 | 47,7 | 43,8 | 39,7 | 36,4 | 32,4 | 28,7 | 24,4 | 22,2 | 20,0 |
| 30 | | 133,3 | 80,0 | 69,2 | 65,7 | 59,2 | 53,2 | 48,4 | 43,7 | 40,1 | 36,0 | 32,5 | 28,4 | 24,4 | 22,2 | 20,0 |
| 31 | | 141,6 | 80,0 | 69,4 | 66,0 | 59,4 | 53,8 | 48,4 | 44,2 | 39,9 | 36,3 | 32,2 | 28,4 | 24,2 | 22,1 | 20,0 |
| 32 | | 150 | 80,0 | 69,6 | 66,2 | 59,9 | 53,9 | 49,0 | 44,1 | 40,3 | 36,0 | 32,4 | 28,2 | 24,2 | 22,1 | 20,0 |
| 33 | | 158,3 | 80,0 | 69,8 | 66,5 | 60,1 | 54,5 | 49,0 | 44,6 | 40,1 | 36,3 | 32,1 | 28,3 | 24,1 | 22,1 | 20,0 |
| 34 | | 166,6 | 80,0 | 70,0 | 66,7 | 60,5 | 54,5 | 49,5 | 44,6 | 40,5 | 36,1 | 32,3 | 28,1 | 24,2 | 22,1 | 20,0 |



**Bild 9-4** Auswertung des Testbeispiels

## 9.2 Der Carnotsche Kreisprozess für ideale Gase

Bevor wir uns mit einem Kreisprozess beschäftigen können, müssen wir einige grundlegende Begriffe und Zustandsänderungen einführen.

### 9.2.1 Allgemeine Zustandsgleichungen für Gase und Gasgemische

Die meisten technischen Vorgänge beruhen auf Zustandsänderungen von Gasen, Gasgemischen und Dämpfen, nachfolgend vereinfacht als Gase bezeichnet. Diese werden im jeweiligen Zustand durch die Größen absolute Temperatur T, spezifisches Volumen v, und Druck p bestimmt. Für eine Änderung von Zustand 1 nach Zustand 2 gilt die allgemeine Zustandsgleichung für Gase

$$\frac{p_1 \cdot v_1}{T_1} = \frac{p_2 \cdot v_2}{T_2} = R. \tag{9.23}$$

Darin ist R die allgemeine Gaskonstante, die natürlich für Gase und Gasgemische unterschiedlich ist. Das spezifische Volumen v ist definiert als Quotient von Volumen zur Masse des Gases

$$v = \frac{V}{m} \tag{9.24}$$

Wird einem Gas Wärme zu- oder abgeführt, so steigt oder sinkt dessen Temperatur. Die Wärmemenge zur Erhöhung der Temperatur von $t_1$ auf $t_2$ für ein Gas von der Masse m berechnet sich aus

$$Q = m \cdot c(t_2 - t_1). \tag{9.25}$$

Darin ist c die spezifische Wärmekapazität des Gases. Diese physikalische Eigenschaft eines Stoffes gibt an, wie viel Wärmeenergie notwendig ist, um 1 kg eines Stoffes um 1 K zu erhöhen. Insbesondere bei Gasen hängt die Wärmekapazität auch von äußeren Bedingungen ab. So unterscheidet man die Wärmekapazität bei konstantem Druck $c_p$ und die bei konstantem Volumen $c_v$. In erster Näherung gilt

$$c_p = c_v \cdot R. \tag{9.26}$$

Der Quotient

$$\chi = \frac{c_p}{c_v} \tag{9.27}$$

wird als Adiabatenexponent bezeichnet. Außerdem verändert sich der Wert c mit der Temperatur t. Zur vereinfachten Berechnung benutzt man daher eine mittlere spez. Wärmekapazität $c_m$.

Technische Maschinen sind dadurch gekennzeichnet, dass sie periodisch arbeitende Volumenräume erzeugen. Verschiebt sich z. B. ein Kolben in einem Zylinder, so ändern sich allgemein p, v und T gleichzeitig. Die dabei notwendige Arbeit wird als Raumänderungsarbeit bezeichnet und ist definiert

$$W = \int_{V_1}^{V_2} p \cdot dV \tag{9.28}$$

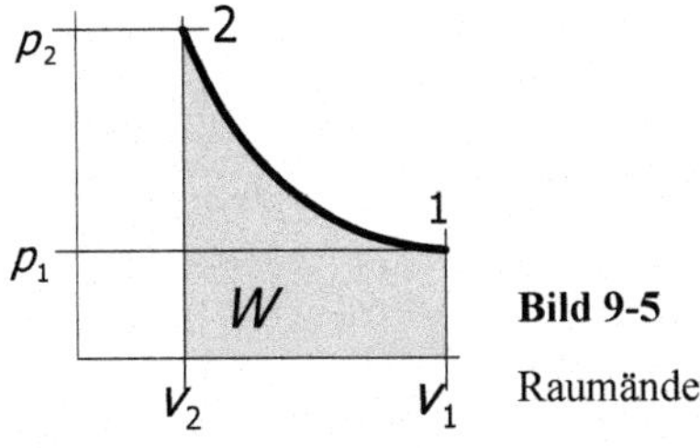


**Bild 9-5**

Raumänderungsarbeit

Die durch ein periodisches Arbeitsspiel gewonnene Energie bezeichnet man als technische Arbeit und sie definiert sich aus

$$W_t = -\int_1^2 V \cdot dp \tag{9.29}$$

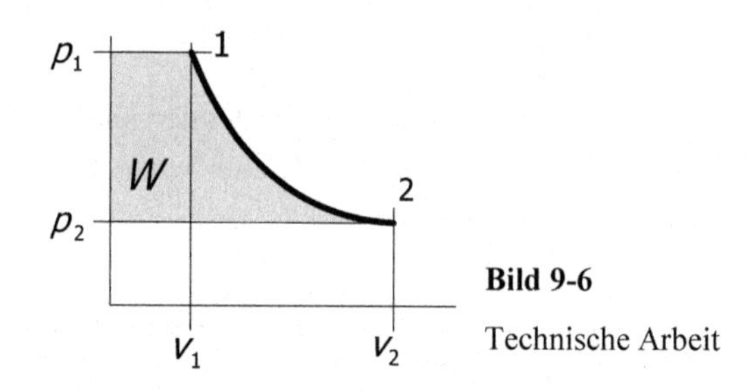


**Bild 9-6**

Technische Arbeit

### 9.2.2 Isochore Zustandsänderung

Wir betrachten eine Zustandsänderung bei gleich bleibendem Raum. Da das Volumen konstant bleibt und mithin $v_1 = v_2$ ist, gilt hier

$$\frac{p_1}{p_2} = \frac{T_1}{T_2} \tag{9.30}$$

Folglich steigt der Druck bei Temperaturerhöhung und umgekehrt.

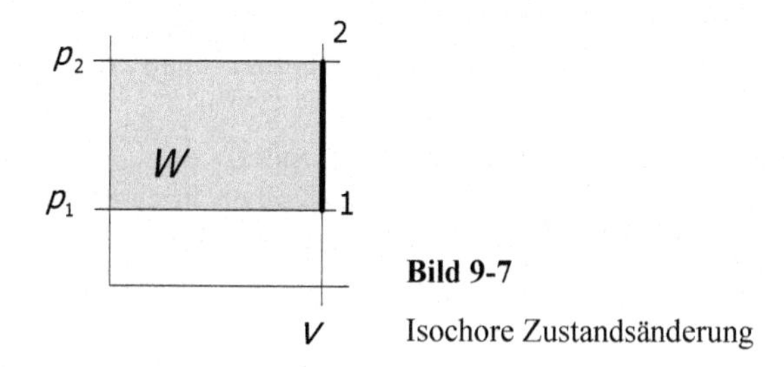


**Bild 9-7**

Isochore Zustandsänderung

Die Raumänderungsarbeit ist, da dv = 0

$$W = \int_1^2 p \cdot dv = 0\,. \tag{9.31}$$

Die technische Arbeit ist

$$W_t = -\int_1^2 v \cdot dp = v(p_1 - p_2)\,. \tag{9.32}$$

Die Wärmemenge zur Temperaturerhöhung von $T_1$ auf $T_2$ berechnet sich über die spezifische Wärmekapazität c des Gases aus

$$Q = c_{vm}(t_2 - t_1)\,. \tag{9.33}$$

### 9.2.3 Isobare Zustandsänderung

Wir betrachten eine Zustandsänderung bei gleich bleibendem Druck. Folglich gilt

$$\frac{v_1}{v_2} = \frac{T_1}{T_2} \tag{9.34}$$

Folglich wird das Volumen bei Erwärmung größer und umgekehrt.

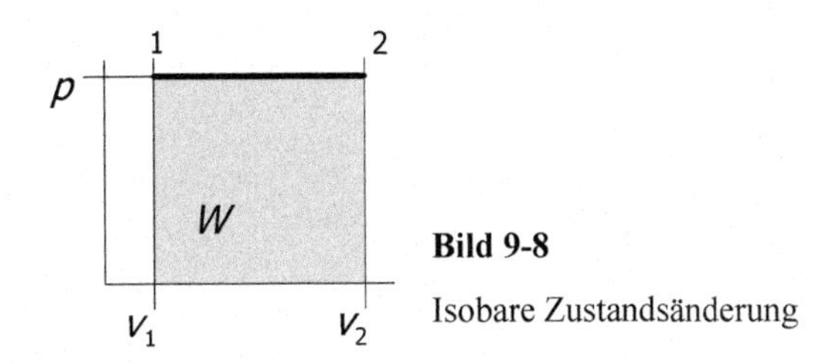


**Bild 9-8**

Isobare Zustandsänderung

Die Raumänderungsarbeit beträgt bei einer Erwärmung von $T_1$ auf $T_2$

$$W = p(v2 - v1)\,. \tag{9.35}$$

Hingegen ist die technische Arbeit mit dp = 0

$$W_t = -\int v \cdot dp = 0\,. \tag{9.36}$$

Die Wärmemenge zur Temperaturerhöhung von $T_1$ auf $T_2$ berechnet sich über die spezifische Wärmekapazität $c_{pm}$ des Gases aus

$$Q = c_{pm}(t2 - t1) \tag{9.37}$$

### 9.2.4 Isotherme Zustandsänderung

Wir betrachten eine Zustandsänderung bei gleich bleibender Temperatur. Folglich gilt

$$p_1 \cdot v_1 = p_2 \cdot v_2 = p \cdot v = kons\tan t \tag{9.38}$$

Bei gleich bleibender Temperatur verhalten sich die Volumen umgekehrt zu den Drücken. Die Raumänderungsarbeit ergibt sich durch Einsetzen von Gleichung (9.33) in Gleichung (9.23) zu

$$W = p_1 \cdot v_1 \int_1^2 \frac{dv}{v} = p_1 \cdot V_1 \cdot \ln \frac{v_2}{v_1} = p_1 \cdot V_1 \cdot \ln \frac{p_1}{p_2}\,. \tag{9.39}$$

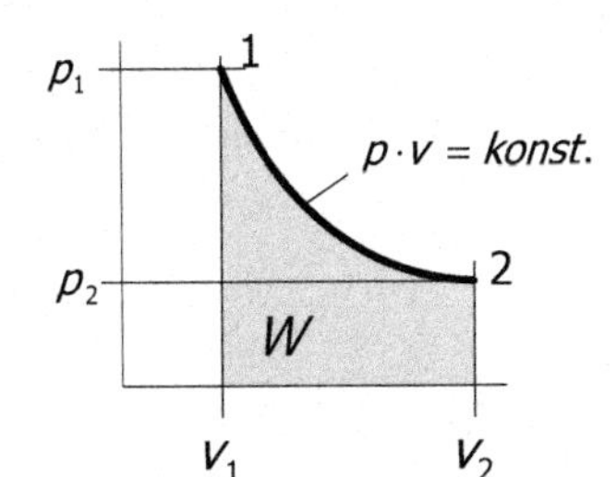


**Bild 9-9**

Isotherme Zustandsänderung

Für die Wärmemenge folgt, da $T_1=T_2$ ist

$$Q = W. \tag{9.40}$$

Bei isothermer Zustandsänderung entspricht die Raumänderungsarbeit der Wärmemenge.

### 9.2.5 Adiabatische Zustandsänderung

Wir betrachten eine Zustandsänderung ohne Wärmezufuhr und Wärmeentzug. Folglich entstammt die gesamte zu verrichtende Raumänderungsarbeit der inneren Energie des Gases.

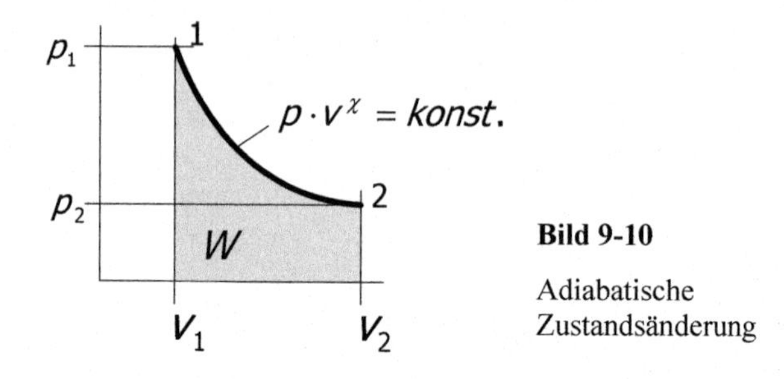


**Bild 9-10**

Adiabatische Zustandsänderung

Die Adiabate verläuft steiler als die Isotherme und hier gilt die Gesetzmäßigkeit

$$p_1 \cdot v_1^{\chi} = p_2 \cdot v_2^{\chi}. \tag{9.41}$$

Darin ist $\chi$ das Verhältnis der spezifischen Wärmekapazitäten

$$\chi = \frac{c_p}{c_v}. \tag{9.42}$$

Nach der allgemeinen Zustandsgleichung (9.20) gilt außerdem

$$\frac{v_2}{v_1} = \left(\frac{T_1}{T_2}\right)^{\frac{1}{\chi-1}} \tag{9.43}$$

und

$$\frac{p_1}{p_2} = \left(\frac{T_1}{T_2}\right)^{\frac{\chi}{\chi-1}}. \tag{9.44}$$

Die Raumänderungsarbeit erfolgt ausschließlich zu Lasten der inneren Energie und ist

$$W = \frac{1}{\chi-1}\left(p_1 \cdot V_1 - p_2 \cdot V_2\right). \tag{9.45}$$

### 9.2.6 Der Carnotsche Kreisprozess

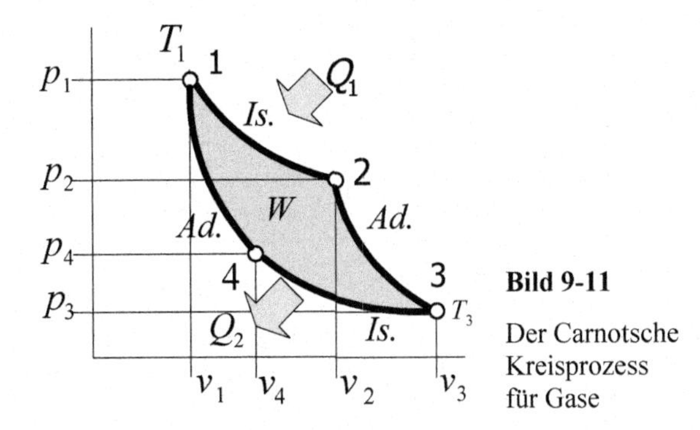


**Bild 9-11**

Der Carnotsche Kreisprozess für Gase

Der von Carnot als idealer für die günstigste Wärmeausnutzung bezeichnete Kreisprozess, besteht aus zwei Isothermen und zwei Adiabaten (Bild 9-11). Die Wärmezufuhr erfolgt bei der isothermen Zustandsänderung von 1 nach 2 und die Wärmeabgabe bei der isothermen Zustandsänderung von 3 nach 4.

**Aufgabe 9.2 Berechnung von Kreisprozessen**

Mit Hilfe verschiedener Zustandsänderungen, die hintereinander ausgeführt werden, soll eine Energiebilanz aufgestellt werden.

**Tabelle 9-2** Struktogramm zur Berechnung eines Kreisprozesses

<table>
<tr><td colspan="3">Eingabe von Masse m, Gaskonstante R, Adiabatenexponent $\chi$ und Schrittanzahl</td></tr>
<tr><td colspan="3">Eingabe der Zustandsdaten (hintereinander so weit bekannt)<br>Nr., Art der Zustandsänderung (Is, Ad,…), p, v, T</td></tr>
<tr><td colspan="3">W=0, Wt=0, Q=0 Initialisierung der Energien</td></tr>
<tr><td rowspan="5">Für alle Zustandsänderungen</td><td colspan="2">$v_1 = \frac{R \cdot T_1}{p_1}$</td></tr>
<tr><td rowspan="4">Nach Art der Zustandsänderung</td><td>Isotherme</td></tr>
<tr><td>$T_2 = T_1$</td></tr>
<tr><td>$Q = R \cdot T_1 \cdot \ln\left(\frac{p_1}{p_2}\right)$</td></tr>
<tr><td>$\Delta p = \frac{p_2 - p_1}{2}$</td></tr>
</table>

$p_x = p_1; v_x = v_1$

p = $p_1$ + $\Delta p$
bis $p_2$ um $\Delta p$

$$v = \frac{p_1 \cdot v_1}{p}$$

$$W = (v - v_x)\frac{p + p_x}{2}$$

$$Wt = (p - p_x)\frac{v + v_x}{2}$$

$$Q = W$$

Ausgabe p, v, W, Wt, Q

Adiabate

$$\Delta p = \frac{p_2 - p_1}{2}$$

$p_x = p_1; v_x = v_1$

p = $p_1$ + $\Delta p$
bis $p_2$ um $\Delta p$

$$v = \left(\frac{p_1 \cdot v_1^{\chi}}{p}\right)^{\frac{1}{\chi}}$$

$$W = (v - v_x)\frac{p + p_x}{2}$$

$$Wt = (p - p_x)\frac{v + v_x}{2}$$

Ausgabe p, v, W, Wt, Q

Ausgabe Gesamt W, Wt, Q

**Codeliste 9-2** Prozeduren in der Tabelle tblKreisprozesse finden Sie auf meiner Website.

**Beispiel 9.2 Berechnung eines Carnotschen Kreisprozesses**

Mit der Luftmenge von 1 kg wird ein Carnotscher Kreisprozess (Bild 9-11) durchgeführt. Im Zustand 1 ist ein Druck von 20 Pa gegeben, der im Zustand 1 auf 10 Pa sinkt. Im Zustand 3 beträgt er noch 2 Pa und im Zustand 4 wieder 4 Pa. Die Anfangstemperatur ist 1000 K. Die Gaskonstante für Luft ist 287,05 J/kg K. Der Adiabatenexponent beträgt 1,4. In jeweils 10 Schritten sind die Zustandsänderungen zu protokollieren.

Im Bild 9-12 sehen Sie das Formblatt für die Eingabe der Startwerte. Die Daten der Zustände werden hintereinander angegeben. Die Zustandsänderung (Is für Isotherme, Ad für Adiabate) wird im Programm abgefragt. Die noch fehlenden Werte der Zustände werden in der Auswertung berechnet.

| | A | B | C | D | E |
|---|---|---|---|---|---|
| 1 | Masse m [kg] | 1 | | | |
| 2 | Gaskonstante R [J/kg K] | 29,27 | | | |
| 3 | Adiabatenexponent x | 1,4 | | | |
| 4 | Schrittanzahl | 10 | | | |
| 5 | | | | | |
| 6 | | | | | |
| 7 | Zustand Nr. | 1 | 2 | 3 | 4 |
| 8 | Zustandsänderung | Is | Ad | Is | Ad |
| 9 | p [Pa] | 20 | 10 | 2 | 4 |
| 10 | v [m^3/kg] | | | | |
| 11 | T [grd K] | 1000 | | | |

**Bild 9-12** Formular zur Dateneingabe

Die gesamte Auswertung zeigt das nachfolgende Bild.

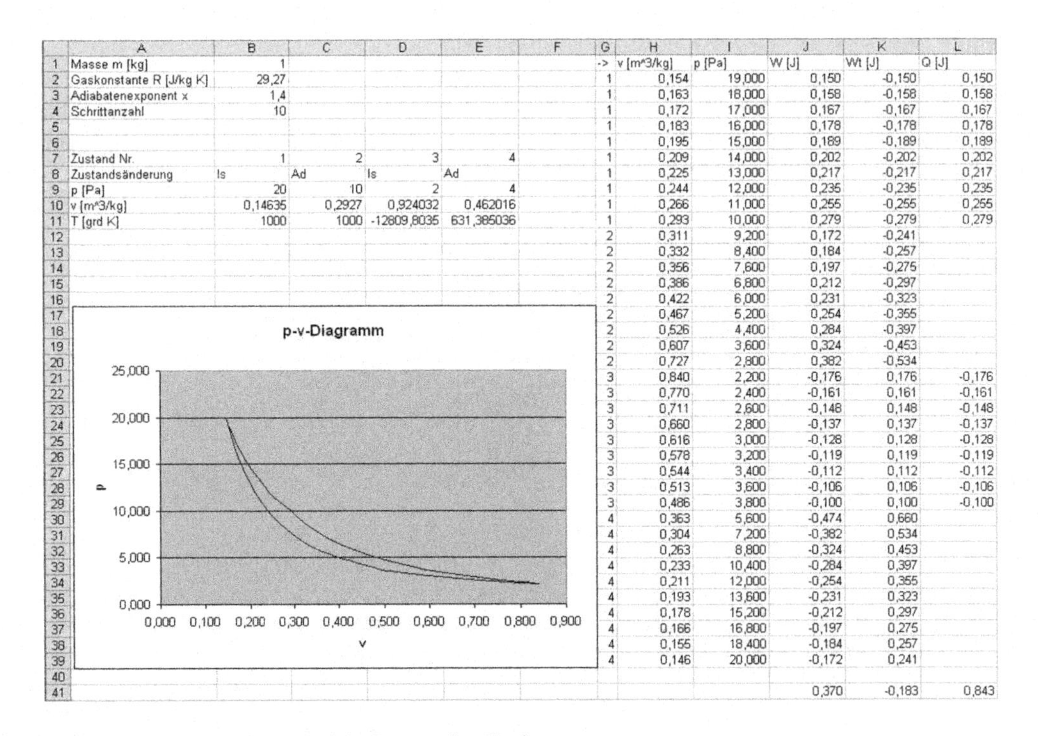

| | A | B | C | D | E |
|---|---|---|---|---|---|
| 1 | Masse m [kg] | 1 | | | |
| 2 | Gaskonstante R [J/kg K] | 29,27 | | | |
| 3 | Adiabatenexponent x | 1,4 | | | |
| 4 | Schrittanzahl | 10 | | | |
| 5 | | | | | |
| 6 | | | | | |
| 7 | Zustand Nr. | 1 | 2 | 3 | 4 |
| 8 | Zustandsänderung | Is | Ad | Is | Ad |
| 9 | p [Pa] | 20 | 10 | 2 | 4 |
| 10 | v [m^3/kg] | 0,14635 | 0,2927 | 0,924032 | 0,462016 |
| 11 | T [grd K] | 1000 | 1000 | -12809,8035 | 631,385036 |

| | G | H | I | J | K | L |
|---|---|---|---|---|---|---|
| 1 | -> | v [m^3/kg] | p [Pa] | W [J] | Wt [J] | Q [J] |
| 2 | 1 | 0,154 | 19,000 | 0,150 | -0,150 | 0,150 |
| 3 | 1 | 0,163 | 18,000 | 0,158 | -0,158 | 0,158 |
| 4 | 1 | 0,172 | 17,000 | 0,167 | -0,167 | 0,167 |
| 5 | 1 | 0,183 | 16,000 | 0,178 | -0,178 | 0,178 |
| 6 | 1 | 0,195 | 15,000 | 0,189 | -0,189 | 0,189 |
| 7 | 1 | 0,209 | 14,000 | 0,202 | -0,202 | 0,202 |
| 8 | 1 | 0,225 | 13,000 | 0,217 | -0,217 | 0,217 |
| 9 | 1 | 0,244 | 12,000 | 0,235 | -0,235 | 0,235 |
| 10 | 1 | 0,266 | 11,000 | 0,255 | -0,255 | 0,255 |
| 11 | 1 | 0,293 | 10,000 | 0,279 | -0,279 | 0,279 |
| 12 | 2 | 0,311 | 9,200 | 0,172 | -0,241 | |
| 13 | 2 | 0,332 | 8,400 | 0,184 | -0,257 | |
| 14 | 2 | 0,356 | 7,600 | 0,197 | -0,275 | |
| 15 | 2 | 0,386 | 6,800 | 0,212 | -0,297 | |
| 16 | 2 | 0,422 | 6,000 | 0,231 | -0,323 | |
| 17 | 2 | 0,467 | 5,200 | 0,254 | -0,355 | |
| 18 | 2 | 0,526 | 4,400 | 0,284 | -0,397 | |
| 19 | 2 | 0,607 | 3,600 | 0,324 | -0,453 | |
| 20 | 2 | 0,727 | 2,800 | 0,382 | -0,534 | |
| 21 | 3 | 0,840 | 2,200 | -0,176 | 0,176 | -0,176 |
| 22 | 3 | 0,770 | 2,400 | -0,161 | 0,161 | -0,161 |
| 23 | 3 | 0,711 | 2,600 | -0,148 | 0,148 | -0,148 |
| 24 | 3 | 0,660 | 2,800 | -0,137 | 0,137 | -0,137 |
| 25 | 3 | 0,616 | 3,000 | -0,128 | 0,128 | -0,128 |
| 26 | 3 | 0,578 | 3,200 | -0,119 | 0,119 | -0,119 |
| 27 | 3 | 0,544 | 3,400 | -0,112 | 0,112 | -0,112 |
| 28 | 3 | 0,513 | 3,600 | -0,106 | 0,106 | -0,106 |
| 29 | 3 | 0,486 | 3,800 | -0,100 | 0,100 | -0,100 |
| 30 | 4 | 0,363 | 5,600 | -0,474 | 0,660 | |
| 31 | 4 | 0,304 | 7,200 | -0,382 | 0,534 | |
| 32 | 4 | 0,263 | 8,800 | -0,324 | 0,453 | |
| 33 | 4 | 0,233 | 10,400 | -0,284 | 0,397 | |
| 34 | 4 | 0,211 | 12,000 | -0,254 | 0,355 | |
| 35 | 4 | 0,193 | 13,600 | -0,231 | 0,323 | |
| 36 | 4 | 0,178 | 15,200 | -0,212 | 0,297 | |
| 37 | 4 | 0,166 | 16,800 | -0,197 | 0,275 | |
| 38 | 4 | 0,155 | 18,400 | -0,184 | 0,257 | |
| 39 | 4 | 0,146 | 20,000 | -0,172 | 0,241 | |
| 40 | | | | | | |
| 41 | | | | 0,370 | -0,183 | 0,843 |



**Bild 9-13** Auswertung des Beispiels Carnotscher Kreisprozesses

## Übung 9.3 Polytrope Zustandsänderungen

In Kraft- und Arbeitsmaschinen wird man kaum isotherme noch adiabatische Zustandsänderungen erzeugen können. Diese Prozesse liegen meist zwischen diesen idealen Zustandsänderungen und folgen daher dem Gesetz

$$p \cdot v^n = konst., \tag{9.46}$$

mit n einem beliebigen Zahlenwert. Diese Art der Zustandsänderung bezeichnet man als polytrope Zustandsänderung. Nehmen Sie die Polytrope mit in die Berechnung auf.

So wie sich im p-v-Diagramm die Energiebilanz anschaulich darstellen lässt, gibt es für die Wärmebilanz auch eine Darstellung, das T-s-Diagramm. Betrachten Sie die Definition der Entropie und leiten Sie die Formeln für ein T-s-Diagramm her. Schreiben Sie anschließend ein Programm, mit dem sich der Carnotsche Kreisprozess im T-s-Diagramm darstellen lässt.

### Übung 9.4 Der Stirling-Prozess und der Philips-Motor

Im Jahre 1816, rund 70 Jahre bevor Daimler und Maybach ihre Otto-Motoren erprobten, meldete Robert Stirling, ein presbyterianischer Geistlicher aus Schottland, ein Patent für einen Heißluftmotor an. Während Otto- und Diesel-Motor eine gewaltige Entwicklung durchlebten, geriet der Stirling-Motor für lange Zeit in Vergessenheit.

Erst im Jahre 1968 griff die Firma Philips Industries in Eindhoven die Idee wieder auf und entwickelte den Motor weiter. Die Gründe für das Wiederaufgreifen war der nahezu geräuschlose Lauf, die Tatsache, dass der Motor mit beliebigen Wärmequellen betrieben werden kann, sowie in den schadstofffreien Abgasen.

Das gasförmige Arbeitsmedium – meist Wasserstoff und teilweise auch Helium – durchläuft im Stirling-Prozess einen geschlossenen Kreislauf und wird zwischen den beiden Zylinderräumen A und B (Bild 9-14), von denen A auf hoher und B auf niedriger Temperatur gehalten wird, mittels Verdrängerkolben D laufend hin und her geschoben.

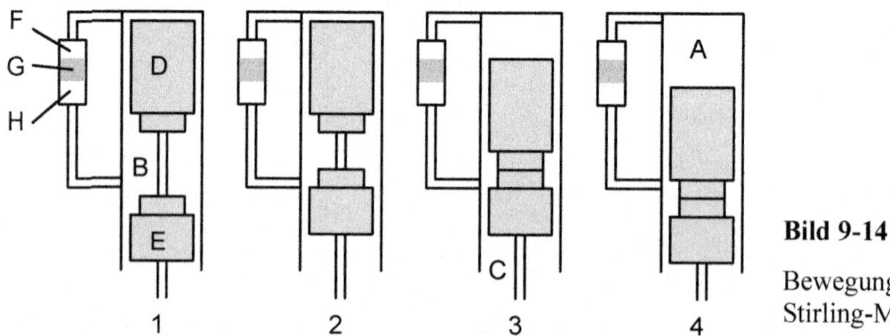


**Bild 9-14**

Bewegungsablauf im Stirling-Motor

Der Verdrängerkolben D ist mit dem Arbeitskolben E über eine spezielle Gestängeanordnung und ein so genanntes Rhombengetriebe verbunden. Es befindet sich unter dem Pufferraum C. Damit wird der Bewegungsablauf der beiden Kolben synchronisiert.

In Phase 1 befindet sich das gesamte Gas im kalten Zylinderraum B. Beide Kolben sind in ihren Extremlagen.

In Phase 2 bewegt sich der Arbeitskolben E nach oben und komprimiert das Gas.

In Phase 3 bewegt sich der Verdrängerkolben D nach unten und schiebt das Gas über Kühler H, Regenerator G und Erhitzer F in den heißen Raum A. Dabei wird dem Gas durch den Erhitzer Wärme zugeführt.

In Phase 4 ist das heiße Gas expandiert. Verdränger und Kolben sind in ihrer tiefsten Lage. Der Kolben bleibt stehen, während der Verdränger D das Gas über Erhitzer F, Regenerator G und Kühler H wieder in den kalten Raum B schiebt. Dabei gibt das Gas Wärme an den Kühler ab.

Betrachten wir nun den thermodynamischen Kreisprozess des Philips-Motors. Dabei handelt es sich um einen Kreisprozess mit zwei Isochoren (Überschiebevorgänge) und in erster Näherung mit zwei Isothermen (Wärmeübertragung).

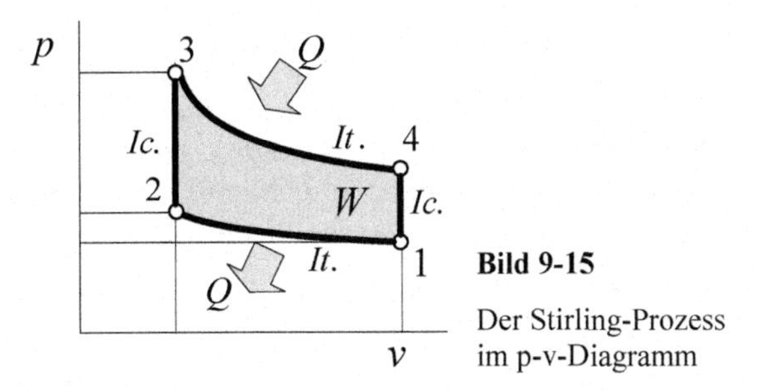


**Bild 9-15**

Der Stirling-Prozess im p-v-Diagramm

Die Wärmeübertragung erfolgt bei konstantem Volumen. Damit sind hier die beim Überschieben umgesetzten Wärmen einander gleich und werden mit denselben Temperaturen übertragen. Für die Bestimmung des Wirkungsgrades ist deshalb nur der Wärmeumsatz während der isothermischen Expansion und Kompression zu betrachten. Es gilt

$$Q = Q_{3-4} = mRT_3 \ln \frac{V_4}{V_3} \tag{9.47}$$

$$|Q_0| = |Q_{1-2}| = mRT_1 \ln \frac{V_1}{V_2} \tag{9.48}$$

Als Differenz ergibt sich

$$|L| = Q_{3-4} - Q_{1-2} = mR(T_3 - T_1) \ln \frac{V_4}{V_3} \tag{9.49}$$

Daraus wiederum bestimmt sich der Wirkungsgrad zu

$$\eta = \frac{|L|}{Q_{34}} = \frac{T_3 - T_1}{T_3} = 1 - \frac{T_1}{T_3} \tag{9.50}$$

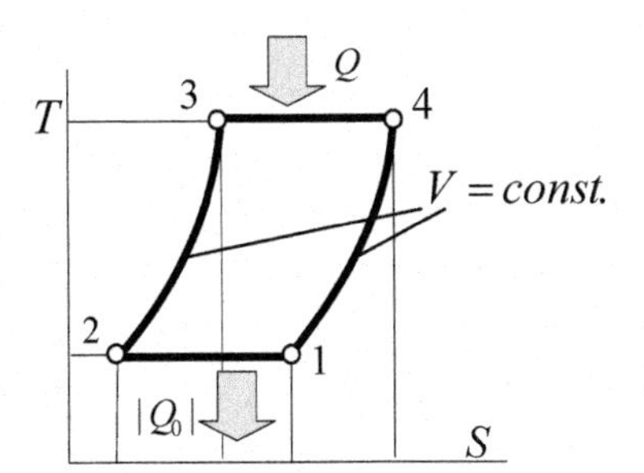


**Bild 9-16**

Der Stirling-Prozess im T-S-Diagramm

Beweisen Sie die Behauptung, dass der Wirkungsgrad des Stirling-Prozesses gleich dem des Carnotschen Prozesses ist.

# 10 Berechnungen aus der Elektrotechnik

In der Elektrotechnik wird die technische Anwendung der Elektrizität umgesetzt. So befasst sich die Elektrotechnik, unter anderem, mit der Energieerzeugung (Energietechnik) und der elektromagnetischen Informationsübertragung (Nachrichtentechnik). Die Elektrotechnik entwickelt Bauteile und Schaltungen, welche in der Steuer-, Regel-, und Messtechnik, sowie in der Computertechnik ihre Anwendungen finden. Eine besondere Wechselbeziehung besteht zur Informatik. Zum einen liefert die Elektrotechnik die für die angewandte Informatik notwendigen technischen Grundlagen elektronischer Computersysteme, andererseits ermöglichen die Verfahren der Informatik erst die Funktionalität derart komplexer Systeme. Wir wollen uns in diesem Kapitel mit elementaren Themen befassen.

## 10.1 Spannungen und Ströme in Gleichstromleitungen

In elektrischen Leitungen, die bezüglich Material und Leitungsquerschnitt konstant sind, bestimmt sich der Widerstand aus der Gleichung

$$R = \frac{\rho \cdot l}{A} \tag{10.1}$$

Darin ist ρ der spezifische Widerstand des Leitmaterials in Ω $mm^2/m$, l die Länge des Leiters in m und A der Kreisquerschnitt in $mm^2$.

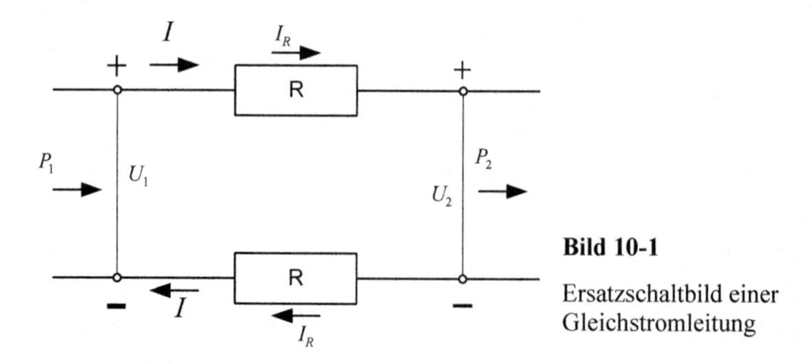


**Bild 10-1**

Ersatzschaltbild einer Gleichstromleitung

Sind $U_1$ und $U_2$ die Spannungen am Anfang bzw. am Ende der Leitung und fließt dabei der Strom I, so tritt an den Widerständen der Hin- und Rückleitung ein Spannungsverlust auf von der Größe I·R. Nach der Maschenregel lautet die Spannungsgleichung der Leitung

$$U_1 = U_2 + 2 \cdot I \cdot R\,. \tag{10.2}$$

Die Spannung am Ende der Leitung ist um den Spannungsverlust geringer als am Anfang der Leitung

$$U_V = U_1 - U_2 = 2 \cdot I \cdot R\,. \tag{10.3}$$

Aus der Spannungsgleichung ergibt sich durch Multiplikation mit dem Strom I die Leistungsgleichung der Gleichstromleitung

$$U_1 \cdot I = U_2 \cdot I + 2 \cdot I^2 \cdot R \quad (10.4)$$

bzw.

$$P_1 = P_2 + P_V \quad (10.5)$$

**Aufgabe 10.1 Bestimmung von Spannungs- und Leistungsverlusten**

Ein Programm soll unter Vorgabe der Daten einer Gleichstromleitung die Spannungs- und Leistungsverluste schrittweise über eine minimale bis maximale Leitungslänge berechnen.

**Tabelle 10-1** Struktogramm zur Berechnung von Spannungs- und Leistungsverlusten

| Eingabe der minimalen und maximalen Leitungslänge, des Leitungsdurchmessers, des spezifischen Widerstands, der Spannung und der Stromstärke | |
|---|---|
| $A = D^2 \frac{\pi}{4}$ | |
| Für alle Längen von Lmin bis Lmax mit (Lmax-Lmin)/2 | |
| | $R = \frac{\rho \cdot L}{A}$ |
| | $U_v = 2 \cdot I \cdot R$ |
| | $P_v = 2 \cdot I^2 \cdot R$ |
| | $P_p = \frac{P_v}{U \cdot I}$ |
| | Ausgabe von L, R, $U_v$, $P_v$, $P_p$ |

**Codeliste 10-1** Prozeduren in tblGleichstrom

```
Option Explicit

Sub Gleichstrom_Formular()
   Dim MyDoc As Object
   Dim Shp As Shape
   Set MyDoc = ThisWorkbook.Worksheets("Gleichstrom")
   MyDoc.Activate
   MyDoc.Cells.Clear
'alle Charts löschen
   For Each Shp In MyDoc.Shapes
      Shp.Delete
   Next
'Neue Beschriftung
   Range("A1") = "Minimale Leitungslänge [m]"
   Range("A2") = "Maximale Leitungslänge [m]"
   Range("A3") = "Leitungsdurchmesser [mm]"
   Range("A4") = "Spez. Widerstand [Ohm mm" + Chrw(178) + "/m]"
   Range("A5") = "Elektr. Spannung [V]"
   Range("A6") = "Elektr. Strom [A]"
```

```
'Ausgabetabelle
   Range("D1") = "Leitungs-"
   Range("F1") = "Spannungs-"
   Range("G1") = "Leistungs"
   Range("D2") = "Länge"
   Range("E2") = "Widerst."
   Range("F2") = "Verlust"
   Range("G2") = "Verlust"
   Range("D3") = "[m]"
   Range("E3") = "[Ohm]"
   Range("F3") = "[V]"
   Range("G3") = "[W]"
   Range("H3") = "[%]"
   Columns("B:H").Select
   Selection.NumberFormat = "0.000"
   Columns("A:A").EntireColumn.AutoFit
   Range("B1").Select
End Sub

Sub Gleichstrom_Testdaten()
   Cells(1, 2) = 100
   Cells(2, 2) = 600
   Cells(3, 2) = 6
   Cells(4, 2) = 0.02
   Cells(5, 2) = 1000
   Cells(6, 2) = 8
End Sub

Sub Gleichstrom_Auswertung()
   Dim L1 As Double, L2 As Double, L As Double, dL As Double, w As Double
   Dim R As Double, d As Double, A As Double, U As Double, I As Double
   Dim Uv As Double, Pv As Double, Pp As Double
   Dim n As Integer
   L1 = Cells(1, 2)
   L2 = Cells(2, 2)
   d = Cells(3, 2)
   w = Cells(4, 2)
   U = Cells(5, 2)
   I = Cells(6, 2)
   A = d ^ 2 * 3.1415926 / 4
   dL = (L2 - L1) / 10
   n = 3
   For L = L1 To L2 Step dL
      R = w * L / A
      Uv = 2 * I * R
      Pv = 2 * I ^ 2 * R
      Pp = Pv / (U * I) * 100
      n = n + 1
      Cells(n, 4) = L
      Cells(n, 5) = R
      Cells(n, 6) = Uv
      Cells(n, 7) = Pv
      Cells(n, 8) = Pp
   Next L
End Sub

Sub Verluste_zeigen()
   Call Stromverlust_zeigen
   Call Leistungsverlust_zeigen
End Sub
```

```
Sub Stromverlust_zeigen()
    Range("F4:F14,D4:D14").Select
    Range("D4").Activate
    Charts.Add
    ActiveChart.ChartType = xlXYScatterSmoothNoMarkers
       ActiveChart.SetSourceDataSource:= _
             Sheets("Gleichstrom").Range("D4:D14,F4:F14"), PlotBy:=xlColumns
    ActiveChart.Location Where:=xlLocationAsObject, Name:="Gleichstrom"
    With ActiveChart
        .HasTitle = True
        .ChartTitle.Characters.Text = "Spannungsverluste"
        .Axes(xlCategory, xlPrimary).HasTitle = True
        .Axes(xlCategory, xlPrimary).AxisTitle.Characters.Text = "L [m]"
        .Axes(xlValue, xlPrimary).HasTitle = True
        .Axes(xlValue, xlPrimary).AxisTitle.Characters.Text = "U [V]"
    End With
    ActiveChart.Legend.Select
    Selection.Delete
End Sub

Sub Leistungsverlust_zeigen()
    Range("G4:G14,D4:D14").Select
    Range("D4").Activate
    Charts.Add
    ActiveChart.ChartType = xlXYScatterSmoothNoMarkers
    ActiveChart.SetSourceData
Source:=Sheets("Gleichstrom").Range("D4:D14,G4:G14" _
        ), PlotBy:=xlColumns
    ActiveChart.Location Where:=xlLocationAsObject, Name:="Gleichstrom"
    With ActiveChart
        .HasTitle = True
        .ChartTitle.Characters.Text = "Leistungsverluste"
        .Axes(xlCategory, xlPrimary).HasTitle = True
        .Axes(xlCategory, xlPrimary).AxisTitle.Characters.Text = "L [m]"
        .Axes(xlValue, xlPrimary).HasTitle = True
        .Axes(xlValue, xlPrimary).AxisTitle.Characters.Text = "P [W]"
    End With
    ActiveChart.Legend.Select
    Selection.Delete
End Sub
```

Wir benötigen ein Arbeitsblatt, das die Bezeichnung *tblGleichstrom* erhält.

**Beispiel 10.1 Spannungs- und Leistungsverluste einer Gleichstromleitung**

Durch eine Gleichstromleitung von 6 mm Durchmesser, mit einem spez. Widerstand von 0,02 Ohm mm$^2$/m, fließt ein Strom von 8 A unter einer Spannung von 1000 V. Wie groß sind die Spannungs- und Leistungsverluste für eine Länge von 100 bis 600 m?

Die Auswertung in Bild 10-2 zeigt lineare Verläufe von Spannungs- und Leistungsverlust.

**Übung 10.1 Ergänzungen**

Das Programm ließe sich dahingehend erweitern, dass die Temperaturänderung der Leitung unter Last bei der Bestimmung des Widerstandswertes berücksichtigt wird. Denn die Leistungsverluste setzen sich direkt in Wärme um. Andererseits gibt die Oberfläche des Leiters Wärme an das sie umgebende Medium ab, so dass sich ein Gleichgewicht einstellt.

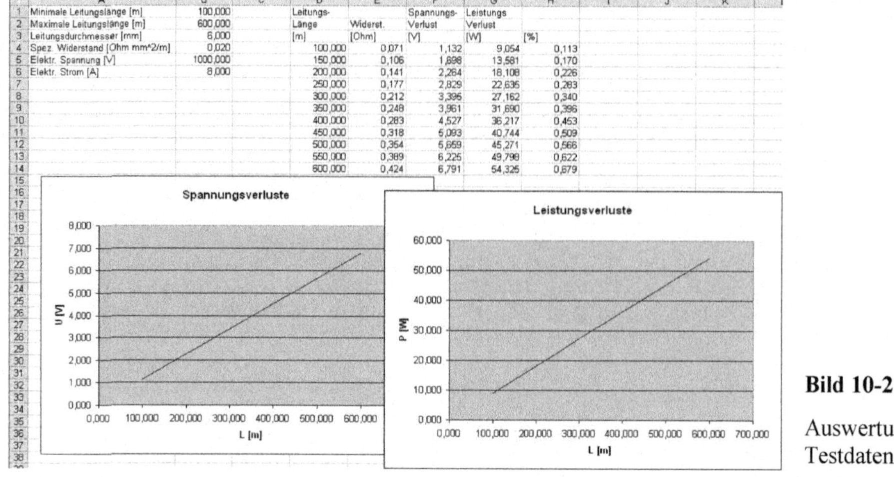

| | A | B | C | D | E | F | G | H |
|---|---|---|---|---|---|---|---|---|
| 1 | Minimale Leitungslänge [m] | 100,000 | | Leitungs- | | Spannungs- | Leistungs | |
| 2 | Maximale Leitungslänge [m] | 600,000 | | Länge | Widerst. | Verlust | Verlust | |
| 3 | Leitungsdurchmesser [mm] | 6,000 | | [m] | [Ohm] | [V] | [W] | [%] |
| 4 | Spez. Widerstand [Ohm mm^2/m] | 0,020 | | 100,000 | 0,071 | 1,132 | 9,054 | 0,113 |
| 5 | Elektr. Spannung [V] | 1000,000 | | 150,000 | 0,106 | 1,698 | 13,581 | 0,170 |
| 6 | Elektr. Strom [A] | 8,000 | | 200,000 | 0,141 | 2,264 | 18,108 | 0,226 |
| 7 | | | | 250,000 | 0,177 | 2,829 | 22,635 | 0,283 |
| 8 | | | | 300,000 | 0,212 | 3,396 | 27,162 | 0,340 |
| 9 | | | | 350,000 | 0,248 | 3,961 | 31,690 | 0,396 |
| 10 | | | | 400,000 | 0,283 | 4,527 | 36,217 | 0,453 |
| 11 | | | | 450,000 | 0,318 | 5,093 | 40,744 | 0,509 |
| 12 | | | | 500,000 | 0,354 | 5,659 | 45,271 | 0,566 |
| 13 | | | | 550,000 | 0,389 | 6,225 | 49,798 | 0,622 |
| 14 | | | | 600,000 | 0,424 | 6,791 | 54,325 | 0,679 |



**Bild 10-2**

Auswertung Testdaten

## 10.2 Rechnen mit komplexen Zahlen

Die komplexen Zahlen sind definiert als

$$C = \left\{ z = a + bi, \quad a, b \in R, i = \sqrt{-1} \right\} \tag{10.6}$$

Sie bestehen aus einem Realteil a und einem Imaginärteil b. a und b (a, b$\in$R) sind reelle Zahlen. Komplexe Zahlen mit dem Imaginärteil b = 0, sind reelle Zahlen. Komplexe Zahlen lassen sich nicht auf dem Zahlenstrahl darstellen, da es keinen Punkt $\sqrt{-1}$ gibt. Durch Einführung einer imaginären Zahlengeraden zusammen mit einer reellen Zahlengeraden ist eine grafische Darstellung möglich. Die von der reellen und imaginären Zahlengeraden aufgespannte Ebene wird als Gaußsche Zahlenebene bezeichnet.

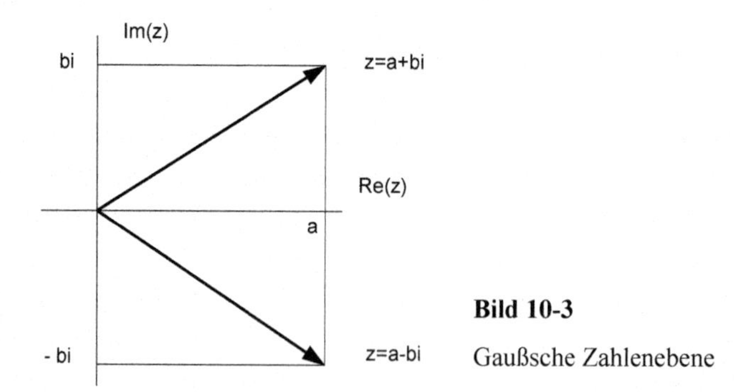



**Bild 10-3**

Gaußsche Zahlenebene

Für das Rechnen mit komplexen Zahlen gibt es einfache Regeln. Die Addition lautet

$$z_1 + z_2 = a_1 + b_1 i + a_2 + b_2 i = a_1 + a_2 + (b_1 + b_2)i \,. \tag{10.7}$$

Wie bei den reellen Zahlen gelten auch hier die Kommutativ- und Assoziativ-Gesetze. Die Subtraktion lässt sich bereits vermuten

$$z_1 - z_2 = a_1 + b_1 i - a_2 - b_2 i = a_1 - a_2 + i(b_1 - b_2). \tag{10.8}$$

Die Multiplikation hat die Form

$$z_1 \cdot z_2 = (a_1 + b_1 i) \cdot (a_2 + b_2 i) = (a_1 a_2 - b_1 b_2) + i(a_1 b_2 + a_2 b_1). \tag{10.9}$$

Ebenso folgt für die *Division*

$$\frac{z_1}{z_2} = \frac{a_1 + b_1 i}{a_2 + b_2 i} = \frac{a_1 a_2 + b_1 b_2 + i(a_2 b_1 - a_1 b_2)}{a_2^2 + b_2^2}. \tag{10.10}$$

**Aufgabe 10.2 Rechner für komplexe Zahlen**

Es ist ein Rechner für die vier Grundrechenarten komplexer Zahlen zu erstellen.

**Tabelle 10-2** Struktogramm für ein Rechnen mit komplexen Zahlen

| Eingabe der komplexen Zahlen und der Rechenart | |
|---|---|
| Entsprechend der Rechenart | Addition |
| | $z_1 + z_2 = a_1 + a_2 + i(b_1 + b_2)$ |
| | Subtraktion |
| | $z_1 - z_2 = a_1 - a_2 + i(b_1 - b_2)$ |
| | Multiplikation |
| | $z_1 \cdot z_2 = (a_1 a_2 - b_1 b_2) + i(a_1 b_2 + a_2 b_1)$ |
| | Division |
| | $\frac{z_1}{z_2} = \frac{a_1 a_2 + b_1 b_2 + i(a_2 b_1 - a_1 b_2)}{a_2^2 + b_2^2}$ |
| Ausgabe des Ergebnisses | |

Damit das Formular aufgerufen werden kann, denn ein Arbeitsblatt wollen wir diesmal nicht benutzen, erstellen wir den Aufruf in *Diese Arbeitsmappe*.

Das Formular ist entsprechend der Darstellung in Bild 10-4 zu erstellen und dann sind die nachfolgenden Prozeduren zu installieren.

**Codeliste 10-2** Aufrufprozedur in DieseArbeitsmappe

```
Sub Rechner_Komplexe_Zahlen()
   Load frmComCal
   frmComCal.Show
End Sub
```

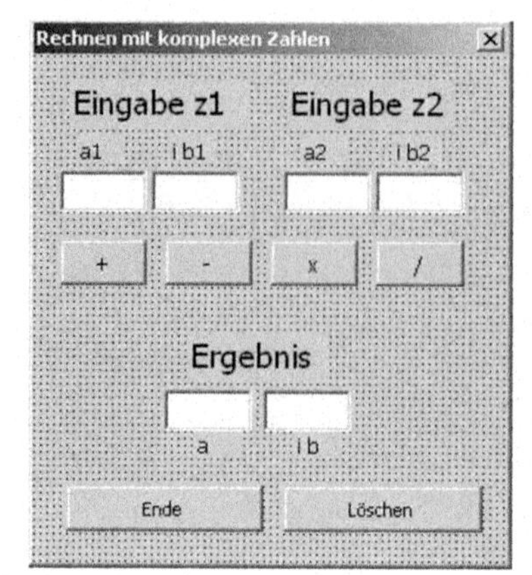


**Bild 10-4**

Formular für das Rechnen mit komplexen Zahlen

**Codeliste 10-3** Prozeduren in frmComCal

```
Option Explicit
Private Sub cmdEnde_Click()
   Unload Me
End Sub

Private Sub cmdDelete_Click()
   TextBox1 = ""
   TextBox2 = ""
   TextBox3 = ""
   TextBox4 = ""
   TextBox5 = ""
   TextBox6 = ""
End Sub

Private Sub cmdDiv_Click()
   Dim a As Double, a1 As Double, a2 As Double, b As Double, b1 As Double
   Dim b2 As Double
   a1 = Val(TextBox1)
   b1 = Val(TextBox2)
   a2 = Val(TextBox3)
   b2 = Val(TextBox4)
   a = a1 + a2
   b = b1 + b2
   TextBox5 = Str(a)
   TextBox6 = Str(b)
End Sub

Private Sub cmdMal_Click()
   Dim a As Double, a1 As Double, a2 As Double, b As Double, b1 As Double
   Dim b2 As Double
   a1 = Val(TextBox1)
   b1 = Val(TextBox2)
   a2 = Val(TextBox3)
   b2 = Val(TextBox4)
   a = a1 * a2 - b1 * b2
   b = a1 * b2 + a2 * b1
   TextBox5 = Str(a)
   TextBox6 = Str(b)
End Sub
```

```
Private Sub cmdMinus_Click()
    Dim a As Double, a1 As Double, a2 As Double, b As Double, b1 As Double
    Dim b2 As Double
    a1 = Val(TextBox1)
    b1 = Val(TextBox2)
    a2 = Val(TextBox3)
    b2 = Val(TextBox4)
    a = a1 - a2
    b = b1 - b2
    TextBox5 = Str(a)
    TextBox6 = Str(b)
End Sub
Private Sub cmdPlus_Click()
    Dim a As Double, a1 As Double, a2 As Double, b As Double, b1 As Double
    Dim b2 As Double
    a1 = Val(TextBox1)
    b1 = Val(TextBox2)
    a2 = Val(TextBox3)
    b2 = Val(TextBox4)
    a = a1 + a2
    b = b1 + b2
    TextBox5 = Str(a)
    TextBox6 = Str(b)
End Sub
```

**Beispiel 10.2 Testrechnung**

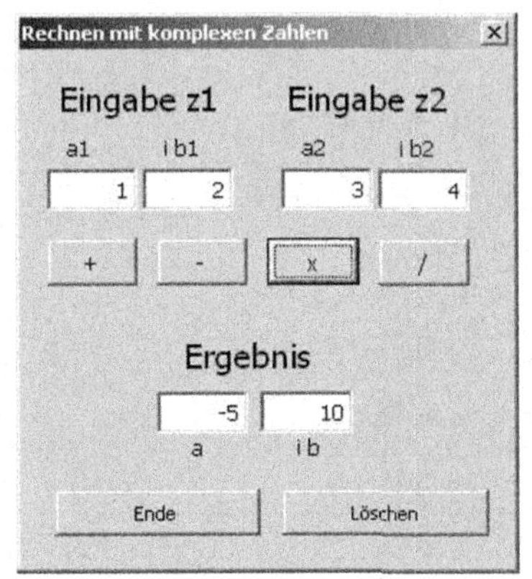


**Bild 10-5**

Testrechnung mit komplexen Zahlen

Komplexe Zahlen in der Elektrotechnik sind deshalb so beliebt, weil sich große Vorteile bei der Berechnung von Wechselstromgrößen ergeben.

## 10.3 Gesamtwiderstand einer Wechselstromschaltung

Im nachfolgenden Bild 10-6 ist das Schema einer Wechselstromschaltung zu sehen.

Die Schaltung setzt sich zusammen aus einem ohmschen Widerstand R und der Kapazität C in Reihenschaltung, sowie einer Parallelschaltung mit der Induktivität L. Es gilt den Gesamtwiderstand zu berechnen.

$$\underline{Z} = R + \frac{1}{i(\omega \cdot L)} \tag{10.11}$$

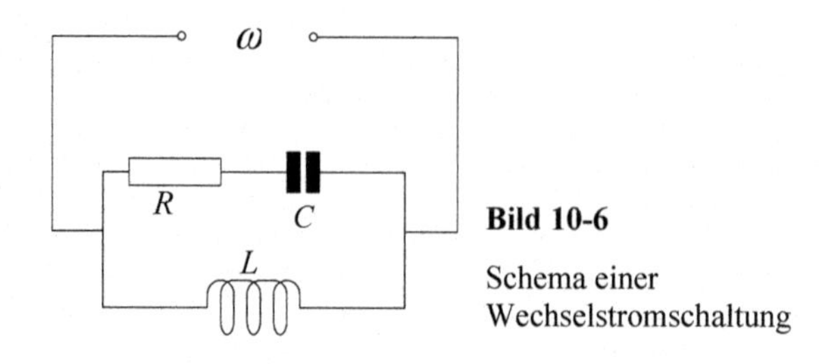


**Bild 10-6**

Schema einer Wechselstromschaltung

Für die Parallelschaltung folgt

$$\frac{1}{\underline{Z}} = \frac{1}{R + \frac{1}{i(\omega \cdot C)}} + \frac{1}{i(\omega \cdot C)} \tag{10.12}$$

Durch Umstellung folgt daraus die Gleichung

$$\underline{Z} = \frac{\omega^4 C^2 \frac{L^2}{R} + i\left(\omega \frac{L}{R^2} - \omega^3 C\left(\frac{L}{R}\right)^2 + \omega^3 C^2 L\right)}{\omega^2 C^2 + \left(\frac{1}{R} - \omega^2 C \frac{L}{R}\right)^2}. \tag{10.13}$$

Eine weitere Umstellung ergibt den Betrag von Z aus

$$|Z| = \sqrt{\frac{\left(\omega^4 C^2 \frac{L^2}{R}\right)^2 + \left(\omega \frac{L}{R^2} - \omega^3 C\left(\frac{L}{R}\right)^2 + \omega^3 C^2 L\right)^2}{\left(\omega^2 C^2 + \left(\frac{1}{R} - \omega^2 C \frac{L}{R}\right)^2\right)^2}}. \tag{10.14}$$

**Aufgabe 10.3 Berechnung des Gesamtwiderstandes einer Wechselstromschaltung**

Durch schrittweise Erhöhung von ω ist der Verlauf des Gesamtwiderstandes zu bestimmen.

**Tabelle 10-3** Struktogramm für die Berechnung des Gesamtwiderstandes einer Wechselschaltung

| Eingabe von R, C, L | |
|---|---|
| von ω = 0<br>bis $\omega = \omega_{max}$<br>um Δω | $$\lvert Z\rvert = \sqrt{\frac{\left(\omega^4 C^2 \frac{L^2}{R}\right)^2 + \left(\omega \frac{L}{R^2} - \omega^3 C\left(\frac{L}{R}\right)^2 + \omega^3 C^2 L\right)^2}{\left(\omega^2 C^2 + \left(\frac{1}{R} - \omega^2 C \frac{L}{R}\right)^2\right)^2}}$$ |
| | Ausgabe ω und \|Z\| |

**Codeliste 10-4** Prozeduren in tblWechselstrom finden Sie auf meiner Website.

## Beispiel 10.3 Experimenteller Wechselstrom

Ein experimenteller Wechselstromkreis verfügt über einen ohmschen Widerstand von 0,8 Ω, einen kapazitiven Widerstand von 0,002 F und einen induktiven Widerstand von 0,01 H. Gesucht ist der Gesamtwiderstand bei einer Wechselspannung von 0 bis 1000 1/s. Die Auswertung ergibt ein Maximum bei ca. 220 $s^{-1}$.

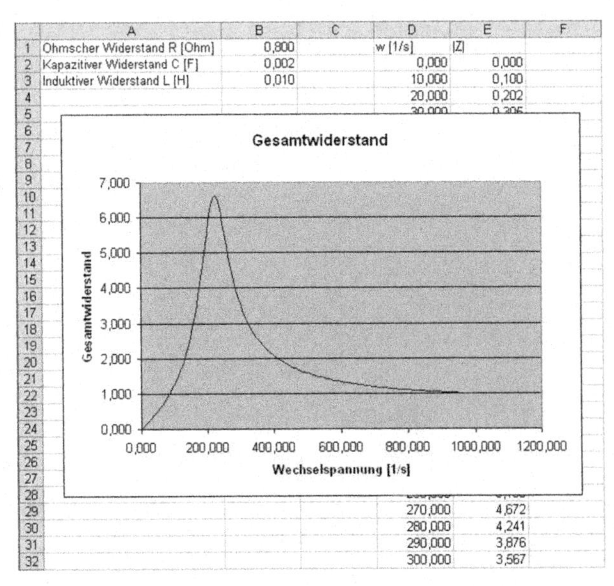


**Bild 10-7**

Gesamtwiderstand Wechselstromkreis

## Übung 10.2 Die Trigonometrische Form einer komplexen Zahl

Neben der Darstellung der komplexen Zahlen in algebraischer Form, gibt es noch die Darstellung in trigonometrischer Form (Bild 10-8).

In der Gaußschen Zahlenebene wird die komplexe Zahl z durch einen Zeiger der Länge r und seinen Richtungswinkel φ eindeutig beschrieben

$$z = r(\cos\varphi + i\sin\varphi). \tag{10.15}$$

Ergänzen Sie den Rechner für komplexe Zahlen um die Umrechnung zwischen algebraischer und trigonometrischer Darstellung.

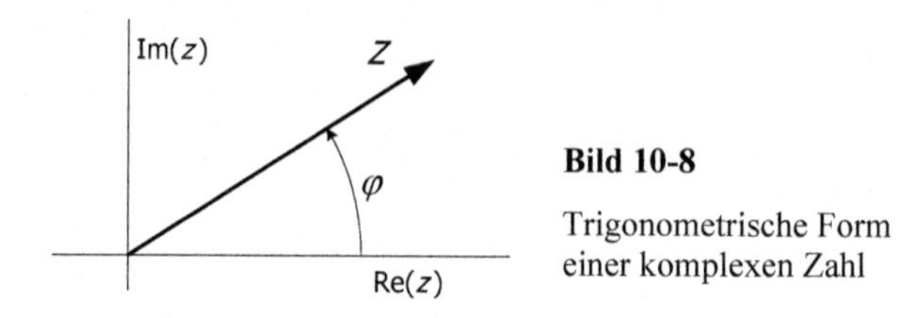


**Bild 10-8**

Trigonometrische Form einer komplexen Zahl

### Übung 10.3 Potenzieren und Radizieren komplexer Zahlen

Erweitern Sie den Rechner für das Rechnen mit komplexen Zahlen um die Rechenarten Potenzieren und Radizieren.

Potenzieren:

$$z^n = \left(r \cdot e^{i\varphi}\right)^n = r^n \cdot e^{in\varphi} = r^n\left(\cos(n\varphi) + i \cdot \sin(n\varphi)\right) \tag{10.16}$$

Radizieren:

$$z_k = \cos\frac{\alpha + k \cdot 2\pi}{n} + i \cdot \sin\frac{\alpha + k \cdot 2\pi}{n}, k = 0,...,n-1 \tag{10.17}$$

### Übung 10.4 RLC-Schwingkreis

Eine Reihenschaltung von ohmschen, kapazitiven und induktiven Widerständen bezeichnet man als Schwingkreis.

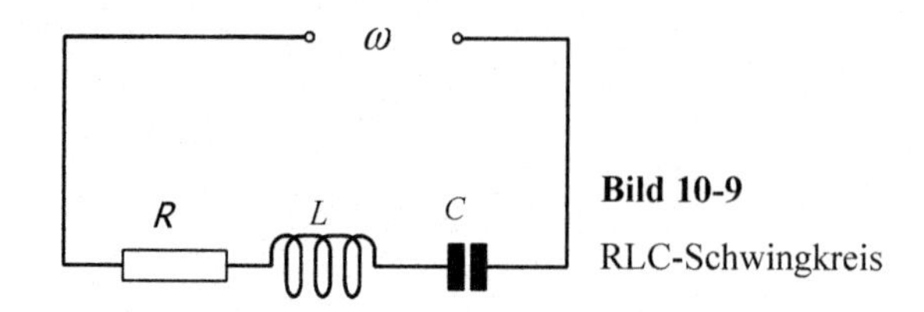


**Bild 10-9**

RLC-Schwingkreis

Die Gesamtimpedanz dieses Wechselstromkreises berechnet sich nach den Kirchhoffschen Regeln durch die Addition der Impedanzen der drei Bauteile

$$\underline{Z} = R + i \cdot \omega \cdot L + \frac{1}{i \cdot \omega \cdot C} = R + i\left(\omega \cdot L - \frac{1}{\omega \cdot C}\right). \tag{10.18}$$

Untersuchen Sie diesen Wechselstromkreis in ähnlicher Form wie die zuvor behandelte Schaltung.

# 11 Berechnungen aus der Regelungstechnik

Die Regelungstechnik befasst sich mit Signalen. Diese geben Information über die augenblicklichen Zustände betrachteter Systeme und werden von Regeleinrichtungen aufgenommen und verarbeitet. Ein Netzwerk aus gegenseitigen Signalbeziehungen bildet die Grundlage eines Wirkplans. Regeltechnische Probleme finden sich nicht nur im Ingenieurbereich, sondern auch im biologischen, soziologischen und wirtschaftlichen Bereich, eigentlich bei allen naturwissenschaftlichen Denkmodellen.

Vom grundlegenden Wirkplan her, führen der eine Weg in die mathematische Theorie und der andere in die Gerätetechnik. Daher versteht sich die Regelungstechnik auch als Verbindung von mathematischen Beschreibungen und gerätetechnischer Gestaltung.

## 11.1 Der PID-Regler

In der Regelungstechnik unterscheidet man unstetig und stetig wirkende Regeleinrichtungen. So ist ein Bimetallschalter z. B. für eine Temperaturregelung eine unstetige Regeleinrichtung. Wird eine bestimmte Temperatur unterschritten, schaltet das Bimetall eine Heizung ein. Wird eine bestimmte Temperatur überschritten, schaltet das Bimetall die Heizung aus. Dieser einfache Regler wird auch als Zweipunktregler bezeichnet. Unstetige Regler sollen hier aber nicht behandelt werden.

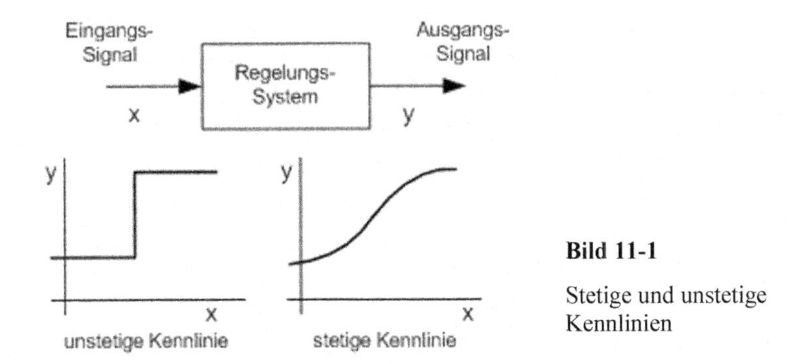


**Bild 11-1**

Stetige und unstetige Kennlinien

Wir wenden uns den unterschiedlichen Formen stetiger Regelungssysteme zu. Im Gegensatz zu unstetigen Reglern können sie jede Stellgröße im Stellbereich annehmen.

Jeder Regelvorgang ist ein geschlossener Wirkkreis, der als Regelkreis bezeichnet wird. Ein Regelkreis besteht aus der Regelstrecke (zu regelnde Anlage) und der Regeleinrichtung. Die Regeleinrichtung erfasst die Regelgröße (Temperatur, Druck, Strom, Lage, Drehzahl etc.), vergleicht sie mit dem Sollwert und erstellt ein Signal zur richtigen Beeinflussung der Regelgröße.

Bestandteil der Regeleinrichtung ist neben dem Stellglied der Regler. Grundsätzlich unterscheidet man zwischen einer Festwertregelung und einer Folgeregelung. Der Festwertregler versucht die Regelgröße auf einen bestimmten Wert zu halten. Der Folgeregler führt die Regelgröße einem veränderlichen Sollwert nach. Betrachten wir nun einige typische Reglerarten.

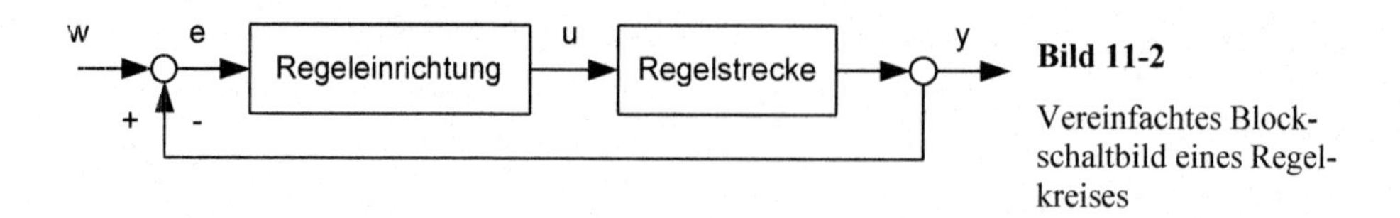


**Bild 11-2**

Vereinfachtes Blockschaltbild eines Regelkreises

Bei einem Proportional-Regler (kurz P-Regler) ist das Ausgangssignal proportional zum Eingangssignal. Folglich ist die Kennlinie dieses Reglers eine Gerade (Bild 11-3).

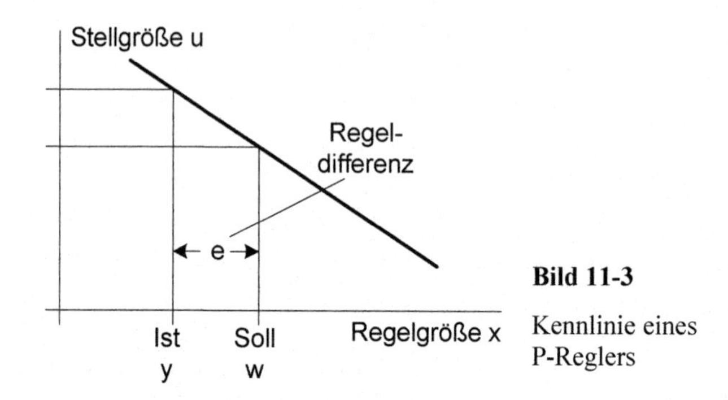


**Bild 11-3**

Kennlinie eines P-Reglers

Die Gleichung des P-Reglers lautet

$$u = K_P \cdot e, \tag{11.1}$$

mit $K_P$ als konstanten Übertragungsbeiwert. Zur Beurteilung eines Reglers betrachtet man sein Verhalten bei einer sprunghaften Änderung der Regelgröße. Eine sprunghafte Änderung der Regelgröße beim P-Regler bedeutet eine sprunghafte Änderung der Stellgröße. Die Übergangsfunktion zeigt das zeitliche Verhalten von Regel- und Stellgröße (Bild 11-4).

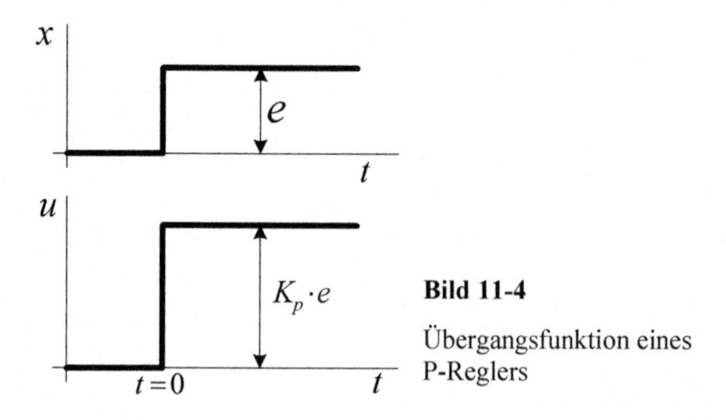


**Bild 11-4**

Übergangsfunktion eines P-Reglers

Der Regler wird vereinfacht auch durch ein Blockschaltbild mit Übergangsfunktion dargestellt (Bild 11-5).

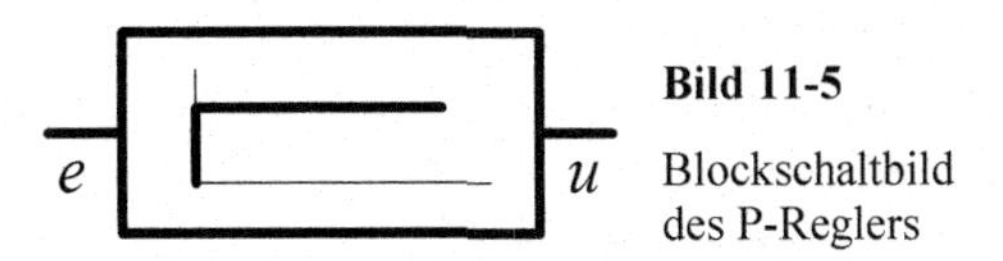


**Bild 11-5**
Blockschaltbild des P-Reglers

Bei einem Integral-Regler sind Regeldifferenz und Stellgeschwindigkeit proportional. In Bild 11-6 ist die Übergangsfunktion dieses Reglertyps dargestellt.

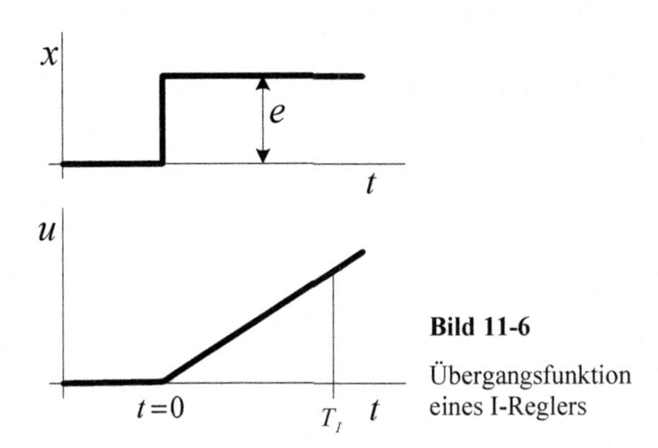


**Bild 11-6**
Übergangsfunktion eines I-Reglers

Eine Regeldifferenz e bewirkt in der Zeitdifferenz Δt eine Stellgrößenänderung Δy. Allgemein ergibt sich die Gleichung für den I-Regler somit aus

$$u = K_I \cdot \int e \cdot dt\,. \tag{11.2}$$

Der Integrierbeiwert $K_I$, bzw. die Integrierzeit $T_I$ sind die Kenngrößen der I-Regelung

$$T_I = \frac{1}{K_I}\,. \tag{11.3}$$

Der I-Regler verfügt ebenfalls über ein Blockschaltbild (Bild 11-7).

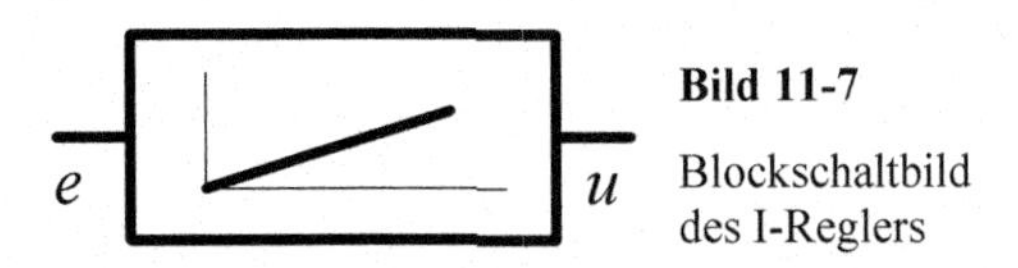


**Bild 11-7**
Blockschaltbild des I-Reglers

Die Änderung der Stellgröße erfolgt langsamer als beim P-Regler.

Die Vorteile des P-Reglers (schnelle Reaktion) und die Vorteile des I-Reglers (angepasste Regelabweichung) vereinigt der PI-Regler. Er ist eine Parallelschaltung der beiden Regler mit P- und I-Anteil (Bild 11-8).

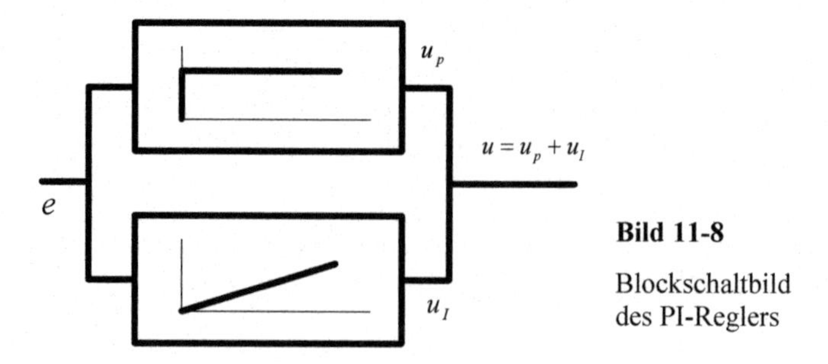


**Bild 11-8**

Blockschaltbild des PI-Reglers

Folglich ist die Gleichung für den PI-Regler

$$u = K_P \cdot e + \frac{1}{T_I} \cdot \int e \cdot dt = K_P \left( e + \frac{1}{T_N} \cdot \int e \cdot dt \right) \tag{11.4}$$

mit

$$T_N = K_P \cdot T_I \tag{11.5}$$

als so genannte Nachstellzeit. Damit ist die Zeit gemeint, die der I-Anteil benötigt, um die gleiche Stellgrößenänderung zu erzielen wie der P-Anteil. Anschaulich im Bild 11-9 wiedergegeben.

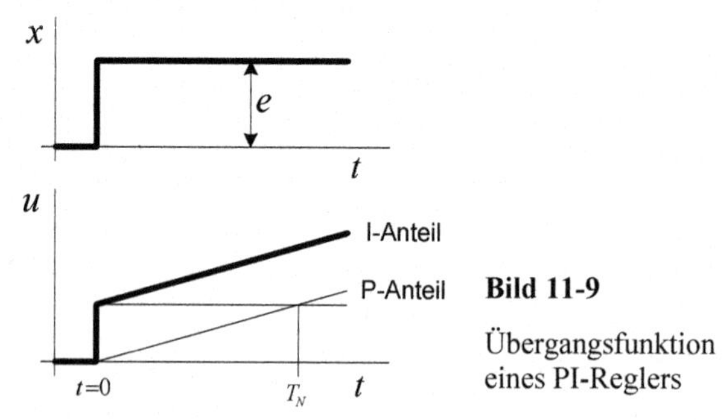


**Bild 11-9**

Übergangsfunktion eines PI-Reglers

Zur Verfeinerung des Regelverhaltens wurde ein Regler mit differenzierend wirkendem Anteil (D-Regler) entwickelt. Dabei ist die Stellgröße y proportional zur Änderungsgeschwindigkeit der Regelabweichung e. Dieses Verhalten zeigt anschaulich die Übergangsfunktion in Bild 11-10.

Ergibt sich in einer kleinen Zeiteinheit $\Delta t$ die Änderung der Regelabweichung $\Delta e$, so ist damit die Änderungsgeschwindigkeit der Regelabweichung

$$v = \frac{\Delta e}{\Delta t}. \tag{11.6}$$

Für die Stellgröße gilt

$$u = K_D \cdot \frac{\Delta e}{\Delta t}. \tag{11.7}$$

In der Grenzbetrachtung wird aus dem Differenzenquotient ein Differentialquotient und die Gleichung lautet

$$u = K_D \cdot \frac{de}{dt} \; . \tag{11.8}$$

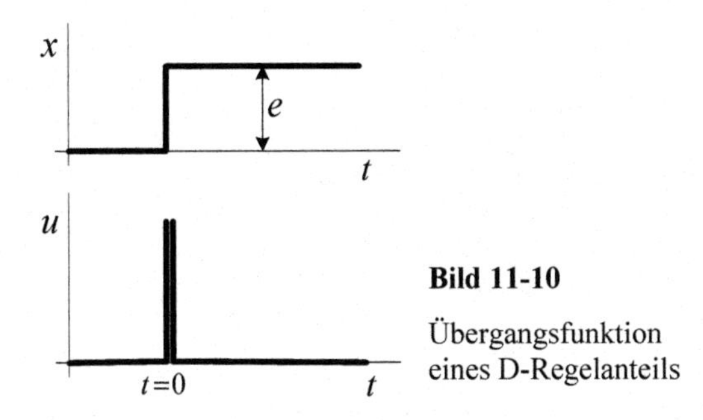


**Bild 11-10**

Übergangsfunktion eines D-Regelanteils

Bei D-Regelanteilen betrachtet man neben der Übergangsfunktion auch die Anstiegsantwort (Bild 11-11). Eine D-Regelung allein ist nicht in der Lage, die Regelgröße der Führungsgröße anzugleichen. D-Anteile treten daher nur in Kombination mit P-Anteilen und I-Anteilen auf.

Eine mögliche Kombination ist der PD-Regler. Aus der Darstellung der Anstiegsantwort in Bild 11-12 wird ersichtlich, dass die Stellgröße um die Vorhaltezeit $T_V$ eher als bei reiner P-Regelung erreicht wird. Die Vorhaltezeit bestimmt sich aus der Gleichung

$$T_V = \frac{K_D}{K_P} \; . \tag{11.9}$$

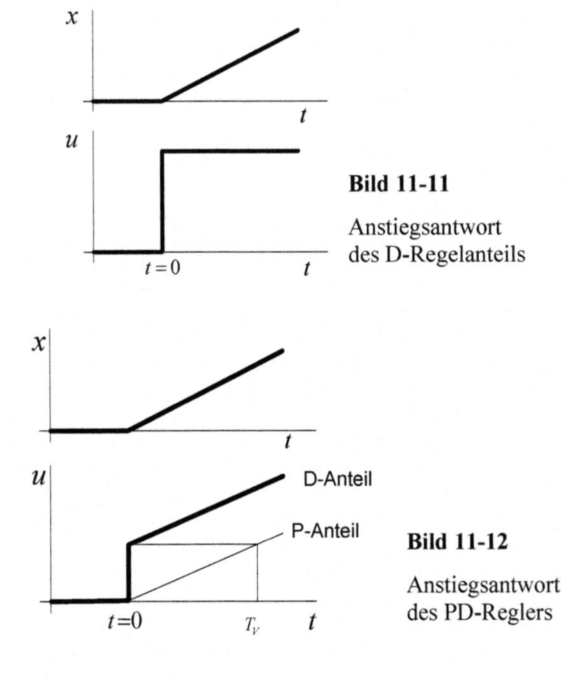


**Bild 11-11**

Anstiegsantwort des D-Regelanteils

**Bild 11-12**

Anstiegsantwort des PD-Reglers

Die Parallelschaltung des P-, I- und D-Anteils zum PID-Regler, fasst die Vorteile aller Regelanteile zusammen.

$$u = K_P \cdot e + K_I \int_0^t e \cdot dt + K_D \cdot \frac{de}{dt} = Kp\left( e + \frac{1}{T_N} \int_0^t e \cdot dt + T_V \frac{de}{dt} \right) \tag{11.10}$$

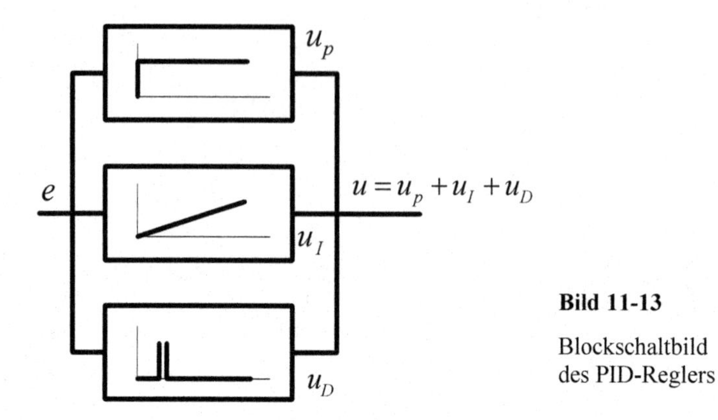


**Bild 11-13**

Blockschaltbild des PID-Reglers

Die Übergangsfunktion dieses Reglers zeigt Bild 11-14.

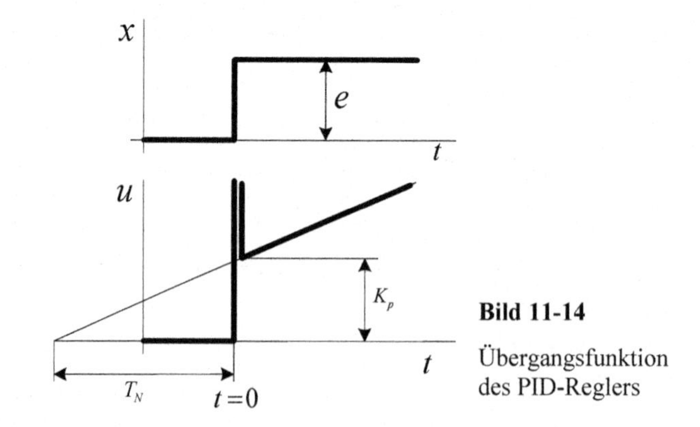


**Bild 11-14**

Übergangsfunktion des PID-Reglers

Bevor wir den Algorithmus entwerfen, müssen wir uns zuvor noch mit einer numerischen Integrationsmethode befassen, da der I-Anteil einen solchen erfordert. Dazu wählen wir die Trapezmethode. Dabei werden die Flächenanteile durch Trapezflächen ersetzt.

Nach Bild 11-15 ergibt sich eine Rekursionsformel, die auf bereits bekannte Größen zurückgeführt wird

$$u_n = u_{n-1} + K_I \cdot \left( \frac{e_n + e_{n-1}}{2} \right) \cdot \Delta t \,. \tag{11.11}$$

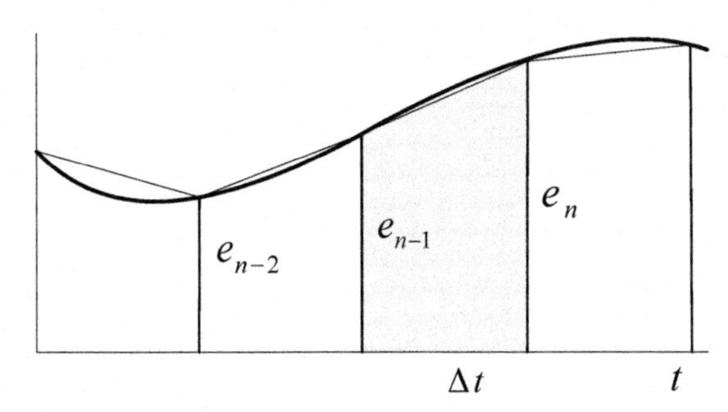


**Bild 11-15**

Integration der Regelabweichung nach der Trapezmethode

## Aufgabe 11.1 Bestimmung der Regleranteile

Ein Programm soll unter Vorgabe der Regelabweichung über der Zeit das Verhalten der einzelnen Regleranteile P, I und D ermitteln. Ebenso die Summierung zu einem PI-, PD- und PID-Regler.

**Tabelle 11-1** Struktogramm zur Berechnung der Regleranteile

<table>
<tr><td colspan="2">Eingabe:<br>Übertragungsbeiwert $K_P$<br>Nachstellzeit $T_N$<br>Vorhaltezeit $T_V$<br>Schrittweite $\Delta t$</td></tr>
<tr><td colspan="2">$u_{n-1} = 0$</td></tr>
<tr><td rowspan="6">Für 100<br>Berechnungsschritte</td><td>$u_P = -K_P \cdot e$</td></tr>
<tr><td>$u_{I,n} = u_{I,n-1} - \frac{e_n + e_{n-1}}{2} \cdot \frac{K_P}{T_N}$</td></tr>
<tr><td>$u_{I,n-1} = u_{I,n}$</td></tr>
<tr><td>$\Delta e = e_n - e_{n-1}$</td></tr>
<tr><td>$u_D = -K_P \cdot T_V \cdot \frac{\Delta e}{\Delta t}$</td></tr>
<tr><td>Ausgabe $u_P$, $u_I$, $u_D$, $u_{PI}$, $u_{PD}$, $u_{PID}$,</td></tr>
</table>

Das Arbeitsblatt bekommt den Namen *tblRegler*.

**Codeliste 11-1** Prozeduren in tblRegler

```
Option Explicit

Sub Regler_Formular()
   Dim MyDoc As Object
   Dim Shp As Shape
   Set MyDoc = ThisWorkbook.Worksheets("Regler")
   MyDoc.Activate
   MyDoc.Cells.Clear
'alle Charts löschen
   For Each Shp In MyDoc.Shapes
      Shp.Delete
   Next
'Neue Beschriftung
   Range("A1") = "Übertragungsbeiwert KP"
   Range("A2") = "Nachstellzeit TN [s]"
   Range("A3") = "Vorhaltezeit TV [s]"
   Range("A4") = "Schrittweite " + ChrW(8710) + " t [s]"
'Ausgabetabelle
   Range("D1") = "t"
   Range("E1") = "e"
   Range("F1") = "u-P"
   Range("G1") = "u-I"
   Range("H1") = "u-D"
   Range("I1") = "u-PI"
   Range("J1") = "u-PD"
   Range("K1") = "u-PID"
   Columns("B:K").Select
   Selection.NumberFormat = "0.000"
   Columns("A:A").EntireColumn.AutoFit
   Range("B1").Select
End Sub

Sub Regler_Testdaten()
   Dim I As Integer, j As Integer
   Cells(1, 2) = 0.2
   Cells(2, 2) = 20
   Cells(3, 2) = 15
   Cells(4, 2) = 1
   For i = 1 To 100
      Cells(i + 1, 4) = i
   Next i
   j = 1
   For i = 1 To 20
      j = j + 1
      Cells(j, 5) = -10
   Next i
   For i = 1 To 20
      j = j + 1
      Cells(j, 5) = -(10 + i * 0.2)
   Next i
   For i = 1 To 41
      j = j + 1
      Cells(j, 5) = 10 - (i - 1) * 0.5
   Next i
   For i = 1 To 19
      j = j + 1
      Cells(j, 5) = 0
   Next i
End Sub
```

```
Sub Regler_Auswertung()
   Dim Kp As Double, e As Double, TN As Double, TV, dt As Double
   Dim xx As Double, t As Double, up As Double, e1 As Double, e2 As Double
   Dim de As Double, u1 As Double, u2 As Double, ud As Double, Ki As Double
   Dim i As Integer
   Kp = Cells(1, 2)
   TN = Cells(2, 2)
   TV = Cells(3, 2)
   dt = Cells(4, 2)
   u1 = 0
   For i = 1 To 100
'
'P-Anteil
      e = Cells(i + 1, 5)
      up = -Kp * e
      Cells(i + 1, 6) = up
      If i = 1 Then
         e1 = Cells(i + 1, 5)
         e2 = Cells(i + 1, 5)
      Else
         e1 = Cells(i, 5)
         e2 = Cells(i + 1, 5)
      End If
'
'I-Anteil
      u2 = u1 - (e1 + e2) / 2 * Kp / TN
      Cells(i + 1, 7) = u2
      u1 = u2
'
'D-Anteil
      de = e2 - e1
      ud = -Kp * TV * de / dt
      Cells(i + 1, 8) = ud
'
'PI-Anteil
      Cells(i + 1, 9) = Cells(i + 1, 5) + Cells(i + 1, 6)
'
'PD-Anteil
      Cells(i + 1, 10) = Cells(i + 1, 5) + Cells(i + 1, 7)
'
'PID-Anteil
      Cells(i + 1, 11) = Cells(i + 1, 5) + Cells(i + 1, 6) + Cells(i + 1, 7)
   Next i
'
'Diagramme
   Call Diagramm1
   Call Diagramm2
End Sub
Sub Diagramm1()
    Range("D2:H101").Select
    Charts.Add
    ActiveChart.ChartType = xlXYScatterSmoothNoMarkers
    ActiveChart.SetSourceData Source:= _
       Sheets("Regler").Range("D2:H101"), PlotBy:=xlColumns
    ActiveChart.SeriesCollection(1).Name = "=""Regelabweichung e"""
    ActiveChart.SeriesCollection(2).Name = "=""P-Anteil"""
    ActiveChart.SeriesCollection(3).Name = "=""I-Anteil"""
    ActiveChart.SeriesCollection(4).Name = "=""D-Anteil"""
    ActiveChart.Location Where:=xlLocationAsObject, Name:="Regler"
    With ActiveChart
        .HasTitle = True
        .ChartTitle.Characters.Text = "Regleranteile"
```

```
        .Axes(xlCategory, xlPrimary).HasTitle = True
        .Axes(xlCategory, xlPrimary).AxisTitle.Characters.Text = "Zeit [s]"
        .Axes(xlValue, xlPrimary).HasTitle = True
        .Axes(xlValue, xlPrimary).AxisTitle.Characters.Text = "Regelanteile"
    End With
    ActiveWindow.Visible = False
    Windows("Kapitel 11.xls").Activate
End Sub
Sub Diagramm2()
    ActiveWindow.Visible = False
    Windows("Kapitel 11.xls").Activate
    Range("D2:E101,I2:K101").Select
    Range("I2").Activate
    Charts.Add
    ActiveChart.ChartType = xlXYScatterSmoothNoMarkers
    ActiveChart.SetSourceData Source:= _
       Sheets("Regler").Range("D2:E101,I2:K101"), PlotBy:=xlColumns
    ActiveChart.SeriesCollection(1).Name = "=""Regelabweichung e"""
    ActiveChart.SeriesCollection(2).Name = "=""PI-anteil"""
    ActiveChart.SeriesCollection(3).Name = "=""PD-Anteil"""
    ActiveChart.SeriesCollection(4).Name = "=""PID-Anteil"""
    ActiveChart.Location Where:=xlLocationAsObject, Name:="Regler"
    With ActiveChart
        .HasTitle = True
        .ChartTitle.Characters.Text = "Regler"
        .Axes(xlCategory, xlPrimary).HasTitle = True
        .Axes(xlCategory, xlPrimary).AxisTitle.Characters.Text = "Zeit [s]"
        .Axes(xlValue, xlPrimary).HasTitle = True
        .Axes(xlValue, xlPrimary).AxisTitle.Characters.Text = "Regelanteil"
    End With
    ActiveWindow.Visible = False
End Sub
```

**Beispiel 11.1 Reglerkennlinien**

Gesucht sind die Regleranteile zu einem vorgegebenen Signalverlauf nach Bild 11-16. Dabei sind die einzelnen Reglertypen gefragt und auch die Summierung zum PI-, PD- und PID Regler. Die erforderlichen Kenndaten zur Berechnung lauten $K_P = 0{,}2$ mm/grd C, $T_N = 20$ s, $T_V = 15$ s und $\Delta t = 1$ s.

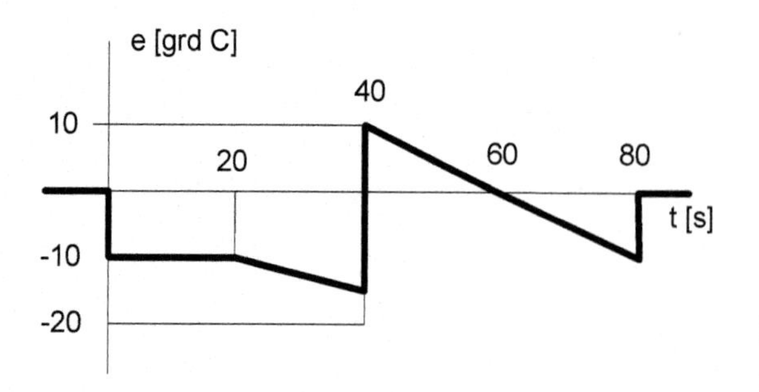


**Bild 11-16**

Regelabweichung

Die Auswertung zeigt Bild 11-17. Diagramm 1 zeigt die P-, I- und D-Regleranteile. Diagramm 2 die Anteile von PI-, PD- und PID-Regler.

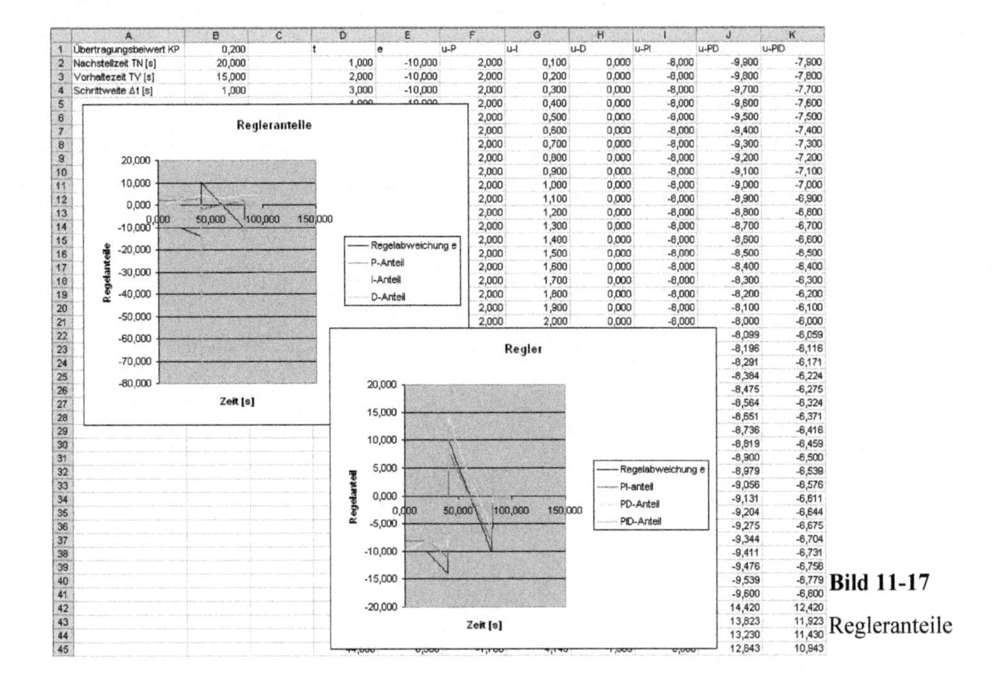


**Bild 11-17**
Regleranteile

### Übung 11.1 P-Anteile

Die Sprungantwort eines P-Reglers kann unterschiedlich ausfallen. Je nach Verlauf (Bild 11-18) spricht man von nullter, erster, zweiter oder höherer Ordnung.

Ein P-Regler nullter Ordnung ist zum Beispiel ein Zuflussregler für Gasverbraucher, der einen konstanten Gasdruck erzeugen soll. Die Totzeit kommt durch den Druckaufbau oder Druckabbau zustande.

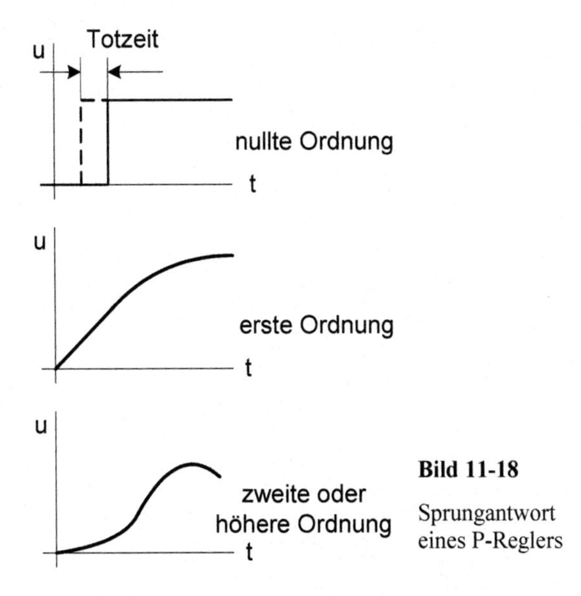


**Bild 11-18**
Sprungantwort
eines P-Reglers

Ein P-Regler erster Ordnung ist zum Beispiel ein Drehzahlregler für eine Dampfturbine. Die Anpassung der Drehzahl über mehr oder weniger Dampf ergibt ein Drehzahlverhalten erster Ordnung.

Ein P-Regler zweiter Ordnung ist durch einen Heizkörper in einem Raum gegeben. Der Heißwasserregler der Heizung erzeugt eine Kennlinie zweiter Ordnung.

Die Differentialgleichung eines P-Reglers erster Ordnung lautet:

$$T_s \cdot \frac{de}{dt} + e = K_P \cdot u \tag{11.12}$$

Bei P-Reglern zweiter und höherer Ordnung lautet der Ansatz (hier 3. Ordnung):

$$a_3 \cdot \frac{d^3 e}{dt^3} + a_2 \cdot \frac{d^2 e}{dt^2} + a_1 \cdot \frac{de}{dt} + e = Kp \cdot u \,. \tag{11.13}$$

Erweitern Sie das Berechnungsprogramm um diese P-Anteile.

**Übung 11.2 Reale Regler**

Bei den betrachteten Reglern handelt es sich um ideale Regler, die so in der Praxis selten vorkommen. So tritt beim realen PID-Regler eine Verzögerung nur des D-Anteils auf und die Gleichung für die Stellgröße lautet

$$u = Kp\left( e + \frac{1}{T_N} \int_0^t e \cdot dt + \frac{T_V}{1 + T_1} \cdot \frac{de}{dt} \right) \tag{11.14}$$

mit $T_1$ als Verzögerungszeit.

## 11.2 Fuzzy-Regler

Im Jahre 1920 wurden erste Fuzzy-Systeme von Lukasiewicz vorgestellt. Erst 45 Jahre später stellte Zadeh seine Possibilitätstheorie vor. Damit war das Arbeiten mit einem formal logischen System möglich. Zwar wurde die Methode in den USA entwickelt, doch erst Ende der achtziger Jahre von der japanischen Industrie entdeckt und erfolgreich eingesetzt. Seitdem hat die Fuzzy-Regelung schrittweise verschiedene Anwendungsgebiete erobert. Sich mit der Possibilitätstheorie zu beschäftigen ist sicher eine reizvolle Aufgabe und würde garantiert den Rahmen dieses Buches sprengen.

Wir wollen uns vielmehr über eine Anwendung der Methode nähern. Wenn wir eine gefühlsmäßige Einteilung eines Temperaturbereich von eisig über kalt und warm bis heiß durchführen müssten, dann käme etwa eine Skala dabei heraus, wie sie im Bild 11-19 dargestellt ist.

Doch lassen wir diese Einteilung von mehreren Personen durchführen, dann ergeben sich unterschiedliche Einteilungen. Bei einer hinreichend großen Personenzahl erhält man eine Einteilung wie in Bild 11-20 dargestellt.

In der klassischen Mengenlehre kann ein Element nur einer Menge angehören oder nicht. Die Temperatur von z. B. 12,5 Grad Celsius gehört zur Menge der warmen Temperaturen. Im Gegensatz dazu können Fuzzy-Elemente nur zu einem Teil einer Menge angehören. Diese Zugehörigkeit wird durch eine Zahl aus dem Intervall [0,1] angegeben. Null bedeutet keine Zugehörigkeit und 1 eine volle Zugehörigkeit.

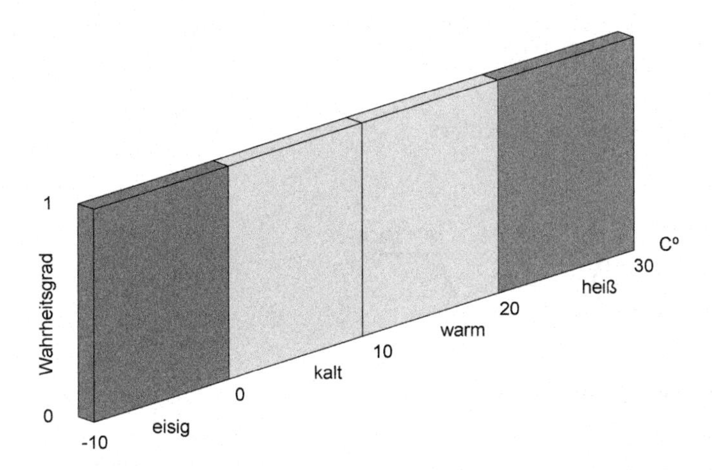


**Bild 11-19**

Gefühlsmäßige Einteilung einer Raumtemperatur

Die Temperatur 12,5 Grad Celsius gehört nach der Darstellung mit der Wahrscheinlichkeit von 0,5 zur Menge der kalten Temperaturen und mit ebensolcher Wahrscheinlichkeit von 0,5 zur Menge der warmen Temperaturen.

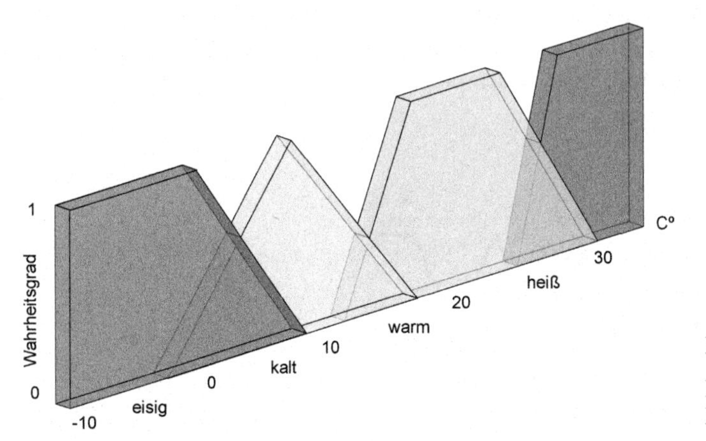


**Bild 11-20**

Fuzzifizierung einer Raumtemperatur

Diese Mengen werden auch als Fuzzy-Sets bezeichnet und man spricht von unscharfen Mengen. Diese Einteilung, auch Fuzzyfizierung genannt, ist der erste von drei Schritten eines Fuzzy-Reglers, die dieser ständig durchläuft.

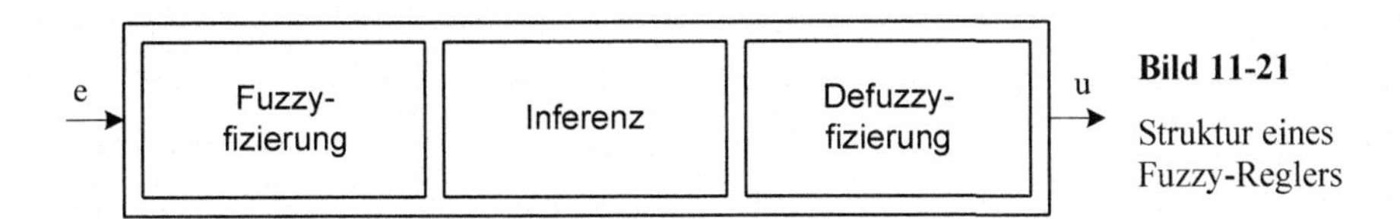


**Bild 11-21**

Struktur eines Fuzzy-Reglers

Zur Fuzzyfizierung wird für jede Regelabweichung eine Mengeneinteilung in der Form erstellt, dass jede Menge den Wahrheitsgrad von 0 bis 1 annimmt.

### Aufgabe 11.2 Regelverhalten eines Fuzzy-Reglers

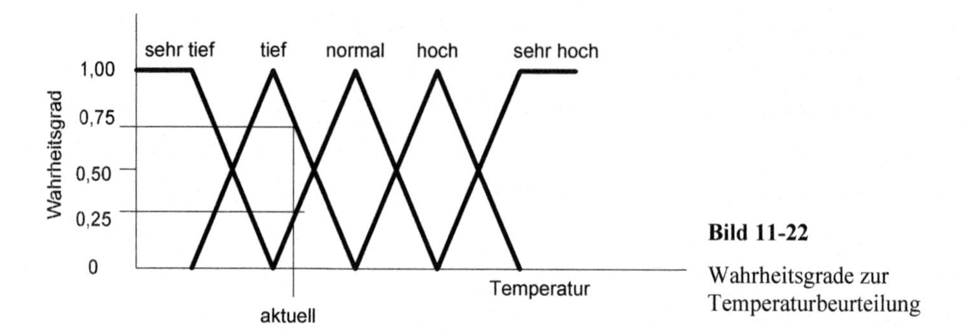


**Bild 11-22**

Wahrheitsgrade zur Temperaturbeurteilung

Im Bild 11-22 hat die aktuelle Temperatur den Wahrheitsgrad 0,75 zur Menge der tiefen Temperaturen und den Wahrheitsgrad 0,25 zur Menge der normalen Temperaturen.

Betrachtete man nur die Temperatur, dann hätte man es mit einer einfachen P-Regelung zu tun. Die Stärke der Fuzzy-Regelung liegt aber in der Bildung von Inferenzen. Hier kommt die Beachtung der Temperaturänderung hinzu. Auch hier ergibt sich eine entsprechende Mengeneinteilung.

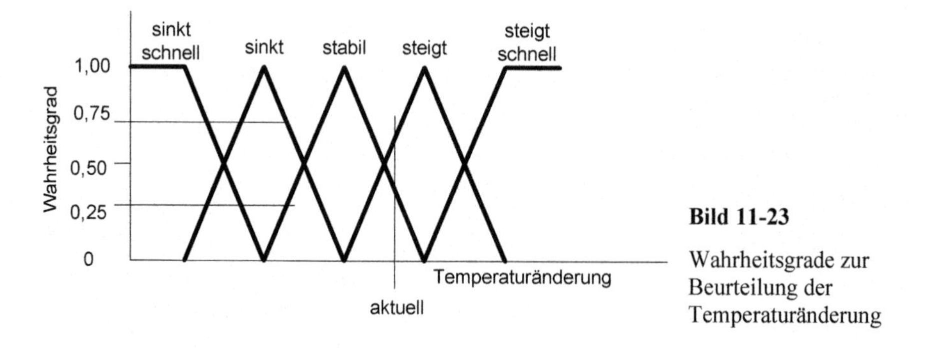


**Bild 11-23**

Wahrheitsgrade zur Beurteilung der Temperaturänderung

Die aktuelle Temperaturänderung hat nach Bild 11-23 den Wahrheitsgrad 0,6 zur Menge der steigenden Temperaturänderungen und den Wahrheitsgrad von 0,4 zur Menge der stabilen Temperaturänderungen.

In der Phase der Inferenz werden den Wahrheitsgraden der Eingangsgrößen Wahrheitswerte der Ausgangsgrößen zugeordnet. Die Ausgangsgröße ist in unserem Beispiel das Stellventil der Raumheizung.

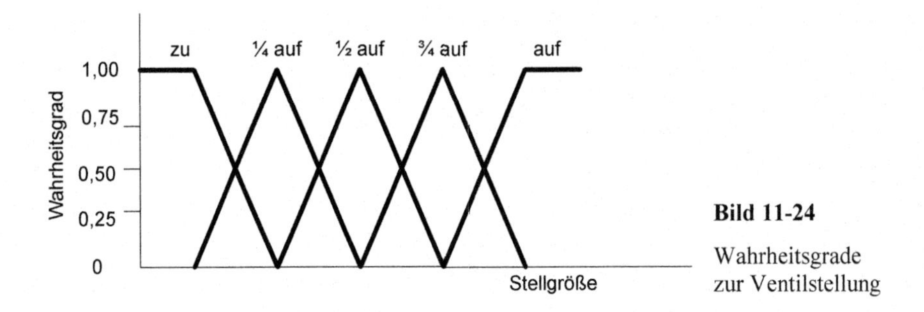


**Bild 11-24** Wahrheitsgrade zur Ventilstellung

Bezogen auf die Beispieldaten gelten die Inferenzen für die Temperaturen (kurz T):

- WENN T sehr tief (0) DANN Ventil auf (0).
- WENN T tief (0.75) DANN Ventil ¾ auf (0.75).
- WENN T normal (0.25) DANN Ventil ½ auf (0.25).
- WENN T hoch (0) DANN Ventil ¼ auf (0).
- WENN T sehr hoch (0) DANN Ventil zu (0).

Unter Berücksichtigung der Temperaturänderung folgt weiterhin:

- WENN T tief (0.75) UND T stabil (0.4) DANN Ventil ¾ auf (0.4).
- WENN T tief (0.75) UND T steigt (0.6) DANN Ventil ½ auf (0.6).
- WENN T normal (0.25) UND T stabil (0.4) DANN Ventil ½ auf (0.25).
- WENN T normal (0.25) UND T steigt (0.6) DANN Ventil ¼ auf (0.25).

Die Zusammenhänge lassen sich anschaulicher in einer Matrix zusammenfassen.

**Tabelle 11-2** Inferenzen-Matrix zur Temperaturregelung

| Temperatur | sinkt schnell | sinkt | stabil (0,4) | steigt (0,6) | steigt schnell |
|---|---|---|---|---|---|
| sehr tief | auf | auf | auf | ¾ auf | ½ auf |
| tief (0,75) | auf | auf | ¾ auf (0,4) | ½ auf (0,6) | ¼ auf |
| normal (0,25) | auf | ¾ auf | ½ auf (0,25) | ¼ auf (0,25) | zu |
| hoch | ¾ auf | ½ auf | ¼ auf | zu | zu |
| sehr hoch | ½ auf | ¼ auf | zu | zu | zu |

In der letzten Phase, der Defuzzyfizierung, wird das gleiche Schema wie zur Fuzzyfizierung angewandt:

1. Schritt:

Für alle logischen Inferenzen werden die Wahrheitsgrade der Ventilstellungen aus den Wahrheitsgraden der Eingangsgrößen berechnet. Hier findet der Minimum-Operator seine Anwendung:

Min (0.75, 0.4) = 0.4, Min (0.75, 0.6) = 0.6, Min (0.25, 0.4) = 0.25 und Min (0.25, 0.6) = 0.25.

2. Schritt:

Die Resultate für gleiche Ventilstellungen werden summiert:

[¾ auf] hat den Wert 0.4, [½ auf] hat 0,85 und [¼ auf] hat 0,25. Insgesamt ergibt sich als Summe 1,5.

3. Schritt:

Die Werte werden auf 1 normiert:

$$\frac{0.4}{1.5} = 0.267, \frac{0.85}{1.5} = 0.567, \frac{0.25}{1.5} = 0.167$$

4. Schritt:

Anpassung der Flächengröße der Mengeneinteilung nach dem Wahrheitsgrad.

5. Schritt:

Bestimmung des Schwerpunktes der resultierenden Flächenstücke. Seine Lage ist die Stellgröße des Ventils:

$$u = \frac{\sum_i w_i \cdot A_i \cdot s_i}{\sum_i w_i \cdot A_i} = \frac{0.167^2 \cdot 0.25 + 0.567^2 \cdot 0.5 + 0.267^2 \cdot 0.75}{0.167^2 + 0.567^2 + 0.267^2} = 0.526 \qquad (11.15)$$

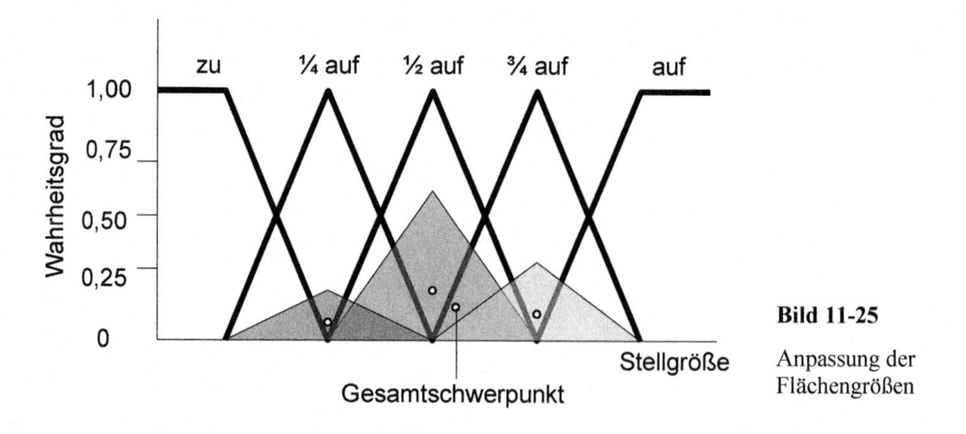


**Bild 11-25**

Anpassung der Flächengrößen

Darin ist $w_i$ der Wahrheitsgrad, $A_i$ der Flächeninhalt und $s_i$ der Schwerpunkt der einzelnen Flächen. Die Schwerpunktmethode ist nur eine von mehreren Methoden.

### Beispiel 11.2 Der Fuzzy-Regler mit Beispieldaten

Ein Programm soll die Stellgröße des vorangegangenen Beispiels für einen Temperaturbereich von -10 bis 40 Grad Celsius um jeweils 1 Grad berechnen, wobei die Temperaturänderungen in der Schrittweite 0,25 über den gesamten Bereich berücksichtigt werden. Das entsprechende Fuzzy-Set für die Temperatur zeigt Bild 11-26.

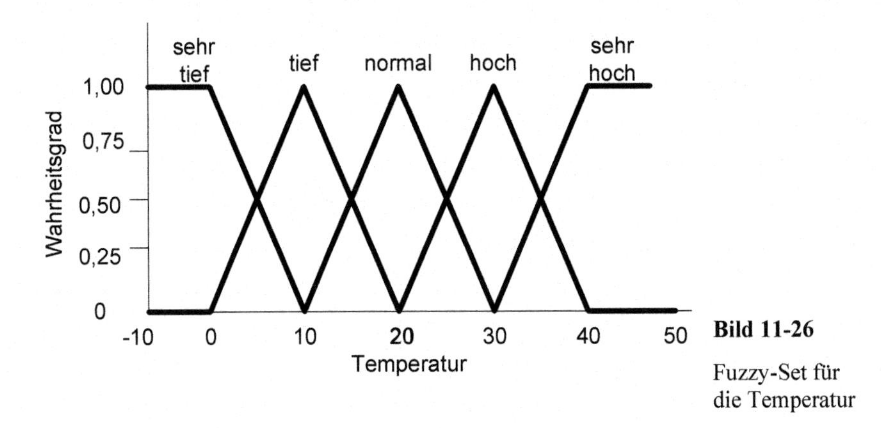


**Bild 11-26** Fuzzy-Set für die Temperatur

Um mit Datenfeldern in den verschiedenen Prozeduren arbeiten zu können, erstellen wir neben dem Arbeitsblatt *tblFuzzy* noch ein Modul *modFuzzy*. In diese Objekte gehört der Code aus den Listen 11.2 und 11.3.

**Tabelle 11-3** Struktogramm zur Berechnung des Fuzzy-Reglers

| Für alle Temperaturen T von -10 bis 50 Grad Celsius | | |
|---|---|---|
| Für alle Temperaturänderungen von sinkt schnell bis steigt schnell jeweils um ¼ -Anteil verändert | | |
| | Fuzzyfizierung der Temperatur<br>wT(i) = f(Temperatur-Set), i = 0,…,4 | |
| | Fuzzyfizierung der Temperaturänderung<br>aT(i) = f(Temperaturänderungs-Set), i = 0,…,4 | |
| | Eintragung der Wahrheitswerte in eine Matrix<br>M(i+1,0) = wT(i), i = 0,…,4<br>M(0,i+1) = aT(i), i = 0,…,4 | |
| | Auswertung der Matrix, Inferenzen<br>M(i,j) = Minimum(M(i,0),M(0,j)), i,j = 1,…,5 | |
| | Normierung der Summen gleicher Ventilstellungen auf 1 | |
| | | $v(i) = \sum M_v(j,k)$, i = 0,…,4, j,k = 1,…,5 |
| | | $s = \sum v(i)$, i = 0,…,4 |
| | | $v_n(i) = v(i)/s$ |
| | Bestimmung des Gesamtschwerpunktes und damit der Stellgröße | |

| | | |
|---|---|---|
| | | $u = \dfrac{\sum_i v(i)^2 \cdot s_i}{\sum_i v(i)^2}$ |
| | | Ausgabe der Temperatur, der Temperaturänderung und der errechneten Ventilstellung |
| Grafische Anzeige des Kennfeldes | | |

**Codeliste 11-2** Deklaration in modFuzzy finden Sie auf meiner Website.

**Codeliste 11-3** Prozeduren in tblFuzzy finden Sie ebenfalls auf meiner Website.

Das Berechnungsbeispiel ergibt das in Bild 11-27 dargestellte Regelfeld.

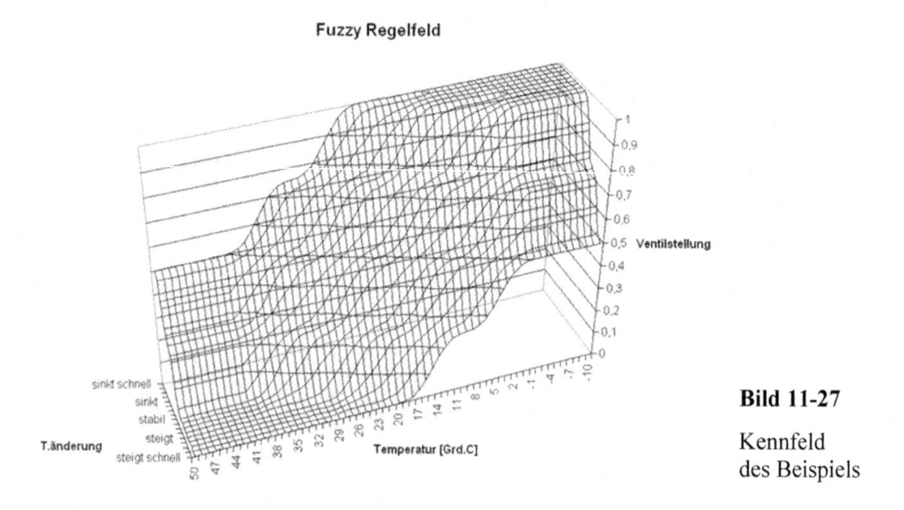


**Bild 11-27**

Kennfeld des Beispiels

### Übung 11.3 Brennkammer eines Industrieofens

Erstellen Sie das Regelfeld für die Brennkammer eines Industrieofens. Zu regeln sind die Temperatur im Brennraum (Bild 11-28) und der Druck (Bild 11-29), mit dem das Brenngas ansteht. Die notwendigen Daten ergeben sich aus den genannten Bildern.

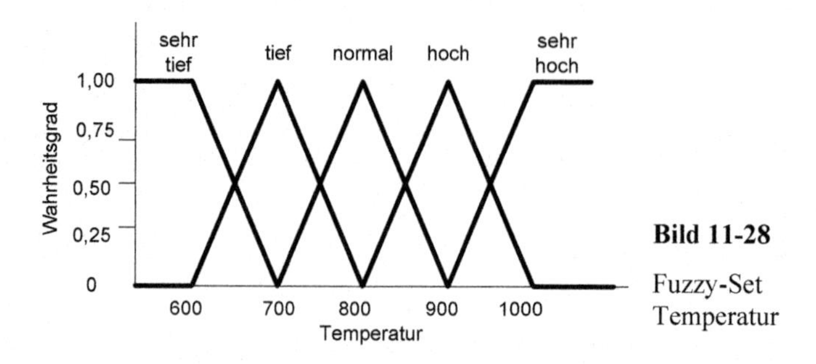


**Bild 11-28**

Fuzzy-Set Temperatur

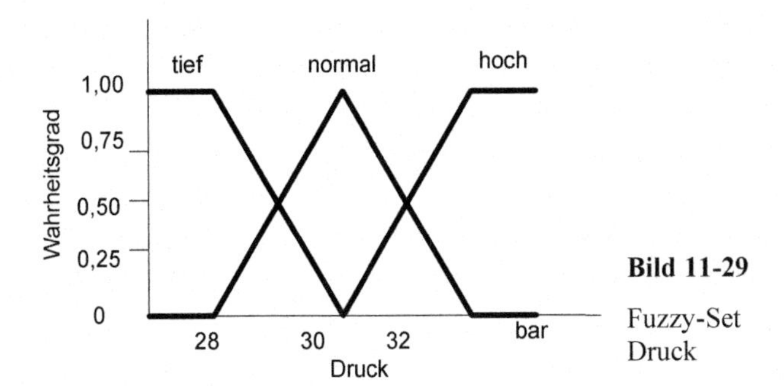


**Bild 11-29**
Fuzzy-Set Druck

Zu den Inferenzen sollten gehören:

| | | |
|---|---|---|
| WENN Temperatur sehr hoch | ODER Druck hoch | DANN Ventil zu. |
| WENN Temperatur hoch | UND Druck normal | DANN Ventil ½ auf. |

Zu beachten ist, dass hier sowohl Oder- als auch Und-Verknüpfungen vorliegen.

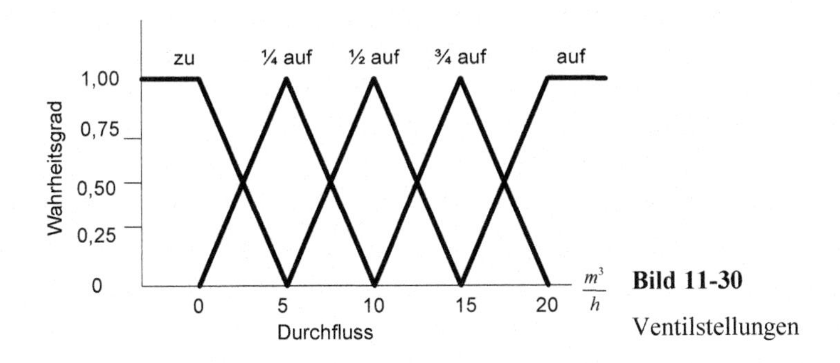


**Bild 11-30**
Ventilstellungen

Ergänzen Sie die fehlenden Inferenzen und erstellen Sie eine Matrix. Danach können Sie mit der Aufstellung des Algorithmus beginnen.

Weitere Anwendungsgebiete finden sich hauptsächlich in Embedded-Systemen. Unter anderem in Automatikgetrieben und Tempomaten von Autos. In der Gebäudeleittechnik zur Temperaturregelung, Jalousien-Steuerung und in Klimaanlagen. Waschmaschinen besitzen eine Fuzzy-Automatik, die eingelegte Wäsche und deren Verschmutzungsgrad erkennt, und damit Wassermenge, Energiemenge und benötigtes Waschmittel optimiert.

Es ist festzustellen, dass Fuzzy-Logik nicht mehr der Modebegriff der 80er Jahre ist. Vielmehr dürfte sich Fuzzy ganz selbstverständlich in vielen Embedded-Systems befinden, ohne das damit geworben wird.

### Übung 11.4 Regelung einer Kranbewegung

Dieses Problem ist ein immer wieder gern genanntes Anwendungsgebiet für Fuzzy-Logik. Mithilfe eines Krans (Bild 11-31) soll eine Ladung von A nach B transportiert werden. Die Last hängt an einem Seil und pendelt, sobald sich der Kran in Bewegung setzt. Das Pendeln stört nur beim Absetzen der Last.

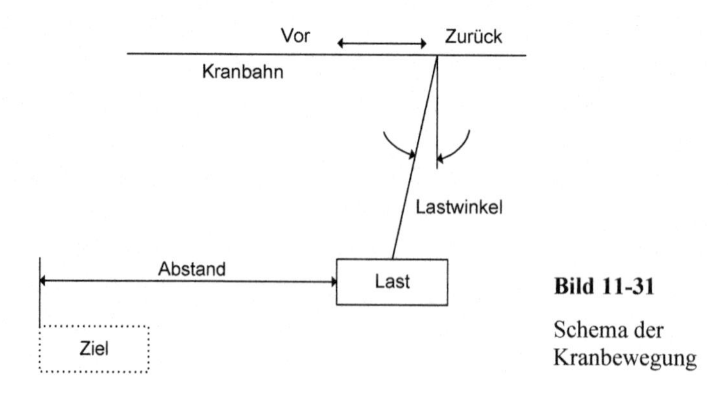


**Bild 11-31**

Schema der Kranbewegung

Ein Mensch ist mit etwas Erfahrung in der Lage, den Kran so zu steuern, dass die Last am Ziel nicht mehr pendelt. Das Problem ist auch mit der klassischen Regelungstechnik lösbar. Allerdings reicht dazu ein einfacher PID-Regler nicht aus, denn die Stabilisierungsstrategie hängt stark nichtlinear von der Position der Last zum Ziel ab. Will man dieses Erfahrungswissen mit Hilfe der Fuzzy-Logik lösen, so muss man zunächst durch Beobachtung des Prozesses gewisse Zustände identifizieren und definieren. Solange die Last noch weit vom Ziel entfernt ist, fährt der Kran mit voller Leistung. Beim Näherkommen verändert sich die Strategie. Pendelt die Last nur gering, dann wird die Geschwindigkeit leicht verringert, damit ein abruptes Abbremsen am Ziel verhindert wird. Pendelt die Last jedoch stark, so wird jetzt bereits versucht, die Pendelbewegung zu verringern. Dies wird durch langsame Bewegung in die entgegengesetzte Richtung der Pendelbewegung erreicht.

Die Eingangsgrößen sind der Abstand der Last zum Ziel und der Lastwinkel. Eilt die Ladung dem Kran voraus, dann ist der Lastwinkel positiv. Die Ausgangsgröße ist die Motorleistung des Antriebs.

**Tabelle 11-4** Regeln zur Kransteuerung

| | **Abstand** | | |
|---|---|---|---|
| **Lastwinkel** | ***groß*** | ***klein*** | ***null*** |
| positiv, groß | schnell voraus | schnell voraus | langsam zurück |
| positiv, klein | schnell voraus | langsam voraus | langsam zurück |
| null | schnell voraus | langsam voraus | Stopp |
| negativ, klein | schnell voraus | langsam voraus | langsam voraus |
| negativ, groß | schnell voraus | langsam zurück | schnell voraus |

Abstand, Lastwinkel und Motorleistung sind linguistische Werte und müssen durch Fuzzy-Mengen repräsentiert werden. Für die Zustände müssen Wenn-Dann-Regeln aufgestellt werden.

Der Vorteil einer solchen Steuerung ist, dass sie leicht mit verständlichen Regeln erstellt und auch geändert werden kann. Der Nachteil liegt oft in der Feinabstimmung. Der erste Entwurf liefert sehr häufig schnell eine Regelung, dieses muss oft in aufwendiger Feinarbeit nachgebessert werden.

# 12 Berechnungen aus der Fertigungstechnik

Die Fertigungstechnik ist ein Fachgebiet des Maschinenbaus. Sie befasst sich mit der wirtschaftlichen Herstellung und dem Einbau von Erzeugnissen. Die Grundbegriffe der Fertigungsverfahren sind in DIN 8580 zusammengefasst. Das Arbeitsfeld der Fertigungstechnik ist das Entwickeln, Weiterentwickeln und das Anwenden der Fertigungsverfahren. Zu den Hauptgruppen zählen das Urformen, Umformen, Trennen, Fügen und Beschichten. Ein weiteres Gebiet befasst sich mit der Veränderung stofflicher Eigenschaften.

## 12.1 Stauchen – eine spanlose Formgebung

Das Stauchen zählt zu den Massivumformverfahren. Es dient der Herstellung von Massenteilen, wie Schrauben, Kopfbolzen, Stiften, Ventilstößeln, wie sie in Bild 12-1 dargestellt sind.

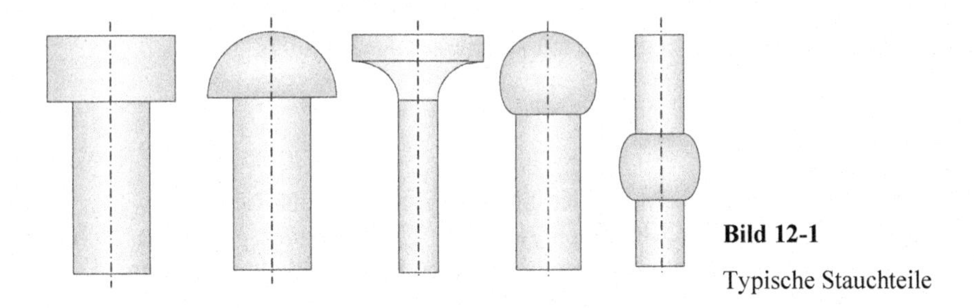

**Bild 12-1**

Typische Stauchteile

Ausgangsmaterial ist ein Rund- oder Profilmaterial. Oft wird auch von einem Drahtbund gearbeitet.

Bei der Betrachtung der zulässigen Formänderung unterscheidet man zwei Kriterien. Das eine Maß ist die Größe der Formänderung, auch als Formänderungsvermögen bezeichnet. Dieses drückt sich durch die Stauchung

$$\varepsilon_h = \frac{h_0 - h_1}{h_0}, \tag{12.1}$$

aus, die oft auch als Stauchungsgrad

$$\varphi_h = \ln\frac{h_1}{h_0}. \tag{12.2}$$

berechnet wird.

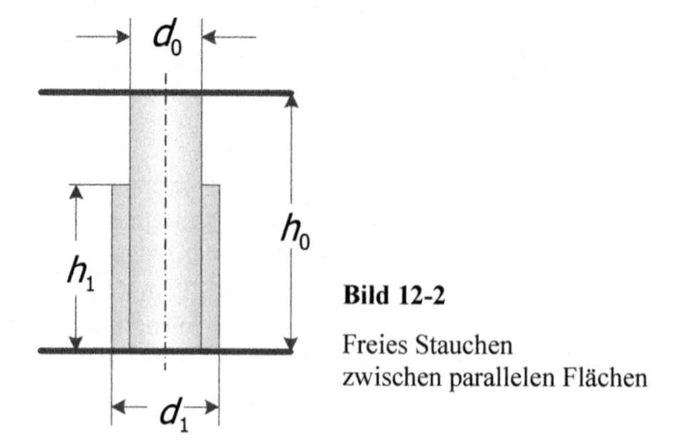


**Bild 12-2**

Freies Stauchen zwischen parallelen Flächen

Ist das Material für eine Stauchung gegeben, und damit auch die zulässige Formänderung, so bestimmt sich die zulässige Höhe vor dem Stauchen durch Umstellung der Formel aus

$$h_0 = h_1 \cdot e^{\varphi_h} . \tag{12.3}$$

Das zweite Kriterium legt die Grenzen der Rohlingsabmessungen in Bezug auf die Gefahr der Knickung beim Stauchen fest. Es wird als Stauchverhältnis bezeichnet und ist der Quotient aus freier (nicht geführter) Länge zum Außendurchmesser des Rohlings

$$s = \frac{h_0}{d_0} . \tag{12.4}$$

Als zulässiges Stauchverhältnis für einen Stauchvorgang gilt als Richtgrenzwert $s \leq 2{,}6$. Für einen Stauchvorgang in zwei Arbeitsschritten $s \leq 4{,}5$. Bei einem gegebenen Volumen, lässt sich der Ausgangsdurchmesser aus einem bestimmten Stauchverhältnis bestimmen

$$d_0 = \sqrt[3]{\frac{4 \cdot V}{\pi \cdot s}} . \tag{12.5}$$

Die erforderliche Stauchkraft für rotationssymmetrische Teile (und auf diese wollen wir uns hier beschränken) bestimmt sich über die Formänderungsfestigkeit des Materials $k_{f1}$ am Ende des Stauchvorgangs und dem Reibungskoeffizient $\mu$ (0,1-0,15) zwischen Material und den Stauchflächen aus

$$F_S = A_1 \cdot k_{f1} \left( 1 + \frac{1}{3} \mu \frac{d_1}{h_1} \right) . \tag{12.6}$$

Die Staucharbeit bestimmt sich in erster Näherung aus einer mittleren Formänderungsfestigkeit $k_{fm}$, der Hauptformänderung $\varphi_h$ und einem Formänderungswirkungsgrad $\eta_f$, der im Bereich von 0,6 bis 0,9 liegt, durch die Formel

$$W = \frac{V \cdot k_{fm} \cdot \varphi_h}{\eta_f} , \tag{12.7}$$

oder aus einer mittleren Stauchkraft Fm (Bild 12-3) und dem Verformungsweg s vereinfacht

$$W = F_m \cdot s . \tag{12.8}$$

Doch wir wollen hier etwas genauer hinschauen und die sich ergebende Leistung durch eine numerische Integration bestimmen.

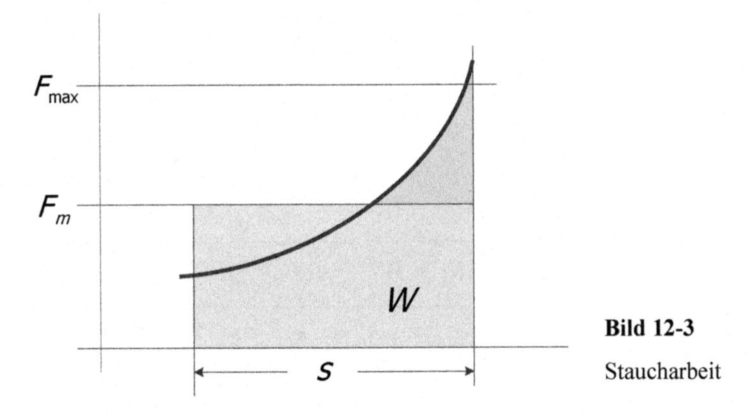


**Bild 12-3**
Staucharbeit

**Aufgabe 12.1 Bestimmung der Staucharbeit**

Für den Berechnungsalgorithmus gehen wir davon aus, dass sich die Formänderungsfestigkeit linear verändert.

**Tabelle 12-1** Algorithmus zur Bestimmung der Staucharbeit

| Eingabe $d_0, d_1, h_1, k_{f,0}, k_{f,1}, \mu, \eta_F$ | |
|---|---|
| $A_0 = \frac{\pi}{4} d_0^2$ | |
| $V = \frac{\pi}{4} d_1^2 h_1$ | |
| $h_0 = \frac{V}{A_0}$ | |
| $s = \frac{h_0}{d_0}$ | |
| $\varphi_h = \ln \frac{h_1}{h_0}$ | |
| Ausgabe $h_0, s, \varphi_h$ | |
| $h = h_0, \Delta h, h_1$ | |
| | $A_h = \frac{V}{h}$ |

| | |
|---|---|
| | $d_h = \sqrt{\frac{4A_h}{\pi}}$ |
| | $k_{f,h} = k_{f,0} + \frac{h_0 - h}{h_0 - h_1}\left(k_{f,1} - k_{f,0}\right)$ |
| | $F_h = \frac{V}{h} k_{f,h}\left(1 + \frac{1}{3}\mu\frac{d_h}{h}\right)$ |
| | $W_h = W_{h-\Delta h} + F_h \cdot \Delta h$ |
| | Ausgabe $h, d_h, k_{f,h}, F_h, W_h$ |

**Codeliste 12-1** Berechnung der Staucharbeit

```
Option Explicit

Sub Stauch_Formular()
   Dim MyDoc As Object
   Set MyDoc = ThisWorkbook.Worksheets("Stauchen")
   MyDoc.Activate
   MyDoc.Cells.Clear

   Range("A1") = "d0"
   Range("A2") = "d1"
   Range("A3") = "h1"
   Range("A4") = "kf0"
   Range("A5") = "kf1"
   Range("A6") = "u"
   Range("A7") = "n"
   Range("A9") = "h0"
   Range("A10") = "s"
   Range("A11") = "ph"
   Range("C1") = "mm"
   Range("C2") = "mm"
   Range("C3") = "mm"
   Range("C4") = "N/mm^2"
   Range("C5") = "N/mm^2"
   Range("C6") = "-"
   Range("C7") = "-"
   Range("C9") = "mm"
   Range("C10") = "-"
   Range("C11") = "-"
   Range("E1") = "h [mm]"
   Range("F1") = "d [mm]"
   Range("G1") = "kfh [N/mm^2]"
   Range("H1") = "Fh [N]"
   Range("I1") = "Wh [Nm]"
End Sub
```

```
Sub Stauch_Testdaten()
   Cells(1, 2) = 20
   Cells(2, 2) = 30
   Cells(3, 2) = 20
   Cells(4, 2) = 300
   Cells(5, 2) = 900
   Cells(6, 2) = 0.13
   Cells(7, 2) = 0.82
End Sub

Sub Stauch_Rechnung()
   Dim d0 As Double
   Dim d1 As Double
   Dim h1 As Double
   Dim kf0 As Double
   Dim kf1 As Double
   Dim u As Double
   Dim n As Double
   Dim A0 As Double
   Dim dh As Double
   Dim V As Double
   Dim h0 As Double
   Dim Ah As Double
   Dim d As Double
   Dim kfh As Double
   Dim Fh As Double
   Dim s As Double
   Dim ph As Double
   Dim h As Double
   Dim Wh As Double
   Dim m As Long
   Dim p As Long
   m = 50

   Const PI = 3.14159
   d0 = Cells(1, 2)
   d1 = Cells(2, 2)
   h1 = Cells(3, 2)
   kf0 = Cells(4, 2)
   kf1 = Cells(5, 2)
   u = Cells(6, 2)
   n = Cells(7, 2)
   A0 = PI / 4 * d0 * d0
   V = PI / 4 * d1 * d1 * h1
   h0 = V / A0
   s = h0 / d0
   ph = Log(h1 / h0)
   Cells(9, 2) = h0
   Cells(10, 2) = s
   Cells(11, 2) = ph
   p = 1
   dh = (h0 - h1) / m
   For h = h0 To h1 Step -dh
      Ah = V / h
      d = Sqr(4 * Ah / PI)
      kfh = kf0 + (h0 - h) / (h0 - h1) * (kf1 - kf0)
      Fh = V / h * kfh * (1 + 1 / 3 * u * dh / h)
      Wh = Wh + Fh * dh / 1000
      p = p + 1
      Cells(p, 5) = h
      Cells(p, 6) = d
      Cells(p, 7) = kfh
```

```
        Cells(p, 8) = Fh
        Cells(p, 9) = Wh
    Next h
End Sub
```

## Beispiel 12.1 Kopfbolzen

Der in Bild 12-4 dargestellte Kopfbolzen aus Ck35 soll gefertigt werden.

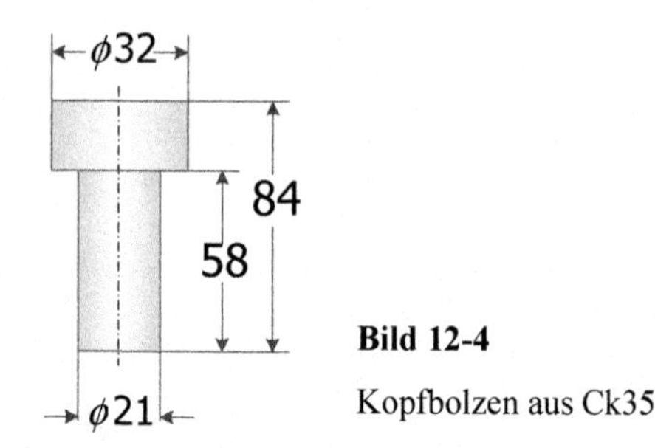


**Bild 12-4**

Kopfbolzen aus Ck35

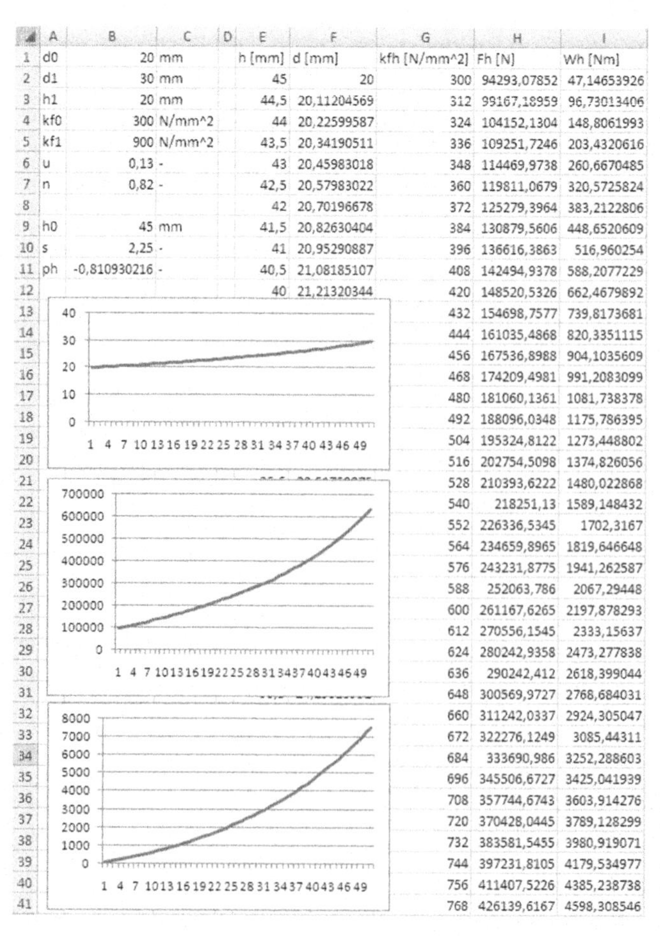

| | A | B | C | D | E | F | G | H | I |
|---|---|---|---|---|---|---|---|---|---|
| 1 | d0 | 20 | mm | | h [mm] | d [mm] | kfh [N/mm^2] | Fh [N] | Wh [Nm] |
| 2 | d1 | 30 | mm | | 45 | 20 | 300 | 94293,07852 | 47,14653926 |
| 3 | h1 | 20 | mm | | 44,5 | 20,11204569 | 312 | 99167,18959 | 96,73013406 |
| 4 | kf0 | 300 | N/mm^2 | | 44 | 20,22599587 | 324 | 104152,1304 | 148,8061993 |
| 5 | kf1 | 900 | N/mm^2 | | 43,5 | 20,34190511 | 336 | 109251,7246 | 203,4320616 |
| 6 | u | 0,13 | - | | 43 | 20,45983018 | 348 | 114469,9738 | 260,6670485 |
| 7 | n | 0,82 | - | | 42,5 | 20,57983022 | 360 | 119811,0679 | 320,5725824 |
| 8 | | | | | 42 | 20,70196678 | 372 | 125279,3964 | 383,2122806 |
| 9 | h0 | 45 | mm | | 41,5 | 20,82630404 | 384 | 130879,5606 | 448,6520609 |
| 10 | s | 2,25 | - | | 41 | 20,95290887 | 396 | 136616,3863 | 516,960254 |
| 11 | ph | -0,810930216 | - | | 40,5 | 21,08185107 | 408 | 142494,9378 | 588,2077229 |
| 12 | | | | | 40 | 21,21320344 | 420 | 148520,5326 | 662,4679892 |
| 13 | | | | | | | 432 | 154698,7577 | 739,8173681 |
| 14 | | | | | | | 444 | 161035,4868 | 820,3351115 |
| 15 | | | | | | | 456 | 167536,8988 | 904,1035609 |
| 16 | | | | | | | 468 | 174209,4981 | 991,2083099 |
| 17 | | | | | | | 480 | 181060,1361 | 1081,738378 |
| 18 | | | | | | | 492 | 188096,0348 | 1175,786395 |
| 19 | | | | | | | 504 | 195324,8122 | 1273,448802 |
| 20 | | | | | | | 516 | 202754,5098 | 1374,826056 |
| 21 | | | | | | | 528 | 210393,6222 | 1480,022868 |
| 22 | | | | | | | 540 | 218251,13 | 1589,148432 |
| 23 | | | | | | | 552 | 226336,5345 | 1702,3167 |
| 24 | | | | | | | 564 | 234659,8965 | 1819,646648 |
| 25 | | | | | | | 576 | 243231,8775 | 1941,262587 |
| 26 | | | | | | | 588 | 252063,786 | 2067,29448 |
| 27 | | | | | | | 600 | 261167,6265 | 2197,878293 |
| 28 | | | | | | | 612 | 270556,1545 | 2333,15637 |
| 29 | | | | | | | 624 | 280242,9358 | 2473,277838 |
| 30 | | | | | | | 636 | 290242,412 | 2618,399044 |
| 31 | | | | | | | 648 | 300569,9727 | 2768,684031 |
| 32 | | | | | | | 660 | 311242,0337 | 2924,305047 |
| 33 | | | | | | | 672 | 322276,1249 | 3085,44311 |
| 34 | | | | | | | 684 | 333690,986 | 3252,288603 |
| 35 | | | | | | | 696 | 345506,6727 | 3425,041939 |
| 36 | | | | | | | 708 | 357744,6743 | 3603,914276 |
| 37 | | | | | | | 720 | 370428,0445 | 3789,128299 |
| 38 | | | | | | | 732 | 383581,5455 | 3980,919071 |
| 39 | | | | | | | 744 | 397231,8105 | 4179,534977 |
| 40 | | | | | | | 756 | 411407,5226 | 4385,238738 |
| 41 | | | | | | | 768 | 426139,6167 | 4598,308546 |



**Bild 12-5**

Auswertung des Kopfbolzens

Für den Stauchvorgang sind gegeben:

| Bezeichnung | Symbol | Wert |
|---|---|---|
| Formänderungswirkungsgrad | $\eta_f$ | 0,82 |
| Reibungskoeffizient | $\mu$ | 0,13 |
| Formänderungsfestigkeit | $K_{f,0}$ | 300 |
| Formänderungsfestigkeit | $K_{f,1}$ | 900 |

Das Ergebnis finden Sie in Bild 12-5.

Das Stauchverhältnis liegt mit 2,25 unter dem zulässigen Grenzwert von 2,6. Daher kann der Kopfbolzen in einem Stauchgang hergestellt werden. Die Größe der Hauptformänderung liegt mit 81,1 % ebenfalls unter der zulässigen Formänderung für Ck35 mit ca. 140 %.

**Übung 12.1 Ergänzungen**

Ergänzen Sie den Berechnungsalgorithmus um einen Prozentsatz Abbrand und Verluste. Suchen Sie den wahren Verlauf der Formänderungsfestigkeit und interpolieren oder approximieren Sie diesen. Ergänzen Sie die Berechnung um die dargestellten Diagramme.

## 12.2 Drehen – eine spanende Formgebung

Die Berechnung von Schnittkräften, Leistungen und Zeiten haben für Werkzeugmaschinen und Maschinensysteme Allgemeingültigkeit. Dennoch betrachten wir nachfolgend ausschließlich das Längsdrehen und führen einige Grundbegriffe ein.

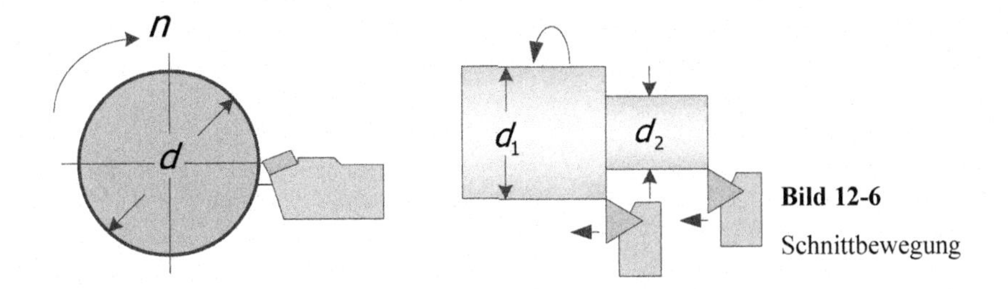


**Bild 12-6**
Schnittbewegung

Nach Bild 12-6 lautet die Formel zur Berechnung der Schnittgeschwindigkeit (z. B. Drehen, Fräsen, Bohren)

$$v_c = \pi \cdot d \cdot n. \tag{12.9}$$

Daraus ist sofort ersichtlich, dass bei gleicher Drehzahl unterschiedliche Wirkdurchmesser auch unterschiedliche Schnittgeschwindigkeiten liefern. Mit dem Vorschub f und der Schnitttiefe a bestimmt sich nach Bild 12-6 der erfolgte Spanungsquerschnitt

$$A = a \cdot f = b \cdot h. \tag{12.10}$$

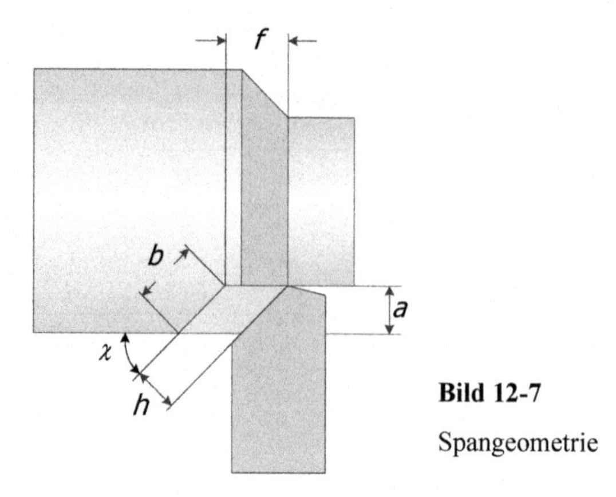


**Bild 12-7**

Spangeometrie

Spanungsdicke h und Spanungsbreite b bestimmen sich aus den Formeln

$$h = f \cdot \sin \chi \tag{12.11}$$

$$b = \frac{a}{\sin \chi} \tag{12.12}$$

Die bei der Spanung auftretende Zerspankraft F setzt sich aus den in Bild 12-7 dargestellten Komponenten zusammen.

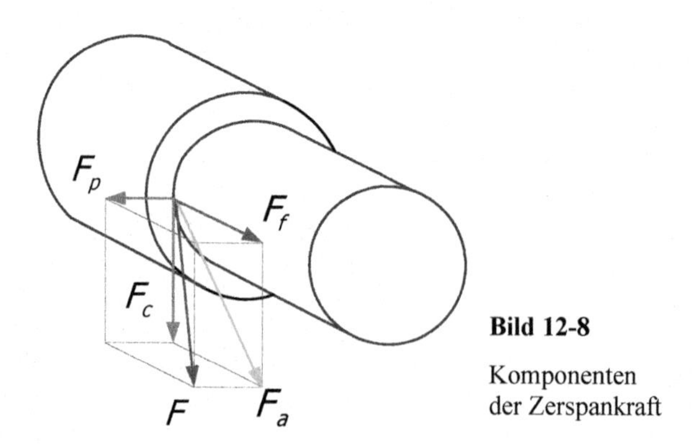


**Bild 12-8**

Komponenten der Zerspankraft

Die Komponente Schnittkraft $F_c$ bestimmt sich aus

$$F_c = b \cdot h \cdot k_c = a \cdot f \cdot k_c \tag{12.13}$$

und ist damit direkt proportional zur querschnittsbezogenen spezifischen Schnittkraft kc, die sich wiederum aus einer auf den Quadratmillimeter bezogenen spezifischen Schnittkraft $K_{c1}$ und der Spannungsdicke berechnet

$$k_c = \frac{k_{c1}}{h^{m_c}}. \tag{12.14}$$

Der Spanungsdickenexponent m bestimmt sich aus einer Tabelle. Die Berechnung der Schnittkraft ist nach (12.13) im Ansatz theoretisch richtig, die Praxis hat jedoch gezeigt, dass es verschiedene Einflussfaktoren gibt, die berücksichtigt werden müssen. Diese fasst man in den Faktoren

- Kγ Spanwinkelkorrektur
- Kv Schnittgeschwindigkeitskorrektur
- Ks Schneidstoffkorrektur
- Kz Verschleißkorrektur (zeitabhängig)

zusammen, so dass die Formel zur Berechnung der Schnittkraft nun lautet

$$F_c = b \cdot h \cdot k_c \cdot K_\gamma \cdot K_v \cdot K_s \cdot K_z \qquad (12.15)$$

Die Schnittleistung bestimmt sich abschließend aus der Gleichung

$$P_c = \frac{v_c \cdot F_c}{1000 \cdot 60}. \qquad (12.16)$$

Unter Berücksichtigung eines Wirkungsgrades folgt damit die Antriebsleistung

$$P_A = \frac{P_c}{\eta}. \qquad (12.17)$$

Zur Berechnung von Schnittkraft und Leistung ergibt sich nachfolgender Berechnungsalgorithmus. Eine Berechnung der Schnittkraft ist auf Grund der vielen Einflussfaktoren nur angenähert möglich. Dies ist für die praktischen Belange aber auch nicht erforderlich.

**Tabelle 12-2** Algorithmus zur Bestimmung der Schnittkraft und Leistung beim Drehen

| Eingabe $v_c, f, \chi, m, k_{c1}, K_\gamma, K_v, K_s, K_z, \eta$ |
|---|
| $h = f \cdot \sin \chi$ |
| $k_c = \frac{k_{c1}}{h^m}$ |
| $A = b \cdot h$ |
| $F_c = b \cdot h \cdot k_c \cdot K_\gamma \cdot K_v \cdot K_s \cdot K_z$ |
| $P_c = \frac{v_c \cdot F_c}{1000 \cdot 60}$ |
| $P_A = \frac{P_c}{\eta}$ |
| Ausgabe $h, F_c, P_c, P_A$ |

Programmierung und Beispielberechnung möchte ich an dieser dem Leser überlassen. Er findet aber Code und Beispiel auf meiner Homepage.

**Übung 12.2 Ergänzungen**

Die Einflussfaktoren bestimmen sich aus verschiedenen Tabellen und Annahmen. Versuchen Sie diese für ein bestimmtes Material zur Auswertung im Programm darzustellen. Wie schon im vorangegangenen Kapitel empfohlen, versuchen Sie dabei durch ein Näherungsverfahren die Auswertung zu erleichtern.

Bestimmen Sie zusätzlich die Spankraft

$$F_f = b \cdot h \cdot k_f \left( \frac{h}{h_0} \right)^{1-m_f} \cdot K_f \,. \tag{12.18}$$

Wobei sich der Korrekturfaktor wiederum aus mehreren Faktoren ergibt (siehe Literatur). Ebenso die Passivkraft

$$F_p = b \cdot h \cdot k_p \left( \frac{h}{h_0} \right)^{1-m_p} \cdot K_p \,. \tag{12.19}$$

Bestimmung Sie abschließend die Aktivkraft $F_a$ als Resultierende aus Vorschub- und Schnittkraft.

## 12.3 Die belastungsoptimale Pressverbindung

Pressverbindungen werden durch Fügen von Bauteilen mit Übermaß erreicht. Dies geschieht bei Längspresspassungen durch eine Fügekraft und bei Querpressverbindungen durch Erwärmung oder Unterkühlung eines Bauteils. Letztere bezeichnet man daher auch als Dehn- oder Schrumpfverbindung. Grundlage aller Pressverbindungen ist die Übertragung von Kräften und Momenten durch eine erhöhte Gefügeverzahnung.

Einen Algorithmus für einen Festigkeitsnachweis einer nach Bild 12-9 dargestellten Pressverbindung ergibt sich aus den üblichen Fachbüchern zur Berechnung von Maschinenelementen. Wir interessieren uns an dieser Stelle für eine gleichmäßige Belastung des Innen- und Außenteils. Dies führt zur Frage nach dem optimalen Fugendurchmesser $d_f$ bei gegebenem Innendurchmesser $d_i$ (kann auch Null sein) und Außendurchmesser $d_a$. Auch die Passlänge l soll gegeben sein.

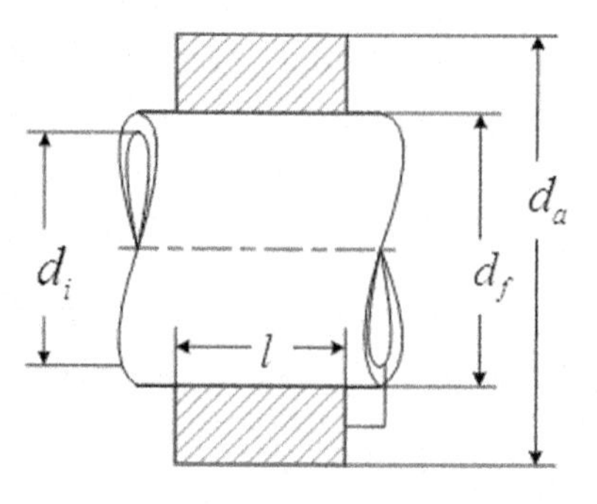


**Bild 12-9**

Pressverbindung

Wenn auch der optimale Fugendurchmesser nicht immer erzielt werden kann, so sind doch seine Lage und die Zusammenhänge zwischen Bauteilabmessungen und Festigkeitsbedingungen wichtige Erkenntnisse für die Auslegung einer solchen Verbindung. Eine weitere Restriktion ist die Voraussetzung eines ebenen Spannungszustandes. Zur Verallgemeinerung helfen uns die Durchmesserquotienten

$$q = \frac{d_i}{d_a}, \tag{12.20}$$

$$q_a = \frac{d_f}{d_a} \tag{12.21}$$

und

$$q_i = \frac{d_i}{d_f}. \tag{12.22}$$

Zwischen ihnen besteht die direkte Beziehung

$$q = q_i \cdot q_a. \tag{12.23}$$

Nach der Gestaltänderungs-Hypothese bestimmt sich die Vergleichsspannung am offenen dickwandigen Hohlzylinder für das Außenteil

$$\sigma_{v,a} = p\sqrt{3 + \frac{q_a^4}{1 - q_a^2}}. \tag{12.24}$$

und für das Innenteil

$$\sigma_{v,i} = \frac{2p}{1 - q_i^2}. \tag{12.25}$$

Bei einer Vollwelle mit qi = 0 folgt

$$\sigma_{v,i,0} = p. \tag{12.26}$$

Diese, den Belastungsfall charakterisierende Vergleichsspannung darf eine durch Sicherheitsbeiwerte behaftete Spannungsgrenze nicht überschreiten. Diese Grenze wollen wir mit $\sigma_{zul}$ bezeichnen und als gegeben voraussetzen. Da in der Regel auch unterschiedliche Materialien gefügt werden, definieren wir zusätzlich die Beziehung

$$c = \frac{\sigma_{zul,i}}{\sigma_{zul,a}}. \tag{12.27}$$

Die in den Gleichungen 12,20 und 12.21 enthaltene Fugenpressung p darf diese zulässigen Grenzwerte gerade erreichen. Daraus resultiert durch Einsetzen der zulässigen Spannungswerte in die Gleichungen eine relative Fugenpressung für das Außenteil von

$$\frac{p}{\sigma_{zul,a}} = \frac{1 - q_a^2}{\sqrt{3 + q_a^4}} \tag{12.28}$$

und für das Innenteil

$$\frac{p}{\sigma_{zul,i}} = \frac{1}{2}\left(1 - q_i^2\right)c \tag{12.29}$$

bzw.

$$\frac{p}{\sigma_{zuk,a}} = c\,. \tag{12.30}$$

**Aufgabe 12.2 Der belastungsoptimale Fugendurchmesser**

Trägt man nun die relative Fugenpressung für Außen- und Innenteil über dem Durchmesserquotienten auf einer logarithmisch unterteilten Abszisse auf, so erhält man ein in Bild 12-10 dargestelltes Diagramm.

Für $q_a = q_i = 1$ ist die relative Fugenpressung logischerweise Null. Sie steigt dann mit abnehmenden Durchmesserverhältnissen für das Außen- und Innenteil entgegengesetzt an. Der Schnittpunkt der beiden Kurven zeigt diejenigen Durchmesserverhältnisse an, bei denen Außen- und Innenteil in gleichem Maße belastet werden. Hier ist die größtmögliche Fugenpressung nach den vorhandenen Materialien erzielbar. Den so bestimmten Fugendurchmesser bezeichnen wir im Sinne der Belastung als optimalen Fugendurchmesser.

Methodisch führt uns die Frage nach dem optimalen Fugendurchmesser zur Suche nach der Wurzel einer Gleichung. Eine exakte Bestimmung ist nur für algebraische Gleichungen der allgemeinen Form bis zum 4. Grade möglich. Gleichungen höheren Grades oder transzendente Gleichungen lassen sich nur mit indirekten Methoden lösen. Die numerische Mathematik bietet unter dem Begriff Nullstellenproblem einige Methoden zur näherungsweisen Bestimmung an.

Unter diesen eignet sich die Gruppe der iterativen Verfahren besonders zum Einsatz eines Digitalrechners. Dabei wird als Ausgang der Schätzwert für eine Nullstelle gegeben. Diese Schätzung muss nur für das jeweilige Verfahren hinreichend genau sein. Mithilfe einer Regel oder Vorschrift wird damit eine verbesserte Näherung gefunden. Diese ist wieder Ausgangspunkt für eine neuere Bestimmung einer noch besseren Näherung. Damit entsteht eine Folge von Näherungslösungen. Der Prozess endet, wenn zwei Näherungslösungen mit der gewünschten Genauigkeit nahe genug aneinander liegen. Sie werden praktisch als gleich angesehen und gelten als die Wurzel.

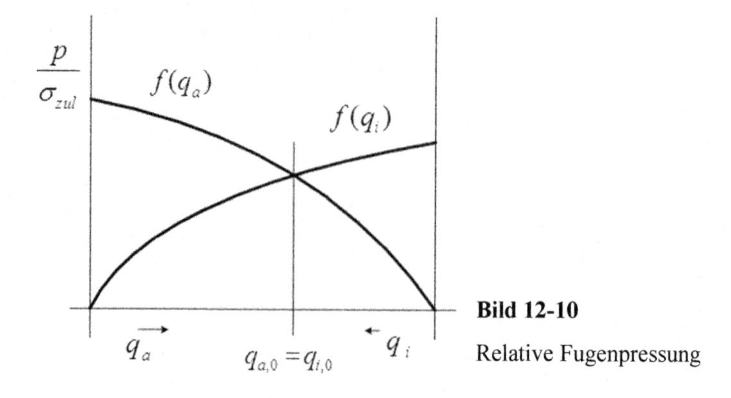


**Bild 12-10**

Relative Fugenpressung

In der Praxis ist die Anwendung iterativer Methoden nicht ganz problemlos. Oft gibt es eine konvergente Näherungsfolge nur in einem Teilgebiet. Wer eine Prozedur für eine iterative Methode schreibt, sollte dies beachten. Notfalls muss eine Vorschrift im Prozess den Abbruch nach einer bestimmten Anzahl von Iterationen durchführen.

Die nachfolgend benutzte Bisektions- oder Intervallhalbierungs-Methode liefert für eine auf einem Intervall stetige und glatte Funktion eine Näherung, die mit Sicherheit bei einer Wurzel konvergiert. Vorgegeben ist ein Intervall, in dem sich eine Nullstelle befindet. Das Kriterium hierfür ist ein unterschiedliches Vorzeichen von Funktionswerten der beiden Intervallgrenzen. Dann wird das Intervall halbiert und es wird diejenige Intervallhälfte gewählt, für die das gleiche Kriterium gilt, usw. Auf diese Weise nähern sich beide Intervallgrenzen langsam der Nullstelle.

Unser optimaler Fugendurchmesser bestimmt sich aus der Gleichung

$$\frac{1-q_a^2}{\sqrt{3+q_a^4}}-\frac{c}{2}\left(1-q_i^2\right)=0 \quad . \tag{12.31}$$

Woraus nach Gleichung 12.19

$$\frac{1-q_a^2}{\sqrt{3+q_a^4}}-\frac{c}{2}\left(1-q_i^2\right)=0 \tag{12.32}$$

wird. Für die Vollwelle folgt analog die einfachere Beziehung

$$\frac{1-q_a^2}{\sqrt{3+q_a^4}}-\frac{c}{2}=0\,. \tag{12.33}$$

Abschließend bestimmen sich die übertragbaren Parameter Axialkraft und Drehmoment aus den Gleichungen

$$F_{a,0}=d_{f,0}\cdot\pi\cdot l\cdot p_0\cdot\nu \tag{12.34}$$

und

$$M_{d,0}=d_{f,0}^2\cdot\frac{\pi}{2}\cdot l\cdot p_0\cdot\nu\,. \tag{12.35}$$

Der nachfolgende Algorithmus bestimmt sowohl das Optimum als auch die Verhältnisse einer abweichenden Lösung.

**Tabelle 12-3** Algorithmus zur Bestimmung der Pressverbindung

| Eingabe $d_a, d_i, l, \sigma_{zul,a}, \sigma_{zul,i}, \nu$ |
|---|
| $c=\frac{\sigma_{zul,i}}{\sigma_{zul,a}}$ |

$$q = \frac{d_i}{d_a}$$

$$q_0 = q$$
$$q_1 = 1$$

solange $|f| >= 10^{-5}$:

$$q_2 = \frac{q_0 + q_1}{2}$$

$$f = \frac{1 - q_2^2}{\sqrt{3 + q_2^4}} - \frac{c}{2}\left(1 - \left(\frac{q}{q_2}\right)^2\right)$$

$f < 0$

| Ja | Nein |
| --- | --- |
| $q_1 = q_2$ | $q_0 = q_2$ |

$$q_{a,0} = q_2$$

$$q_{i,0} = \frac{q}{q_{a,0}}$$

$$d_{f,0} = q_{a,0} \cdot d_a$$

$$p_0 = \frac{1 - q_{a,0}^2}{\sqrt{3 + q_{a,0}^4}} \sigma_{zul,a}$$

$$F_{a,0} = d_{f,0} \cdot \pi \cdot l \cdot p_0 \cdot \nu$$

$$M_{d,0} = d_{f,0}^2 \cdot \frac{\pi}{2} \cdot l \cdot p_0 \cdot \nu$$

Ausgabe $d_{f,0}, p_0, F_{a,0}, M_{d,0}$

**Codeliste 12-2** Berechnung des optimalen Fügedurchmessers

```
Option Explicit

Sub Fuege_Formular()
   Dim MyDoc As Object
   Set MyDoc = ThisWorkbook.Worksheets("Fügen")
```

```
    MyDoc.Activate
    MyDoc.Cells.Clear

    Range("A1") = "Äußerer Durchmesser da"
    Range("A2") = "Innerer Durchmesser di"
    Range("A3") = "Fügelänge l"
    Range("A4") = "zul. Druckspannung außen Szul,a"
    Range("A5") = "zul. Druckspannung innen Szul,i"
    Range("A6") = "Haftbeiwert n"

    Range("A8") = "opt. Fugendurchmesser df"
    Range("A9") = "vorhandene Fugenpressung"
    Range("A10") = "übertragbare Axialkraft"
    Range("A11") = "übertragbares Drehmoment"

    Range("C1") = "mm"
    Range("C2") = "mm"
    Range("C3") = "mm"
    Range("C4") = "N/mm^2"
    Range("C5") = "N/mm^2"
    Range("C6") = "-"

    Range("C8") = "mm"
    Range("C9") = "N/mm^2"
    Range("C10") = "kN"
    Range("C11") = "kNm"

End Sub

Sub Fuege_Testdaten()
    Cells(1, 2) = 200
    Cells(2, 2) = 80
    Cells(3, 2) = 220
    Cells(4, 2) = 630
    Cells(5, 2) = 480
    Cells(6, 2) = 0.2
End Sub

Sub Fuege_Rechnung()
    Dim da   As Double
    Dim di   As Double
    Dim lf   As Double
    Dim Sa   As Double
    Dim Si   As Double
    Dim ny   As Double

    Dim q    As Double
    Dim q0   As Double
    Dim q1   As Double
    Dim q2   As Double
    Dim f    As Double
    Dim da0  As Double
    Dim di0  As Double
    Dim qa0  As Double
    Dim qi0  As Double
    Dim df   As Double
    Dim p0   As Double
    Dim F0   As Double
    Dim Md0  As Double
    Dim c    As Double

    Const PI = 3.14159
```

```
    Const e = 0.00001

    da = Cells(1, 2)
    di = Cells(2, 2)
    lf = Cells(3, 2)
    Sa = Cells(4, 2)
    Si = Cells(5, 2)
    ny = Cells(6, 2)

    c = Si / Sa
    q = di / da
    q0 = q
    q1 = 1

    Do
       q2 = (q0 + q1) / 2
       f = (1 - q2 ^ 2) / Sqr(3 + q2 ^ 4) - c / 2 * (1 - (q / q2) ^ 2)
       If f < e Then
          q1 = q2
       Else
          q0 = q2
       End If
    Loop While Abs(f) >= e

    qa0 = q1
    qi0 = q / qa0
    df = qa0 * da
    p0 = (1 - qa0 ^ 2) / Sqr(3 + qa0 ^ 4) * Sa
    F0 = df * PI * lf * p0 * ny
    Md0 = PI / 2 * df ^ 2 * lf * p0 * ny

    Cells(8, 2) = df
    Cells(9, 2) = p0
    Cells(10, 2) = F0 / 1000
    Cells(11, 2) = Md0 / 1000000
End Sub
```

**Beispiel 12.2 Testdaten**

Die vorgegebenen Testdaten liefern das nachfolgend dargestellte Ergebnis.

| | A | B | C |
|---|---|---|---|
| 1 | Äußerer Durchmesser da | 200 | mm |
| 2 | Innerer Durchmesser di | 80 | mm |
| 3 | Fügelänge l | 220 | mm |
| 4 | zul. Druckspannung außen Szul,a | 630 | N/mm^2 |
| 5 | zul. Druckspannung innen Szul,i | 480 | N/mm^2 |
| 6 | Haftbeiwert n | 0,2 | - |
| 7 | | | |
| 8 | opt. Fugendurchmesser df | 144,508057 | mm |
| 9 | vorhandene Fugenpressung | 166,443425 | N/mm^2 |
| 10 | übertragbare Axialkraft | 3324,76448 | kN |
| 11 | übertragbares Drehmoment | 240,227627 | kNm |
| 12 | | | |

**Bild 12-11**

Bestimmung des optimalen Fugendurchmessers

### Übung 12.3 Belastung bei gesetztem Fugendurchmesser

Nicht immer lässt sich der optimale Fugendurchmesser verwirklichen. Ergänzen Sie diese Berechnung um die Eingabe eines gesetzten Fugendurchmessers. Versuchen Sie außerdem, den Spannungsverlauf nach Bild 12-10 nachzurechnen und ihn auch grafisch darzustellen.

### Übung 12.4 Auslegung eines thermischen Pressverbandes

Die Teile müssen durch Erwärmung des Außenteils oder Abkühlung des Innenteils gefügt werden. Suchen Sie in der Literatur nach Vorgaben und ergänzen Sie diese Berechnung um die notwendigen Angaben, um das Fügen durchzuführen.

Bei der Auslegung eines thermischen Pressverbandes gibt es zwei Formen. Bei einer rein elastischen Auslegung sind die Fugenpressung und damit die übertragbaren Umfangs- bzw. Axialkräfte erheblich eingeschränkt. Eine elastisch-plastische Auslegung dagegen erlaubt es, den Werkstoff besser auszunutzen. Außerdem wirken sich Toleranzen weniger stark auf die Fugenpressung aus. Bei der zweiten Art der Auslegung wird die Fließgrenze des Werkstoffs planmäßig überschritten. Der Grenzwert für die Fugenpressung ist bei thermischen Pressverbindungen oft mit dem Abfall der Werkstofffestigkeit gekoppelt. Die während des Fügeprozesses niedrigere Streckgrenze führt dazu, dass der im Außenteil der Verbindung entstehende Spannungszustand vom theoretisch zu erwartenden deutlich abweicht.

### Übung 12.5 Eingeschränkte Übertragung

Die Übertragungsfähigkeit der Pressverbindung wird eingeschränkt, wenn die Fugenpressung nicht in voller möglicher Höhe erreicht wird. Die Kenntnis der tatsächlichen Spannungsverhältnisse nach dem Fügevorgang ist daher wichtig für eine sichere Auslegung. Dazu gibt es auch verschiedene Ansätze. Ein Auslegungsverfahren nach Kollmann setzt in Anlehnung an die DIN 7190 und an die Theorie von Lundberg, einen ebenen Spannungszustand, infinitesimale Verzerrungen und homogene, isotrope Werkstoffe mit elastisch-idealplastischem Verhalten voraus.

# 13 Berechnungen aus der Antriebstechnik

Die Getriebetechnik als Fachgebiet des Maschinenbaus umfasst praktisch alle für den Ingenieur wichtigen Aspekte bei der Umsetzung von Kräften und Momenten. Die Basis zur Bestimmung der Lageänderung von Elementen bilden Berechnungen der Bahnen, Geschwindigkeiten und Beschleunigungen bewegter Systeme. Aus der Bestimmung von Kräften resultieren ebenso Festigkeitsbetrachtungen wie auch Standzeitverhalten. Ich stelle mit den nachfolgenden Themen den Festigkeitsaspekt in den Vordergrund und werde aber auf meiner Homepage auch Berechnungen zu Bewegungsabläufen abhandeln.

## 13.1 Ermittlung der Zahnflankentragfähigkeit geradverzahnter Stirnräder

Die Grundlage dieser Nachrechnung ist die Theorie der Hertzschen Pressung. Danach bestimmt sich die Oberflächenspannung zweier sich berührender Flächen nach Bild 13-1 aus der Gleichung

$$\sigma = \sqrt{\frac{FE}{\pi\left(1-\nu^2\right)2rb}}. \tag{13.1}$$

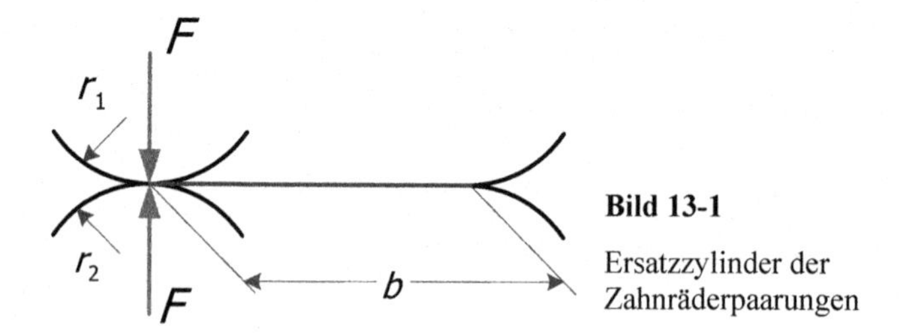


**Bild 13-1**

Ersatzzylinder der Zahnräderpaarungen

In dieser Gleichung ist

$$\frac{1}{r} = \frac{1}{r_1} + \frac{1}{r_2} = \frac{r_1 + r_2}{r_1 \cdot r_2} \tag{13.2}$$

die relative Krümmung der Verzahnung. Die Ableitung gilt näherungsweise bei relativ ruhig beanspruchten Walzen und bei Druckspannungen unterhalb der Proportionalitätsgrenze. Die Hertzsche Pressung erfasst die wirkliche Beanspruchung der Zahnräder also nur annähernd.

Angewandt auf den Eingriff eines Zahnradpaares bedeutet dies nun, dass im Berührungspunkt auf dem Betriebswälzkreis mit dem Radius $r_b$ nach Bild 13-2 die Evolventen durch die Radien $r_1$ und $r_2$ angenähert werden. Bei der Annahme von Spielfreiheit auf den Betriebswälzkreisen muss die Summe der Zahndicken gleich der Teilung auf den Betriebswälzkreisen sein

$$s_{b,1} + s_{b,2} = t_b. \tag{13.3}$$

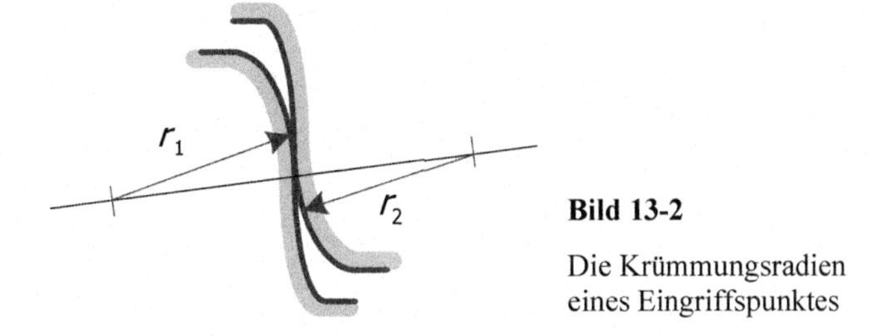


**Bild 13-2**

Die Krümmungsradien eines Eingriffspunktes

Die Zahndicke auf dem Betriebswälzkreis bestimmt sich aus

$$s_{b,i} = 2r_{b,i}\left[\frac{1}{z_i}\left(\frac{\pi}{2} + 2x_i \tan\alpha\right) - \left(ev\alpha_w - ev\alpha\right)\right],\ \text{i=1,2.} \tag{13.4}$$

Aus den Gleichungen (13.3) und (13.4) folgt durch Umstellung

$$ev\alpha_w = 2\frac{x_1 + x_2}{z_1 + z_2}\tan\alpha + ev\alpha\,. \tag{13.5}$$

Damit ist der Radius des Betriebswälzkreises

$$r_{b,i} = r_{0,i}\frac{\cos\alpha_w}{\cos\alpha},\ \text{i=1,2.} \tag{13.6}$$

Als Nebenprodukt fällt damit auch der Achsabstand ab

$$a = \left(r_{0,1} + r_{0,2}\right)\frac{\cos\alpha}{\cos\alpha_w}\,. \tag{13.7}$$

Nach Bild 13-2 setzt man die Näherungsradien

$$r_i = r_{0,i}\sin\alpha_w,\ \text{i=1,2.} \tag{13.8}$$

### Aufgabe 13.1 Bestimmung der Flankenbelastung

Mithilfe üblicher Funktionstabellen lässt sich aus evα nach Gleichung (13.5) dann α bestimmen. Aber nicht immer ist eine Funktionstabelle zur Hand. Mit einer einfachen Iterationsschleife kann dies auch erfolgen. Tabelle 13.1 zeigt den Berechnungsalgorithmus. Danach zeigt Tabelle 13.2 den Algorithmus zur Ermittlung der Flankenbelastung geradverzahnter Stirnräder.

**Tabelle 13-1** Algorithmus zur Bestimmung von α aus evα

| Eingabe $ev\alpha$ |
|---|
| $\Delta\alpha = 5$ |
| $\alpha_i = 0$ |

<table>
<tr><td colspan="4">$\Delta\alpha >= 10^{-5}$</td></tr>
<tr><td rowspan="8"></td><td colspan="3">$\alpha_i = \alpha_i + \Delta\alpha$</td></tr>
<tr><td colspan="3">$ev\alpha_i = \tan\alpha_i - \widehat{\alpha}_i$</td></tr>
<tr><td colspan="3">$ev\alpha_i < ev\alpha$</td></tr>
<tr><td colspan="2">Nein</td><td>Ja</td></tr>
<tr><td colspan="2">$ev\alpha_i = ev\alpha$</td><td rowspan="4"></td></tr>
<tr><td>Nein</td><td>Ja</td></tr>
<tr><td>$\alpha_i = \alpha_i - \Delta\alpha$</td><td rowspan="2">Ausgabe α</td></tr>
<tr><td>$\Delta\alpha = \dfrac{\Delta\alpha}{10}$</td></tr>
</table>

Bei Getrieben mit unterschiedlichen Werkstoffpaarungen gibt man einen gemeinsamen E-Modul ein nach

$$E = \frac{2E_1E_2}{E_1 + E_2}. \tag{13.9}$$

**Tabelle 13-2** Algorithmus zur Ermittlung der Flankenbelastung geradverzahnter Stirnräder

| Eingabe $E, \nu, F, \alpha, b, x_1, x_2, m, z_1, z_2$ |
|---|
| $r_{0,1} = m \cdot z_1$ |
| $r_{0,2} = m \cdot z_2$ |
| $ev\alpha_w = 2\frac{x_1 + x_2}{z_1 + z_2}\tan\alpha + ev\alpha$ |
| **Unterprogramm** $\alpha_w = f(ev\alpha_w)$ |
| $r_{b,1} = r_{0,1}\frac{\cos\alpha_w}{\cos\alpha}$ |
| $r_{b,2} = r_{0,2}\frac{\cos\alpha_w}{\cos\alpha}$ |
| $a = (r_{0,1} + r_{0,2})\frac{\cos\alpha}{\cos\alpha_w}$ |
| $r_1 = r_{0,1}\sin\alpha_w$ |

| $r_2 = r_{0,2} \sin \alpha_w$ |
|---|
| $r = \dfrac{r_1 r_2}{r_1 + r_2}$ |
| $\sigma = \sqrt{\dfrac{FE}{\pi(1-\nu^2) \cdot 2 \cdot r \cdot b}}$ |
| Ausgabe $r_{0,1}, r_{0,2}, r_{b,1}, r_{b,2}, a, \sigma$ |

Für die Umrechnung vom Gradmaß ins Bogenmaß und für die Evolventen-Funktion benutzen wir eine Funktion. Für die iterative Umrechnung vom Evolventenwert in das zugehörige Gradmaß bietet sich eine Prozedur an.

**Codeliste 13-1** Berechnung der Zahnflankentragfähigkeit geradverzahnter Stirnräder

```
Option Explicit
Const PI = 3.14159

Sub Stirnrad_Formular()
   Dim MyDoc As Object
   Set MyDoc = ThisWorkbook.Worksheets("Stirnrad")
   MyDoc.Activate
   MyDoc.Cells.Clear
   Range("A1") = "E-Modul"
   Range("A2") = "Poisson-Zahl"
   Range("A3") = "Eingriffskraft"
   Range("A4") = "Eingriffswinkel"
   Range("A5") = "Eingriffsbreite"
   Range("A6") = "Profilverschiebung 1.Rad"
   Range("A7") = "Profilverschiebung 2.Rad"
   Range("A8") = "Modul"
   Range("A9") = "Zähnezahl 1.Rad"
   Range("A10") = "Zähnezahl 2.Rad"
   Range("A12") = "Teilkreisradius 1.Rad"
   Range("A13") = "Teilkreisradius 2.Rad"
   Range("A14") = "Betriebskreisradius 1.Rad"
   Range("A15") = "Betriebskreisradius 2.Rad"
   Range("A16") = "Achsabstand"
   Range("A17") = "Oberflächenspannung"
   Range("C1") = "N/mm^2"
   Range("C2") = "-"
   Range("C3") = "N"
   Range("C4") = "Grad"
   Range("C5") = "mm"
   Range("C6") = "-"
   Range("C7") = "-"
   Range("C8") = "-"
   Range("C9") = "-"
   Range("C10") = "-"
   Range("C12") = "mm"
   Range("C13") = "mm"
   Range("C14") = "mm"
   Range("C15") = "mm"
   Range("C16") = "mm"
```

```
   Range("C17") = "N/mm^2"
End Sub
Sub Stirnrad_Testdaten()
   Cells(1, 2) = 206000
   Cells(2, 2) = 0.33
   Cells(3, 2) = 2200
   Cells(4, 2) = 12
   Cells(5, 2) = 210
   Cells(6, 2) = 0.15
   Cells(7, 2) = -0.2
   Cells(8, 2) = 4
   Cells(9, 2) = 21
   Cells(10, 2) = 50
End Sub
Function Bog(x)
   Bog = x / 180 * PI
End Function
Function Evol(x)
   Evol = Tan(x) - x
End Function
Sub Umrechnung(evaw, aw)
   Dim da   As Double
   Dim ai   As Double
   Dim ab   As Double
   Dim evai As Double
   da = 0.5
   ai = 0
   Do
      ai = ai + da
      ab = Bog(ai)
      evai = Evol(ab)
      If evai > evaw Then
         ai = ai - da
         da = da / 10
      End If
   Loop While Not Abs(evai - evaw) < 0.00001
   aw = ai
End Sub
Sub Stirnrad_Rechnung()
   Dim E    As Double
   Dim ny   As Double
   Dim F    As Double
   Dim a0   As Double
   Dim b    As Double
   Dim x1   As Double
   Dim x2   As Double
   Dim m    As Double
   Dim z1   As Double
   Dim z2   As Double
   Dim r01  As Double
   Dim r02  As Double
   Dim evaw As Double
   Dim aw   As Double
   Dim rb1  As Double
   Dim rb2  As Double
   Dim a    As Double
   Dim r1   As Double
   Dim r2   As Double
   Dim r    As Double
   Dim S    As Double
   Dim c    As Double
   Const PI = 3.14159
```

```
    E = Cells(1, 2)
    ny = Cells(2, 2)
    F = Cells(3, 2)
    a0 = Cells(4, 2)
    b = Cells(5, 2)
    x1 = Cells(6, 2)
    x2 = Cells(7, 2)
    m = Cells(8, 2)
    z1 = Cells(9, 2)
    z2 = Cells(10, 2)
    r01 = m * z1
    r02 = m * z2
    evaw = Evol(Bog(a0)) + 2 * (x1 + x2) / (z1 + z2) * Tan(Bog(a0))
    Call Umrechnung(evaw, aw)
    rb1 = r01 * Cos(Bog(a0)) / Cos(Bog(aw))
    rb2 = r02 * Cos(Bog(a0)) / Cos(Bog(aw))
    a = (r01 + r02) * Cos(Bog(a0)) / Cos(Bog(aw))
    r1 = r01 * Sin(Bog(aw))
    r2 = r02 * Sin(Bog(aw))
    r = r1 * r2 / (r1 + r2)
    S = Sqr(F * E / (PI * (1 - ny ^ 2) * 2 * r * b))
    Cells(12, 2) = r01
    Cells(13, 2) = r02
    Cells(14, 2) = rb1
    Cells(15, 2) = rb2
    Cells(16, 2) = a
    Cells(17, 2) = S
End Sub
```

**Beispiel 13.1 Testauswertung**

| | A | B | C | D |
|---|---|---|---|---|
| 1 | E-Modul | 206000 | N/mm^2 | |
| 2 | Poisson-Zahl | 0,33 | - | |
| 3 | Eingriffskraft | 2200 | N | |
| 4 | Eingriffswinkel | 12 | Grad | |
| 5 | Eingriffsbreite | 210 | mm | |
| 6 | Profilverschiebung 1.Rad | 0,15 | - | |
| 7 | Profilverschiebung 2.Rad | -0,2 | - | |
| 8 | Modul | 4 | - | |
| 9 | Zähnezahl 1.Rad | 21 | - | |
| 10 | Zähnezahl 2.Rad | 50 | - | |
| 11 | | | | |
| 12 | Teilkreisradius 1.Rad | 84 | mm | |
| 13 | Teilkreisradius 2.Rad | 200 | mm | |
| 14 | Betriebskreisradius 1.Rad | 83,87757725 | mm | |
| 15 | Betriebskreisradius 2.Rad | 199,7085173 | mm | |
| 16 | Achsabstand | 283,5860945 | mm | |
| 17 | Oberflächenspannung | 180,0134053 | N/mm^2 | |
| 18 | | | | |

**Bild 13-3**

Ergebnis der Testauswertung

**Übung 13.1 Zahnfußtragfähigkeit geradverzahnter Stirnräder**

Erstellen Sie die Berechnung zur Zahnfußtragfähigkeit geradverzahnter Stirnräder.

## 13.2 Lagerreaktionen beim Schneckengetriebe

Die zwischen Schnecke und Schneckenrad eines Schneckengetriebes wirkenden Kräfte lassen sich nach Bild 13-4 bezogen auf ein räumliches Koordinatensystem mit drei Komponenten ausdrücken.

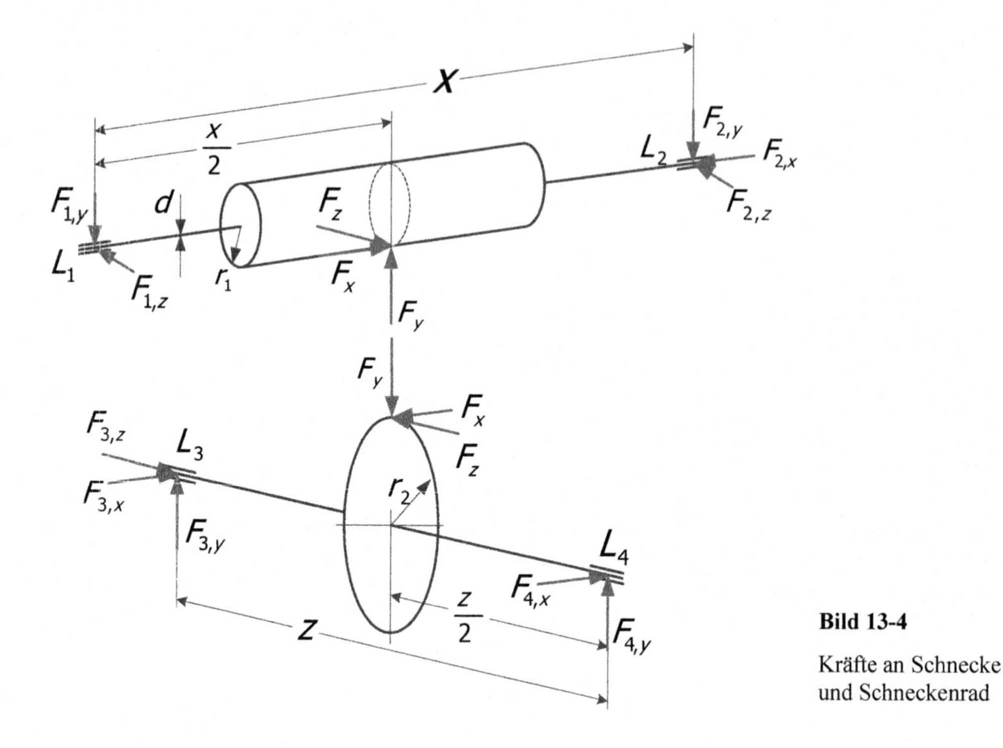

**Bild 13-4**

Kräfte an Schnecke und Schneckenrad

Wir wollen diese Komponenten

$$Fx, Fy, Fz$$

als gegeben voraussetzen. Sie bestimmen sich aus Festigkeitsnachweisen und Konstruktionsmerkmalen, die wir ebenfalls als gegeben betrachten. Aus der Gleichgewichtsbedingung für die Schneckenwelle folgt

$$F_{1,y} = \frac{F_y}{2} - \frac{r_1}{x} F_x \tag{13.10}$$

$$F_{1,z} = \frac{F_z}{2} \tag{13.11}$$

$$F_{2,x} = F_x \tag{13.12}$$

$$F_{2,y} = \frac{F_y}{2} + \frac{r_1}{x} F_x \tag{13.13}$$

$$F_{2,z} = \frac{F_z}{2} \tag{13.14}$$

Und für die Schneckenradwelle

$$F_{3,x} = \frac{F_x}{2} \tag{13.15}$$

$$F_{3,y} = \frac{F_y}{2} + \frac{r_2}{z} F_z \tag{13.16}$$

$$F_{3,z} = F_z \tag{13.17}$$

$$F_{4,x} = \frac{F_x}{2} \tag{13.18}$$

$$F_{4,y} = \frac{F_y}{2} - \frac{r_2}{z} F_z \tag{13.19}$$

Die Axialkräfte $F_{2,x}$ und $F_{3,z}$ müssen durch ein spezielles Axiallager aufgefangen werden. Da sie gleich der Komponenten $F_x$ und $F_z$ sind, finden sie bei unserer weiteren Betrachtung keine Verwendung. Für die Radiallager $L_1$ … $L_4$ bestimmt sich die resultierende Lagerkraft allgemein bei zwei Komponenten $F_1$ und $F_2$ aus

$$F_R = \sqrt{F_1^2 + F_2^2}\ . \tag{13.20}$$

Bei Eingabe der Kraftkomponenten muss die Richtung (d. h. das Vorzeichen) Beachtung finden. Die Biegespannung der Schneckenwelle bestimmt sich nach der Grundgleichung

$$\sigma_b = \frac{M_b}{W} \tag{13.21}$$

durch Einsetzen der vorhandenen Größen. Das Biegemoment in der x-y-Ebene ist maximal

$$M_{bz} = \frac{x}{4} F_y + \frac{r_1}{z} F_x \tag{13.22}$$

und das in der x-z-Ebene

$$M_{by} = \frac{x}{4} F_z . \tag{13.23}$$

Daraus bestimmt sich ein resultierendes Biegemoment von

$$M_{bR} = \sqrt{M_{bz}^2 + M_{by}^2}\ . \tag{13.24}$$

Das Widerstandsmoment einer Vollwelle ist

$$W = \frac{\pi}{32} d^3 . \tag{13.25}$$

Zusätzlich tritt durch die Axiallager eine Zug- bzw. Druckspannung auf. Sie ist

$$\sigma_{z,a} = \frac{F_x}{\frac{\pi}{4}d^2}. \tag{13.26}$$

Bleibt als dritte Belastungsart noch eine Torsionsspannung von

$$\tau_t = \frac{T}{W_p}. \tag{13.27}$$

Das Torsionsmoment darin hat die Größe

$$T = F_z \cdot r_1 \tag{13.28}$$

und das polare Widerstandsmoment der Welle ist

$$W_p = \frac{\pi}{16}d^3. \tag{13.29}$$

Nach der Gestaltänderungshypothese bestimmt sich für die drei Belastungsarten eine Vergleichsspannung

$$\sigma_V = \sqrt{(\sigma_b + \sigma_{z,d})^2 + 2\tau_t^2}. \tag{13.30}$$

Mit dem Massenträgheitsmoment der Schneckenwelle von

$$I = \frac{\pi}{64}d^4 \tag{13.31}$$

Ergibt sich abschließend deren maximale Durchbiegung mit den Anteilen der Ebenen

$$f_y = \frac{F_y \cdot x^3}{48EI} \tag{13.32}$$

und

$$f_z = \frac{F_z \cdot x^3}{48EI} \tag{13.33}$$

aus

$$f_R = \sqrt{f_y^2 + f_z^2}. \tag{13.34}$$

### Aufgabe 13.2 Bestimmung der Lagerbelastungen

Da es sich beim Vorgang zur Bestimmung der Lagerbelastung um eine einfache Folge von Formeln handelt, erspare ich mir das Struktogramm und zeige sofort die Codeliste.

**Codeliste 13-2** Berechnung der Lagerreaktionen beim Schneckengetriebe

```
Option Explicit

Const PI = 3.14159
```

```
Sub Schnecke_Formular()
   Dim MyDoc As Object
   Set MyDoc = ThisWorkbook.Worksheets("Schneckentrieb")
   MyDoc.Activate
   MyDoc.Cells.Clear

   Range("A1") = "E-Modul"
   Range("A2") = "Kraftkomponente in x-Achse"
   Range("A3") = "Kraftkomponente in y-Achse"
   Range("A4") = "Kraftkomponente in z-Achse"
   Range("A5") = "Lagerabstand x"
   Range("A6") = "Lagerabstand z"
   Range("A7") = "Wälzradius Schnecke"
   Range("A8") = "Wälzradius Schneckenrad"
   Range("A9") = "Wellendurchmesser"
   Range("A11") = "Lagerbelastungen:"
   Range("A12") = "1. Lager"
   Range("A13") = "   y-Komponente"
   Range("A14") = "   z-Komponente"
   Range("A15") = "   Resultierende"
   Range("A16") = "2. Lager"
   Range("A17") = "   y-Komponente"
   Range("A18") = "   z-Komponente"
   Range("A19") = "   Resultierende"
   Range("A20") = "3. Lager"
   Range("A21") = "   x-Komponente"
   Range("A22") = "   y-Komponente"
   Range("A23") = "   Resultierende"
   Range("A24") = "4. Lager"
   Range("A25") = "   x-Komponente"
   Range("A26") = "   y-Komponente"
   Range("A27") = "   Resultierende"
   Range("A28") = "Biegemomente:"
   Range("A29") = "   z-Komponente"
   Range("A30") = "   y-Komponente"
   Range("A31") = "   Resultierende"
   Range("A32") = "Spannungen:"
   Range("A33") = "   Biegung"
   Range("A34") = "   Zug/Druck"
   Range("A35") = "   Torsion"
   Range("A36") = "   Vergleichsspannung"
   Range("A37") = "Durchbiegung:"
   Range("A38") = "   y-Komponente"
   Range("A39") = "   z-Komponente"
   Range("A40") = "   Resultierende"

   Range("C1") = "N/mm^2"
   Range("C2") = "N"
   Range("C3") = "N"
   Range("C4") = "N"
   Range("C5") = "mm"
   Range("C6") = "mm"
   Range("C7") = "mm"
   Range("C8") = "mm"
   Range("C9") = "mm"
   Range("C13") = "N"
   Range("C14") = "N"
   Range("C15") = "N"
   Range("C17") = "N"
   Range("C18") = "N"
   Range("C19") = "N"
```

```
    Range("C21") = "N"
    Range("C22") = "N"
    Range("C23") = "N"
    Range("C25") = "N"
    Range("C26") = "N"
    Range("C27") = "N"
    Range("C29") = "Nmm"
    Range("C30") = "Nmm"
    Range("C31") = "Nmm"
    Range("C33") = "N/mm^2"
    Range("C34") = "N/mm^2"
    Range("C35") = "N/mm^2"
    Range("C36") = "N/mm^2"
    Range("C38") = "mm"
    Range("C39") = "mm"
    Range("C40") = "mm"
End Sub

Sub Schnecke_Testdaten()
    Cells(1, 2) = 208000
    Cells(2, 2) = 2100
    Cells(3, 2) = 1400
    Cells(4, 2) = 1860
    Cells(5, 2) = 1850
    Cells(6, 2) = 1460
    Cells(7, 2) = 208.6
    Cells(8, 2) = 448.8
    Cells(9, 2) = 130
End Sub

Sub Schnecke_Berechnung()
    Dim E As Double
    Dim Fx As Double
    Dim Fy As Double
    Dim Fz As Double
    Dim x As Double
    Dim z As Double
    Dim r1 As Double
    Dim r2 As Double
    Dim d As Double
    Dim I As Double
    Dim F1y As Double
    Dim F1z As Double
    Dim F1R As Double
    Dim F2y As Double
    Dim F2z As Double
    Dim F2R As Double
    Dim F3x As Double
    Dim F3y As Double
    Dim F3R As Double
    Dim F4x As Double
    Dim F4y As Double
    Dim F4R As Double
    Dim Mbz As Double
    Dim Mby As Double
    Dim MbR As Double
    Dim Sb   As Double
    Dim Szd As Double
    Dim Tt As Double
    Dim Sv As Double
    Dim uy As Double
    Dim uz As Double
```

```
    Dim uR As Double

    E = Cells(1, 2)
    Fx = Cells(2, 2)
    Fy = Cells(3, 2)
    Fz = Cells(4, 2)
    x = Cells(5, 2)
    z = Cells(6, 2)
    r1 = Cells(7, 2)
    r2 = Cells(8, 2)
    d = Cells(9, 2)

    I = PI / 32 * d ^ 4
    F1y = Fy / 2 - r1 / x * Fx
    F1z = Fz / 2
    F1R = Sqr(F1y ^ 2 + F1z ^ 2)
    F2y = Fy / 2 + r1 / x * Fx
    F2z = Fz / 2
    F2R = Sqr(F2y ^ 2 + F2z ^ 2)

    F3x = Fx / 2
    F3y = Fy / 2 + r2 / z * Fz
    F3R = Sqr(F3x ^ 2 + F3y ^ 2)
    F4x = Fx / 2
    F4y = Fy / 2 - r2 / z * Fz
    F4R = Sqr(F4x ^ 2 + F4y ^ 2)

    Mbz = x / 4 * Fy + r1 / z * Fx
    Mby = x / 4 * Fz
    MbR = Sqr(Mbz ^ 2 + Mby ^ 2)

    Sb = 32 * MbR / PI / d ^ 3
    Szd = 4 * Fx / PI / d ^ 2
    Tt = 16 * r1 * Fz / PI / d ^ 3
    Sv = Sqr((Sb + Szd) ^ 2 + 2 * Tt ^ 2)
    uy = Fy * x ^ 3 / 48 / E / I
    uz = Fz * x ^ 3 / 48 / E / I
    uR = Sqr(uy ^ 2 + uz ^ 2)

    Cells(13, 2) = F1y
    Cells(14, 2) = F1z
    Cells(15, 2) = F1R
    Cells(17, 2) = F2y
    Cells(18, 2) = F2z
    Cells(19, 2) = F2R
    Cells(21, 2) = F3x
    Cells(22, 2) = F3y
    Cells(23, 2) = F3R
    Cells(25, 2) = F4x
    Cells(26, 2) = F4y
    Cells(27, 2) = F4R
    Cells(29, 2) = Mbz
    Cells(30, 2) = Mby
    Cells(31, 2) = MbR
    Cells(33, 2) = Sb
    Cells(34, 2) = Szd
    Cells(35, 2) = Tt
    Cells(36, 2) = Sv
    Cells(38, 2) = uy
    Cells(39, 2) = uz
    Cells(40, 2) = uR
End Sub
```

**Beispiel 13.2 Testauswertung**

| | A | B | C |
|---|---|---|---|
| 1 | E-Modul | 208000 | N/mm^2 |
| 2 | Kraftkomponente in x-Achse | 2100 | N |
| 3 | Kraftkomponente in y-Achse | 1400 | N |
| 4 | Kraftkomponente in z-Achse | 1860 | N |
| 5 | Lagerabstand x | 1850 | mm |
| 6 | Lagerabstand z | 1460 | mm |
| 7 | Wälzradius Schnecke | 208,6 | mm |
| 8 | Wälzradius Schneckenrad | 448,8 | mm |
| 9 | Wellendurchmesser | 130 | mm |
| 10 | | | |
| 11 | Lagerbelastungen: | | |
| 12 | 1. Lager | | |
| 13 | y-Komponente | 463,2108108 | N |
| 14 | z-Komponente | 930 | N |
| 15 | Resultierende | 1038,972692 | N |
| 16 | 2. Lager | | |
| 17 | y-Komponente | 936,7891892 | N |
| 18 | z-Komponente | 930 | N |
| 19 | Resultierende | 1320,028024 | N |
| 20 | 3. Lager | | |
| 21 | x-Komponente | 1050 | N |
| 22 | y-Komponente | 1271,758904 | N |
| 23 | Resultierende | 1649,203053 | N |
| 24 | 4. Lager | | |
| 25 | x-Komponente | 1050 | N |
| 26 | y-Komponente | 128,2410959 | N |
| 27 | Resultierende | 1057,802334 | N |
| 28 | Biegemomente: | | |
| 29 | z-Komponente | 647800,0411 | Nmm |
| 30 | y-Komponente | 860250 | Nmm |
| 31 | Resultierende | 1076882,053 | Nmm |
| 32 | Spannungen: | | |
| 33 | Biegung | 4,99273545 | N/mm^2 |
| 34 | Zug/Druck | 0,158213332 | N/mm^2 |
| 35 | Torsion | 0,899430619 | N/mm^2 |
| 36 | Vergleichsspannung | 5,305678489 | N/mm^2 |
| 37 | Durchbiegung: | | |
| 38 | y-Komponente | 0,031663995 | mm |
| 39 | z-Komponente | 0,042067879 | mm |
| 40 | Resultierende | 0,052652778 | mm |
| 41 | | | |

**Bild 13-5**

Auswertung der Testdaten

**Übung 13.2 Ergänzungen**

Erweitern Sie dieses Programm um weitere geometrische und festigkeitsorientierte Berechnungen. Als da sind Steigungshöhe, Steigungswinkel, Mittenkreisdurchmesser, Zahnhöhen, Kopfhöhen, Fußhöhen, Eingriffswinkel, Kopfkreisdurchmesser, Fußkreisdurchmesser, Schneckenlänge, Umfangsgeschwindigkeit, Gleitgeschwindigkeit, Mittenkreisdurchmesser, Profilverschiebung, sowie eine Tragfähigkeitsberechnung. Zusätzlich lassen sich dann noch Umfangskräfte, Drehmomente und Wirkungsgrad berechnen.

**Übung 13.3 Nockenantrieb**

Befassen Sie sich zur weiteren Übung mit einem Nockenantrieb. Die einfachste Form ist eine Scheibe, die exzentrisch zur Achse angebracht ist. Durch unterschiedliche Nockenformen können unterschiedliche Bewegungen erzeugt werden. Die Umrisslinie eines Nockens ist somit ein Bewegungsprogramm. Entwerfen Sie einen Algorithmus für unterschiedliche Anforderungen und setzen Sie ihn um.

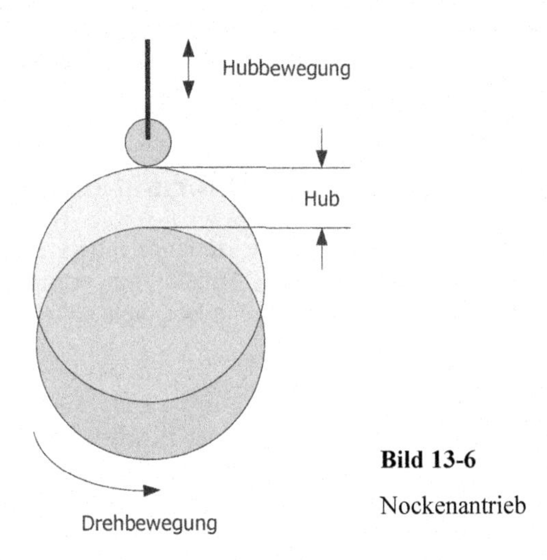


**Bild 13-6**

Nockenantrieb

Erstellen Sie ein Programm zur Darstellung der Hubbewegung

$$h = f(\varphi), \tag{13.35}$$

der Hubgeschwindigkeit

$$v = f(\varphi) \tag{13.36}$$

und der Beschleunigung

$$a = f(\varphi) \tag{13.37}$$

als Funktion des Drehwinkels $\varphi$.

Verwenden Sie auch Nockenbahnen, die sich aus Kreisbögen zusammensetzen. Man spricht bei Nocken, die eine Hubbewegung ohne Beschleunigungssprünge erzeugen, von ruckfreien Nocken. Die Beschleunigungskurve (13.37) muss insbesondere am Anfang der Hubbewegung von null aus mit endlicher Steigung ansteigen und am Ende wieder mit endlicher Steigung auf null abfallen.

# 14 Technische Dokumentation mit Excel

Eine Technische Dokumentation besteht in der Regel aus einer Vielzahl von Dokumenten. Je nach Art und Inhalt lässt sie sich in verschiedene Bereiche unterteilen. Von reinen Beschreibungen als generellen Text, über Aufstellungen mit Hinweisen und Checklisten mit Vermerken, bis hin zu Technischen Darstellungen. Auch die Technischen Berechnungen (Gegenstand dieses Buches) gehören dazu. In diesem Kapitel möchte ich erste Anregungen geben, ohne dabei auf die vielen Regeln und Normen zu achten, die es für diese Dokumentationsart gibt.

Zu den Aufgaben eines Ingenieurs gehört neben der Berechnung und Konstruktion von Systemen auch die Verwaltung von Informationen. Die nachfolgenden Betrachtungen dienen zum Aufbau von Informationsstrukturen.

## 14.1 Aufteilung von Informationen (Informationsmatrix)

Informationstext lässt sich auf einfache Weise zeilenorientiert und/oder spaltenorientiert ordnen. Während meistens zeilenweise eine Aufzählung erfolgt, werden spaltenweise Begrifflichkeiten sortiert. Betrachten wir nachfolgend Beispiele solcher Strukturen.

### Beispiel 14.1 Beschreibungen

Anforderungen an ein Projekt beginnen meist mit einer Beschreibung. Sie enthält bereits erste Strukturen. So enthält eine Beschreibung Anforderungen, Wünsche und Kommentare. In solchen Fällen bedient man sich einer Tabelle, die diese Strukturen voneinander abgrenzt.

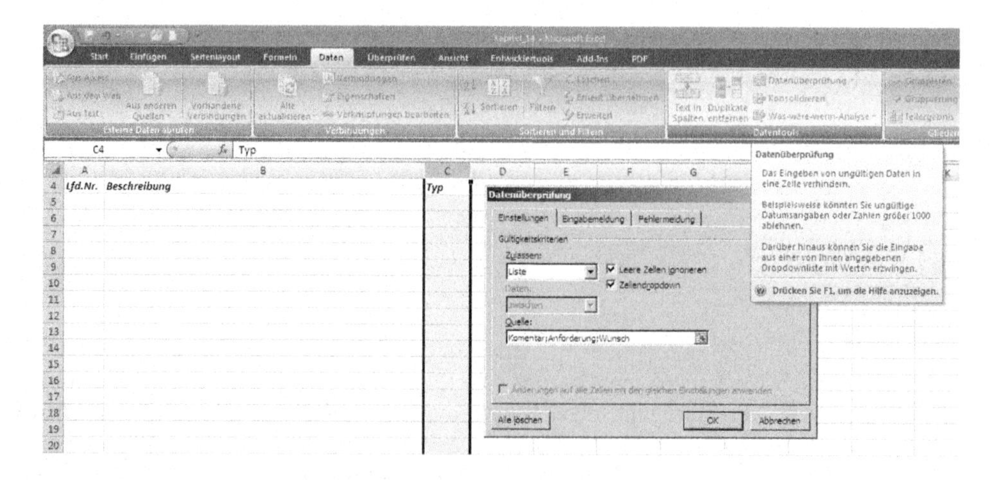


**Bild 14-1** Einfacher Aufbau einer Beschreibung

Dazu eignen sich Word oder andere Anwendungen. Aber ganz besonders auch Excel. Denn erst zusammen mit VBA lassen sich relativ mühelos Auswertungen anhängen. So entsteht schnell ein kleines Regelwerk. Führt man eine Spalte mit der Art des Eintrags an, so kann man über Filter selektieren und jeweils nur die maßgeblichen Einträge zeigen.

Wir betrachten dies an einem einfachen Beispiel. Eine Tabelle soll als Anforderungsliste gestaltet werden. Dazu kennzeichnen wir in der einfachsten Form drei Spalten mit den Überschriften: Lfd. Nr., Beschreibung und Typ. Während die Spalte A eine laufende Nummer bekommt, enthält die Spalte B eine Beschreibung, die Kommentar, Anforderung oder Wunsch sein kann. Diese Art der Beschreibung kennzeichnen wir in der Spalte C mit Typ. Damit in Spalte C auch wirklich nur zulässige Einträge stattfinden, wird über Daten/Datenüberprüfung (Bild 14-1) eine Liste mit zulässigen Werten festgelegt. Wichtig ist, dass Sie zuvor die Spalte C markiert haben.

Nun können wir einige Einträge vornehmen. Doch es werden schnell viele und dann hilft die Filterfunktion weiter. Mit der Funktion Daten/Filtern ist es anschließend möglich nur die gewünschten Einträge einer Spalte anzuzeigen.

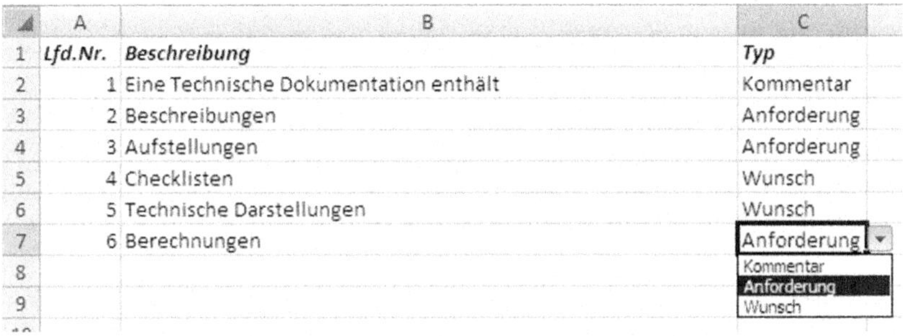

| | A | B | C |
|---|---|---|---|
| 1 | *Lfd.Nr.* | ***Beschreibung*** | ***Typ*** |
| 2 | 1 | Eine Technische Dokumentation enthält | Kommentar |
| 3 | 2 | Beschreibungen | Anforderung |
| 4 | 3 | Aufstellungen | Anforderung |
| 5 | 4 | Checklisten | Wunsch |
| 6 | 5 | Technische Darstellungen | Wunsch |
| 7 | 6 | Berechnungen | Anforderung |
| 8 | | | Kommentar |
| 9 | | | Anforderung |
| | | | Wunsch |

**Bild 14-2** Einfacher Beschreibungsaufbau mit Schaltflächen

Die nachfolgenden Prozeduren erstellen einen Autofilter für die aktuelle Position im aktuellen Tabellenblatt, bzw. deaktivieren den Autofilter.

```
Option Explicit
Sub FilterAktiv()
   Dim sSuche As String
   Dim iSpalte As Integer

'Filter vorher ausstellen
'damit der Export vollständig ist
   FilterInaktiv
'aktive Position aufnehmen
   sSuche = ActiveCell.Value
   iSpalte = ActiveCell.Column
'Autofilter anwenden
   Selection.AutoFilter Field:=iSpalte, Criteria1:=sSuche
End Sub

Sub FilterInaktiv()
   ActiveSheet.AutoFilterMode = False
End Sub
```

## 14.2 Beziehungen zwischen Informationen (Relationale Datenbank)

Relationale Datenbanken bestehen aus beliebig vielen Einzeltabellen, die in beliebiger Art und Weise miteinander verknüpft werden können. Die Informationen werden in Spalten und Zeilen gespeichert. Wobei die Zeilen die Datensätze enthalten und die Spalten die Attribute. Damit es nicht zu Doppeldeutigkeiten kommt, dürfen die Spalten als auch die Zeilen nur einmal vorkommen. Alle Daten einer Spalte müssen vom gleichen Datentyp sein.

Da relationale Datenbanken einige Voraussetzungen in Bezug auf die Relation der Daten und deren Extraktion erfüllen, sind die besonders leistungsfähig. Eine einzelne Datenbank kann daher auf unterschiedlichste Art betrachtet werden. Wichtig ist auch, dass eine relationale Datenbank über mehrere Tabellen ausgedehnt werden kann. Dadurch können die Attribute mehrerer Datenbanken miteinander kombiniert werden. Eine relationale Datenbank kann über Ordnungskriterien Selektionen in den Spalten vornehmen.

**Beispiel 14.2 Aufstellungen**

Aufstellungen sind in jeder Form überall einsetzbar. Angefangen von einer Liste relevanter Personen und Organisationen, die am Projekt beteiligt sind, mit deren Daten wie Adresse, Telefonnummer, E-Mail etc. bis hin zu einer Projektübersicht, in der alle Dokumente aufgeführt werden. Auch hier lassen sich die bereits beschriebenen Mechanismen hervorragend einsetzen. Ein weiteres Hilfsmittel ist der Einsatz von Links, mit denen sich die aufgeführten Dokumente direkt per Mausklick aufrufen lassen. Vorausgesetzt, die Dokumentation wird gepflegt.

Auch dazu wieder ein kleines Beispiel zur Einführung. In der nachfolgenden Tabelle werden die Programme zum Buch aufgelistet. Durch einen einfaches klicken auf den Link wird das entsprechende Dokument direkt geöffnet.

| | A | B | C | D | E |
|---|---|---|---|---|---|
| 1 | Lfd.Nr. | Datei | Kapitel | Size [KB] | Link |
| 2 | 1 | Beispiele zum Kapitel 4 | 4 | 296 | ..\Beispiele zum Kapitel 04 2.docx |
| 3 | 2 | Beispiele zum Kapitel 5 | 5 | 102 | ..\Beispiele zum Kapitel 05 2.docx |
| 4 | 3 | Bilder Kapitel 1 | 1 | 812 | ..\Bilder Kapitel 01.vsd |
| 5 | 4 | Bilder Kapitel 2 | 2 | 675 | ..\Bilder Kapitel 02.vsd |
| 6 | 5 | Bilder Kapitel 3 | 3 | 711 | ..\Bilder Kapitel 03.vsd |
| 7 | 6 | Bilder Kapitel 4 | 4 | 588 | ..\Bilder Kapitel 04.vsd |
| 8 | | Kapitel 2 - Berechnungen aus der Statik | 2 | 6818 | ..\Kapitel 02 2 Berechnungen aus der Statik.doc |
| 9 | | Kapitel 3 - Berechnungen aus der Dynamik | 3 | 2470 | ..\Kapitel 03 2 Berechnungen aus der Dynamik.doc |
| 10 | | Kapitel 4 - Festigkeitsberechnungen | 4 | 1382 | ..\Kapitel 04 2 Festigkeitsberechnungen.doc |

**Bild 14-3** Einfache Aufstellung von Dokumenten und deren Verlinkung

Den Linkeintrag erhält man für die markierte Zelle über die Funktion Einfügen/Hyperlink. In dem sich öffnenden Dialogfenster kann über Suchen in: die entsprechende Datei ausgewählt werden. Noch ein kleiner Trick am Rande. Dadurch, dass ich in die Zellen der Spaltenüberschriften nach dem Text mit ALT+RETURN eine Zeilenumschaltung erzeugt habe, wird der Text auch nicht mehr von den Schaltflächen (wie in Bild 14-2) verdeckt.

Hyperlinks werden unter VBA als Listing angesprochen. Als Beispiel für das Ansprechen eines Hyperlinks, wird im nachfolgenden Code der zweite Hyperlink im Bereich A1:C10 aktiviert:

```
Worksheets(1).Range("A1:C10").Hyperlinks(2).Follow
```

Oft verwendet man auch Shapes (Bilder, Symbole) für einen Hyperlink. Shapes können allerdings nur einen Hyperlink besitzen. Als Beispiel wird der Hyperlink des zweiten Shapes im dritten Worksheet aktiviert:

```
Worksheets(3).Shapes(2).Hyperlink.Follow NewWindow:=True
```

# 14.3 Verknüpfungen mit Objekten (Entity-Relationship Model)

Relationale Datenbanken lassen in Verbindungen mit Objekten eine ausschnittweise Darstellung realer Welten zu. Zu den Verknüpfungen von Attributen der Datenbanken kommen die Methoden der Objekte hinzu.

**Beispiel 14.3 Checklisten**

Checklisten sind ein wichtiges Kontrollorgan. Sie dienen der Überwachung ablaufender Prozesse und werden daher ständig angefasst. Eine übersichtliche Handhabung steht hier im Vordergrund. Auch hier ist Excel mit seinen Formatierungsmöglichkeiten ein hervorragendes Hilfsmittel.

| | A | B | C | D | E | F |
|---|---|---|---|---|---|---|
| 1 | *Lfd.Nr.* | *Datei* | *Kapitel* | *Size [KB]* | *Link* | *Zustand* |
| 2 | 1 | Einführung in VBA | 1 | 9340 | ..\Ka | 70 |
| 3 | 2 | Berechnungen aus der Statik | 2 | 6818 | ..\Ka | 100 |
| 4 | 3 | Berechnungen aus der Dynamik | 3 | 2470 | ..\Ka | 10 |
| 5 | 4 | Festigkeitsberechnungen | 4 | 1382 | ..\Ka | 100 |

**Bild 14-4** Einfacher Strukturaufbau einer Checkliste

Die Verwaltung von Datumsformaten erlaubt ein zeitliches Protokoll und die Einteilung in verschiedene Zustände, die sich damit auch farblich kennzeichnen lassen. Checklisten sind der erste Schritt zum Management. Egal, ob es sich dabei um ein einfaches Zeitmanagement oder um ein komplexeres Projektmanagement handelt.

Und auch dazu ein einfaches Beispiel. Bild 14-4 zeigt eine Checkliste zur Erstellung der einzelnen Kapitel dieses Buches.

Ein klassisches Beispiel für eine Checkliste ist die Nutzwertanalyse. Sie priorisiert verschiedene Lösungswege eines Problems durch Gewichtung der Methoden zur Erreichung des Ziels. Das in Bild 14-5 dargestellte Beispiel zeigt die Nutzwertanalyse für 4 Maschinen. Natürlich ist die Liste der Kriterien in Wirklichkeit viel größer.

| | A | B | C | D | E | F | G | H | I | J |
|---|---|---|---|---|---|---|---|---|---|---|
| 1 | **Nutzwertanalyse-Beispiel: Bewertung von Maschinen** | | | | | | | | | |
| 2 | | Gewichtung [G] | Maschine A | G*A | Maschine B | G*B | Maschine C | G*C | Maschine D | G*D |
| 3 | Preis | 7 | 3 | 21 | 8 | 56 | 8 | 56 | 5 | 35 |
| 4 | Bediener-freundlichkeit | 3 | 8 | 24 | 2 | 6 | 4 | 12 | 3 | 9 |
| 5 | Energie-verbrauch | 6 | 8 | 48 | 2 | 12 | 4 | 24 | 2 | 12 |
| 6 | Stückzahl-Leistung | 8 | 9 | 72 | 4 | 32 | 5 | 40 | 8 | 64 |
| 7 | Schallpegel | 4 | 5 | 20 | 2 | 8 | 5 | 20 | 6 | 24 |
| 8 | Wartungs-freundlich | 5 | 6 | 30 | 3 | 15 | 2 | 10 | 4 | 20 |
| 9 | Design | 2 | 7 | 14 | 6 | 12 | 4 | 8 | 5 | 10 |
| 10 | ***Ergebnis*** | | | **229** | | **141** | | **170** | | **174** |

**Bild 14-5** Beispiel für eine Nutzwertanalyse von Maschinen

Die Nutzwertanalyse eröffnet einerseits einen anderen Blickwinkel auf diejenigen Kriterien, die schließlich zur Entscheidung führen und verhindert darüber hinaus, dass wichtige Argumente vergessen werden. Dadurch trägt sie sehr gut dazu bei, eine bessere Entscheidungssicherheit zu erreichen.

## 14.4 Technische Darstellungen

Technische Darstellungen sind im klassischen Fall Technische Zeichnungen. Ob es sich nun um eine bauliche Darstellung, eine Darstellung technischer Funktionen oder Teile, eine elektrische, hydraulische, pneumatische, regelungstechnische oder andere Form von Organisation handelt. Auch hier leistet Excel wieder gute Hilfe, da es einfacher ist, zunächst eine Liste der darzustellenden Teile anzufertigen. Erst danach sollte man mit der Erstellung der eigentlichen Zeichnung beginnen. Die Excel-Liste kann in die Form einer Stückliste übergehen. Zur Erstellung einer Zeichnung lässt sich über VBA auch Visio anbinden. Die Beschreibung dieses Weges würde an dieser Stelle aber zu weit führen. Sie finden auch dieses Thema auf meiner Website. Aber auch Excel bietet bei aller tabellenorientierten Struktur doch einige grafische Möglichkeiten.

**Beispiel 14.4 Schaltpläne**

Technische Darstellungen unterliegen oft auch einem Raster. Es liegt also nahe, Schaltungen aus Mosaikbausteinen zu erstellen. Zum Beispiel in der Hydraulik. Das nachfolgende Bild zeigt die Methodik.

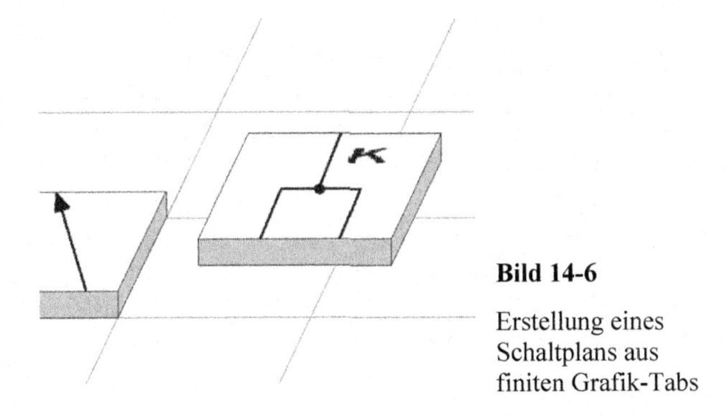


**Bild 14-6**

Erstellung eines Schaltplans aus finiten Grafik-Tabs

# 14.5 Visualisierung von Daten

## 14.5.1 Das Control TreeView

Eine wichtige Form der Visualisierung von Daten habe ich mehrfach in den Anwendungen gezeigt, die Diagrammform. Aber es gibt noch eine Vielzahl von Möglichkeiten, so dass hier nur einige markante dargestellt werden sollen. Im Vordergrund steht dabei die Verknüpfung von Tabelleninhalten mit den Darstellungen. Einfache Darstellungen aus den Autoformen können Sie selbst über den Makrorekorder aufzeichnen und dann programmieren.

Stellvertretend für besondere Formen von Aufstellungen betrachten wir eine Baumstruktur, wie wir sie z. B. auch vom Windows Explorer kennen. Zu den vielen Steuerelementen die Microsoft anbietet, gehört das TreeView Control, dass diese Struktur zur Verfügung stellt. Es macht Sinn, für grafische Steuerelemente eine eigene UserForm anzulegen.

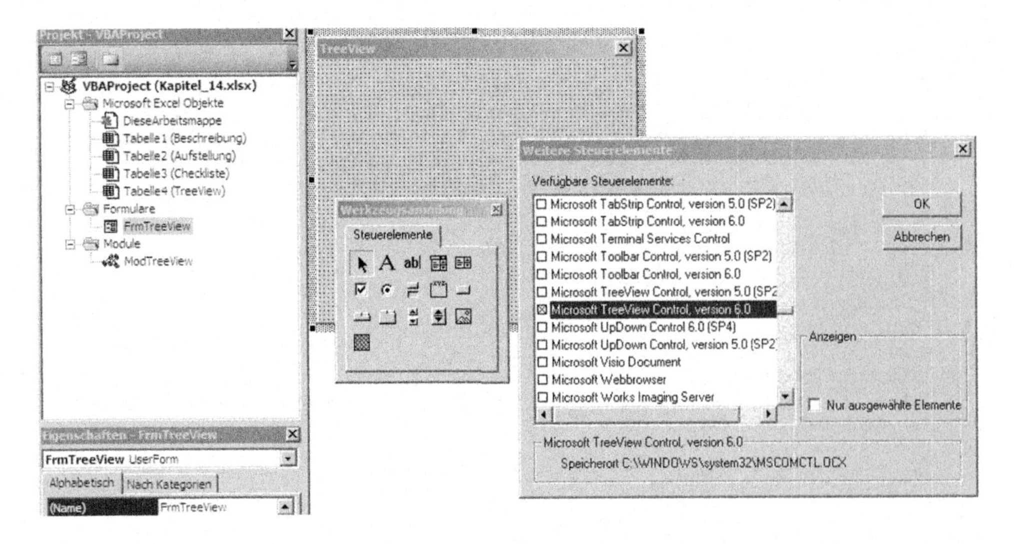


**Bild 14-7** Auswahl weiterer Steuerelemente

Diese UserForm *FrmTreeView* sehen wir in Bild 14-7. Wenn wir dazu die Steuerelemente einblenden, dann bekommen wir nur eine geringe Anzahl davon dargestellt. Microsoft bietet aber noch viele Steuerelemente mehr. Erst wenn wir mit der rechten Maustaste auf eine freie Stelle der Werkzeugsammlung klicken, dann öffnet sich eine neue Welt. Es wird ein Dialogfeld eingeblendet, auf dem sich weitere Steuerelemente aufrufen lassen. Im Feld der zusätzlich verfügbaren Steuerelemente, setzen wir ein Kreuz in das Auswahlfeld von Microsoft TreeView Control.

Nun verfügen wir über das TreeView-Steuerelement und können es auf der UserForm platzieren. Der nachfolgende Code gehört zur UserForm. Es handelt sich dabei um Prozeduren zur Nutzung einer Darstellung. Wir gehen davon aus, dass das Root-Verzeichnis für unseren Datenbaum auf dem aktuellen Excel-Sheet in der Zelle A1 steht.

**Codeliste 14-1** Prozeduren in der UserForm FrmTreeView

```
Option Explicit

Dim strFilter()   As String
Dim nFCount       As Long
Dim NodX          As Node

Private Sub TreeView1_DblClick()
   Dim cPath As String

   If TreeView1.Nodes.Count < 1 Then
      Exit Sub
   End If
   If gTVSelect = TreeView1.SelectedItem.Index Then
      Exit Sub
   End If

   gTVSelect = TreeView1.SelectedItem.Index
   cPath = TreeView1.SelectedItem.FullPath

   If cPath <> "" Then
      gCurrIndex = TreeView1.SelectedItem.Index
      If Not (TreeView1.Nodes(gCurrIndex).Child Is Nothing) Then
         If TreeView1.Nodes(gCurrIndex).Child.Text = "~~!!Dummie" Then
            TreeView1.Nodes.Remove (TreeView1.Nodes(gCurrIndex).Child.Index)
           Call SuchenDirExplore(TreeView1.SelectedItem.FullPath, _
                                      "*.*", TreeView1, gCurrIndex)
         End If
      End If
   End If
   Me.Enabled = True
End Sub

Private Sub TreeView1_Expand(ByVal Node As MSComctlLib.Node)
   Dim i As Long
   Dim SaveIndex As Long

   SaveIndex = gCurrIndex
   gCurrIndex = Node.Index

   If Not (Node.Child Is Nothing) Then
      If Node.Child.Text = "~~!!Dummie" Then
         TreeView1.Nodes.Remove (Node.Child.Index)
         Call SuchenDirExplore(Node.FullPath, "*.*", TreeView1, gCurrIndex)
      End If
```

```
    End If
    gCurrIndex = SaveIndex
End Sub

Function RefreshTree()
    Dim Pfad As String
    With TreeView1
        .Nodes.Clear
        .Enabled = False
        Pfad = Cells(1, 1)
        Set NodX = .Nodes.Add(, , , Pfad, 0)
        NodX.Expanded = True
        gCurrIndex = 1
        Call SuchenDirExplore(Pfad, "*.*", TreeView1, gCurrIndex)
        .Enabled = True
        .SelectedItem = TreeView1.Nodes(1)
    End With
End Function

Private Sub UserForm_Initialize()
    RefreshTree
    Me.Caption = ActiveWorkbook.ActiveSheet.Name
End Sub
```

Die Prozeduren, die diese Struktur beschreiben, setzen wir in ein zusätzliches Modul ModTreeView. Nachfolgend sehen Sie den entsprechenden Code mit Kommentaren. Zusätzlich werde ich im Anschluss einige Mechanismen besprechen.

**Codeliste 14-2** Prozeduren im Modul ModTreeView

```
Option Explicit

Global Const MAX_PATH = 260
Global Const OFS_MAXPATHNAME = 128
Global Const MAXDWORD = 2 ^ 32 - 1
Type SHFILEINFO
    hIcon As Long
    iIcon As Long
    dwAttributes As Long
    szDisplayName As String * MAX_PATH
    szTypeName As String * 80
End Type
Type FILETIME
        dwLowDateTime As Long
        dwHighDateTime As Long
End Type
Type SYSTEMTIME
  wYear As Integer
  wMonth As Integer
  wDayOfWeek As Integer
  wDay As Integer
  wHour As Integer
  wMinute As Integer
  wSecond As Integer
  wMilliseconds As Integer
End Type

Type WIN32_FIND_DATA
  dwFileAttributes As Long
```

```
    ftCreationTime As FILETIME
    ftLastAccessTime As FILETIME
    ftLastWriteTime As FILETIME
    nFileSizeHigh As Long
    nFileSizeLow As Long
    dwReserved0 As Long
    dwReserved1 As Long
    cFileName As String * MAX_PATH
    cAlternate As String * 14
End Type

Global Const FILE_ATTRIBUTE_ARCHIVE = &H20
Global Const FILE_ATTRIBUTE_COMPRESSED = &H800
Global Const FILE_ATTRIBUTE_HIDDEN = &H2
Global Const FILE_ATTRIBUTE_NORMAL = &H80
Global Const FILE_ATTRIBUTE_READONLY = &H1
Global Const FILE_ATTRIBUTE_SYSTEM = &H4
Global Const FILE_ATTRIBUTE_TEMPORARY = &H100
Global Const FILE_ATTRIBUTE_DIRECTORY = &H10

Declare Function FindClose Lib "kernel32" (ByVal hFindFile As Long) As Long
Declare Function FindFirstFile Lib "kernel32" Alias "FindFirstFileA" _
   (ByVal lpFileName As String, lpFindFileData As WIN32_FIND_DATA) As Long
Declare Function FindNextFile Lib "kernel32" Alias "FindNextFileA" _
   (ByVal hFindFile As Long, lpFindFileData As WIN32_FIND_DATA) As Long
Declare Function FileTimeToSystemTime Lib "kernel32" _
   (lpFileTime As FILETIME, lpSystemTime As SYSTEMTIME) As Long

Global gCurrIndex As Long
Global gTVSelect As Long

Dim NodX As Node
Dim TNode As Node
Dim LRes As Long

'Rekursive Suchprozedur im Baum
Function SearchDirExplore(cRootPath As String, cFilter As String, _
   TV As TreeView, iIndex As Long)
   Dim cDir         As String
   Dim nPosition    As Long
   Dim nError       As Long
   Dim dummy        As Long
   Dim hFile        As Long
   Dim fFind        As WIN32_FIND_DATA
   Dim TNode        As Node

   If cFilter = "" Then
      cFilter = "*.*"
   End If
   While Right$(cRootPath, 1) = "\"
      'alle Schrägstriche abspalten
      cRootPath = Left$(cRootPath, Len(cRootPath) - 1)
   Wend

   On Error GoTo SearchErr

   hFile = FindFirstFile(cRootPath & "\*", fFind)
   If hFile <> 0 Then
      cDir = Mid$(fFind.cFileName, 1, InStr(fFind.cFileName, Chr(0)) - 1)
      Do While cDir <> ""
         If (cDir <> ".") And (cDir <> "..") Then
           If (fFind.dwFileAttributes And FILE_ATTRIBUTE_DIRECTORY) = 16 Then
```

```
            'Directory gefunden
              Set NodX = TV.Nodes.Add(iIndex, tvwChild, , Trim$(cDir), 0)
             NodX.Tag = Trim$(cRootPath + "\" + cDir)
             iIndex = NodX.Index
              Set NodX = TV.Nodes.Add(iIndex, tvwChild, , "~~!!Dummie", 0)
             NodX.Tag = "~~!!"
             Set TNode = TV.Nodes(iIndex)
             If TNode.Parent Is Nothing Then
                DoEvents
             Else
                iIndex = TNode.Parent.Index
             End If
             TNode.ForeColor = vbRed 'Directory Eintrag Rot
             TNode.Bold = True        'Schrift fett
          Else
          'File gefunden
              Set NodX = TV.Nodes.Add(iIndex, tvwChild, , Trim$(cDir), 0)
             NodX.Tag = Trim$(cRootPath + "\" + cDir)
             iIndex = NodX.Index
              Set NodX = TV.Nodes.Add(iIndex, tvwChild, , "~~!!Dummie", 0)
             NodX.Tag = "~~!!"
             Set TNode = TV.Nodes(iIndex)
             If TNode.Parent Is Nothing Then
                DoEvents
             Else
                iIndex = TNode.Parent.Index
             End If
             TNode.ForeColor = vbBlue 'File Eintrag Blau
             TNode.Bold = False       'Schrift normal
             TNode.Expanded = True    'zum Aufklappen
          End If
       End If
       DoEvents
       dummy = FindNextFile(hFile, fFind)
       If dummy <> 0 Then
        cDir = Mid$(fFind.cFileName, 1, InStr(fFind.cFileName, Chr(0)) - 1)
       Else
         cDir = ""
       End If
    Loop
    LRes = FindClose(hFile)
    If LRes = 0 Then
       'MsgBox "FindClose failed. SearchDir"
    End If
 End If
 Exit Function
SearchErr:
 nError = Err.Number
 Select Case Err.Number
 Case 5, 52
    Resume Next
 Case Else
 End Select
End Function

'Startprozedur zur Generierung
Private Sub ShowFolderTree()
 Load FrmTreeView
 FrmTreeView.Show
End Sub
```

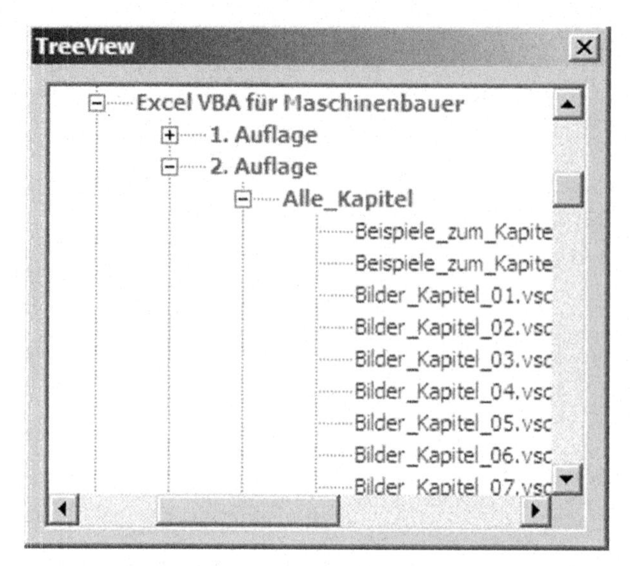


**Bild 14-8**

Darstellung einer Baumstruktur im TreeView Control

Im Vorspann werden einige API-Funktionen verwendet. Um diese sinnvoll nutzen zu können sind die zuvor definierten Datenstrukturen erforderlich. Der Aufruf über die Prozedur *ShowFolderTree* zeigt das in Bild 14-8 dargestellte Ergebnis.

### 14.5.2 HTML

HTML ist die Abkürzung von Hyper Text Markup Language und ist im Moment das wichtigste Dateiformat für die Veröffentlichung von (technischen) Texten im Internet. HTML strukturiert Texte und bindet Grafiken sowie andere Medienformate per Referenz ein. HTML ist eine sogenannte Auszeichnungssprache (Markup Language) und stammt von der allgemeineren Standard Generalized Markup Language, kurz SGML, ab. Mit HTML werden die logischen Elemente eines Textdokuments wie Überschriften, Absätze, Listen, Tabellen und Formulare zu definieren. In HTML können außerdem Verweise (Hyperlinks) zu bestimmten Stellen innerhalb Ihres Dokuments (Anker) oder zu jeder beliebigen Webseite erstellen.

HTML-Dokumente werden mit sogenannten Webbrowsern (z. B. Firefox, Opera, Internet Explorer, Netscape) angezeigt. Durch die große Verbreitung der Browser, auch für verschiedene Betriebssysteme, kann HTML von praktisch jedem modernen Computer dargestellt werden.

Die Erstellung von HTML-Dokumenten - das Schreiben des so genannten Quelltextes - ist nicht an eine bestimmte Software gebunden. Grundsätzlich kann mit jedem Texteditor, der reine Textdateien erzeugen kann, eine HTML-Datei erstellt werden. Voraussetzung ist, dass die Datei mit der Endung .html oder .htm abgespeichert wird.

Es können zwei grundsätzlich verschiedene Gruppen von Editoren, die sich zur Erstellung von HTML-Dokumenten eignen, unterschieden werden: Editoren, die eine manuelle Eingabe des Quelltextes erfordern (bei solchen mit größerem Funktionsumfang wird die Eingabe durch farbliches Absetzen, automatisches Vervollständigen u. ä. unterstützt) und Editoren, die die Gestaltung des HTML-Dokuments auch über eine grafische Benutzeroberfläche erlauben und den Quelltext automatisch erzeugen (sogenannte WYSIWYG -Editoren: "What You See Is What You Get").

Als Beispiel wird zunächst eine Kreisdarstellung wie in Bild 14-9 erzeugt, die danach in den HTML-Text eingebunden werden soll.

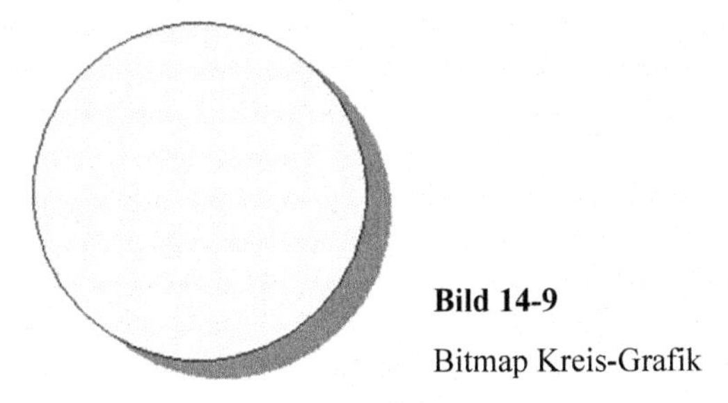

**Bild 14-9**

Bitmap Kreis-Grafik

Ein Webbrowser wird geöffnet (hier der Internet Explorer) und der Text aus Bild 14-10 dort eingetragen. Er beinhaltet neben einigen Formalismen die Darstellung des Kreises und danach die Angabe des Parameters und die Formel zur Berechnung des Flächeninhaltes.

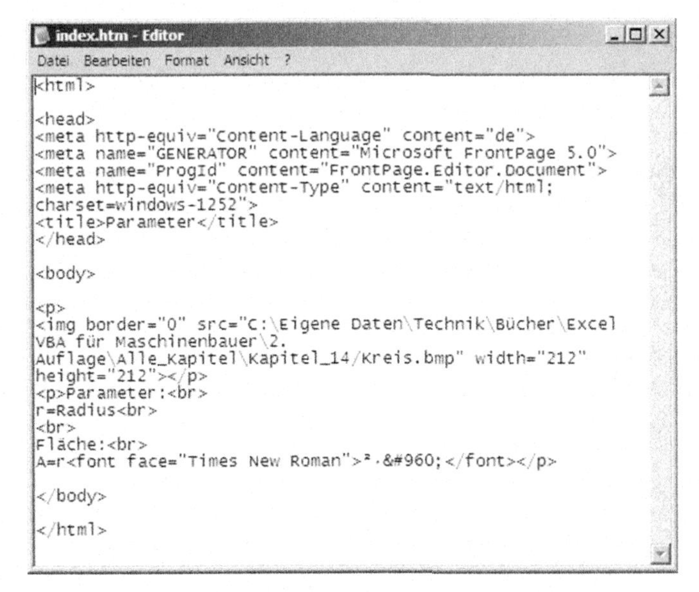


```
<html>

<head>
<meta http-equiv="Content-Language" content="de">
<meta name="GENERATOR" content="Microsoft FrontPage 5.0">
<meta name="ProgId" content="FrontPage.Editor.Document">
<meta http-equiv="Content-Type" content="text/html;
charset=windows-1252">
<title>Parameter</title>
</head>

<body>

<p>
<img border="0" src="C:\Eigene Daten\Technik\Bücher\Excel
VBA für Maschinenbauer\2.
Auflage\Alle_Kapitel\Kapitel_14/Kreis.bmp" width="212"
height="212"></p>
<p>Parameter:<br>
r=Radius<br>
<br>
Fläche:<br>
A=r<font face="Times New Roman">²·&#960;</font></p>

</body>

</html>
```

**Bild 14-10**

HTML-Text zur Kreisdarstellung

Gespeichert wird die Datei unter dem Namen Kreis.bmp und danach mit einem Doppelklick erneut aufgerufen. Der HTML-Text wird wie in Bild 14-11 dargestellt.

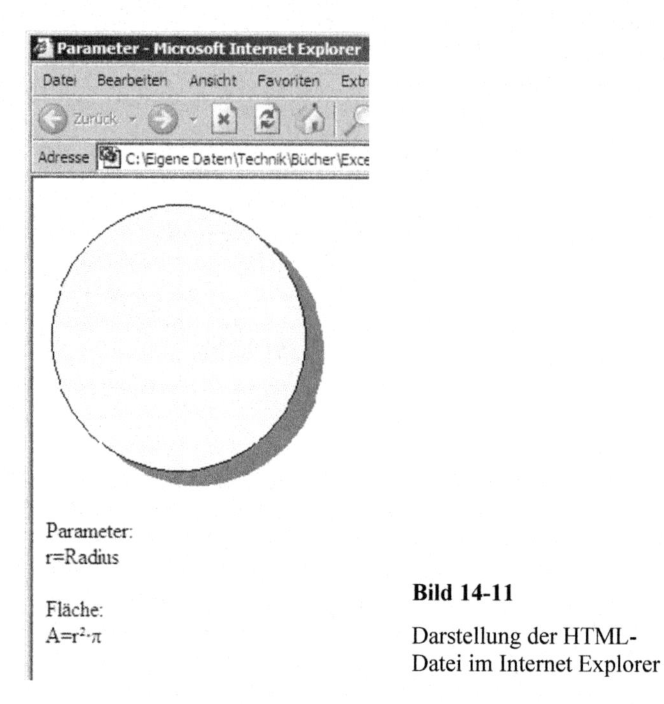


**Bild 14-11**

Darstellung der HTML-Datei im Internet Explorer

Auch Excel verfügt über die Möglichkeit, HTML-Dateien einzulesen. Das eingelesene Beispiel hat dann die Oberfläche wie in Bild 14-12 dargestellt. Dabei wird die Darstellung als Grafikelement behandelt, während die Textteile Zellen zugeordnet werden.

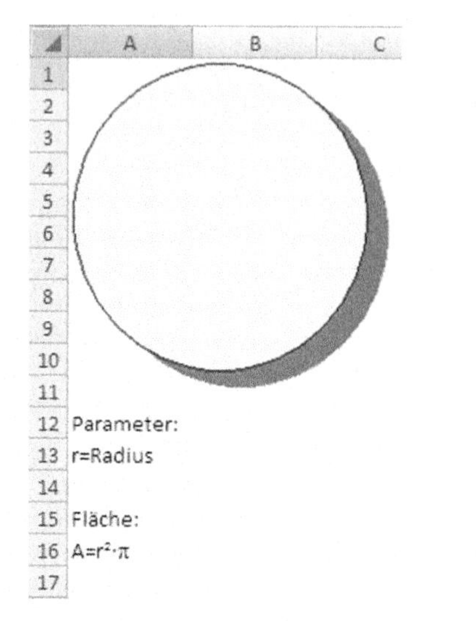


**Bild 14-12**

Darstellung der HTML-Datei in Excel

## XHTML

Mit der immer weiter voranschreitenden Verbreitung von XML als plattformunabhängiges Datenaustauchformat, ich werde nachfolgend darauf eingehen, wurde eine Weiterentwicklung des HTML-Standards auf Basis der XML-Syntax entwickelt: XHTML - Extensible Hypertext Markup Language. Sind im HTML-Standard noch grafische Auszeichnungen wie Schrift- oder Hintergrundfarben erlaubt, wird mit der neuen XHTML-Version gänzlich darauf verzichtet und stattdessen ausschließlich die Verwendung von Cascading Stylesheets (CSS) für diesen Zweck nahegelegt. So wird eine vollständige Trennung der logischen, ausgabeunabhängigen Datenstruktur vom grafischen Aussehen eines Dokuments erreicht - ganz im Sinne der XML-Philosophie.

**CSS**

Cascading Stylesheets werden verwendet, um die Darstellung eines strukturierten Dokuments zu definieren. Es können einzelnen HTML- oder XHTML-Elementen spezifische Klassen oder Identitäten zugewiesen werden. Diese legen genau fest, wie und wo das jeweilige Element angezeigt werden soll. Es gibt grundsätzlich drei verschiedene Arten ein CSS zu verwenden:

- Mit der Inline-Methode. Im HTML- oder XHTML-Dokument wird innerhalb eines jeden Elements der Stil mittels style -Attribut angegeben.
- Zentral innerhalb eines Dokuments. Im Kopf-Bereich eines Dokuments werden alle in diesem Dokument verwendeten Stile definiert.
- Zentral in einer eigenständigen CSS-Datei (Dateiendung: .css) werden alle für ein Projekt verwendeten Stile definiert. Diese Datei kann dann von mehreren Dokumenten importiert werden.

Zu bevorzugen ist dabei vor allem bei größeren Projekten die dritte Variante, da die Darstellung betreffende Änderungen an zentraler Stelle und einmalig vorgenommen werden können.

### 14.5.3 XML

Sowohl HTML- als auch XML-Dokumente enthalten Daten, die von Tags umgeben sind, aber da hören die Gemeinsamkeiten zwischen den beiden Sprachen auch schon auf.

- Bei HTML definieren die Tags die Darstellungsweise der Daten. Zum Beispiel, dass ein Wort kursiv dargestellt wird, oder dass ein Absatz die Schriftart „Arial“ hat.
- Bei XML definieren die Tags die Struktur und die Bedeutung der Daten.

Durch das Beschreiben von Struktur und Bedeutung der Daten können diese Daten auf jede erdenkliche Weise wiederverwendet werden. Sie können ein System dazu verwenden, Ihre Daten zu generieren und mit XML-Tags zu versehen, um die Daten dann in einem anderen System weiter zu verarbeiten, wobei weder die Hardwareplattform noch das Betriebssystem eine Rolle spielt. Diese Portabilität ist der Grund, warum XML inzwischen eine der beliebtesten Technologien für den Datenaustausch ist.

Es ist nicht möglich, HTML anstelle von XML zu verwenden. Es können jedoch XML-Daten mit HTML-Tags umgeben und so auf einer Webseite anzeigt werden.

HTML ist auf eine vordefinierte Gruppe von Tags beschränkt, die von allen Benutzern gemeinsam verwendet wird.

Mit XML kann jedes beliebige Tag erstellt werden, das zum Beschreiben der Daten und der Datenstruktur benötigt wird.

Als einfaches Beispiel betrachten wir die Informationen zu geometrischen Formen. Die Daten lassen sich in einer Baumstruktur grafisch darstellen.

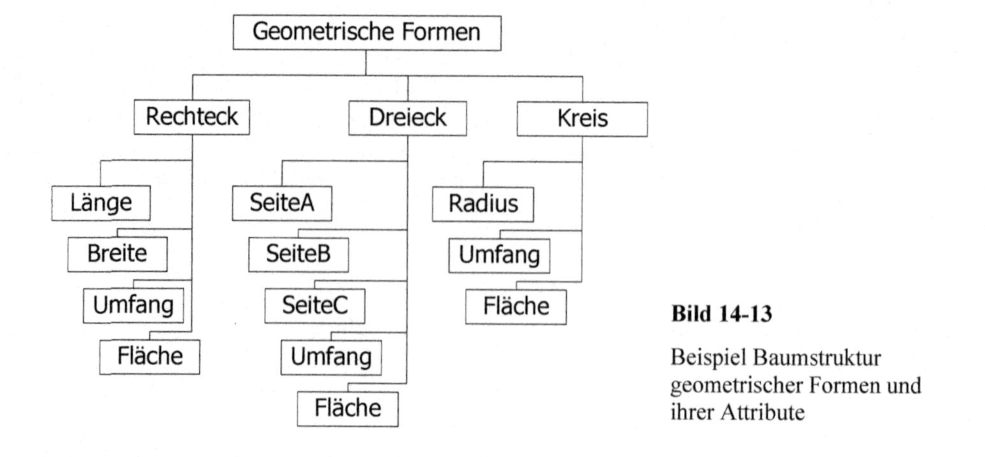


**Bild 14-13**

Beispiel Baumstruktur geometrischer Formen und ihrer Attribute

Diese Baumstruktur lässt sich mit dem von der Microsoft-Website kostenlos herunterladbaren Programm XML Notepad 2007 realisieren.

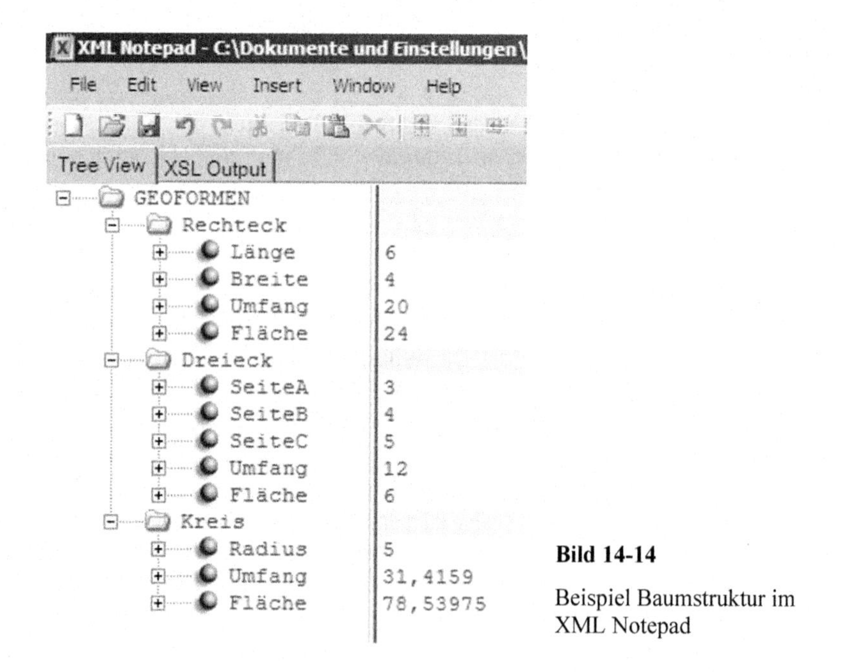


**Bild 14-14**

Beispiel Baumstruktur im XML Notepad

In diesem Programm erhält man aus der Eingabe dann auch die XML-Datenstruktur.

```
<GEOFORMEN>
  <Rechteck>
     <Länge>6</Länge>
     <Breite>4</Breite>
     <Umfang>20</Umfang>
     <Fläche>24</Fläche>
  </Rechteck>
  <Dreieck>
     <SeiteA>3</SeiteA>
     <SeiteB>4</SeiteB>
     <SeiteC>5</SeiteC>
     <Umfang>12</Umfang>
     <Fläche>6</Fläche>
  </Dreieck>
  <Kreis>
     <Radius>5</Radius>
     <Umfang>31,4159</Umfang>
     <Fläche>78,53975</Fläche>
  </Kreis>
</GEOFORMEN>
```

**Bild 14-15**

Beispiel XML Datenbeschreibung

Diese Möglichkeit, Tags zu erstellen, die fast jede Art von Datenstruktur definieren können, macht XML so flexibel.

**Wohlgeformtheit**

Kommen wir zur eigentlichen Aufgaben von XML-Strukturen, dem Datentausch. XML-Daten lassen sich nur dann sinnvoll verwenden und das heißt austauschen, wenn sie wohlgeformt sind. Wohlgeformte XML-Daten gehen mit einer Gruppe sehr strenger Regeln konform, denen XML unterliegt. Wenn Daten nicht regelkonform sind, funktioniert XML nicht.

Uns interessiert an dieser Stelle natürlich vorwiegend die Verwendung in Excel. Und in der Tat lässt sich die aus dem Notepad gespeicherte XML-Datei auch in Excel einlesen. Doch dabei erscheint der Hinweis auf ein Schema (Bild 14-16), über das wir bisher nicht gesprochen haben.

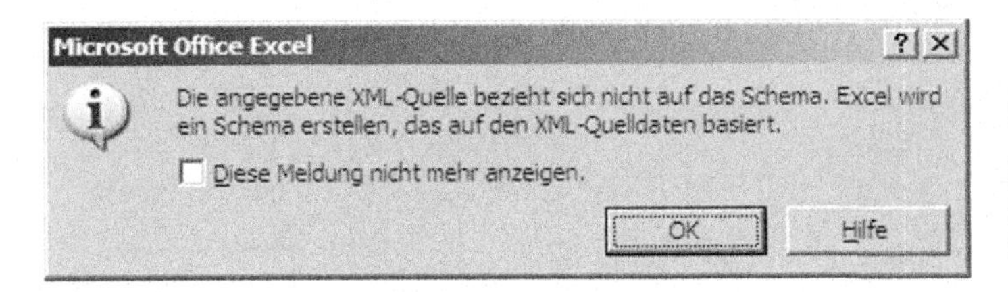


**Bild 14-16**

Hinweis auf ein fehlendes Schema

Neben wohlgeformten, mit Tags versehenen Daten verwenden XML-Systeme i. A. noch zwei weitere Komponenten: Schemas und Transformationen. Dazu später mehr. Die Daten werden nacheinander in Spalten abgelegt.

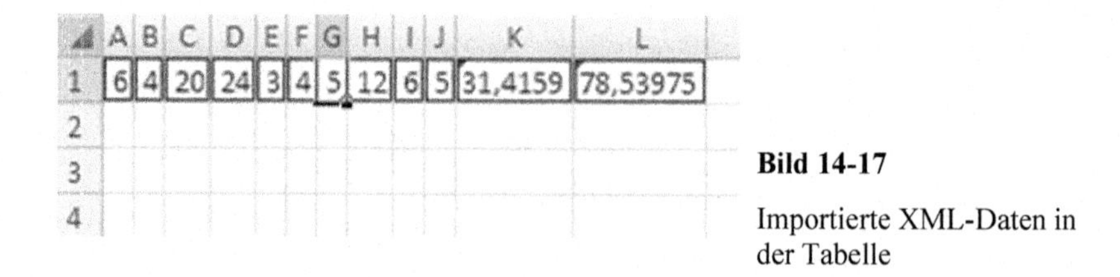


**Bild 14-17**

Importierte XML-Daten in der Tabelle

Unter dem Menüpunkt Entwicklertools/XML/Quelle wird die bereits bekannte XML-Struktur eingeblendet.

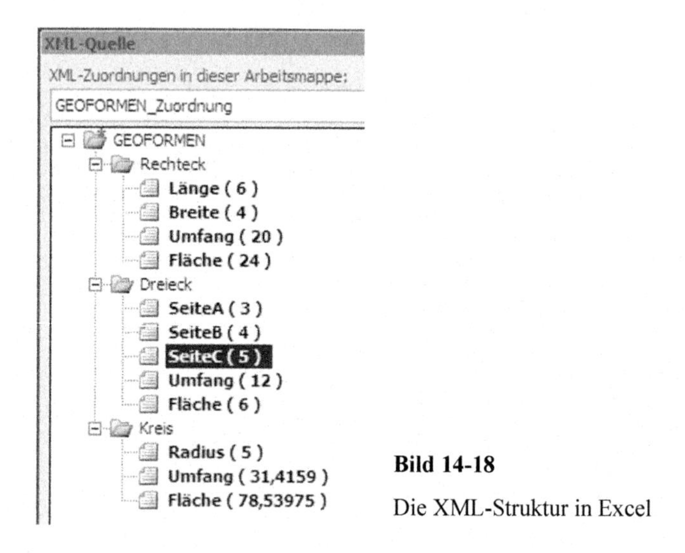


**Bild 14-18**

Die XML-Struktur in Excel

Mit dem Menüpunkt Entwicklertools/XML/Quelle lassen sich diese Daten natürlich auch wieder exportieren. Wenn wir uns diese Daten dann wieder in XML Notepad ansehen, wird deutlich, was Excel zur Vollständigkeit ergänzt hat (Bild 14-19) und worauf wir bereits beim Einlesen hingewiesen wurden.

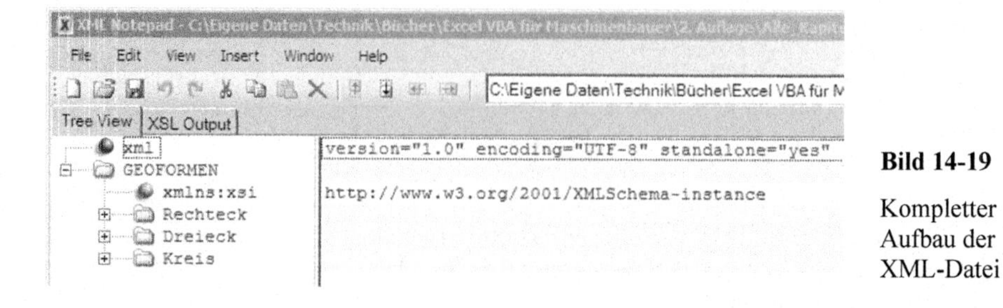


**Bild 14-19**

Kompletter Aufbau der XML-Datei

Ein XML-Dokument besteht aus drei Teilen (Bild 14-20). Die ersten beiden Teile sind optional. Im sogenannten Prolog, der Einleitung des XML-Dokuments befindet sich die

Processing Instruction (Verarbeitungsanweisung), kurz PI und im zweiten Teil die Document Type Definition, kurz DTD. Erst danach folgen die eigentlichen Daten.

Excel hat mit dem Eintrag in der PI darauf hingewiesen nach welcher Version der internationalen Regelung und mit welchem Zeichensatz die Daten interpretiert werden. Da Excel in unserem Beispiel kein Schema gefunden hatte, erfolgte hier der automatische Eintrag, dass keine DTD vorliegt; also „standalone=yes". PI und DTD zusammen werden als Prolog bezeichnet.

| | |
|---|---|
| PI | <?xml version="1.0"?> |
| DTD<br>optional intern<br>oder extern | <!DOCTYPE ....> |
| DATEN | <TAG>....</TAG> |

**Bild 14-20**

Struktur eines XML-Dokuments

Es würde zu weit führen, hier auf DTDs einzugehen. Das überlasse ich dem interessierten Leser. Auch die Zeilen über das Thema XML sind bestenfalls eine Übersicht.

**XML-Schema**

Excel hat in dem Beispiel noch einen weiteren Eintrag automatisch vorgenommen. Es ist ein Link auf die Website von W3C, dem World Wide Web-Consortium. DTDs haben den großen Nachteil, dass sie viele Dinge aus der Datenbanktechnik nicht beschreiben können. W3C hat als Lösung das XML-Schema hervorgebracht.

Schemas ermöglichen einem Parser, so nennt man den XML-interpretierenden Teil einer Anwendung, Daten zu überprüfen. Sie bilden das Gerüst für das Strukturieren von Daten, indem sichergestellt wird, dass die Datenstruktur sowohl für den Entwickler der Datei, als auch für andere Anwender Sinn ergibt. Wenn ein Anwender beispielsweise ungültige Daten eingibt, wie Text in ein Datumsfeld, kann das Programm den Benutzer auffordern, die richtigen Daten einzugeben. Solange die Daten in einer XML-Datei mit den Regeln eines bestimmten Schemas konform gehen, können die Daten in jedem Programm, das XML unterstützt, mithilfe dieses Schemas gelesen, interpretiert und verarbeitet werden.

Ein Schema ist einfach auch nur eine XML-Datei, die die Regeln dazu enthält, was sich in einer XML-Datendatei befinden kann. Während XML-Datendateien die Erweiterung XML verwenden, haben Schemadateien die Dateinamenerweiterung XSD.

Wenn die Daten in einer XML-Datei mit den in einem Schema vorgegebenen Regeln konform gehen, werden die Daten als gültig angesehen. Das Überprüfen einer XML-Datendatei bezüglich eines Schemas wird als Validierung oder Überprüfung bezeichnet. Schemas bieten den großen Vorteil, dass sie zum Verhindern beschädigter Daten beitragen können. Außerdem erleichtern sie das Auffinden beschädigter Daten, da XML nicht mehr funktioniert, wenn ein Problem auftritt.

**Transformationen**

Wie zuvor erwähnt, bietet XML leistungsfähige Möglichkeiten zum Verwenden oder Wiederverwenden von Daten. Der zum Wiederverwenden von Daten eingesetzte Mechanismus wird XSLT (Extensible Stylesheet Language Transformation) oder einfach Transformation genannt. Wenn es um Transformationen geht, wird XML richtig interessant.

Mithilfe von Transformationen können Daten zwischen Backendsystemen wie Datenbanken ausgetauscht werden. Ein grundlegendes XML-System besteht aus einer Datendatei, einem Schema und einer Transformation. In der folgenden Abbildung wird gezeigt, wie solche Systeme i. A. funktionieren. Die Datendatei wird bezüglich des Schemas überprüft und dann mithilfe einer Transformation gerendert und auf andere Weise wiedergegeben. Bild 14-21 gibt noch einmal einen Überblick zum Thema XML.

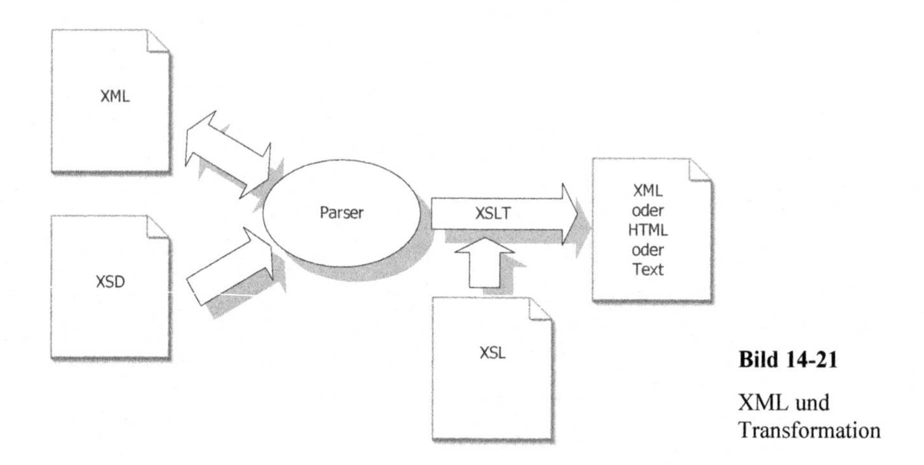


**Bild 14-21**

XML und Transformation

Was dieses Konzept noch praktischer macht, ist die Tatsache, dass immer mehr Anbieter Transformationen für bestimmte Aufgaben erstellen. Wahrscheinlich können Sie in absehbarer Zukunft entweder Transformationen herunterladen, die genau Ihren Anforderungen entsprechen, oder Transformationen, die Sie zu diesem Zweck anpassen können. Daher werden die Kosten für XML im Laufe der Zeit sinken.

**Übung 14.1 Ergänzungen**

Suchen Sie Beispiele zu den unterschiedlichen Dokumentationsarten und schreiben Sie dazu Hilfsprogramme. Das Thema XML empfehle ich meinen Lesern mit besonderem Nachdruck, da diese Art der Dokumentation in den nächsten Jahren eine rasante Ausbreitung erfahren wird. Zum Thema XML empfehle ich insbesondere die Betrachtung der Funktionen unter Entwicklertools, sowohl in Excel wie auch in den anderen Office Programmen.

Suchen Sie nach einer Möglichkeit, durch eine Transformation die Werte für Umfang und Inhalt zu berechnen.

# 15 Technische Modelle mit Excel

Mit der zunehmenden Mediengestaltung gerät auch das Technische Modell wieder in den Vordergrund. Neben der mathematischen Beschreibung mechanischer Systeme, ist oft auch die Beschreibung durch Ersatzsysteme oder Modelle erforderlich. Sie bieten außerdem eine gute Lernhilfe für den technischen Unterricht.

Zu den Aufgaben eines Ingenieurs gehört neben der Berechnung und Konstruktion von Systemen auch die Vermittlung von Wirkzusammenhängen. Die nachfolgenden Betrachtungen dienen zum Aufbau von Technischen Modellen.

## 15.1 Shape-Bewegungen als Grundlage

Positionieren Sie auf einem leeren Tabellenblatt mit dem Namen *Bewegung* ein Rechteck-Shape. Geben Sie ihm auch den Namen *Rechteck* wie Bild 15-1zeigt.

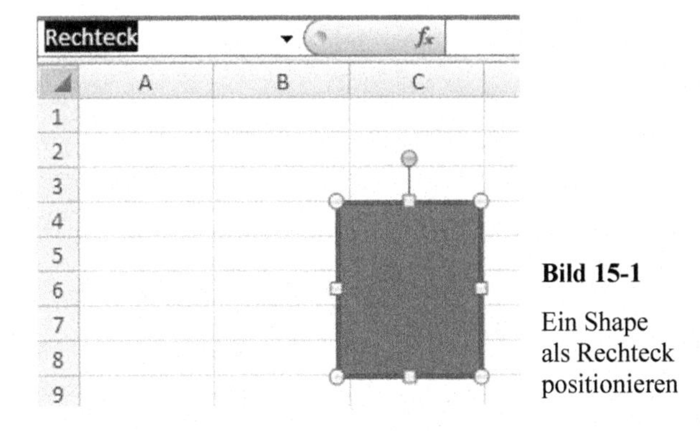


**Bild 15-1**

Ein Shape als Rechteck positionieren

Fügen Sie die nachfolgende Prozedur in der Entwicklungsumgebung in ein Modul ein.

**Codeliste 15-1** Lineare Bewegung eines Shape

```
Sub Lineare_Bewegung()
   Dim shtBewegung As Worksheet
   Dim shpRechteck As Shape
   Dim intC As Integer
   Dim intX As Integer

   Set shtBewegung = Worksheets("Bewegung")
   Set shpRechteck = shtBewegung.Shapes("Rechteck")

   intX = shpRechteck.Left
   For intC = intX To intX + 100
      shpRechteck.Left = intC
      shtBewegung.Activate
   Next intC
End Sub
```

Positionieren Sie das Rechteck in die Mitte des Tabellenblattes und starten Sie mit ALT + F8 die *Lineare_Bewegung*. Das Rechteck macht eine kurze Bewegung nach rechts. Die Verzögerung der Bewegung wird durch die ständige Aktualisierung (.Activate) des Tabellenblattes erreicht. Es sei noch darauf hingewiesen, dass mit der Komplexität der Darstellung sich auch die Bewegungsgeschwindigkeit verlangsamt.

Als nächstes wollen wir das Rechteck kreisen lassen. Wir kommen so von einer eindimensionalen zu einer zweidimensionalen Bewegung. Neben der Eigenschaft *.Left* der Grafik benutzen wir auch die Eigenschaft *.Top*, die die obere Position beschreibt. Wer etwas experimentiert wird feststellen, dass bei gleichmäßiger Bewegung auf der x-Achse, keine gleichmäßige Bewegung auf der y-Achse erfolgt. Die Lösung bietet die vektorielle Betrachtung der Bewegung. Lassen wir den Radius (als Vektor) um einen Winkel von 360 Grad kreisen und berechnen daraus die Koordinaten. Die Prozedur wird nachfolgend dargestellt. Beachten Sie auch, dass Sie sowohl eine Linksdrehung, als auch eine Rechtsdrehung durch ein Vorzeichen der Sinusfunktion steuern können. Natürlich lassen sich genauso Bewegungen nach einer Funktion y=f(x) steuern.

**Codeliste 15-2** Kreisende Bewegung eines Shape

```
Sub Kreis_Bewegung()
   Dim shtBewegung As Worksheet
   Dim shpRechteck As Shape
   Dim dX As Double
   Dim dY As Double
   Dim dR As Double
   Dim dMX As Double
   Dim dMY As Double
   Dim dW As Double
   Dim dB As Double

   dR = 100

   Set shtBewegung = Worksheets("Bewegung")
   Set shpRechteck = shtBewegung.Shapes("Rechteck")
   dMX = shpRechteck.Left - dR
   dMY = shpRechteck.Top

   For dW = 0 To 360 Step 1
      dB = dW / 180# * 3.1415926
      dX = dMX + Cos(dB) * dR
      dY = dMY - Sin(dB) * dR 'Linksdrehung
'     dY = dMY + Sin(dB) * dR 'Rechtsdrehung
      shpRechteck.Left = Int(dX)
      shpRechteck.Top = Int(dY)
      shtBewegung.Activate
   Next dW
End Sub
```

## 15.2 Ein Zylinder-Modell

Zuerst erstellen wir die Darstellung des Zylinderkolbens mit zwei Zylinderstangen aus drei Rechtecken, wie in Bild 15-2 dargestellt. Die Rechtecke werden einzeln auf ein Tabellenblatt mit dem Namen *Zylinder* eingezeichnet und wie dargestellt zusammengefügt. Danach halten Sie die Strg-Taste gedrückt und markieren alle drei Rechtecke mit der linken Maustaste. Lassen Sie wieder los und drücken danach die rechte Maustaste. Wählen Sie *Gruppieren*. Die

Form erhält einen Gesamtrahmen wie in Bild 15-2 dargestellt. Geben Sie nun im Namensfeld die Bezeichnung Kolben ein.

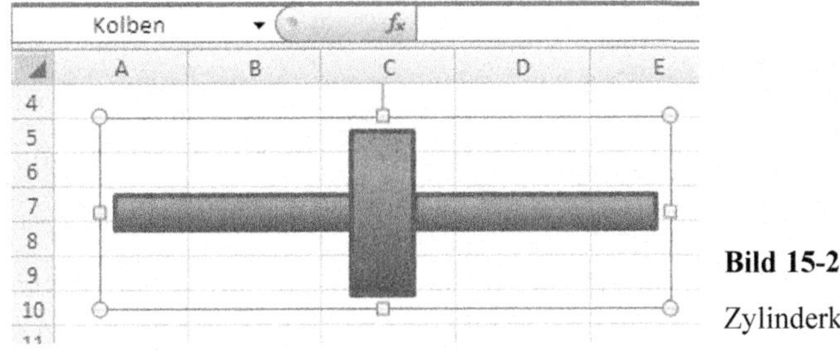


**Bild 15-2**
Zylinderkolben

Nun kann sich der Kolben bewegen, nach links und nach rechts. Das bewerkstelligt die nachfolgende Prozedur in einem Modul. Außerdem soll die Bewegung kontinuierlich ablaufen und nur durch eine Taste gestoppt werden. Natürlich gibt es auch für das Drücken einer Taste ein Event, und dieses muss logischer Weise der Applikation (als Objekt) zugeordnet sein. In einer Do-Loop-Schleife werden die Bewegungen eingebunden.

**Codeliste 15-3** Einfaches Zylindermodell

```
Sub Zylinderbewegung()
   Dim shtZylinder As Worksheet
   Dim shpKolben As Shape
   Dim shpStange As Shape
   Dim shpZylinder As Shape
   Dim iC As Integer
   Dim iX As Integer
   Dim iMinX As Integer
   Dim iMaxX As Integer
   Dim bStop As Boolean

   Set shtZylinder = Worksheets("Zylinder")
   Set shpKolben = shtZylinder.Shapes("Kolben")
   iX = shpKolben.Left
   iMinX = iX - 100
   iMaxX = iX + 100
   Application.EnableCancelKey = xlErrorHandler
   On Error GoTo errHandle

   bStop = False
   Do
   'nach links
      For iC = iX To iMinX Step -1
         shpKolben.Left = iC
         shtZylinder.Activate
         Application.Visible = True
      Next iC
   'nach rechts
      For iC = iMinX To iMaxX
         shpKolben.Left = iC
         shtZylinder.Activate
         Application.Visible = True
      Next iC
   'nach links
```

```
        For iC = iMaxX To iX Step -1
            shpKolben.Left = iC
            shtZylinder.Activate
            Application.Visible = True
        Next iC
    Loop While Not bStop
    Set shtZylinder = Nothing
    Set shpKolben = Nothing
    Exit Sub
errHandle:
    bStop = True
    Resume Next
End Sub
```

Mit der ESC-Taste lässt sich die Schleife jetzt abbrechen. Doch es taucht ein neues Problem auf. Die Menge der anfallenden Daten sorgt dafür, dass relativ schnell die Anzeige ausgeblendet wird und nur noch ein weißer Bildschirm erscheint. Mit Hilfe einer einfachen Aktivierung der Applikation durch die Anweisung

```
Appplication.Visible = true
```

in jeder For-Next-Schleife ist auch dieses Problem lösbar. Ein weiteres Rechteck wird als Zylinderraum eingetragen und über das Kontextmenü mit *in den Hintergrund* hinter die Kolbenstange gesetzt. Wenn Sie die Kolbenstange in den Endlagen anhalten, lässt sich der Zylinderraum problemlos anpassen.

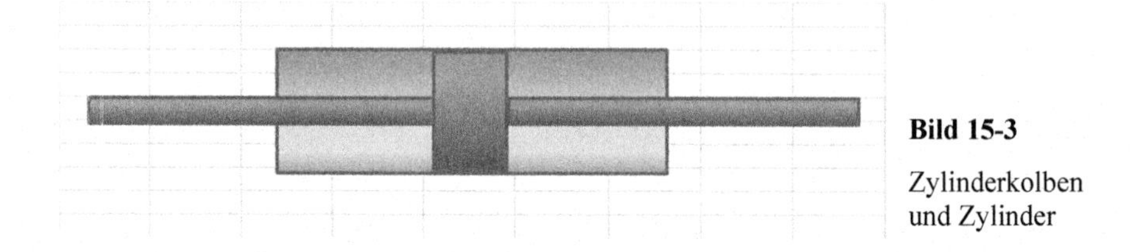

**Bild 15-3**

Zylinderkolben und Zylinder

## 15.3 Ein Motor-Modell

Bei einem Motor haben wir es mit einer rotierenden und einer oszillierenden Bewegung zu tun. Ordnen sie daher zuerst wie in Bild 15-4 dargestellt, ein Rechteck, eine Linie und ein Kreis an. Geben Sie ihnen die Namen Kolben, Stange und Masse. Die Stange verbindet die Verknüpfungspunkte (rote Punkte) von Kolben und Masse.

Beginnen wir damit, die Masse rotieren zu lassen. Dazu benutzen wir einfach den Befehl IncrementRotation. Der zugehörige Parameter gibt in Grad die Größe der Drehung an, so dass wir mit dem Wert 1 nach 360-mal eine ganze Umdrehung erzeugen. Den Rest kennen Sie bereits aus den anderen Programmen. Erstellen Sie ein Modul mit der nachfolgenden Prozedur und starten Sie diese.

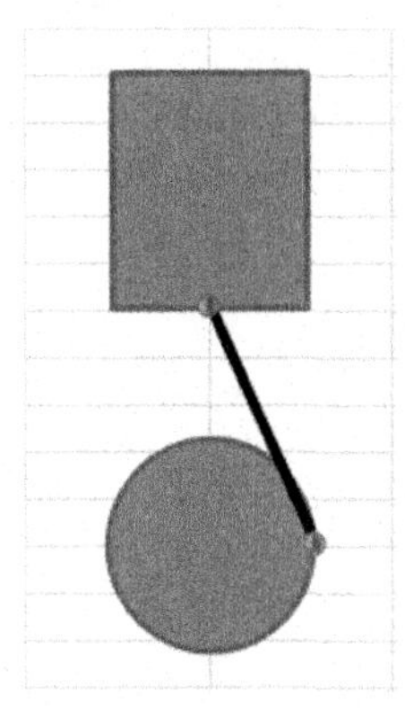

**Bild 15-4**

Kolbenantrieb

**Codeliste 15-4** Einfaches Motormodell

```
Sub MasseDrehung()
   Dim shtMotor   As Worksheet
   Dim shpKolben  As Shape
   Dim shpStange  As Shape
   Dim shpMasse   As Shape
   Dim iC         As Integer
   Dim iL         As Integer
   Dim iMinX      As Integer
   Dim iMaxX      As Integer

   Set shtMotor = Worksheets("Motor")
   Set shpMasse = shtMotor.Shapes("Masse")
   Set shpStange = shtMotor.Shapes("Stange")
   Set shpKolben = shtMotor.Shapes("Kolben")

   On Error GoTo errHandle
   Application.EnableCancelKey = xlErrorHandler
   shtMotor.Activate
   iL = shpStange.Line.Weight

   Do
      For iC = 1 To 360
'Drehung
         shpMasse.IncrementRotation (1)
         shpStange.Line.Weight = iL
'aktualisieren
         shtMotor.Activate
         Application.Visible = True
      Next iC
   Loop While 1
   Exit Sub

errHandle:
   Set shtMotor = Nothing
   Set shpMasse = Nothing
End Sub
```

Wir sehen, dass die Pleuelstange durch die Verankerung an der Masse, deren Bewegung zum Teil mitmacht. Sie hat also als Masseteil beide Bewegungen, rotierend und oszillierend. Es fehlt jetzt noch die Bewegung des Kolbens.

Doch ohne Berechnung kommen wir diesmal nicht zu einer ansehnlichen Animation. In meinem Buch *Algorithmen für Ingenieure* finden Sie im Kapitel 5 - Differentialgleichungen als Beispiel den *Schubkurbeltrieb*. Hieraus entnehmen wir die Gleichung der Bewegung für den Kolben

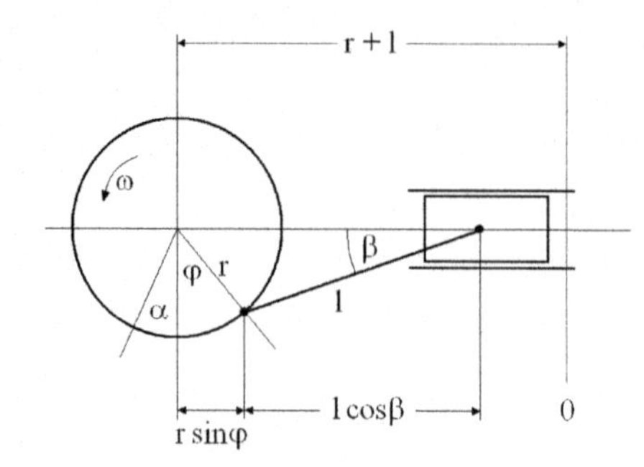


**Bild 15-5**

Das mathematische Modell

$$x = r \cdot (1 - \sin\varphi) + l \cdot (1 - \sqrt{1 - \lambda^2 \cos^2(\varphi)} \quad (15\text{-}1)$$

mit

$$\lambda = \frac{r}{l} = \frac{\sin\beta}{\cos\varphi}. \quad (15\text{-}2)$$

Den entsprechenden Programmcode finden Sie auf meiner Website.

**Übung 15.1 Ergänzungen**

Verbessern und ergänzen Sie die Modelle. Erstellen Sie weitere Modelle und steuern Sie die Modelle über Steuerelemente wie die Befehlsschaltfläche.

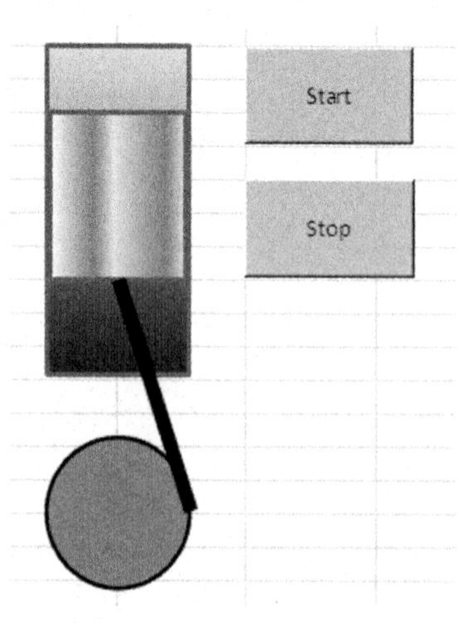


**Bild 15-6**

Das Modell mit Buttons steuern

# *Literaturverzeichnis*

[1] Bamberg / Bauer / Krapp, Statistik-Arbeitsbuch, Oldenbourg Verlag, 2007
[2] Bamberg / Baur, Statistik, Oldenbourg Verlag, 2007
[3] Braun, Grundlagen der Regelungstechnik, Hanser Verlag, 2005
[4] Brommund / Sachs / Sachau, Technische Mechanik, Oldenbourg Verlag, 2006
[5] Cerbe / Wilhelms, Technische Thermodynamik, Hanser Verlag, 2008
[6] Degner / Lutze / Smejkal, Spanende Formung, Hanser Verlag, 2002
[7] Dörrscheid / Latzel, Leitfaden der Elektrotechnik, Vieweg+Teubner Verlag, 1993
[8] Fritz / Schulze, Fertigungstechnik, Springer Verlag, 2007
[9] Geering, Regelungstechnik, Springer Verlag, 2003
[10] Grassmann / Widmer / Sinn, Einführung in die thermische Verfahrenstechnik, Walter de Gruyter, 1997
[11] Gross / Hauger, Technische Mechanik, Springer Verlag, 2006-2008
[12] Haase / Garbe, Elektrotechnik , Springer Verlag, 1998
[13] Hausmann, Industrielles Management, Oldenbourg Verlag, 2006
[14] Heimann / Gerth / Popp, Mechatronik, Hanser Verlag, 2007
[15] Hering / Martin / Stohrer, Physik für Ingenieure, VDI Verlag, 2007
[16] Hesse, Angewandte Wahrscheinlichkeitstheorie, Vieweg+Teubner Verlag, 2003
[17] Hinzen, Maschinenelemente, Oldenbourg Verlag, 2 Bde, 2001, 2007
[18] Holzmann / Meyer / Schumpich, Technische Mechanik , Vieweg+Teubner Verlag, 3 Bde, 2006, 2007
[19] Jehle, Produktionswirtschaft, Verlag Recht und Technik, 1999
[20] Johnson, Statistics, VCH Verlag, 1996
[21] Kahlert, Simulation technischer Systeme, Vieweg+Teubner Verlag, 2004
[22] Kalide, Energieumwandlung in Kraft- und Arbeitsmaschinen, Hanser Verlag, 2005
[23] Kämper, Grundkurs Programmieren mit Visual Basic, Vieweg+Teubner Verlag, 2006
[24] Kerle / Pittschellis / Corves, Einführung in die Getriebelehre, Vieweg+Teubner Verlag, 2007
[25] Körn / Weber , Das Excel-VBA Codebook, Addison-Wesley Verlag, 2002
[26] Linse / Fischer, Elektrotechnik für Maschinenbauer, Vieweg+Teubner Verlag, 2005
[27] Müller / Ferber, Technische Mechanik für Ingenieure, Hanser Verlag, 2004
[28] Nahrstedt, Algorithmen für Ingenieure, Vieweg+Teubner Verlag, 2006
[29] Nahrstedt, Festigkeitslehre für AOS Rechner, Vieweg+Teubner Verlag, 1981
[30] Nahrstedt, Programmierren von Maschinenelementen, Vieweg+Teubner Verlag, 1986
[31] Nahrstedt, Statik-Kinematik-Kinetik für AOS Rechner, Vieweg+Teubner Verlag, 1986
[32] Niemann / Neumann, Maschinenelemente, Springer Verlag, 3 Bde, 2005, 1989, 1986
[33] Oertel, Prandtl - Führer durch die Strömungslehre, Vieweg+Teubner Verlag, 2008
[34] Ose, Elektrotechnik für Ingenieure, Hanser Verlag, 2008
[35] Richard / Sander, Technische Mechanik, Statik, Vieweg+Teubner Verlag, 2008
[36] Roloff / Matek, Maschinenelemente, Vieweg+Teubner Verlag, 2007
[37] Schade / Kunz, Strömungslehre, Verlag Walter de Gruyter, 2007

[38] Schmidt, Starthilfe Thermodynamik, Vieweg+Teubner Verlag, 1999

[39] Schulz , Regelungstechnik 2, Oldenbourg Verlag, 2008

[40] Schuöcker, Spanlose Fertigung, Oldenbourg Verlag, 2006

[41] Schweickert, Voith Antriebstechnik, Springer Verlag, 2006

[42] Spurk / Aksel, Strömungslehre, Springer Verlag, 2006

[43] Stephan / Mayinger, Thermodynamik Band 2, Springer Verlag, 2008

[44] Stephan / Schaber, Thermodynamik Band 1, Springer Verlag, 2007

[45] Strauß, Strömungsmechanik, VCH Verlag, 1991

[46] Unbehauen, Regelungstechnik I+II, Vieweg+Teubner Verlag, 2008, 2007

[47] Windisch, Thermodynamik, Oldenbourg Verlag, 2008

# Index Technik

Bezeichnung [Kapitel] Seite

# Index Excel + VBA

Bezeichnung [Kapitel] Seite

Printed by Printforce, the Netherlands